U0180329

低压电器技术精讲

张白帆　编著

机械工业出版社

本书以技术规范和标准为准绳来展开有关低压电器技术的讲解，对重要的理论知识和技术规范做了较为深入的介绍。本书内容包括低压电器的基础知识与标准，低压电器在低压配电系统图中主电路和辅助电路中的应用与配置方法、控制及数据交换原理和方法，以及低压电器在家居配电中的应用等，并对常见的应用问题做出了解析。

本书适合刚走上工作岗位的低压电器及配电工程的设计人员阅读，也可作为电气工程、工业自动化、自动控制专业的高年级本科生或职业学校学生及教师的参考书。

图书在版编目（CIP）数据

低压电器技术精讲/张白帆编著. —北京：机械工业出版社，2020.8
（2024.9重印）

ISBN 978-7-111-65540-4

Ⅰ.①低⋯　Ⅱ.①张⋯　Ⅲ.①低压电器　Ⅳ.①TM52

中国版本图书馆 CIP 数据核字（2020）第 075401 号

机械工业出版社（北京市百万庄大街22号　邮政编码100037）
策划编辑：吕　潇　责任编辑：吕　潇
责任校对：陈　越　封面设计：马精明
责任印制：常天培
固安县铭成印刷有限公司印刷
2024年9月第1版第7次印刷
184mm×260mm·23印张·568千字
标准书号：ISBN 978-7-111-65540-4
定价：89.00元

电话服务　　　　　　　　　　　网络服务

客服电话：010-88361066　　　机　工　官　网：www.cmpbook.com

　　　　　010-88379833　　　机　工　官　博：weibo.com/cmp1952

　　　　　010-68326294　　　金　书　网：www.golden-book.com

封底无防伪标均为盗版　　　机工教育服务网：www.cmpedu.com

前　言

　　低压电器是使用最多的一类电器产品。低压电器不但大量应用在社会各行各业的配电和控制中，甚至在家居配电中，低压电器也占有重要的地位。

　　这本书面向工程实践，适合即将步入职场的学生，或者刚刚步入职场的新人，当然也可以作为教材和参考书。职场的学习和校园学习有很大的不同，突出表现在规范和标准上。在校园，我们学习了各种理论分析方法，但在职场，为了便于使用，各种理论和知识都以规范和标准的形式出现。而标准和规范，恰恰是校园学习中的弱项。

　　本书的写作特点是：以各种技术规范和标准为准绳来展开有关低压电器的讨论。同时，对重要的理论知识和技术规范做了较为深入的介绍。

　　本书共分为 8 章。

　　第 1 章的内容是有关低压电器的基础知识，阐述了有关低压电器的结构和使用参数，讨论了低压电器的电网条件、使用条件和人身安全防护等。

　　第 2 章对应用在主电路中的低压电器进行系统性概述，并给出具体范例。

　　第 3 章对应用在辅助电路中的低压电器进行系统概述，并对测控仪表及低压电动机测控装置给予较为详尽的说明。

　　第 4 章对低压配电和控制电器的应用及配置方法做了详尽介绍，并且给出了具体的设计范例。

　　第 5 章阐述了低压电器的控制原理，同时对配电电器的控制技术，以及控制电器的应用技术做了详尽探讨。

　　第 6 章阐述了低压电器的数据交换技术，并以 RS485/MODBUS 现场总线为基础，以电动机控制中心 MCC 为范例做了详尽解析。

　　第 7 章的内容是低压电器在家居配电中的应用。内容包括交流电如何送到家里来，家居配电的设计方法等，并给出了设计范例，以及部分智能家居产品的介绍。

　　第 8 章通过故障实例的解析，让读者了解低压电器故障发生的前因后果，学会全面地分析问题。

　　在本书的写作过程中，部分章节内容在知乎网上做了一定程度的披露，由此了解了网友们的看法和需求。因此，这本书从某种意义上讲，是网友们共同策划、由我来具体执笔编写而成。

　　本书的前身《老帕讲低压电器技术》在 2016 年底出版后，我在邮箱中和知乎网中收到了许多读者和网友的信息反馈，本书就是根据这些反馈意见修订而成，详细阐述了若干与实际工作紧密相关的开关电器理论知识，改写或替换了不少内容，改正了一些差错，还增加了若干来自知乎网友提问中比较重要或典型问题的解答。书名最后定为《低压电器技术精讲》，旨在更能反映出这本书的本来目的，以期内容与时俱进，知识更加完善。

责任编辑提议我为这本书制作 PPT 课件，我觉得这个想法特别好。我随即完成了这项工作，并加上了音频讲解，作为本书的配套数字资源。电器理论涉及多门科技知识，是一门综合性较强的科技门类。我相信通过 PPT 的讲解，读者更能体会到这一点。

这本书与我写的另外一本书《低压成套开关设备的原理及其控制技术》（目前是第3 版）是姐妹篇。本书以低压电器技术为主，而《低压成套开关设备的原理及其控制技术》则以低压开关柜技术为主。

读者若对本书有任何看法，或者需要了解更多的知识，可以直接和我联系。我的邮箱地址是：baifan _ zhang@163.com。另外，也可以在知乎网和我对话。我在知乎网的网名是：Patrick Zhang。

真诚地欢迎读者提出宝贵意见和建议，我将在今后的修订工作中进行补充和完善。

期望大家能喜欢这本书。

谢谢大家！

张白帆

2020 年 4 月 16 日于厦门

目 录

第1章

低压电器的基础知识与标准

低压电器，是低压开关电器的简称。

注意这里有两个词汇，第一个是开关，第二个是低压电器。

开关是一个非常重要的概念。我们来看国家标准 GB 14048.1—2012 中的定义：

标准号	GB 14048.1—2012
标准名称	低压开关设备和控制设备 第1部分：总则
条目	2.2.9
内容	2.2.9 （机械式）开关 switch（mechanical） 在正常电路条件下（包括过载工作条件）能接通、承载和分断电流，也能在规定的非正常条件下（例如短路条件下）承载电流一定时间的一种机械开关电器。 注1：开关可以接通但不能分断短路电流。

由此我们看到开关具有两个重要的功能性参数：

第一个功能性参数：开关具有接通电流的功能，因此它必须具有额定电流这个参数。

第二个功能性参数：当线路中出现短路电流时，开关必须能承受短路电流的热冲击和电动力冲击。这种能力用开关电器的动、热稳定性来表征。这两个功能性参数与电网条件密切相关。

那么什么是低压电器呢？

在电力系统的发电、输变电、配电和用电的各个环节中，大量使用对电路起到分配、控制、保护、调节和测量作用的低压开关电器和控制电器。这些电器可以粗分为两类，即高压电器和低压电器。

我们看国家标准 GB 14048.1—2012 对低压电器的定义：

标准号	GB 14048.1—2012
标准名称	低压开关设备和控制设备 第1部分：总则
条目	1.1
内容	1.1. 适用范围和目的 低压开关设备和控制设备（以下简称"电器"），该电器用于连接额定电压交流不超过1000V 或直流不超过1500V 的电路。

请注意，这里所指的交流电压值是1000V，并且加载在低压电器各极之间，或者加载在某极对外壳（或对地）之间。

在本章中，我们将会看到有关低压电器的结构概述、低压电器工作的电网条件、低压电器基本原理和低压电器的最主要参数等内容，这些都属于低压电器的基础知识。

1.1 低压电器的结构和原理概述

低压电器的最典型代表就是接触器，接触器的典型结构如图1-1所示。

由图1-1可以看出，接触器的结构由电磁机构、触头系统和灭弧系统组成。

如果再加上操作机构，则低压电器由电磁机构、触头系统、灭弧系统和操作机构组态设计而成。

不管是高压电器还是低压电器，它们所涉及的主要理论有：电器的电磁机构理论、电器的电接触理论、电器的电弧理论、电器的发热理论和电器的电动力理论这五大主要理论。

电磁机构是电磁类电器的测控部分，在电器中占有十分重要的地位。由于低压电器的电磁机构的磁路不同于变压器类静止铁心，也不同于旋转电机类不变的均匀磁极气隙，因此在理论计算方面有自己独特的方法。电磁机构的理论涉及磁路理论和电磁场理论，其设计计算内容包括：电磁场的分布计算、铁心磁路的非线性计算、静态和动态吸力特性的分析计算、气隙磁通/漏磁通的分布规律等。

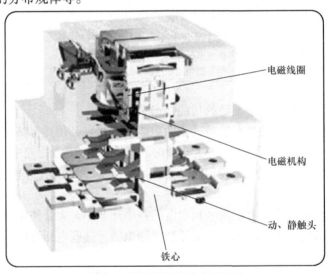

图1-1 交流接触器的典型结构

低压电器的电磁机构型式众多，各有各的特点。

触头是低压电器的执行部分，是有触点开关电器的重要组成部分。低压电器的触头系统工作好坏直接关系到开关电器质量特性指标。因此，电接触理论是开关电器的最基本理论之一。

低压电器的触头系统涉及电接触的物理和化学过程和计算、触头闭合过程的振动、磨损和熔焊。

电器的电接触理论的主要研究内容包括电接触的物理与化学过程，电接触的热、电、磁以及金属变形等各种效应，接触电阻的物理化学本质及其计算，电接触元件当接触和分开过程中的腐蚀磨损和金属迁移，触头在闭合操作过程中的振动、磨损和熔焊等。

电器电接触方面的研究与电工学科是同时起步的。电接触理论和电弧理论都是研究开关电器触头系统的关键理论。

对于有触点的电器来说，电弧是开断过程中必然伴随着的物理现象。

开关电器触头上的电弧，不但延缓了电路断开的时间，还烧蚀了触头表面，缩短了触头的使用寿命。但同时，电弧又是电路电磁能的泄放通道，减轻了电路开断时的过电压。对于低压电器来说，电弧的近阴极效应还能对短路电流起到限流作用。

开关电器的电弧理论涉及气体放电理论、弧柱的离子平衡物理化学状态、温度分布、交流电弧电流过零后的介质恢复过程和电压恢复过程、近极区空间电荷分布等方面的理论。

低压电器的熄弧方式十分重要，是低压开关电器的关键结构设计之一。

电器的各种导电部件，例如导电杆、触头和线圈等，都有电阻，因此它们都存在发热损耗，这些损耗与开关电器的温升有关。当流过开关电器的电流比较大时，电流会产生磁效应，例如电流对开关电器钢结构产生的涡流发热效应，会引起开关电器结构和工作特性改变；而短路电流对开关电器产生的热冲击，会严重影响开关电器及其结构部件的工作性能。

开关电器抵御短路电流热冲击的能力叫作热稳定性。

短路电流会对开关电器的导电部件及其结构部件产生电动力作用。开关电器抵御短路电流电动力冲击的能力叫作动稳定性。

总之，低压电器的结构设计，与上述这些理论关系密切。也因此，低压电器的总体设计，是一项综合工程，是人类科技知识和电气技术的集大成者。

图 1-2 所示为 ABB 的 Emax 断路器结构图，我们能从图中看到断路器结构的复杂性。

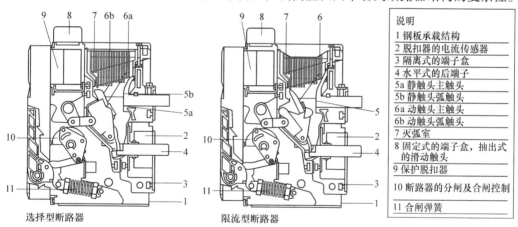

说明
1 钢板承载结构
2 脱扣器的电流传感器
3 隔离式的端子盒
4 水平式的后端子
5a 静触头主触头
5b 静触头弧触头
6a 动触头主触头
6b 动触头弧触头
7 灭弧室
8 固定式的端子盒，抽出式的滑动触头
9 保护脱扣器
10 断路器的分闸及合闸控制
11 合闸弹簧

选择型断路器　　　　　　限流型断路器

图 1-2　ABB 的 Emax 断路器结构图

1.1.1　低压电器的电磁机构

低压电器的电磁机构由电磁线圈、铁心和衔铁三部分组成。电磁线圈分为直流线圈和交流线圈两种。直流线圈需通入直流电，交流线圈则需通入交流电，如图 1-3 所示。

【交流电磁机构的吸力特性】

在交流电磁机构中，由于交流电磁线圈的电流与气隙 δ 成正比，所以在线圈通电瞬间而衔铁尚未闭合时，电流可能达到额定电流的 5 ~ 6 倍。如果衔铁卡住不能吸合，或频繁操作，线圈可能因过热而烧毁，所以在可靠性要求较高或操作频繁的场合，一般不采用交流电磁机构。

【直流电磁机构的吸力特性】

在直流电磁机构中，电磁吸力与气隙的二次方成反比，所以衔铁闭合前后电磁吸力变化

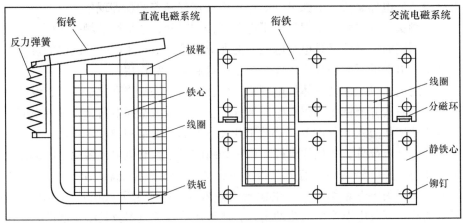

图 1-3　低压电器的直流电磁系统和交流电磁系统

较大，但由于电磁线圈中的电流不变，所以直流电磁机构适用于动作频繁的场合。

【吸力特性与反力特性】

当电磁线圈中通入电流后，线圈会产生磁通，而磁通会在铁心和衔铁中产生电磁吸力，从而使得衔铁带动触头产生变位操作。当线圈断电后，衔铁失去电磁吸力，复位弹簧将其拉回到初始位置，触头也随即复位。

由此可见，作用在衔铁上的力有两个，其一是电磁吸力，其二是反力。电磁吸力由电磁机构产生，而反力则由复位弹簧和触头弹簧产生。

在电磁系统的吸合过程中，电磁吸力应大于反力，在释放过程中，反力应大于吸力，如图 1-4 所示。

在图 1-4 中，我们看到，电磁系统在吸合时吸力特性曲线 1 高于反力特性曲线 2，电磁系统在释放时反力特性曲线 2 高于吸力特性曲线 3。然而吸力特性曲线 1 高于反力特性曲线 2 过多会增加不必要的能量损耗，并使衔铁对铁心的冲击力增大，因此吸力特性曲线 1 与反力特性曲线 2 有部分交叉。

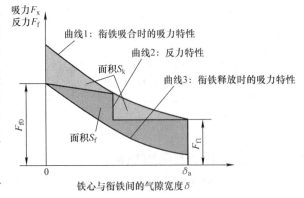

图 1-4　吸力特性与反力特性的配合关系

另外，图 1-4 中曲线 2 与曲线 3 之间所夹面积 S_f 也不宜过大。

我们来看著名的麦克斯韦电磁吸力公式，见式（1-1）：

$$F_X = \frac{1}{2}\frac{B^2 S}{\mu_0} = \frac{\Phi^2}{2\mu_0 S} \tag{1-1}$$

式中，F_X 是电磁吸力，单位是 N（牛顿）；B 是气隙磁感应强度，单位是 T（特斯拉）；S 是磁极截面积，单位是 m^2（平方米）；Φ 为铁心中的磁通；$\mu_0 = 4\pi \times 10^{-7} H/m$。

当线圈中通入直流电流时，电磁吸力 F_X 为恒定值。当线圈中通入交流电流时，其气隙磁通亦按正弦规律变化，即 $\Phi = \Phi_m \sin\omega t$。我们把气隙磁通代入到式（1-1）中，会发现气隙中的交流电磁吸力的最大值是 $f_{max} = \Phi_m^2/(2\mu_0 S)$，最小值是 $f_{min} = 0$，如图 1-5 所示。

【交流电磁机构的分磁环原理】

　　分磁环见图 1-3 中的交流电磁系统的磁极平面。

　　当交流电流过零时，交流电磁机构的衔铁和铁心在复位弹簧的作用下松开返回，而当交流电流过零后又重新吸合，于是衔铁和铁心之间会产生振动，如图 1-5 所示。解决的办法是在磁极上增加分磁环。

　　交变磁通的一部分将通过分磁环，在环内产生感应电动势和电流，根据电磁感应定律，此感应电流产生的感应磁通 Φ_2

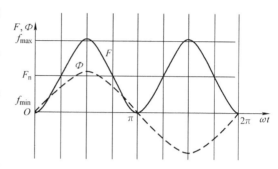

图 1-5　交流电磁吸力曲线

与未通过分磁环的磁通产生接近 90° 的相位差，使得合成电磁吸力的最小值大于零，由此消除衔铁与铁心间的振动。

　　增加了分磁环后的电磁吸力曲线如图 1-6 所示。

　　由图 1-6 可见，未通过分磁环的磁通 Φ_1 产生的电磁吸力是 F_1，通过分磁环的磁通 Φ_2 产生的电磁吸力是 F_2，两者的相位差接近 90°，合成电磁吸力是 F_h。注意到 F_h 的最小值 $F_{min} > 0$。

　　从以上分析中我们可以看出，造成交流电磁系统振动的主要原因是交流电磁吸力的脉动。虽然分磁环能部分地消除振动的影响，但并不能从根本上解决问题。

　　理论和实践证明，减小分磁环的电阻 r_c，减小分磁环内磁极的气隙 δ，加大分磁环内磁极的面积 S_2，则交流电磁吸力的脉动较小。但减小分磁环电阻 r_c，则分磁环的温度会增高；分磁环内磁极气隙也不可能为零，受工艺条件限制，一般取为 $0.04\sim0.05\text{mm}$；分磁环内磁极面积 S_2 亦大于分磁环外的磁极面积 S_1。这样处理后，交流电磁吸力的脉动能降至最小值，如图 1-7 所示。

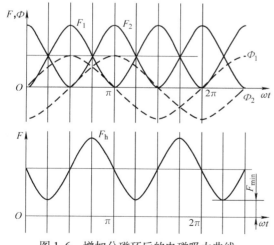

图 1-6　增加分磁环后的电磁吸力曲线

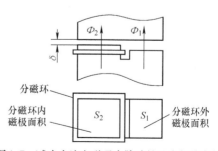

图 1-7　减小交流电磁吸力脉动的几个相关参数

需要指出的是，分磁环必须是完整的，若断裂就不能用了，必须换新的。

1.1.2 低压电器的触头系统

1. 触头的接触形式

图1-8所示为触头的3种接触形式：点接触、线接触和面接触。其中点接触式常用于小电流电器中，线接触式常用于通电次数多、电流大的场合，面接触式用于较大电流的场合。

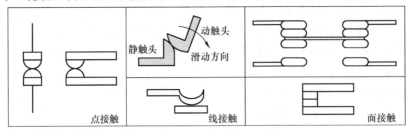

图1-8 点接触、线接触和面接触

线接触之所以能用在频繁合分操作的大电流电接触，是因为线接触的动、静触头之间存在滑动过程，能有效地清除触头材料表面的氧化层。

低压电器的触头有双断点桥式触头结构（如图1-9所示）和单断点指形触头结构（如图1-10所示）。

双断点结构中动、静触头电流方向正好相反，因此动、静触头间的电动力是斥力。这种斥力有助于打开触头。

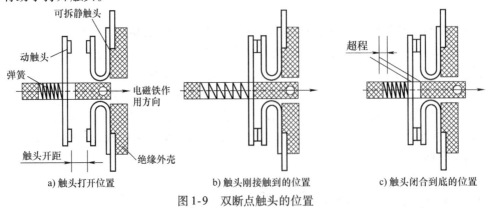

a) 触头打开位置   b) 触头刚接触到的位置   c) 触头闭合到底的位置

图1-9 双断点触头的位置

图1-9中有两个很重要的概念，就是触头开距和触头超程：当触头处于打开位置时，动、静触头之间的最短距离被称为触头开距。显然，随着触头磨损，触头开距是不断增加的；当触头闭合后，若将静触头取下，动触头会在弹簧的作用下继续运行一段距离，这段距离被称为触头的超程。

触头开距与动、静触头间的介电能力有关；而触头的超程则确保触头磨损到近乎终了后，触头系统仍然能可靠闭合。显然，超程与低压电器的电寿命有关。

低压断路器和低压接触器等低压电器，因为电流较大，多采用单断点的转动式触头，见图1-10。

单触点转动式指形触头常采用铜质或者铜基合金材料制成，价格便宜，易于加工；由于在触头闭合过程中存在滚动和滑动摩擦，能清除触头表面的氧化层，可以保证接触电阻的稳定性；触头接触压力大，动稳定性高；触头参数容易调节。

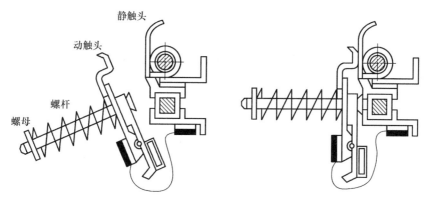

a) 触头打开位置　　　　　　　　　　b) 触头刚接触到的位置

图 1-10　单断点的转动式交流接触器触头闭合过程

单触点转动式指形触头的缺点是：仅一个断口，触头开距大，导致低压电器的体积较大；触头闭合时冲击能量大，并且有软连接，不利于提高机械寿命；由于采用铜基合金，触头压力大，所需电磁系统的控制功率也大。

双断点直动式桥式触头常采用银质或者银基合金材料制作，也可以采用铜基合金。

双断点直动式桥式触头具有两个串联的断口，有两个灭弧区域，触头开距小，使得开关电器的体积较小；触头闭合时的冲击能力较小，无需使用软连接，有利于提高机械寿命。

双断点直动式桥式触头的缺点是：触头闭合与打开时没有滚动和滑动摩擦，不能自动清除触头表面的氧化物；触头材料为银基合金，价格较贵；触头接触压力小，动稳定性较差；触头参数不易调节。

2. 有关电接触的知识

电接触是指两个导体之间通过接触面实现电流传递或信号传输的一种物理化学现象。

在电力系统、自动控制系统和信息传递系统中，电接触现象随处可见，电接触的产生、维持和消除过程是一种复杂的物理化学过程。

电接触理论正是研究在电接触的产生、维持和消除过程中，两导体接触面或导体与等离子体界面发生的物理化学过程的学科。该学科涉及面广、研究难度大，其最终目的是在满足一定经济利益前提下，提高电接触的工作可靠性和工作寿命。

任何触头都有它的参数，即工作参数、结构参数和特性参数

【工作参数】

工作参数即触头的使用条件参数，包括：额定电压和额定电流，还有工作制、操作频率和通电持续率等。

【特性参数】

特性参数包括：容许温升、动稳定性和热稳定性，还有电寿命。

【结构参数】

结构参数指保证触头在其工作参数下能可靠地工作的结构措施。

结构参数包括：触头的极数和合分状态（动合触点、动分触点）；触头断口数：指形结构为单端口，桥式为双断口；触头开距和超程；触头初始压力和终压力等。

3. 触头的接触电阻和接触电压

低压电器的触头是执行机构的最重要部分。低压开关电器的触头用于接通和分断电路，

因此要求的触头导电性和导热性都要好。通常触头材料是铜、银和镍的合金材料，也有在铜触头的表面电镀银和镍。

铜的表面极易氧化。若仅仅使用铜来做触头材料，则它将增加触头的接触电阻，使得触头的损耗和温度也随之增加。因此在中间继电器等小容量低压开关电器上，触头常常采用银质合金，它的氧化膜电阻仅仅只有铜质触头的十几分之一。

【膜电阻】

膜电阻是触头接触表面在大气中自然氧化而生成的氧化膜。氧化膜的电阻要比触头本身的电阻大数十到上千倍，且导电性极差。触头表面的氧化膜电阻被称为触头膜电阻。

【收缩电阻】

由于触头表面的粗糙度造成触头的实际接触面积小于触头截面面积，从而造成触头的有效导电截面减小，当电流流过时会出现电流收缩成若干"导电岛"的现象。这种收缩现象增加的电阻称为触头的收缩电阻。

不同的触头材料的接触电阻有一个经验公式，见式（1-2）：

$$R_J = \frac{K_J}{(0.102F)^m} \tag{1-2}$$

式中，R_J 是接触电阻，单位是 $\mu\Omega$（微欧）；K_J 是系数，它与电接触的材料有关，见表1-1；F 是接触压力，单位是 N；m 是与接触形式有关的指数。对于点接触，$m = 0.5$；对于线接触，$m = 0.5 \sim 0.8$；对于面接触，$m = 1$。

各种触头材料的 K_J 值见表1-1。

表1-1 各种触头材料的 K_J 值

触头材料	K_J	触头材料	K_J
Ag——Ag	60	Ag - CdO12——Ag - CdO12	170
Al——Cu	980	镀锡的铜——镀锡的铜	100
Cu——Cu	80 ~ 140	黄铜——黄铜	670
Al——黄铜	1900		

再看触头的温升，它的表达式见式（1-3）：

$$\tau_m = \theta_m - \theta_0 = \frac{U_J^2}{8LT} \tag{1-3}$$

式中，τ_m 是触头温升，单位是 K（开尔文）；θ_m 和 θ_0 分别是触头接触点的温度和触头材料与导电杆连接处的温度，单位是℃（摄氏度）；U_J 是接触电压，单位是 V；L 是洛伦兹系数，它的值是 2.4×10^{-8} $(V/K)^2$；T 是触头导电杆的热力学温度值，单位是 K。

利用式（1-2）和式（1-3），我们可以计算低压电器触头的温升。

我们来看图1-11。

现在的问题是：到底是导电杆的温升 τ_1 高还是触头的温升 τ_2 高？

有关导电杆温升和触头温升合并计算的方法见式（1-4）：

$$\begin{cases} \tau_1 = \dfrac{I^2 \rho_0 (1 + \alpha\theta)}{SK_T M} \\ \tau_2 = \tau_1 \left(1 + \dfrac{350U_J}{\sqrt{\tau_1}}\right) + \dfrac{U_J^2}{8LT} \end{cases} \tag{1-4}$$

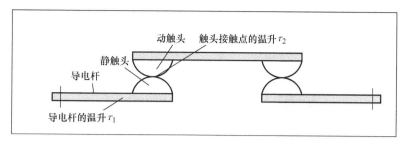

图 1-11　低压电器的导电杆和触头温升

式中，I 是流过低压电器的电流；ρ_0 是导电杆金属材料在零度时的电阻率；α 是电阻温度系数；θ 是导电杆的温度；S 是导电杆的截面积；K_T 是综合散热系数；M 是导电杆截面的周长；U_J 是触头接触电压；L 是洛伦兹系数；T 是环境温度（热力学温度 K）。

【例 1-1】

设某交流接触器导电杆宽度为 31.5mm，厚度为 4mm，流过的电流是 630A，接触电压是 6.3×10^{-3}V，综合散热系数 K_T 是 15（W/(m² · K)），环境温度为 40℃。求该交流接触器导电杆温升和触头温升。

【解】

将这些参数代入式（1-4），得到：导电杆的温升 $\tau_1 = 46.7$K，触头温升 $\tau_2 = 54.2$K，两者相差 0.14K。导电杆温升相对于最高温升的百分比是 86.2%，触头接触处的温升相对于最高温升的百分比是 13.8%，可见在开关电器的总温升中导电杆的温升是主体。

已知环境温度是 40℃，导电杆的温度是 40℃ + 46.7℃ = 86.7℃，触头接触处的温度则是 40℃ + 46.7℃ + 0.14℃ = 86.84℃。导电杆温度所占的百分比是 86.7/86.84 ≈ 99.84%，触头接触处温度所占的百分比是 0.16%。我们把触头的导电杆端部叫做开关电器的接线端子，计算表明，接线端子产生的温度几乎就是开关电器所产生的温度的全部。

我们由此知道，低压开关电器的温升可以其导电杆的接线端子温升来取值。在故在 GB 14048.1—2012《低压开关设备和控制设备 第 1 部分：总则》中，把低压电器的温升定义为接线端子的温升。

标准号	GB 14048.1—2012	
标准名称	低压开关设备和控制设备　第 1 部分：总则	
条目	表 2 端子的温升极限	
内容	端子材料	温升极限（K）
	裸铜	60
	裸黄铜	65
	铜（或黄铜）镀锡	65
	铜（或黄铜）镀银或镀镍	70
	在实际使用中外接导体不应显著小于表 9 和表 10 规定的导体，否则会促使端子和电器内部部件温度较高，并导致电器损坏。为此在未得到制造商同意的情况下，不应采用这种导体。 温升极限是按使用经验或寿命试验来确定，但不应超过 65K。 产品标准对不同试验条件和小尺寸器件可以规定不同温升值，但不应超过本条规定的 10K。	

由此我们得知，低压电器温升最高处不是它的触头，而是它的接线端子，如图 1-12 所示。

图 1-12　低压电器的温升最高处

4. 触头的动稳定性问题

当过载电流或者短路电流流过触头时，会产生两种电磁斥力，一种是霍姆（Holm）力，一种是洛伦兹力。霍姆力是由于触头内电流线的收缩而产生的，如图 1-13 的右侧所示。

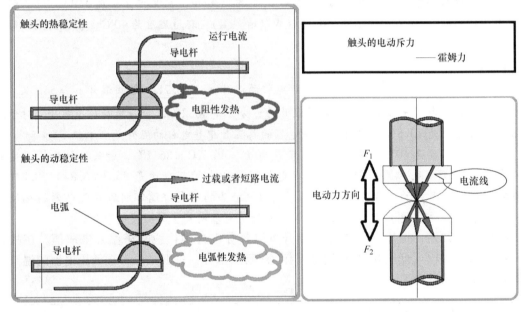

图 1-13　触头的动稳定性

动、静触头尚处于闭合状态时，若系统中流过较大的电流，电流产生的总电磁斥力有可能会超过系统施加的合闸压力，则动触头就会斥开并在动、静触头间产生电弧。触头斥开后，霍姆力消失，这时电磁斥力仅仅剩下洛伦兹力，于是动触头又返回，然后再次斥开。几次过后，动、静触头材料就有可能发生电弧性高温熔融焊接，我们把它叫做触头熔焊，而触头的斥开与返回过程叫做触头的弹跳。图 1-14 所示为触头弹跳的仿真与实测的对比。

霍姆力占总电磁斥力一半以上。

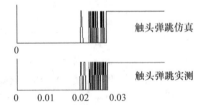

图 1-14　触头弹跳的仿真与实测对比

当开关电器执行开断操作时瞬间，动、静触头间的接触越来越小，最后只剩下一个接触点。由于电流密度很大，接触点处的温度急剧上升，造成触头材料熔融。随着动、静触头间距加大，熔化的触头材料会拉出一条高温液态金属丝，我们把它叫做金属桥。随着开断过程的继续，金属桥被拉断，于是在一端触头（阴极）上出现针刺，而另一端触头（阳极）上则产生凹坑，造成金属触头材料的转移。此时，当动、静触头之间出现电弧，电弧使得液态的触头金属材料喷溅，造成触头材料损失。

我们看到，不管是触头对处于闭合状态也好，处于开断过程中也好，触头对都会受到电弧的热冲击作用。我们把触头对能够承受的最大电流叫做热稳定性电流，而触头对抵御这种热冲击的能力叫做热稳定性。

我们还看到，触头对受到霍姆力的影响而斥开，并由此引发电弧烧蚀。我们把触头对能够承受的最大电流叫做动稳定性电流，把开关电器抵御这种电动力冲击的能力叫做动稳定性。

触头对间的电磁斥力见式（1-5）：

$$F = \frac{\mu_0}{4\pi} I^2 \ln \frac{R}{r} \tag{1-5}$$

式中，F 是触头间的电磁斥力，单位是 N；R 是触头视在半径，单位是 m；r 是触头接触点半径，单位是 m；I 是电流，单位是 A；μ_0 是真空磁导率，其值为 $4\pi \times 10^{-7} \mathrm{H/m}$。

式（1-5）就是霍姆力的表达式。

【例1-2】

设有一个点接触的触头系统，触头视在直径为 15mm。当触头压力为 75N 时，触头接触点的半径为 0.20mm，试求当动、静触头间通过 20kA 的短路电流时，触头间的电磁斥力。

解：我们将参数代入式（1-5），得到

$$F = \frac{\mu_0}{4\pi} I^2 \ln \frac{R}{r} = 10^{-7} \times (20 \times 10^3)^2 \ln \frac{\frac{15}{2}}{0.20} \approx 145.0 \mathrm{N}$$

我们看到，这个触头是完全无法抵御 20kA 短路电流产生的电磁斥力的。

那么，上面计算的这副触头对到底能承受多大的短路电流冲击呢？我们来计算一下：

由式（1-5）推得：

$$I = \sqrt{\frac{10^7 F}{\ln \frac{R}{r}}} = \sqrt{\frac{10^7 \times 75}{\ln \frac{7.5}{0.2}}} \approx 14.4 \mathrm{kA}$$

也即这副触头能够承受的最大短路电流是 14.4kA。

5. 触头的热稳定性问题

触头的热稳定性与触头的熔化电流和熔焊有关。我们来探讨触头的熔焊问题。

触头，特别是小电流触头，在闭合过程中由于触头振动可能产生触头焊接，这种焊接称之为触头熔焊。触头熔焊是开关电器触头系统最严重的故障之一。

触头发生熔焊的影响因素很多，如电气参量：回路电流、触头间电压、负载性质（阻性、感性、容性）等；机构参量：触头尺寸、触头压力、表面加工情况、闭合速度、接触形式等。

触头的熔焊可分为静熔焊与动熔焊两种。

（1）静熔焊

由于接触电阻发热使触头导电斑点及其附近的金属熔化而焊接，这种情况下产生的熔焊称为静熔焊，多半发生在固定接触连接或接触力足够大的闭合状态触头对中。

当发生触头静熔焊时，电流通过处于闭合状态的触头对。由于有效接触点很小，我们把它叫做斑点 α，斑点 α 处因为电流密度很大而产生高温。当电流超过某个限值后，斑点 α 的薄层金属开始熔化，接触电阻反而下降。这时如果切断电流，能很容易地使触头分开。触头开始出现熔化现象的电流值称为触头开始熔化电流。

如果通过触头的电流继续增大，超过触头开始熔化电流的 20%～30%，则斑点 α 及其附近的金属会有较大面积的熔化，触头开始焊接，这时要使触头分开必须施加一定的拉力。触头开始出现焊接现象的电流值称为开始焊接电流。如果电流继续加大，则斑点 α 附近熔化区向纵深发展，使得触头接触材料底部的基底金属也熔为一体，此时焊接点的金属抗拉强度接近基底金属的强度。

由于触头熔焊一般都在短路电流或短时强脉冲电流通过时发生，因此触头熔焊现象与开关电器承受大电流冲击触头的开始熔化电流与电流通过触头的时间有关。我们看图 1-15。

图 1-15 所示为一对面接触的铜触头，在不同的通电时间 t 下所对应的开始熔化电流。

当电流通过触头的时间小于 1s 时，开始熔化时的电流很大，并且 t 越小电流变化就越大。而当通电时间超过 1s 以后，开始熔化电流不再变化，表观出与通电时间无关的特点。

出现该现象的原因是，斑点 α 及其附近熔化区的体积非常小（斑点 α 尺寸在零点几毫米量级），其热时间常数 T 极小（为微秒量级），当通电时间达 4 倍热时间常数时，温度即接近稳定状态。对于斑点 α 熔化区，即使通电的时间很短（在 1s 以内），也早已达到热稳定状态，因而当 $t>1s$ 后，开始熔化电流几乎与通电时间无关。

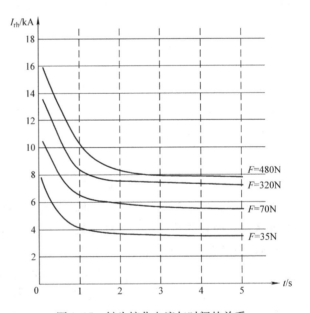

图 1-15　触头熔化电流与时间的关系

（2）动熔焊

因为触头振动或触头被电动力斥开产生电弧，电弧的高温使触头表面金属熔化甚至汽化，最后导致触头焊接，这种情况下的熔焊称之为动熔焊。触头动熔焊一般发生在触头闭合压力较小时。

触头在闭合过程中，如果产生危险的机械振动，或者触头在闭合状态因接触压力不够，被触头霍姆力斥开，则在接触面分离的期间将产生电弧。这时，使接触表面金属熔化和汽化的热源有两部分：一部分是触头内部因电流线收缩而引起的电阻性发热；另一部分是触头外部电弧烧蚀产生的发热。这两部分发热相比，对触头的烧蚀熔融作用后者远高于前者。

静熔焊与动熔焊的主要区别是：静熔焊为电阻性焊接，动熔焊为电弧性焊接。

（3）触头在闭合过程中发生的熔焊

当触头闭合接近接触时，因触头间存在线路电压，间隙可能被击穿而产生短时电弧。触头接触后电弧熄灭，电流被接通，同时接触电阻迅速从无限大下降到很小的数值。在此期间，只有接触电阻产生的电阻性发热。

当触头第一次碰撞后出现反弹。反弹的作用力有两个，其一是机械性反弹作用力，其二是霍姆电动斥力。反弹使动、静触头间的接触面出现间隙并引发电弧烧蚀，触头接触面金属熔化甚至汽化。触头反弹到达最大距离后回落重新闭合，电弧熄灭，触头表面熔化的金属被挤压散开迅速冷却，触头出现熔焊。有时，上述过程会重复几次，最后发生焊接。

触头在最后形成熔焊的过程中，由于熔化金属被触头弹簧施加的力挤压展开，使实际接触面积大大增加，因而接触电阻和触头电动力都大大减小，热损失也相应地大大减小。由于垂直熔化面方向有很大的温度梯度，同时热传导面积大大扩大，故熔化的金属将迅速冷却凝固，且具有高度的方向性，整个凝固过程往往只需几毫秒。

（4）触头的焊接力

触头焊接后需要拉开的力，称之为触头焊接力。减小回路电流和电压，减小触头表面粗糙度及熔焊后的焊接力，增大触头尺寸，提高材料熔沸点，都有利于提高触头的抗熔焊能力。

触头焊接力的大小受许多因素影响，如接触熔化区的熔化面积和熔化深度，还有熔化区中材料的成分、含量、分布等。

触头焊接力等于焊接处金属的抗拉强度乘以熔焊面积。金属的抗拉强度越大，熔焊面积越大，则焊接力也越大。

熔焊面积与触头材料的电阻率和熔化温度有关。一般来说，材料的电阻率越大，接触电阻越大，热损失也就越大，熔焊面积也越大。由于材料的熔化温度越高，熔焊面就越小，因此触头材料的焊接力一般随材料的电阻率和抗拉强度的增大而增大，随材料的熔化温度增高而降低。

图 1-16 所示为一些贵金属触头材料的焊接力与抗拉强度的关系。

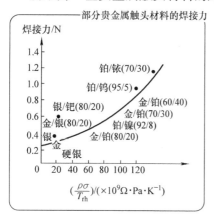 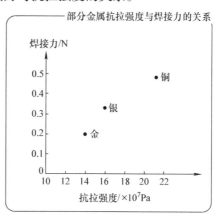

图 1-16　部分贵金属触头材料的焊接力与抗拉强度的关系

（5）减轻触头熔焊的方法

根据前面的分析，我们得出减轻触头熔焊危害的方法：

第一，采用电阻率小、抗拉强度小、熔化温度高的材料。

第二，在材料中加入少量其他元素，使熔焊处最后的凝固面变成强度较低的脆性材料。这样，断裂出现在熔焊的交界面上，不至拉伤底层触头材料，且断面光滑，拉开触头所需能量少。

第三，优化设计电磁机构的动作性能，减小触头的闭合速度，减小触头的弹跳与振动，在可能的情况下，增加触头压力。

（6）触头的动稳定性

我们由图1-13和式（1-5）知道，在接触点处的霍姆力方向总是朝着推开触头的方向，大小与电流的二次方成正比。虽然短路电流持续时间很短（如几十毫秒），但当电动力大于触头压力时，触头就会被推开，继而产生电弧，导致触头损坏或熔焊。

触头能承受短路电流峰值产生的电动力，而不至发生熔焊的能力称为触头的动稳定性。

对于强电流触头，触头的动稳定性尤显重要。对于小电流触头，一般可以不考虑。

触头的电动稳定性通常用试验的方法来确定。

以下是试验得到的经验公式：

$$I_m = K\sqrt{0.1F} \tag{1-6}$$

式中，F 是接触压力，单位是 N；K 是与电接触材料有关的系数：对于铜 – 铜点接触，K = 3200～4000；对于铜 – 铜梅花瓣触头（如图1-17所示）的一个触瓣，K = 5000。

梅花瓣触头

图1-17　梅花瓣触头

在断路器中常常采用多个触指并联组成的触头，如梅花瓣触头。这类触头在通过电流时，由于各触指间流过同方向的电流而产生互相吸引的电动力，从而提高了触头的动稳定性。

1.1.3　低压电器的灭弧系统

在通电的状态下，低压电器的动、静触头分开时，如果开断的电流达到某一数值（视触头材料，该数值一般为 0.25～1A），同时电压也达到一定的数值（12～20V），则触头间隙中会出现电弧。

　　电弧的本质是触头间隙中的气体在强电场作用下的放电现象。电弧会产生高温，并发出强光。电弧的出现使得电路继续保持导通状态，其高温烧蚀触头金属材料，降低电器的寿命，严重时会引起触头材料的熔焊，并引起电气火灾。因此，应当采取措施迅速熄灭电弧。

1. 有关气体放电的基本概念

【关于气体放电】

我们看图 1-18。

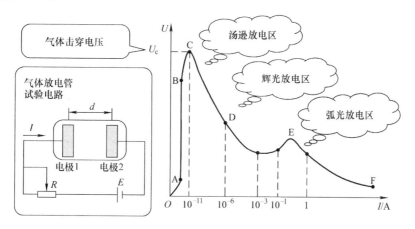

图 1-18　气体击穿特性的伏安特性曲线

　　图 1-18 的左侧是试验电路，右侧是气体放电的伏安特性曲线。

　　我们看到气体放电管内的电极 1 和电极 2 之间没有通路，因此线路在正常条件下没有电流。

　　由于电极间隙中的气体介质受宇宙射线的轰击，还有光照和温度等因素的影响，很小一部分气体会因此而电离，电离后的阴阳离子向阳极和阴极运动，但没走多远就复合为正常气体分子，因此线路中将因此而出现很小的电流。调节可变电阻 R，使得电压缓慢上升，我们会发现线路中的电流基本不变，这是因为上述这些条件造成的气体电离与线路加载的电压基本无关所致。

　　这一阶段对应的伏安特性曲线是 $OABC$。因为此阶段中气体放电受电压影响很大，电压一旦减小或者撤离，气体放电立刻终止。所以曲线 $OABC$ 对应的区域叫作气体的非自持放电区。

　　我们继续加大电压，电离的阴阳离子越来越多。当这些阴阳离子终于能到达阳极和阴极时，电流开始激增。由于高电场及二次电子发射的原因，电子的数量足够多，气体被击穿。此点在伏安特性曲线上是 C，对应的电压值叫作气体击穿电压 U_c。

　　从 C 点到下面的 D 点，科学家汤逊（Townsend）最早研究了这个区域，因此 CD 区域又叫作汤逊放电区。

　　我们继续增大电压，一直到 E 点，由于高电场的原因，气体放电管内的气体放出柔和的光芒，并且发光区域充满整个放电管。这种现象叫作辉光放电。

　　辉光放电的电离方式是电场电离，放电通道温度为常温，电流密度较小，为 $0.1A/m^2$ 数量级，阴极压降较高，达 200V 左右。

辉光放电是荧光灯和节能灯等照明器具的工作区域。

我们继续加大电压，在 EF 区域，气体放电形式变为弧光放电，放电通道产生很明显的边界。放电通道中，温度极高，可达 6000K 以上，电流密度很大，可达 $10^7 A/m^2$，阴极压降小，大约为 10V 左右，气体电离方式为热电离。

弧光放电之后就是火花放电区域。

辉光放电、电弧放电和火花放电都属于自持放电。

在这些知识中，与低压电器密切相关的是气体击穿电压和弧光放电。

【气体的击穿电压】

巴申（Paschen）首先研究了这个问题。我们看图 1-19。

图 1-19 中，我们看到了空气、氢气和氮气的击穿电压 U_{jc} 按 pd（大气压强·电极间距离）分布的曲线。很容易看出，曲线存在最小值。值得注意的是：这里的大气压强和电极间距离是一个整体。

图 1-19 说明，提高电极间隙的气压，或者把电极置入高真空中，都能提高击穿电压。

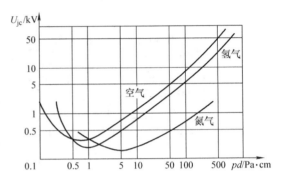

图 1-19 铜电极击穿电压 U_{jc} 与 pd 的关系

电极气隙间的带电粒子与中性粒子的碰撞，远不是每次都能使中性粒子电离，而是存在一定的概率。碰撞是否会引起游离主要取决于带电粒子在两次碰撞之间是否能聚集足够的动能，取决于气隙中电场强度 E_1 和带电粒子的平均自由行程 λ。E_1 越大，则带电粒子在电场中受到的作用力越大，其动能也越大。当电压 U 一定时，在均匀电场中 E_1 与电极间距离 d 成反比（$U = E_1 d$），又因带电粒子的平均自由行程 λ 与气体压力 p 成反比，因此带电粒子在运动中可获得的动能 W 与 p 及 d 的乘积成反比，即

$$W \propto \frac{1}{pd} \tag{1-7}$$

由式（1-7）可知，当 pd 值增大时，带电粒子在运动中获得的动能 W 减小，必须提高电压才能使间隙击穿，故图 1-19 的巴申曲线右半部分 U_{jc} 随 pd 增加而增大；当 pd 值很小时，带电粒子的平均自由行程 λ 与电极间距离 d 相比不是很小，个别电子的自由行程可能已超过极间距离 d。因此某些电子在整个行程中都没有与中性粒子碰撞，因此使游离反而减弱，所以必须提高外施电压，即增加电场强度，以增加每次碰撞的电离概率。所以巴申曲线左侧部分 U 反而随 pd 减小而上升。

巴申曲线的最低点，U_{jc} 最小，代表间隙最容易被击穿的情况。

巴申曲线的左侧只适用于低气压和高真空的气体。若在大气条件下或接近大气条件下，因左侧部分对应的间隙 d 已在微米或微米以下的数量级上，这样间隙中的电场强度极高，会产生高电场发射，使击穿电压大大降低。

巴申曲线只给出均匀电场的击穿电压。实际电器产品中电场都不是完全均匀的，这时的击穿电压一般均低于巴申曲线上的数值。

在海拔较高处，大气压力较低，在同样的电极距离 d 时，pd 值较小，所以击穿电压比

地面要小。

2. 触头间出现电弧的四个过程

当触头开断电路时的瞬间，动、静触头间微小间隙中的空气被击穿，由此引发电弧。电流流过电弧区时，产生大量的热能和光能，这些能量以高温和强光的形式作用在触头上，使触头材料被熔化烧蚀，甚至出现触头粘连而不能断开，造成严重事故。

电弧产生包括四个过程：

过程之一：强电场致电子放射

触头在分开瞬间间隙很小，电路中的电压几乎都落在此空间中，其电场强度可达数亿V/m。因此触头负极表面的大量自由电子在电场力的作用下进入到触头间隙中，形成电子云。

过程之二：电子运动撞击致空气电离

触头间隙中的自由电子在电场力的作用下向触头正极运动，经过一段路程后获得足够的动能。当自由电子撞击空气时，空气被电离成正、负离子，并且随着时间的延续，触头间隙中的电离空气越来越多。

触头间隙中的场强越强、自由电子的运动路程越长，则电离空气也就越多。

过程之三：热电子发射致空气温度剧烈上升

触头间被电离后的正空气离子向触头阴极运动，撞击触头阴极致使阴极温度升高，进而使阴极上更多的自由电子逸出到触头间隙中并参与对空气的电离撞击，并使得触头间隙中的空气温度剧烈上升。

过程之四：热空气高温电离形成等离子态电弧气体

随着空气温度剧烈上升超过 3000℃ 后，空气分子的剧烈热运动致使中性热空气分子被分解为正、负离子形成等离子态的电弧气体。若触头间隙中的电弧气体中有金属蒸气时，空气分子被离解为等离子气体的过程就更加剧烈。这个过程又被称为空气高温游离。

在上述电弧气体的形成过程中，当触头完全打开后，由于触头间的距离达到最大，电场强度减小，维持电弧要靠电子发射、电子运动撞击电离和热空气的高温游离，其中热空气的高温游离作用是维持电弧的主要因素。

在电弧等离子体发展的过程中，消电离的作用时刻都存在：正、负离子会互相接近复合为正常空气分子，从而减弱电离作用；电弧的作用距离越大，散热作用越强，温度降低后维持电弧的各种作用也得到抑制。事实上，在触头间隙电弧中的电离作用和消电离作用是一对矛盾的双方，电离作用强则电弧就能发展和维持，反之，消电离作用强则电弧就消散熄灭。这为低压电器的灭弧提供了具体的方法。

3. 低压电器与电弧

电弧，在相当多的情况下，是和开关电器触头的开断过程关联在一起的。

【直流电弧的静态伏安特性曲线和动态伏安特性曲线】

我们来看图 1-20，开断直流电路时，动、静触头间出现的直流电弧。

我们先看图 1 的电路图。当开关开断后，触头 1 和 2 之间出现电弧。通过电弧的电流是 I_h。调节电阻 R，我们可以调节电弧电流的大小。

电弧其实就是一团稳定燃烧的高温气体。电弧具有 3 个性质：

第一个性质：电弧的温度，也即弧温不允许突变；

第二个性质：电弧的温度越高，电弧的直径就越细；

第三个性质：流过电弧的电流越大，弧温就越高，弧压 U_L 也就越小。这说明，电弧的伏安特性曲线具有负阻特性。

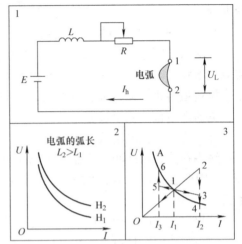

图 1-20 开断直流电路时
动、静触头间出现的直流电弧

我们来看图 1-20 的图 2。在维持弧长不变的情况下，给定每一电流后稍停一些时间（大约数百微秒），等电弧的发热和散热达到平衡后，测量弧隙两端的电压 U_h，并由此绘出电弧的伏安特性曲线。这条曲线叫作直流电弧的静态伏安特性曲线。

可以看到，电弧电流 I_h 增大时，电弧电压 U_h 是下降的。其原因是：当 I_h 增大时，输入电弧的功率 $U_h I_h$ 也增加，于是弧柱的温度升高，电弧电阻 R_h 剧烈下降，因此对外呈现负阻性。

图中有两个电弧 H_1 和 H_2。对于任意的弧压 U_h，H_2 的电流均大于 H_1 的电流。这说明，电弧的伏安特性曲线越高，则电弧电流就越大。

我们再来看图 1-20 的图 3。图中可以看到一条直流电弧的静态伏安特性曲线，设目前的工作点位于点 1，电弧电流为 I_1。如果我们较快地增大电弧电流为 I_2，则 U_h 先到 3 点，然后才到达 4 点；如果我们瞬时地增大电弧电流到 I_2，则 U_h 先到 2 点，然后才到达 4 点。

反之，若我们较快地减小电弧电流为 I_3，则 U_h 先到 5 点，再上升到 6 点；如果我们瞬时地减小电弧电流到 I_3，则 U_h 先沿着 $O2$ 线下降，然后再上升到 6 点。

这种特性叫作直流电弧的动态伏安特性。

为何会有这种特性？其原因就是电弧的弧温不允许突变，必须逐渐地减少弧温或者增大弧温，再趋近于最终值。

由此可知，电弧的静态伏安特性曲线只有 1 条，但动态伏安特性曲线有无数条。

4. 直流电弧的熄灭原理及措施

直流电弧因为没有过零时刻，所以灭弧相对困难。

直流电弧的熄灭方法从原理上来看有两种：一是增大电弧所在线路的电阻，也即在熄弧过程中将外接电阻串入电路，使得电弧不能维持而熄灭；二是提高电弧的静态伏安特性曲线而使得电弧熄灭。

对于第二条直流电弧熄灭方法，常常采用如下措施：

1）增大近极压降，采用许多平行排列的金属栅片来灭弧。

2）增大电弧长度来灭弧。

其中常常采用的方法有：①用机械的方法增加触头之间的距离；②依靠导电回路自身的磁场或者外加磁场使得电弧横向拉长来灭弧；③在磁场的作用下，使得弧根在电极上移动以拉长电弧。

3）增大弧柱的电场强度来灭弧。

其中常常采用的方法有：①增高气体介质的压强 P；②增大电弧与流体介质之间的相对

运动速度，可以使电弧在磁场作用下，在静止的介质中横向运动，也可以采用高速运动的流体介质横吹或者纵吹电弧来灭弧；③使电弧与耐弧的绝缘材料密切接触，依靠绝缘材料对电弧的冷却作用以及其表面对带电粒子的复合能力来灭弧。

为了熄灭直流电弧，低压电器通常采用提高电弧静态伏安特性的措施来灭弧，而高压电器则常常采用增加电路电阻的方法来灭弧。

5. 熄灭直流电弧时出现的过电压问题

由于直流电磁机构的通电线圈断电时，由于磁通的急剧变化，在线圈中会感应出很大的反电动势，很容易使线圈烧毁，并对线路中的其他用电设备的安全运行产生威胁。

图 1-21 所示为对 40A 的感性负载电路的实测。图中，时刻 t_0 之前是运行态，在 t_0 和 t_1 之间是电流的过渡态，我们看到电流从 40A 减小到 0。

再看电压的过渡态，我们看到电感的反向电动势产生了极高的电压，达到 460V，此电压是正常电压 120V 的 3.8 倍之多。

注意到图 1-21 中，电压最高点对应的是电流即将减小到零的时刻。为何如此？这是因为电感产生的反向电动势为 $E = -LdI/dt$，这里的 dI/dt 就是电流对时间的改变量。由图 1-21 看到，当电流减小到零时，dI/dt 取最大值。

由此可见，对于电感电路，当开关电器的触头在断开时，一定要采取某种措施，以消除过电压。

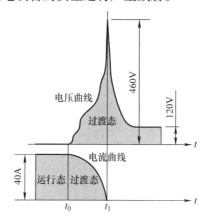

图 1-21　开断直流电路时在触点/触头间出现的过电压

图 1-22 所示为三种限制直流电路过电压的方法，它们的共同特点是在线圈两端并联一个放电回路，放电回路中的电阻值为线圈电阻值的 5~6 倍。

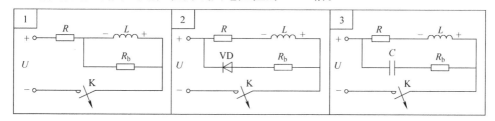

图 1-22　三种限制直流电路过电压的方法

我们已经知道，当开关 K 从闭合状态打开时，线圈电感会产生感应电动势 $E = -Ldi_L/dt$，注意其方向与电源 U 的方向相反。在图 1-22 的第 1 张图中，通过 R—L—R_b 来建立环流，使电流不至于突然截断。同时，有一部分的磁场能消耗在电阻上，以此降低了过电压。

在图 1-22 的第 2 张图中，当线圈正常工作时，电阻 R_b 没有电流流过；当开关 K 打开后，接触器线圈产生的反向电动势使得电流流过电阻 R_b，消耗了磁场能，降低了过电压。

在图 1-22 的第 3 张图中，当开关 K 开断后，电感电流回路是 R_b—C—R—L，形成振荡衰减，消耗了磁场能，并降低了过电压。

6. 交流电弧的熄灭原理及措施

交流电弧与直流电弧相比，有一个很重大的区别，就是当电弧电流过零时，电弧会自动熄灭。这种电弧过零自动熄灭的现象，叫作零休现象。

【交流电弧及其零休现象】

我们来看图 1-23。

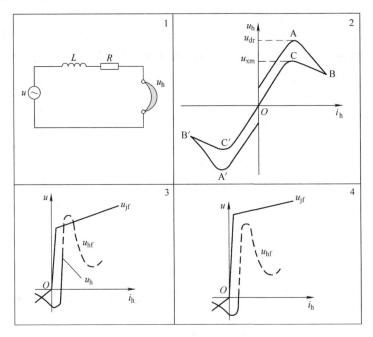

图 1-23 交流电弧的零休及两个竞争

图 1-23 中，图 1 是交流电路的电弧，图 2 是交流电弧的伏安特性曲线。

在电弧电流过零瞬间，输入弧隙的功率为零，弧柱变冷、变细，而电弧电阻变大。图中的 OA 段，电压加于触头两端，电弧电流从零上升，电弧电压从近极压降 U_0 起以很陡的斜率上升。随着电弧电流瞬时值的增大，输入弧隙的功率也增多，当输入弧隙的功率大于散失功率时，弧隙热电离增加而重新起弧，相应于此时的电压称为起弧电压 u_{dr}。

由于热电离很强，伏安特性曲线的 AB 段是下降的。当电弧电流到达幅值以后（伏安特性曲线的 B 点），电流下降，电弧电压曲线沿 BC 段上升。但因弧柱存在热惯性，电流减小时，电弧电阻增大较少，因此 BC 段低于 AB 段，当电弧电流接近零时，电弧熄灭。相应于 C 点的电压称为熄弧电压 u_{xm}。当电弧电流为零时，电弧电压亦为零。

再看图 1-23 的图 3 和图 4。

从电弧电流在上半周熄灭时起到下半周重新起弧时止的一段时间，称为零休期间。在零休期间，弧隙中有两种因素在"竞赛"，即弧隙中的介质恢复过程与电压恢复过程在同时进行，并且互相影响。

在图 1-23 的图 3 中，介质恢复强度曲线 u_{jf} 与电压恢复曲线 u_{hf} 有交点，所以弧隙被击穿，电弧重燃。在图 1-23 的图 4 中，由于介质恢复强度曲线 u_{jf} 与电压恢复曲线 u_{hf} 没有交点，且介质恢复强度曲线始终高于电压恢复曲线，两曲线没有交点，所以电弧不会重燃而熄灭。

我们由此得出一个重要结论：交流电弧的熄灭条件是

$$u_{jf}(t) > u_{hf}(t) \tag{1-8}$$

式（1-8）告诉我们，为了使交流电弧迅速熄灭，必须加强零休期间的消电离作用，以提高介质恢复强度曲线的斜率及位置，使它位于电压恢复曲线的上方。

我们来看低压电器在开断大电感电路时，电路中各个参数的时序波形图，如图 1-24 所示。

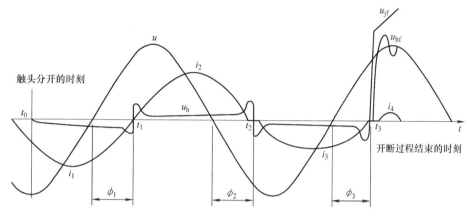

图 1-24　低压电器开断大电感电路时，电路中各个参数的时序波形图

在电感性电路中，电压超前于电流。在图 1-24 中，电弧燃烧经历了三个半波，其中 i_1、i_2 和 i_3 分别表示三个半波的电弧电流，t_1、t_2 和 t_3 分别表示三个半波的过零时刻。ϕ_1、ϕ_2 和 ϕ_3 分别表示三个相位角。u_{jf} 代表介质恢复强度，u_{hf} 代表电压恢复强度。

在触头未分开前，电弧电压为零。触头分开后，在第一个电流半波期间，由于触头刚刚分开，触头间的弧长很短，电弧电压 u_h 也不大，因此电弧电流的波形与原先的电流波形类似，变化不大，此时 $\phi_1 \approx 90°$。还是因为弧隙很短，间隙中的电离作用远超消电离作用，弧隙中的介质恢复强度 u_{jf} 的作用相对较弱，故在 t_1 时刻，电弧第一次过零时，当弧隙电压恢复强度 u_{hf} 上升到一定数值时，电弧重燃。

在第二个电流半波期间，弧长和电弧电压均较前增大了许多，电弧电流当然也畸变很多，表现在电弧电流的幅值减小，电弧电流过零前波形锐变，使 $\phi_2 < \phi_1$。虽然此时的介质恢复强度比前一个半波要大，但在第二个零休期间弧隙已经被击穿电弧重燃。

在第三个电流半波期间，弧长和电弧电压更大，电弧电流幅值更小，波形畸变更甚，且有 $\phi_3 < \phi_2$，弧隙介质恢复强度增强更多。于是在第三次零休期间，由于 $\phi < 90°$，电压恢复强度 u_{hf} 将低于介质恢复强度 u_{jf}，虽然弧隙中还有剩余电流 i_4 流过，但电路终于被开断。

这个例子充分地说明了介质恢复强度和电压恢复强度之间的关系，以及它们对交流电弧熄灭所起到的作用。

【交流电弧的近阴极效应和低压电器的限流】

近阴极效应是低压电器所特有的，它能帮助低压电器灭弧。近阴极效应只能用于低压电器，近阴极效应的解释如图 1-25 所示。

我们来看图 1-25 的左图。图中的开关开断时电流正好处于上正下负的状态，弧隙中的正离子向阴极运动，而电子则从阴极向阳极运动。当电流过零后，两电极改变极性，原来的阴极改变为阳极，原来的阳极改变为阴极，促使弧隙中带电粒子改变运动方向。

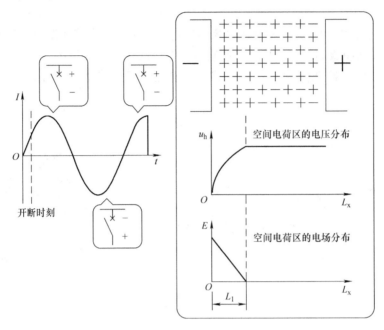

图1-25　近阴极效应的解释

再看图1-25的右图，图示为过零后的新阴极、新阳极和弧隙。由于自由电子的运动速度较正离子速度大过千倍，所以当电极极性刚刚改变时，电子迅速离开新阴极向新阳极运动，在新阴极附近只剩下正离子；另外，新阴极是原来的阳极压降区，这区域的正离子本来不多，且离电极较远，所以无足够的正空间电荷形成高电场，不能产生高电场发射以提供电子流；还有，对于电流小于100A的冷阴极，在电流过零瞬间，弧温下降致使不满足热发射的温度条件，因而也不能提供电子流。

这样一来，在电流过零瞬间，新阴极附近只有正离子，并且形成了正空间电荷区。又因为正离子活动能力差，弧隙就具有一定的介电强度。从电路的角度看，好像弧隙在电流过零后立即获得一定的耐压强度。这种现象，叫近阴极效应。

近阴极效应在电流过零后$0.1\sim1\mu s$形成。

近阴极效应所产生的耐压强度与电极材料及电极温度有关，对冷铜电极为250V左右。对于热铜电极，例如电流为100A的触头，耐压强度大约为160V。

表1-2为介质初始恢复强度u_{j0}与电弧电流i_h的关系。

表1-2　介质初始恢复强度u_{j0}与电弧电流i_h的关系

i_h/A	5	20	30	43	68	82	123	265	344	525	840
u_{j0}/V	340	261	210	190	180	170	142	98	65	43	30

从表1-2可以看出，u_{j0}随i_h增大而下降的原因，是由于电极热发射引起的。当热发射作用很强时，电流过零后弧隙类似阻值较高的导体，阴极效应将趋于不明显。

近阴极效应在短弧的条件下才明显。这里的短弧，指的是弧隙较短，弧柱压降可以忽略。此时近阴极效应在熄灭交流电弧中起主导作用，弧柱中的过程不起主要作用。

对于低电压（220V、380V）交流短弧的熄灭，近阴极效应能提高低压电器触头的初始耐压强度，对过电流能产生一定的限流作用。因此，广泛用于低压交流电器的熄弧中。

【交流电弧的灭弧方法】

灭弧方法之一：拉长电弧

拉长电弧，降低电场强度；或者将电弧分为许多短弧，使得电场强度无法维持电弧持续存在。

图 1-26 所示为交流接触器的桥式一次触头，下部的是定触头，上部的是动触头，触头中流过的电流是 I。当触头打开后，动静触头之间出现了电弧。我们用右手螺旋定则可以判断出磁力线方向是从外部进入纸面的；再用左手定则可判断出电流 I 对电弧产生的电磁力 F 方向向外，如图 1-26 中的 F 所示。

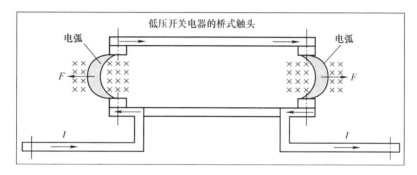

图 1-26　桥式触头中的电弧及其消散方向

电弧在力 F 的吹弧作用力下被拉长降温，同时还降低了电弧内部单位长度的电场强度，最终电弧被熄灭。

灭弧方法之二：利用冷却介质对电弧降温

图 1-27 所示为低压熔断器熔芯内的灭弧细沙，它利用细沙将电弧冷却降温直至熄灭。

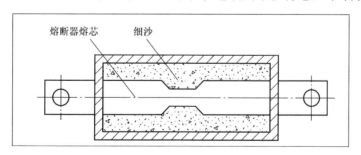

图 1-27　熔断器熔芯内填充细沙进行灭弧

灭弧方法之三：利用灭弧栅使得电弧降温灭弧

利用电磁力使得电弧进入到绝缘材料制作的灭弧窄缝中，让电弧强制降温，减小离子运动速度，加速等离子体中离子的复合作用。图 1-28 所示为灭弧栅灭弧示意图。

灭弧栅是一系列间距为 2～2.5mm 的钢片，它们被安放在低压开关电器的灭弧室中，彼此之间相互绝缘。

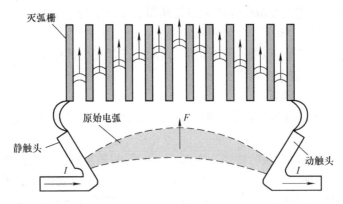

图 1-28　灭弧栅灭弧示意图

当动、静触头分开后产生了原始电弧。因为灭弧栅片的磁阻比空气小得多，因此电弧下部磁通密度远大于电弧上部的磁通密度，这种上下不对称的磁阻将电弧拉入灭弧栅中，随即电弧被灭弧栅分成许多相互连接的短电弧段。虽然每两片灭弧栅片可以看作是一对电极，因为灭弧栅电极之间是相互绝缘的，故其绝缘效果极强，使得这些短电弧段在受到灭弧栅的绝缘和冷却作用下强制降温熄灭。

灭弧栅不但能对电弧冷却降温，还能对电弧产生近阴极效应作用。

我们知道空气分子被电离后形成带正电的正离子和带负电的电子，正离子的质量远大于电子；我们还知道交流电流每周期有两次过零。当电弧进入到灭弧栅后，因为电流过零前后触头的阴极和阳极极性要发生改变，于是正、负离子的运动方向也要改变。在原先阳极附近的电子因为质量小很容易改变运动方向走向新阳极，而正离子因为质量大却不容易改变运动方向，它们几乎都停留在原先所处的位置，于是在新阴极附近因为缺少电子而出现断流，进而使得电弧被加速熄灭。

灭弧方法之四：将电弧密封在高压容器或者真空容器中

管状熔断器和真空断路器就采取这种方法灭弧。

由于低压电器中采用真空灭弧较为少见，故此处忽略。具体技术细节请读者参见其他读物。

1.1.4　低压电器的温升

1. 关于低压电器的温升

温升，指的是被测物体的温度与环境温度之差，单位是 K，即热力学温度。

电器各部分的极限允许温升为其极限允许温度与工作环境温度之差。周围环境温度的高低直接影响到电器的散热情况。例如我国标准规定周围空气的温度范围为 ±40℃。

为了保证电器工作的可靠性及一定的使用寿命，各国家的技术标准对电器各部分的极限允许温升都有明确的规定。

制定电器各部分极限允许温升的依据是，保证电器的绝缘体不至因温度过高而损坏，或使工作寿命过分降低；导体和结构部分不至因温度过高而降低其力学性能。

当金属材料的温度高达一定数值以后，其机械强度就会显著降低，如图 1-29 所示。

机械强度开始显著下降时的温度称为材料的软化点。软化点不仅与材料种类有关，而且是加热时间的函数，加热的时间越短，材料达到软化点的温度越低。以铜为例，长期发热时它的软化点约为 100 ~ 200℃，短时发热时它的软化点增高到 300℃左右。电器中裸导体的极限允许温度应小于材料的软化点。

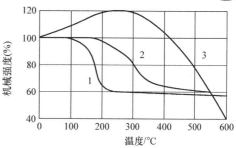

图 1-29 　 金属材料的机械强度与温度的关系
1—连续发热的铜　 2—短时发热的铜　 3—钢

对于接触区域的金属材料，其最高允许温升主要取决于接触电阻（接触区域的附加电阻）的稳定性。对于触头材料，除考虑机械强度外，还要考虑氧化和其他问题。一旦接触区域的温度过高，触头区域接触电阻将迅速增加，同时，接触电阻增加又导致接触区域的温度进一步增加，这是一个恶性循环的过程，严重的话，将造成触头系统发生熔焊事故。

因此，接触区域的接触部分允许温度一般都规定得比较低，比其单独作为连接导体时的允许温度要低。

绝缘材料和外包绝缘层的导体，其极限允许温度取决于绝缘材料的老化和击穿特性。当绝缘材料的温度超过允许工作温度时，材料便急剧老化，温度越高，老化越快，寿命越短。例如，在一定温度范围内，绝缘材料工作温度每增加 8 ~ 10℃，其材料的使用寿命就将缩短一半，这就是所谓的"8 度规律"。

当绝缘材料的温度超过一定极限后，其击穿电压也会明显下降。

对于短路电流下电器各部分的短时发热允许温升，我国标准尚未作统一规定。但是，其允许温度显然要比长期工作时大幅度提高。这时，对于控制电器来说，需要有良好的热稳定性，即在通过短路等大电流情况下不至于因发热而损坏。

一般要求，在短路电流引起的短时过载时，油中的裸导体不应该超过 250℃，不和有机绝缘材料或油接触的铜或者黄铜部件不应该超过 300℃，铝的击穿电压在任何时候都不应该超过 200℃；固定接触连接部分的发热不应该超过其他部分载流导体的发热；电器主触头的温升应该控制在 200℃以内，对弧触头的要求是不能熔焊。

通常，极限允许温升 = 极限允许温度 − 工作环境温度。

2. 关于额定工作制

电器的发热温升与其加热过程和冷却过程有着紧密的联系，而这两个过程与电器的工作制有着紧密的联系。

额定工作制是对元件、器件或设备所承受的一系列运行条件的分类。我国电机行业采用了 IEC 34 − 1 标准规定的（S1 ~ S8）八种工作制分类。低压电器和电控设备多与电动机配套使用，故其工作制分类与之相似。

我国低压电器行业选择了 S1 ~ S3 三种工作制，并补充了 8h 工作制和周期工作制两种工作制，对辅助电路控制电器有 8h 工作制、不间断工作制、断续周期工作制和短时工作制四种标准工作制。

【8h 工作制】

8h 工作制实际上是电器的导电电路每次通以稳定电流时间不得超过 8h 的一种长期工作制。周期工作制则指无论负载变动与否，总是有规律地反复进行的工作制。

【S1 长期（不间断）工作制】

S1 长期（不间断）工作制指在恒定负载（如额定功率）下连续运行相当长时间，可以使设备达到热平衡的工作条件。这时系统中的元件必须正确选择，使其能无限期承载恒定负载电流而无需采取什么措施，并且不会超过元件本身所允许的温升。

【S2 短时工作制】

S2 短时工作制是与空载时间相比，有载时间较短的工作制。电器元件在额定工作电流 I_e 恒定的一个工作周期内不会达到其允许温升，而在两个工作周期之间的间歇时间又很长，能使元件冷却到环境温度值。因此，在 S2 工作制下，电器元件承载电流 $I_{S2} > I_e$，但不会超过允许温升。

S2 工作制时，有载时间 t_{S2} 也就是电器元件的升温时间，可以长到元件在此期间能达到允许温升的程度。负载电流 I_{S2} 越大，则允许的有载升温时间越短。当环境温度升高时，允许的有载时间也会相应缩短。

【S3 断续周期工作制】

S3 断续周期工作制指开关电器有载时间和无载时间周期性地相互交替分断接通，有载时间和无载时间都很短，使电器元件既不能在一个有载时间内升温到额定值，也不能在一个无载时间内冷却到常温。

断续周期工作制用通电持续率（负载因数）df 来描述，$df = t_{S3}/t_S$。

周期时间 t_S 是有载时间 t_{S3} 和无载时间 t_0 的总和。断续周期工作制是由一系列有载时间和无载时间组成的，即长短不同的一些有载时间被一些长短不同的无载时间所分隔，并且其组合顺序周期性地出现。

断续工作制是用电流值、通电时间和负载因数来表征其特性，负载因数是通电时间与整个通断操作周期之比，通常用百分数表示，其标准值为 15%、25%、40% 和 60%。

电器每小时能够进行的操作循环次数，叫做电器等级。电器等级见表 1-3。

表 1-3 电器等级及每小时循环次数

级别	每小时操作循环次数	级别	每小时操作循环次数	级别	每小时操作循环次数
1	1	120	120	12000	12000
3	3	300	300	30000	30000
12	12	1200	1200	120000	120000
30	30	3000	3000	300000	300000

对于每小时操作循环次数较高的断续工作制，制造厂应规定实际操作循环次数或根据制造厂规定的操作循次数来给出额定工作电流值，并应满足式（1-9）：

$$\int_0^T i^2 \mathrm{d}t \leqslant I_t^2 T \tag{1-9}$$

式中，T 是整个操作循环时间，单位是 s；I_t 是电器允许通过的电流，单位是 A。

式（1-9）没有考虑通断时的电弧能量。

另外，符合断续工作制的开关电器可根据断续周期工作制的特征标明。例如：每 5min 有 2min 流过 100A 电流的断续工作制可表示为：100A，12 级，40%。

3. 开关电器的温升与工作制的关系

开关电器的温升与工作制之间存在很紧密的关系。我们看图 1-30。

图 1-30 中所示的曲线是开关电器在长期工作制下的通电升温的曲线。下面的是初始温升等于零的曲线，上面的是初始温升等于 τ_0 的曲线，两条都是指数型曲线。

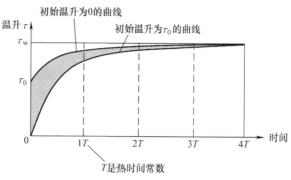

图 1-30　升温曲线及热时间常数

我们看到，开关电器在长期工作制下其温升经过 $4T$ 的时间后，开关电器的表面温升就到达它的稳定温升 τ_w。

这里的 T 叫做热时间常数。

热时间常数的表达式是 $T = mc/SK_t$。其分子为电器的热容量：m 是开关电器的质量，c 是开关电器的比热容，则 mc 代表质量为 m 的导体升温 1K 所消耗的热量；热时间常数表达式分母 SK_t 代表电器的散热能力，也即面积为 S（m^2）且温升为 1K 的电器导电结构每秒散失的热量。

通过换算可知，热时间常数的单位是 $\dfrac{kg\left(\dfrac{W \cdot s}{kg \cdot K}\right)}{m^2\left(\dfrac{W}{K \cdot m^2}\right)} = s$（秒）。

我们来认识一下热时间常数 T 与开关电器工作制的关系。

对于长期工作制，电器的工作时间远远长于 $4T$，而断电停止运行的时间也远远长于 $4T$。可见，长期工作制下的升温和降温时间均长于 $4T$，电器的表面温度相对稳定。

对于短时工作制，电器的工作时间短于 $4T$，而断电停止运行的时间则长于 $4T$。所以在短时工作制下，电器的表面温度相对较低，电器可以适当地加大功率。

对于断续周期工作制，电器的通电工作时间短于 $4T$，断电停机时间也短于 $4T$，因此电器表面的温度比较高，电器必须限定每小时起动次数。

我们看图 1-31，认识一下三种工作制温升曲线的区别。

在图 1-31 中，电器的通电工作时间是 t_w，电器的表面温升按长期工作制下的温升曲线到达 A 点，断电后电器的表面温升按长期工作制下的散热温升曲线下降。我们看到，电器的表面温升低于电器的稳定温升。

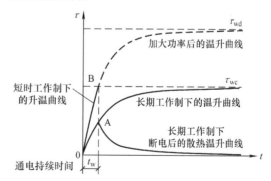

图 1-31　短时工作制的温升变化曲线

如果让短时工作制下的电器表面温升等于长期工作制下的稳定温升 τ_w，则电器的功率可以适当地加大。电器在加大后的电流作用下，沿着新温升曲线到达 B 点，然后断电降温。

设短时工作制下的功率过载系数是 P_p，电流过载系数是 P_i，则有

$$P_i = T/t_1, \quad P_p = \sqrt{T/t_1} \tag{1-10}$$

式中，T 是热时间常数；t_1 是工作时间。可见，短时工作制下电器的热过载能力与电器的热时间常数成正比，与通电时间成反比。

注意到短时工作制下电器的特征是：电器的通电时间小于 $4T$，断电时间则长于 $4T$。

我们看图 1-32 所示断续周期工作制下的温升曲线。

在图 1-32 中，电器在 t_1 时间内通电工作，接着断电，断电时间为 t_2，然后重复地通电工作 t_1 时间，再断电 t_2 时间，周而复始。t_1 加 t_2 的总长是 t。

不管是 t_1 还是 t_2，它们均小于热时间常数 T。由于电器的散热不彻底，温度会不断积累，使电器的温升越来越高，电器温升积累的结果，使得它的最终温升 τ_f 远超长期工作制下的稳定温升 τ_w，在 τ_{f1}（高位温升值）和 τ_{f2}（低位温升值）之间变化。

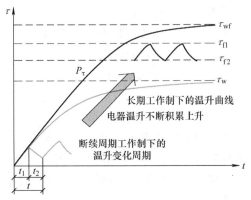

图 1-32 断续周期工作制下的温升曲线

在断续周期工作制下电流过载系数 P_i 和功率过载系数 P_p 的关系为

$$P_i = \sqrt{P_p} = \sqrt{t/t_1} \tag{1-11}$$

我们看到，在断续周期工作制下电器的表面温升是非常严重的。为此，必须对电器的通电持续时间加以限制。在实际工程和标准中，用通电持续率 TD% 来表示电器在断续周期工作制下的工作繁重程度。

$$TD\% = \frac{t_1}{t} \times 100\% \tag{1-12}$$

我们由式（1-12）看到，TD% 的值越大，工作时间越长，电器的工作任务就越繁重。在极限的情况下，TD% = 100%，也即长期工作制，此时电器将不允许过载运行。

电器工作制和热时间常数 T 的关系总结为表 1-4。

表 1-4 电器工作制和热时间常数 T 的关系总结

工作制类型	通电时间与热时间常数 T 的关系	断电时间与热时间常数 T 的关系	特点
长期工作制	大于 $4T$	大于 $4T$	稳定运行
短时工作制	小于 $4T$	大于 $4T$	可加大功率
断续周期工作制	小于 $4T$ 并反复工作	小于 $4T$ 并反复工作	必须限制每小时的通电次数

可见，热时间常数 T 是衡量电器工作制的一把标尺。

1.2 低压电器的电网条件和使用条件

低压电器的使用参数与电网条件和使用条件密切相关。

电网条件，就是电网的电压、运行电流和短路电流。特别是短路电流，它与低压电器的分断能力参数、动热稳定性参数和协调配合参数密切相关。

低压电器的使用条件包括温升、环境温湿度和散热条件、负载类型、工作制等。这些使用条件与低压电器的运行参数，例如额定电流和过载保护协调性等，都是密切相关的。

以下我们就来分析这些问题。

1.2.1　低压电器的电网条件

【无限大容量配电网】

无限大容量配电网是一个相对的概念，它是指电力系统的容量相对用户电网容量要大得多。如果电力系统容量大于用户电网容量 50 倍，或者短路点距离电源比较远使得系统阻抗大约为短路总阻抗的 5% ～ 10%，在这两种状态下系统母线上的电压基本不变。

设系统阻抗为 Z，短路总阻抗为 Z_K，并且 $Z = 5\% Z_K$，系统电压为 U_P。于是当配电网发生短路时，用户电网电压或者短路点电压 U 的表达式见式（1-13）。

$$U = U_P \frac{Z_K}{Z_K + Z} = \frac{U_P}{1 + \dfrac{Z}{Z_K}} = \frac{U_P}{1 + (5\% \sim 10\%)} \approx (0.91 \sim 0.95) U_P \tag{1-13}$$

我们从式（1-13）中看到短路前后电压 U 基本不变，我们把具有这种特性的电网称为具有无限大容量的配电网。无限大容量配电网通常是指中、高压配电网，电压 U 特指电力变压器中、高压侧的母线电压。

低压配电电源一般是 10/0.4kV 的电力变压器，相对中、高压配电网低压配电网的电源和线路阻抗要大得多，因此低压配电网不属于无限大容量配电网。

尽管如此，由于短路时间十分短暂，我们在考虑低压配电系统时仍然能按短路前后系统电压基本不变来计算短路电流，只有当发生深层短路时变压器低压侧的电压才显著跌落。即便发生了深层短路，变压器中压侧的电压仍然保持基本不变。

所谓深层短路是指发生短路后短路电路的保护装置未动作，使得短路电路出现了稳态的短路电流，10/0.4kV 的电力变压器低压侧电压将会大幅跌落，低压配电网电源侧母线电压将跌至额定电压的 50% 以下，而低压配电网二级配电设备线路侧的电压则将跌至额定电压的 15% 以下。

【三相短路过程分析】

无限大容量配电网的三相短路如图 1-33 所示。

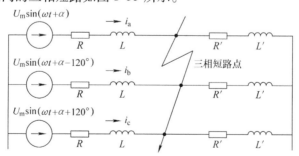

图 1-33　无限大容量配电网的三相短路

当供电系统发生短路故障前，电路中流过的是正常的负荷电流，这时系统处于正常运行的稳定状态。当发生短路故障后，系统进入了短路过程中。从图 1-33 中我们看到，系统中存在电感元件，电感元件的特性就是不允许流经电感的电流产生突变，必须经过一段时间后才能由正常运行的稳定状态转入深层短路的稳定状态。我们称此过渡过程为短路电流的暂态过程，把深层短路过程称为短路电流的稳态过程。

【短路电流的波形图】

我们来看图 1-34。

图 1-34 中：

i_p/I_p——短路电流交流分量瞬时值/短路电流交流分量有效值；

i_g/I_g——短路电流直流分量瞬时值/短路电流直流分量有效值；

i_{sh}/I_{sh}——短路电流全电流瞬时值/短路电流全电流有效值；

i_{pk}——冲击短路电流峰值；

I_s——短路电流在第一个半周期内的有效值；

i_k/I_k——持续短路电流瞬时值/持续短路电流有效值；

u——配电网电压；

i——配电网中正常的工作电流；

ϕ——u 与 i 之间的相位差。

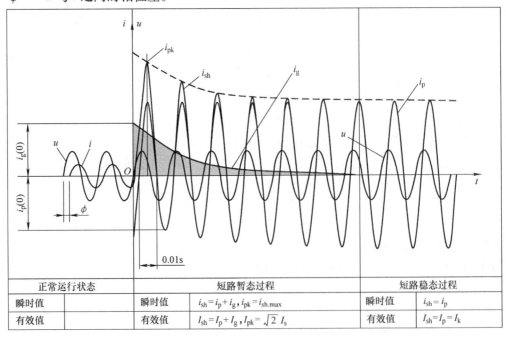

正常运行状态		短路暂态过程		短路稳态过程	
瞬时值		瞬时值	$i_{sh}=i_p+i_g$，$i_{pk}=i_{sh.max}$	瞬时值	$i_{sh}=i_p$
有效值		有效值	$I_{sh}=I_p+I_g$，$I_{pk}=\sqrt{2}\,I_s$	有效值	$I_{sh}=I_p=I_k$

图 1-34　短路电流分析

正常状态下 u 与 i 的波形在时间零点的左侧，这时线路中流过的电流是负荷电流 i，也即正常运行稳态过程。

当配电网在时刻零发生了短路，系统由正常运行过程转入短路暂态过程。由于短路前后电压 u 基本不变，电压 u 在短路电路的线路阻抗和短路阻抗上产生了短路电流。从图 1-34 中我们看到短路全电流 i_{sh} 分为短路电流的交流分量 i_p 和短路电流的直流分量 i_g。

我们需要特别关注冲击短路电流峰值 I_{pk} 与持续短路电流 I_k 的比值，以及冲击短路电流峰值 I_{pk} 出现的时间：是在短路后 10ms。

在国家标准 GB 14048.1—2012《低压开关设备和控制设备　第 1 部分：总则》的表 16

中，用试验电流 I 来代替持续短路电流 I_k，把冲击短路电流峰值 I_{pk} 与持续短路电流 I_k 比值叫作峰值系数 n。

我们看国家标准对峰值系数的定义：

标准号	GB 14048.1—2012			
标准名称	低压开关设备和控制设备　第 1 部分：总则			
条目	表 16			
内容	对应于试验电流的功率因数、时间常数和电流峰值与有效值的比率 n			
	试验电流 I/A	功率因数	时间常数/ms	n
	$I \leqslant 1500$	0.95	5	1.41
	$1500 < I \leqslant 3000$	0.9	5	1.42
	$3000 < I \leqslant 4500$	0.8	5	1.47
	$4500 < I \leqslant 6000$	0.7	5	1.53
	$6000 < I \leqslant 10000$	0.5	5	1.7
	$10000 < I \leqslant 20000$	0.3	10	2.0
	$20000 < I \leqslant 50000$	0.25	15	2.1
	$50000 < I$	0.2	15	2.2

峰值系数 n 对于低压电器来说极其重要，它是低压电器的设计和应用最基本的应用数据之一。

当短路进入稳态时，短路电流交流分量 i_p 就成为 i_k。因此在计算时，也可以用 i_p 来代替 i_k。

对于低压电器来说，当线路中出现短路时，由于线路保护元件开断短路电流需要一定的时间，因此低压电器的主电路会流过冲击短路电流峰值，并且对低压电器产生瞬时最大短路电动力的作用。也因此，i_{pk} 与低压电器的动稳定性参数相互关联起来。

短路电流会对低压电器的导电杆部分产生冲击电动力作用。短路电流电动力的计算式见式（1-14）。

$$F = \frac{\mu_0}{4\pi} I^2 \frac{2L}{d} K_c \tag{1-14}$$

式中，L 是导电杆长度；d 是两支导电杆的中心距；I 是流过导电杆的电流；K_c 是导体或者母线的截面系数。

【例 1-3】

设短路电流为 50kA，若某低压断路器的导电杆长度为 350mm，导电杆中心距为 60mm，截面系数 $K_c = 1$。将数据代入到式（1-14）中，得到

$$F = \frac{\mu_0}{4\pi} I^2 \frac{2L}{d} K_c = 10^{-7} \times (50 \times 10^3)^2 \times \frac{2 \times 350}{60} \times 1 \approx 2917\mathrm{N}$$

我们看到导电杆间的短路电动力为 2917N（牛顿），大约为 298 千克力。这对于低压电器的结构件来说，冲击强度并不大。

由于低压电器的尺寸不大，其导电杆长度有限，因此短路电动力也有限，故可忽略短路电动力的影响。

值得注意的是，由触头的电磁斥力表达式（1-5）可知，触头的动稳定性反而成为低压电器动稳定性的主要方面，见 1.1.2 节有关低压电器触头系统的描述。

针对变压器容量的短路电流计算方法，参见 4.2.1 节的说明及表 4-8 和表 4-9。

1.2.2 低压电器的热稳定性和动稳定性

1. 短路电流流过低压电器后的发热效应

短路电流流过低压电器后，低压电器内部的导电结构和触头系统会剧烈发热。

对于导电结构来说，如果瞬态温度超过一定值，它的机械强度会急剧下降，例如铜的瞬态软化点温度是 330℃。因此，对于电器的导电结构来说，忍受短路电流的热冲击也是有限度的。

开关电器导电结构流过短路电流后的最高温度计算式如下：

$$\begin{cases} \theta_k = \dfrac{1}{\alpha_0} \left[(1+\alpha_0\theta_0) e^{\frac{\rho_0\alpha_0 t_k J_k^2}{c\gamma}} - 1 \right], 短路电流用电流密度 J 表示 \\[3mm] \theta_k = \dfrac{1}{\alpha_0} \left[(1+\alpha_0\theta_0) e^{\frac{\rho_0\alpha_0 t_k I_k^2}{S^2 c\gamma}} - 1 \right], 短路电流用电流强度 I 表示 \end{cases} \quad (1\text{-}15)$$

式中，θ_0 是开关电器内正常的导体温度；θ_k 是短路终止时导体的温度；ρ_0 是 0℃ 时导体的电阻率；α_0 是 0℃ 时导体的电阻温度系数；I_k 是短路电流；J_k 是短路电流密度；t_k 是短路电流出现的时间；S 是导体截面积；γ 是导体材料的密度；c 为比热容。

我们来看一个例子：

【例 1-4】

某型断路器的 3s 的热稳定电流是 20kA。该断路器的导电杆的材料是紫铜，直径是 22mm，比热容 $c = 395 W \cdot s/(kg \cdot K)$，密度 $\gamma = 8.9 \times 10^3 kg/m^3$，电阻率 $\rho_0 = 1.7 \times 10^{-8} \Omega \cdot m$，电阻温度系数 $\alpha_0 = 0.0043$（1/℃）。当短路发生时，导电杆的温度是 66.4℃。我们来计算该导电杆的热稳定性。

首先计算导电杆的截面积 S（m^2）：

$$S = \frac{\pi}{4} \times D^2 = \frac{3.1416}{4} \times (22 \times 10^{-3})^2 \approx 3.8 \times 10^{-4}$$

把参数代入到式（1-15）中，计算如下：

$$\theta_k = \frac{1}{\alpha_0} \left[(1+\alpha_0\theta_0) e^{\frac{\rho_0\alpha_0 t_k I_k^2}{S^2 c\gamma}} - 1 \right]$$

$$= \frac{1}{0.0043} \left[(1+0.0043 \times 66.4) e^{\frac{1.7 \times 10^{-8} \times 0.0043 \times 3 \times (20 \times 10^3)^2}{(3.8 \times 10^{-4})^2 \times 395 \times 8.9 \times 10^3}} - 1 \right] \approx 122.8℃ < 250℃$$

根据国家标准，该型断路器的导电部分最高允许温度为 250℃，122.8℃ 小于 250℃，故该型断路器的热稳定性合格。

2. 低压开关电器热稳定性的意义和它的计算方法

我们已经知道，当低压配电网发生短路时，短路电流使开关柜内的母线、电缆和元器件等导电部件温度迅速升高。尽管线路保护装置会在很短的时间内切断短路电流，但由于时间短，导电部件来不及散热，所以短路电流所致导电部件的发热属于绝热过程，短路电流在开关电器内导电部件上产生的热量全部用来提高导体温度。

短路电流比正常电流大许多倍，所以导电部件的温度会上升到很高的数值。如果温度超过了低压开关电器的容忍极限，则开关电器将会受到破坏。我们来看开关电器导电结构在短路前后温度变化情况，如图 1-35 所示。

图 1-35 中，短路前的开关电器导电结构的温度为 θ_L，这是由正常的负荷电流引起的。在 t_1 时刻发生了短路故障，致使开关电器内部的导电结构温度迅速上升；在 t_2 时刻线路保护装置动作切断短路线路，开关电器内部导电结构的温度到达最高点 θ_k；其后因为线路已经被切断，所以温度按指数曲线下降到 θ_0，直到开关电器的导电结构温度与周围环境温度相同为止。

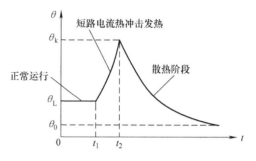

图 1-35　短路前后导体的温度变化

我们从图 1-35 中看到，开关电器的导电部件和触头系统必须在一段时间 $t = t_2 - t_1$ 内承受短路电流的热冲击。开关电器必须具备与此相关的能力和参数，这就是短时耐受电流 I_{cw}。

短时耐受电流，就是开关电器的热稳定性。

我们看 GB 14048.1—2012《低压开关设备和控制设备 第 1 部分：总则》中，有关短时耐受电流的定义：

标准号	GB 14048.1—2012
标准名称	低压开关设备和控制设备 第 1 部分：总则
等同使用的 IEC 标准号	IEC60947-1：2011，MOD

2.5.27　短时耐受电流 short-time withstand current
　　在规定的使用和性能条件下，电路或在闭合位置上的开关电器在指定的短时间内所能承载的电流。
4.3.6.1　额定短时耐受电流（I_{cw}）
　　电器的额定短时耐受电流是在有关产品标准规定的试验条件下电器能够无损地承载的短时耐受电流值，该值由制造商规定。

对于低压开关电器，短时耐受电流所指定的时间长度一般是 1s，在特殊情况下，时间长度也可调整到 3s。

我们知道，短路电流出现时，配电系统中的线路保护装置会执行短路保护，短路电流存在的时间很短暂，对于开关电器来说，短路过程相当于绝热过程。根据能量不变原则，我们可以推得如下转换式：

$$I_{k1}^2 t_{k1} = I_{k2}^2 t_{k2} \tag{1-16}$$

式中，I_{k1} 是先前的短路电流；t_{k1} 是先前的短路持续时间；I_{k2} 是当前的短路电流；t_{k2} 是当前的短路持续时间。

若已知 I_{k1} 和 t_{k1}，要求 t_{k2} 时间长度下的短时耐受电流 I_{k2}，我们把式（1-16）变形为

$$I_{k2} = I_{k1} \sqrt{\frac{t_{k1}}{t_{k2}}} \tag{1-17}$$

利用式（1-17），我们就可以求得在低压开关电器在不同时间长度下的短时耐受电流值。

我们把【例1-4】中的20kA短路电流折算成电流密度，得到 $J = 5261\text{A/cm}^2$。

电器设计规范中给出了在短路电流下允许电流密度的经验数值，见表1-5。

表1-5　短路状态下允许的电流密度经验数值　　　　　　　　　　　（A/cm²）

材料	热稳定时间 t_k/s		
	1	5	10
铜	15200	6700	4800
铝	8000	4000	2800
黄铜	7300	3800	2700

我们看到，【例1-4】中的电流密度 5261A/cm^2 在上表中找不到对应项。

我们令 $I_{k1} = 20\text{kA}$，$t_{k1} = 3\text{s}$，$t_{k2} = 1\text{s}$ 和 5s，我们利用式（1-17）来求 I_{k2}，分别是 34.64kA 和 15.49kA，折算成电流密度值为 9.11kA/cm^2 和 4.07kA/cm^2。我们从表1-5中看到这两个数值是符合要求的。

3. 低压开关电器的动稳定性

我们在1.1.2节"低压电器的触头系统"中谈到触头的动稳定性，在1.2.1节"低压电器的电网条件"中也谈到短路电流的电动力作用。这两节内容中均给出了计算公式，我们把它们罗列如下：

$$\begin{cases} F = \dfrac{\mu_0}{4\pi} I^2 \ln \dfrac{R}{r} & (1\text{-}5) \\[2mm] F = \dfrac{\mu_0}{4\pi} I^2 \dfrac{2L}{d} K_c & (1\text{-}14) \end{cases}$$

对于低压电器来说，由于它们的尺寸小，导电结构的长度 L 有限，因此式（1-14）所起的作用有限，反倒是式（1-5）所反映的触头电磁斥力（霍姆力）对触头的影响更大。因此，低压电器的动稳定性指的就是触头的电动稳定性。

由1.2.1节中讲解短路电流的图1-34知道，冲击短路电流峰值 i_{pk} 出现在短路后10ms，而短路保护电器完成故障线路的开断操作和熄弧需要接近50ms的时间，所以冲击短路电流峰值必定会流过相关的电器触头，并给触头带来的霍姆斥力引起的电弧烧蚀作用。

低压开关电器的动稳定性用低压电器能够承受的最大瞬态电流来定义的，也就是低压电器的短路接通能力，用符号 I_{cm} 来表示，我们将在1.3节介绍低压电器参数时讲解短路接通能力这个参数。

值得注意的是：低压电器的动稳定性参数（短路接通能力 I_{cm}）与热稳定性参数（短时耐受电流 I_{cw}）的比值就是短路电流的峰值系数 n，具体见1.2.1节的说明。

低压电器的动热稳定性是由 GB 14048.1—2012《低压开关设备和控制设备 第1部分：总则》定义的。

提醒：

我们知道低压电器是安装在低压开关柜中的。低压开关柜同样也有热稳定性与动稳定性。低压开关柜的热稳定性指的是母线系统的短时耐受电流，而动稳定性则是指母线系统的峰值耐受电流，详见 GB 7251.1—2013《低压成套开关设备和控制设备 第1部分：总则》中的相关说明。

作为电气工作者，一定不能把低压开关柜的动、热稳定性与低压电器的动、热稳定性相互混淆。

1.3　低压电器的主要应用参数

1.3.1　低压电器的通断任务

低压电器的通断任务有五种，分别是：隔离通断任务、空载通断任务、负载通断任务、电动机通断任务和短路通断任务。

1. 隔离通断任务

隔离通断任务是指开关电器能将配电网的电源与电气设备隔绝开来，以便电气人员在对电气设备进行检修时确保人身安全和设备安全。

这里的隔离既包括动、静触头之间的隔离，还包括带电体与接地零部件之间的电气间隙，以及带电体与相邻带电体之间的隔离。

为了能实现隔离通断任务，有关的低压开关电器的动、静触点之间必须具有明确的断点，并且其电气间隙的技术要求和爬电距离的技术要求必须符合相关的制造标准，有关电气间隙的标准参阅国际电工标准 IEC 60947-3 和中国国家标准 GB 14048.3—2008。如果在隔离期间需要确保电气设备一直处于无电状态，则执行隔离通断任务的低压开关电器其操作机构必须具有上锁的功能。

为了确保在整个隔离期间都不会出现带电状态，执行隔离通断任务的低压电器必要时可采用挂锁锁住。

2. 空载通断任务

空载通断任务是在无电流状态下接通或断开低压电网电路。

由于执行空载通断任务的低压电器一般不具备带负荷分断电路的能力，故在带负荷的状态下强制操作，其触点上产生的电弧将损坏低压电器。执行空载通断任务的低压电器如刀开关及负荷开关等，其中负荷开关具有一定的带负荷分断电路的能力。

3. 负载通断任务

负载通断任务是接通或断开正常的负荷电流。由于低压电器在进行负载通断时是带负荷的，故执行负载通断任务的低压电器必须具备接通与分断过电流的能力。确定低压电器执行带负载通断能力的标准是 GB 14048.1—2012，摘要如下：

> AC-21：1.5 倍额定工作电流 I_e；
>
> AC-22：3 倍额定工作电流 I_e；
>
> AC-23：8~10 倍额定工作电流 I_e。

负载通断任务与短路通断任务的区别在于：前者对电路执行过载的通断任务，而后者则对电路执行短路的通断任务。

4. 电动机通断任务

通断电动机的低压开关电器应当满足各种工作制下的各型电动机。一般用于通断电动机电路的接触器都具有 AC-3 的通断能力。

在 GB 14048.4—2010《低压开关设备和控制设备　第 4-1 部分：接触器和电动机起动器、机电式接触器和电动机起动器（含电动机保护器）》中的表 1 规定了接触器的使用类别及其代号：

标准号	GB 14048.4—2010			
标准名称	低压开关设备和控制设备　第4-1部分：接触器和电动机起动器、机电式接触器和电动机起动器（含电动机保护器）			
条目	表1：接触器和电动机起动器主电路通常选用的使用类别及其代号			
内容	电流	使用类别代号	附加类别名称	典型用途举例
	AC	AC-1	一般用途	无感或微感负载，电阻炉
		AC-2		绕线式感应电动机的起动、分断
		AC-3		笼型感应电动机的起动、运行和分断
		AC-4		笼型感应电动机的起动、反接制动或反向运行、点动

注：AC-3使用类别指的就是电动机的直接起动，但也可用于不频繁的点动或在有限的时间内反接制动。例如机械移动，在有限的时间内操作次数不超过1min内5次或者10min内10次。

5. 短路通断任务

执行短路通断任务一般采用各型断路器和熔断器。断路器是一种既能够通断负载电流、电动机电流和过载电流，还能够执行分断短路电流的开关电器。

低压电器有两类。第一类低压电器在发生短路时，除了能承受短路电流冲击外，还能主动地切断线路，具有这种功能的低压电器元件叫作主动元件。第二类低压电器在发生短路时，只能被动地承受短路电流的冲击，相应地此类低压电器元件叫作被动元件。

主动元件只有两种，就是断路器和熔断器，其余都是被动元件。

值得注意的是：短路通断任务更多的是如何开断短路电路，而短路接通任务则体现了开关电器忍受短路电流热冲击和电动力冲击的能力。见1.3.2节中的短路接通能力参数的描述。

1.3.2　有关低压电器的特性参数

低压电器的部分特性参数汇总见表1-6。

表1-6　低压电器的部分特性参数汇总表

序号	特性	符号	序号	特性	符号
1	额定不间断电流	I_u	8	额定短路分断能力	I_{cn}
2	额定工作电流	I_e	9	额定运行短路分断能力	I_{cs}
3	额定工作电压	U_e	10	额定极限短路分断能力	I_{cu}
4	额定绝缘电压	U_i	11	额定短路接通能力	I_{cm}
5	额定冲击耐受电压	U_{imp}	12	额定短时耐受电流	I_{cw}
6	约定自由空气发热电流	I_{th}	13	交接电流	I_B
7	约定封闭发热电流	I_{the}			

在有关低压电器分断能力的参数中，一类可归纳为有关低压电器开断性能的参数，一类可归纳为有关低压电器开断过程的时间参数。

由于参数众多，我们根据表 1-6 来粗略地分别探讨一番。

1. 有关低压电器最主要的电流参数和电压参数

（1）额定不间断电流 I_{u}

低压电器的额定不间断电流是由制造厂规定的参数，指该低压电器在长期工作制下，电器各部件的温升不超过规定极限值时所承载的电流值。

（2）额定工作电流（额定电流）I_{e}

低压电器的额定工作电流就是额定电流，它同样也是由制造厂规定的参数，是保证电器正常工作的电流值。

值得注意的是，额定电流与额定电压、电网频率、额定工作制、使用类别、触点寿命及防护等级等诸多因素有关。一个具体的低压电器，可以有一系列不同的额定工作电流与额定工作电压配套。在这一系列额定电流中有一个最大值，叫作壳体电流，也就是某种低压电器能够承载的最大工作电流。

IEC 60947 - 2 标准中规定额定电流 I_{e} 通常等于断路器的额定不间断电流 I_{u}。

（3）额定工作电压（额定电压）U_{e}

低压电器的额定工作电压是一个与额定工作电流配套组合共同确定电器用途的电压值，它与相应的试验和使用类别有关。

对于单极的低压电器，例如家用的微型断路器（空气开关），额定工作电压一般规定为跨极二端电压；对于多极的低压电器，额定工作电压规定为相间的电压。

额定电压一般是指相间电压，即线电压。我国国内大多数电压为交流 50Hz 380V（在变压器或者发电机的端口处空载电压为 400V），以及矿用负载电压为交流 50Hz 660V（变压器或发电机的端口处空载电压为 690V）。国外的电压还有 415V 和 480V 等。

（4）额定绝缘电压 U_{i}

额定绝缘电压与介电试验电压和爬电距离有关，是额定电压的最大值。

（5）额定冲击耐受电压 U_{imp}

低压电器的额定冲击耐受电压指的是在规定的条件下，电器能够耐受而且不发生击穿的冲击电压峰值。

值得注意的是，额定冲击耐受电压 U_{imp} 的冲击波形形状和电压峰值都是专门规定的。

对于低压电器来说，它的额定冲击耐受电压应当等于或者大于该处电路中可能出现的过电压规定值。

（6）约定自由空气发热电流 I_{th}

约定自由空气发热电流 I_{th} 指在规定条件下，对不封闭环境下低压电器在自由空气中进行温升试验，如果在 8h 工作制下，各部件的温升不超过规定极限值时所能承载的最大电流值。

（7）约定封闭发热电流 I_{the}

约定封闭发热电流 I_{the} 指在规定条件下，对规定外壳中的低压电器进行温升试验，如果在 8h 工作制下，各部件的温升不超过规定极限值时所能承载的最大电流值。

(8) 额定短路分断能力 I_{cn}

电器的额定短路分断能力是由制造厂给定的参数，是指低压电器在规定的额定电压、频率、规定的功率因数（交流）或者时间常数（直流）等条件下，对低压电器产品测试并声称的分断短路电流的能力。

值得注意的是：在规定的条件下，额定短路分断能力是用预期分断电流值（短路电流交流分量的有效值）来表示的。

(9) 额定运行短路分断能力 I_{cs}

额定运行短路分断能力为低压断路器的参数。

额定运行短路分断能力指低压断路器可连续承载其额定电流能力的分断能力。

在实际应用中，额定运行短路分断能力体现在断路器执行线路短路分断任务后，仍然能继续使用。由此可知额定运行短路分断能力对断路器来说属于非破坏性的技术要求，具体解释见第 2 章有关断路器运用参数的解释。

(10) 额定极限短路分断能力 I_{cu}

此额定极限短路分断能力为低压断路器的参数。

额定极限短路分断能力指低压断路器不要求连续承载其额定电流能力的分断能力。

在实际应用中，额定极限短路分断能力体现在断路器执行完线路极限短路分断任务后，断路器已经损坏，不能继续使用。由此可知额定极限短路分断能力对断路器来说属于破坏性的技术要求，具体解释见第 2 章有关断路器运用参数的解释。

(11) 额定短路接通能力 I_{cm}

额定短路接通能力是在额定工作电压下，按规定的频率、功率因数（交流）或者时间常数（直流），低压电器的制造厂所规定的短路接通能力的电流值。在上述规定条件下，额定短路接通能力用最大预期短路电流峰值来表示。

额定短路接通能力体现了电器承受短路电流瞬时最大电动作用力的能力。因此，额定短路接通能力被称为低压电器的动稳定性参数。

有关低压电器的动稳定性参见 1.2.2 节的内容。

(12) 额定短时耐受电流 I_{cw}

额定短时耐受电流是在规定的条件下，低压电器能够无损地在一段时间内承载短路电流的能力，体现出低压电器承受短路电流发热冲击的能力。因此，额定短时耐受电流被称为低压电器的热稳定性参数。

与额定短时耐受电流相对应的延迟时间应当不小于 0.05s，优选值如下：

$$0.05s - 0.1s - 0.25s - 0.5s - 1s$$

低压电器最常见的额定短时耐受电流 I_{cw} 对应的延迟时间是 1s。不同于 1s 的延迟时间的短时耐受电流 $I_{cw.t}$ 与之转换的方法是

$$I_{cw.t} = \frac{I_{cw}}{\sqrt{T}} \tag{1-18}$$

在低压电器的型式试验时，低压电器的额定短时耐受电流最小值是按额定电流来选择的。当额定电流小于等于 2500A 时，额定短时耐受电流最小值可按 $12I_n$ 或 5kA 中最大者来选择；当额定电流大于 2500A 时，额定短时耐受电流最小值可按 30kA 来选择。

有关低压电器的热稳定性参见 1.2.2 节的内容。

（13）交接电流 I_B

交接电流指的是两个过电流保护电器的时间—电流特性曲线的交点处的电流值。

对于低压电器而言，交接电流最典型的例子就是断路器（或者熔断器）与接触器之间的 SCPD 协调配合关系。这个关系，将在第 2 章有关低压电器型式试验的章节中重点阐述。

2. 有关低压电器的若干时间参数

（1）断开时间

开关电器从断开操作开始瞬间起到所有极的弧触点都分开瞬间为止的时间间隔。

（2）燃弧时间

电器分断电路过程中，从（弧）触点断开（或熔断体熔断）出现电弧的瞬间开始到电弧完全熄灭为止的时间间隔。

（3）闭合时间

开关电器从闭合操作开始瞬间起到所有极的触点都接触瞬间为止的时间间隔。

图 1-36 所示为电流过零熄弧式断路器在分断时的电流与电压过程。

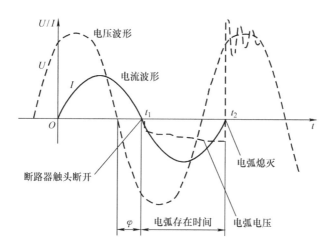

图 1-36　电流过零熄弧式断路器在分断时的电流与电压过程

图 1-36 中的断路器触头在 t_1 时刻断开，由于电压已经将动、静触头之间的空气击穿，故触头之间出现电弧，此电弧延续到电流过零时才熄灭。所以这种断路器被称为电流过零熄弧式断路器。

从图 1-36 中，我们能看到低压开关的断开时间和燃弧时间。

需要说明的是：绝大多数低压断路器都属于电流过零熄弧式断路器。

3. 使用类别

低压电器的使用类别与某电器的额定工作电流倍数、额定工作电压倍数及相应的功率因数或者时间常数、短路性能、选择性有关，也与低压电器额定接通和分断能力有关。

不同类型的低压电器元件使用类别不尽相同，主电路的低压电器各有其配套的使用类别。常见的低压电器使用类别表见表1-7。

表1-7 低压开关设备和控制设备使用类别表

交流		
使用类别	应用场合	有关标准
AC – 12	电阻负载和光耦合器输入回路中半导体负载的控制	GB/T 14048.5—2017
AC – 13	带变压器隔离的半导体负载控制	
AC – 14	小容量电磁负载（最大72VA）的控制	
AC – 15	电磁负载（大于72VA）	
AC – 20	空载时的闭合和释放	GB/T 14048.3—2017
AC – 21	阻性负载包括适度过载的通断	
AC – 22	混合的阻性和感性负载包括适度的过载通断	
AC – 23	电动机负载或其他高电感负载的通断	
AC – 1	无感或低感负载、电阻炉	GB 14048.4—2010
AC – 2	绕线转子异步电动机的起动和停止	
AC – 3	笼型电动机的起动和停止	
AC – 4	笼型电动机的起动、反接制动或反向转动运转、点动	
AC – 140	控制维持电流≤0.2A的小型电动机，或者接触式继电器	GB/T 14048.10—2016
AC – 31	无感或微感负载	
AC – 33	包括电动机、阻性负载和达到30%白炽灯的混合负载	
AD – 35	控制放电灯负载	
AC – 36	白炽灯负载	
AC – 40	配电线路	GB 14048.9—2008
AC – 41	无感或微感负载、电阻炉	
AC – 42	绕线转子异步电动机的起动和停止	
AC – 43	笼型异步电动机的起动、运行中停止	
AC – 44	笼型异步电动机的起动、反接制动、反向运行、点动	
AC – 45a	控制放电灯的通断	
AC – 45b	白炽灯的通断	
AC – 51	无感或者微感负载、电阻炉	IEC60947 – 4 – 3
AC – 55a	气体放电灯的通断	
AC – 55b	白炽灯的通断	
AC – 56a	变压器的通断	
AC – 56b	电容器组的通断	

（续）

交流		
使用类别	应用场合	有关标准
AC - 8a	具有手动复位过载脱扣器的密封制冷压缩机中的电动机控制	
AC - 8b	具有自动复位过载脱扣器的密封制冷压缩机中的电动机控制	
AC - 7a	家用电器和类似用途的微感负载	
AC - 7b	家用设备中的电动机负载	
交流或者直流		
A	无额定短时耐受电流要求的电路保护	GB 14048.2—2008
B	有额定短时耐受电流要求的电路保护	
直流		
DC - 1	无感或低感负载、电阻炉	GB 14048.4—2010
DC - 3	并励电动机的起动、反接制动或反向转动、点动、电阻制动	
DC - 5	串励电动机的起动、反接制动或反向转动、点动、电阻制动	
DC - 6	白炽灯的通断	
DC - 12	电阻负载和光耦合器输入回路中半导体负载的控制	GB/T 14048.5—2017 GB/T 14048.10—2008
DC - 13	电磁铁的控制	
DC - 14	在回路中带经济电阻的电磁负载控制	
DC - 20	空载时闭合和释放	GB/T 14048.3—2017
DC - 21	阻性负载包括适度过载的通断	
DC - 22	联合的阻性和感性负载包括适度的过载通断	
DC - 23	强电感负载的通断	
DC - 40	配电线路	GB 14048.9—2008
DC - 41	无感或者微感负载、电阻炉	
DC - 43	并励电动机的起动、反接制动、反向运转、点动和动态分断	
DC - 45	串励电动机的起动、反接制动、反向运转、点动和动态分断	
DC - 46	白炽灯通断	
DC - 31	阻性负载	GB/T 14048.11—2016
DC - 33	电动机负载或者混合负载（包括电动机）	
DC - 36	白炽灯负载	

4. 低压电器的操作频率和使用寿命

低压电器的操作频率与通断任务密切相关。对于不同的低压电器，其操作次数有极大的不同。例如低压配电网的主进线开关只有在检修时才脱离电网进行分闸操作，而交流接触器甚至允许每小时操作数百次以上。

在选用低压电器时必须合理地选择操作频率和使用寿命。

（1）低压电器的允许操作频率

低压电器每小时内可能实现的最高操作次数与负载性质有很大的关系。例如一台纺织机械的捻丝机，它要求电动机每 5s 就进行一次正反转操作，于是执行正反转操作的接触器每 5s 就要动作一次。再例如楼宇中央空调机组冷却塔风机的接触器，它就属于长时工作制的，闭合后一般一日或者数日才打开一次。

在实际应用中，了解低压电器在额定工作条件下允许的操作频率非常重要。若低压电器的操作频率远低于其工作制要求的操作频率，则该低压开关电器必然很快就损坏了。

（2）低压电器的机械寿命

低压电器的机械寿命是以某低压电器在空载时所能达到的通断次数来定义的，它取决于机械运动的零部件磨损状况。对于断路器之类的低压电器，由于其额定电流大，因而接触力也大，通断操作时需要克服的力也大，所以机械寿命相对较短；对于交流接触器之类的低压电器，由于工作时需要克服的接触力较小，所以机械寿命较长。

（3）低压电器的电寿命

有关低压电器电寿命的定义是：将某低压电器带负载执行通断测试操作，观察该低压电器在通断过程中的触头磨损状况，当发现该低压电器的触头因为电气磨损已经报废时，则试验中所记录的通断次数被定义为该低压电器的电寿命。

低压电器的触头在带负载的方式下进行通断操作，触头要承受负载接通时的电弧烧蚀，还要承受负载断开时的电弧烧蚀，同时还可能伴随着触头振动而产生的接触烧蚀。

关于低压电器触头的有关描述见本章 1.1.2 节。

1.4　有关低压电器的国家标准和应用规范

低压电器产品，首先必须符合本国的标准。为了参与国际竞争，还必须符合国际标准 IEC 出版物的要求。

常用的低压电器产品中国国家标准和国际标准对照表见表 1-8。

表 1-8　常用的低压电器产品中国国家标准和国际标准对照表

标准号	标准名称		与 IEC 出版物的关系
GB 14048.1—2012	低压开关设备和控制设备	第 1 部分：总则	等同 IEC60947 - 1
GB/T 14048.2—2008	低压开关设备和控制设备	第 2 部分：断路器	等同 IEC60947 - 2
GB/T 14048.3—2017	低压开关设备和控制设备	第 3 部分：开关、隔离器、隔离开关及熔断器组合电器	等同 IEC60947 - 3
GB/T 14048.4—2010	低压开关设备和控制设备	第 4 - 1 部分：接触器和电动机起动器　机电式接触器和电动机起动器（含电动机保护器）	等同 IEC60947 - 4
GB/T 14048.5—2017	低压开关设备和控制设备	第 5 - 1 部分：控制电路电器和开关元件　机电式控制电路电器	等同 IEC60947 - 5 - 1
GB/T 14048.6—2016	低压开关设备和控制设备	第 4 - 2 部分：接触器和电动机起动器　交流半导体电动机控制器和起动器（含软起动器）	等同 IEC60947 - 4 - 2

（续）

标准号	标准名称		与 IEC 出版物的关系
GB/T 14048.7—2016	低压开关设备和控制设备	第 7－1 部分：辅助器件　铜导体和接线端子排	等同 IEC60947－7－1
GB/T 14048.8—2016	低压开关设备和控制设备	第 7－2 部分：辅助器件　铜导体和保护导体接线端子排	等同 IEC60947－7－2
GB 14048.9—2008	低压开关设备和控制设备	第 6－2 部分：多功能电器（设备）控制与保护开关电器（设备）（CPS）	等同 IEC60947－6－2
GB/T 14048.10—2016	低压开关设备和控制设备	第 5－2 部分：控制电路电器和开关元件　接近开关	等同 IEC60947－5－2
GB/T 14048.11—2016	低压开关设备和控制设备	第 6－1 部分：多功能电器转换开关电器	等同 IEC60947－6－1
GB/T 17885—2016	家用类似用途机电式接触器		等同 IEC61095
GB 13539.1—2015	低压熔断器	第 1 部分：基本要求	等同 IEC60269－1
GB/T 13539.2—2015	低压熔断器	第 2 部分：专职人员使用的熔断器补充要求（主要用于工业的熔断器）	等同 IEC60269－1－87
GB/T 13539.3—2017	低压熔断器	第 3 部分：非熟练人员使用的熔断器的补充要求（主要用于家用和类似用途的熔断器）	等同 IEC60269－3
GB/T 13539.4—2016	低压熔断器	第 4 部分：半导体器件保护用熔断器的补充要求	等同 IEC60269－4
GB/T 13539.6—2013	低压熔断器	第 6 部分：太阳能光伏系统保护用熔断体的补充要求	等同 IEC60269－2－1
GB 16895.5—2012	低压电气装置	第 4－43 部分：安全防护过电流保护	等同于 IEC60364－4
GB 16916.1—2014	家用和类似用途的不带过电流保护的剩余电流动作断路器（RCCB）	第 1 部分：一般规则	等同 IEC61008－1
GB 16916.21—2008	家用和类似用途的不带过电流保护的剩余电流动作断路器（RCCB）	第 21 部分：一般规则对动作性能与线路电压无关的 RCCB 的适用性	等同 IEC61008－2－1
GB 16916.22—2008	家用和类似用途的不带过电流保护的剩余电流动作断路器（RCCB）	第 22 部分：一般规则对动作性能与线路电压无关的 RCCB 的适用性	等同 IEC61008－2－2
GB 16917.1—2014	家用和类似用途的带过电流保护的剩余电流动作断路器（RCCO）	第 1 部分：一般规则	等同 IEC61009－1

（续）

标准号	标准名称		与 IEC 出版物的关系
GB 10963.1—2005	电气附件 家用和类似场所用过电流保护断路器	第 1 部分：用于交流的断路器	等同 IEC60898 - 1
GB 10963.2—2008	家用和类似场所用过电流保护断路器	第 2 部分：用于交流和直流的断路器	等同 IEC60898 - 2

在 IEC 出版物中有关低压开关电器的标准汇总见表 1-9。

表 1-9　IEC 有关开关电器的标准汇总

IEC 标准号	标准内容
IEC60038	标准电压
IEC60146	半导体变换器 一般要求和线换流变换器
IEC60255	电气继电器
IEC60269 - 1	低压熔断器 一般要求
IEC60269 - 2	低压熔断器 非熟练人员使用的熔断器及其附加要求（家用和类似用途的熔断器）
IEC60287 - 1 - 1	电缆 额定电流的计算 额定电流方程式（100% 负荷率）和损耗计算通论
IEC60364	建筑物电气装置
IEC60364 - 1	建筑物电气装置 安全保护 基本原则
IEC60364 - 4 - 41	建筑物电气装置 安全保护 电击防护
IEC60364 - 7 - 701	建筑物电气装置 特殊装置和场所的要求 装有浴池和淋浴的场所
IEC60446	人机界面的基本和安全原则、标志和识别 用颜色或数字识别导体
IEC60479 - 1	电流对人和牲畜的效用 一般情况
IEC60479 - 2	电流对人和牲畜的效用 特殊情况
IEC60479 - 3	电流对人和牲畜的效用 通过人体和牲畜的电流效应
IEC60529	外壳的防护等级（IP 代码）
IEC60664	低压系统设备的绝缘配合
IEC60715	低压开关设备和控制设备的尺寸 开关设备和开关乃至设备的装置中用于支撑电气器件的标准安装轨道
IEC60755	剩余电流动作保护器件的一般要求
IEC60898 - 1	家用和类似场所用过电流保护断路器
IEC60934	设备用断路器 CBE
IEC60947 - 1	低压开关设备和控制设备 总则
IEC60947 - 2	低压开关设备和控制设备 低压断路器
IEC60947 - 3	低压开关设备和控制设备 开关、隔离器、隔离开关和开关熔断器
IEC60947 - 4 - 1	低压开关设备和控制设备 接触器和电动机起动器
IEC60947 - 4 - 2	低压开关设备和控制设备 交流半导体电动机控制器和起动器
IEC60947 - 5 - 1	低压开关设备和控制设备 控制电路电器和开关元件机电式控制电路电器
IEC60947 - 5 - 2	低压开关设备和控制设备 接近开关

（续）

IEC 标准号	标准内容
IEC60947 – 6 – 1	低压开关设备和控制设备　多功能设备　自动转换开关设备
IEC61000	电磁兼容（EMC）
IEC61140	电击防护　电气装置和设备的通则

1.5　低压配电网的各类接地系统

正确地理解为何接地和如何接地，对于使用低压电器来说十分重要，它是安全用电的理论基础。

因此，电气工作者对本章的基础知识应当有深刻的认识和详尽的理解。

1.5.1　低压配电网的系统接地和保护接地

低压配电网的接地有两种类型的基本连接点：

【第一种基本连接点】

低压配电网电气回路中的导体或电气设备外壳与大地连接。

【第二种基本连接点】

低压配电网的等电位体接地部分与代替大地的某一导体相连接，也即系统以此导体的电位为参考电位，而不以大地的电位为参考电位。

第一种基本连接点与大地连接，因此对接地电阻有要求。第二种基本连接点因为不取大地电位为参考电位，故与大地之间没有接地电阻的要求，只要求等电位联结系统具有较低的阻抗即可。

1. 低压配电系统中的两类接地

【系统接地】

系统接地是指低压配电网内电源端带电导体的接地，通常低压配电网的电源端是指变压器、发电机等中性点的接地。

【保护接地】

保护接地是指负荷端电气装置外露导电部分的接地，其中负荷端电气外露导电部分是指电气装置内电气设备金属外壳、布线金属管槽等外露部分。

我们来看图 1-37。

图 1-37 中的负载发生了 L1 相碰壳事故，负载可导电的外壳对地电压 U_f 上升为相电压，I_d 为接地电流。可以看到接地电流 I_d 从负载的外壳中经过负载侧接地电阻 R_a 流入地网，再经过系统接地电阻 R_b 返回到电源中。

系统接地的作用是：使系统取得大地电位为参考电位，降低系统对地绝缘水平的要求，保证系统的正常和安全运行。

2. 低压配电网的接地范例

图 1-38 所示为低压配电网的接地系统。

图 1-38 中可以看到低压配电系统中有两台电力变压器，变压器的三条相线和 PEN 线通过母线槽引至低压成套开关设备的进线断路器。

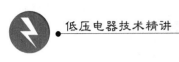

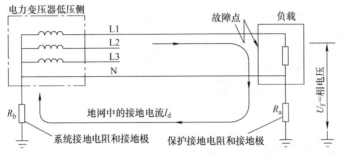

图 1-37　接地系统中的系统接地和保护接地

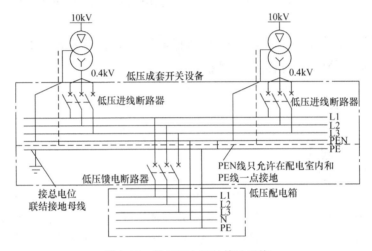

图 1-38　低压配电网的接地系统

在 0.23/0.4kV 低压系统中广泛采用变压器中性点直接接地的运行方式,从变压器的低压侧直接引出中性线和保护线。中性线的代号是 N,保护线的代号是 PE,保护中性线的代号是 PEN。

中性线 N 取自于电力变压器低压侧按星形联结的三相绕组公共端。中性线 N 和相线一同为使用相电压的负荷提供电能,同时中性线上也流过三相系统中的不平衡电流和单相电流。

保护线 PE 则取自于接地点,其用途是保护人身安全,一般用于连接带电负荷的金属外壳和构架等,以及平时可能不带电但发生故障时可能带电的设备外露可导电部分。

保护中性线 PEN 为 N 和 PE 的综合,有时也被称为零线(TN – C 系统)。

在低压开关设备中,我们看到 PEN 线在低压开关柜主母线的某处接到低压配电室的总等电位联结母线上,实现接地。注意到在整个系统中,只有在此处 N(或 PEN)和 PE 才相接,其他任何地方的 N(或 PEN)和 PE 相互之间都是绝缘的。

IEC 标准规定自变压器(或发电机)中性点引出的 PEN 线(或 N 线)必须绝缘,并只能在低压配电盘内一点与接地的 PE 母线连接而实现系统接地,在这点以外任何之处不得再次接地,否则将有部分中性线电流通过非正规路径返回电源。

3. 非正规路径的中性线电流

未通过正规路径返回电源中性点的中性线电流被称为非正规路径中性线电流。非正规路径中性线电流可能引起如下问题：

1）非正规路径中性线电流一旦流过不正规导电通路，可能引起电气火灾；

2）非正规路径中性线电流如果以大地为通路返回电源，可能腐蚀地下基础钢筋或金属管道等金属部分；

3）非正规路径中性线电流的通路与中性线正规通路两者可形成一封闭的大包绕环，环内的磁场可能干扰环内敏感信息技术设备的正常工作。

注意：从 PEN 线引出的 PE 线因不承载工作电流，它可多次接地而不产生非正规路径中性线电流。

4. 保护接地的作用

保护接地的作用是将电气装置内外露可导电部分接地，见图 1-37。

若图 1-37 中低压电网的电压等级为 0.23/0.4kV，当其 L1 相与电气设备外壳发生碰壳事故后，设备外壳的对地电压 $U_f = 0.23kV$，人体一旦接触后会发生人身伤害事故。如果电气设备的外壳实施了保护接地，U_f 为 I_d 在 R_a 上的电压降再加上地网电压降，此值远远小于电源相电压，由此实现了人身安全防护和杜绝电气火灾的作用。

保护导体的连续性对电气安全十分重要，必须保证接地通路的完整。IEC 规定包含有 PE 线的 PEN 线上不允许装设开关和熔断器，以杜绝 PE 线被切断。

IEC60364 – 1《建筑物电气装置—安全保护—基本原则》和国家标准 GB 16895—2012 都对接地连接的一些术语给出了明确的定义，定义见表 1-10。

表 1-10　IEC60364 – 1 中定义的与接地连接相关的技术术语

术语名称	意义
大地	大地上任何一点的电位取为零电位
接地极电阻	接地极与大地间的接触电阻
接地线	连接电气装置的总接地端子与接地极的保护性导线
外露导电部分	电器设备的外露导电部分，它可能被人体接触但正常情况不带电，故障状态下可能带电
保护线	用于电击防护的导线。保护线需要连接如下部分： 1）电器设备的外露导电部分 2）低压成套开关设备的外壳上可导电部分 3）接地极 4）电力变压器的中性点或电气系统的中性点 5）总接地端子
保护导体连接线	用以实现等电位联结的保护线
总接线端子	将保护线与接地极连接起来的端子或母线

将所有可能被触及的金属固定物体和电器设备的外露可导电部分做有效的保护导体连接对防止人身电击伤害是非常有效的。对于金属固定物体和电器设备外露可导电部分的分类见表 1-11。

表1-11 金属固定物体和电器设备的外露可导电部分的分类

开关设备 ●低压成套开关设备	各类金属门板 骨架 金属走线槽 各类金属铰链
电器设备 ●电器设备的外露金属部分	各类安装横梁和纵梁 金属底板 金属操作手柄 各类金属隔板
电缆通道和母线槽	电缆通道的金属构件 电缆的金属防护套 母线槽支撑架 母线槽外壳金属部分
建筑物	建筑物结构件 金属或钢筋混凝土构件 钢结构 预制钢筋混凝土结构件 金属覆盖面 金属墙覆盖面

1.5.2 各类低压接地系统

1. 低压配电网的接地形式

低压配电网的接地形式需要考虑三方面的内容：

1）电气系统的中性线及电器设备外露导电部分与接地极的连接方式；

2）采用专用的 PE 保护线还是采用与中性线合一的 PEN 保护线；

3）采用只能切断较大的故障电流的过电流保护电器还是采用能检测和切断较小的剩余电流的保护电器作为低压成套开关设备的接地故障防护。

接地系统分 TN、TT 和 IT 三种类型，这些接地系统的文字符号的含义见表1-12。

表1-12 接地系统文字符号的含义

第一个字母说明电源与大地的关系	
T	电源的一点（通常是中性点）与大地直接连接，T 是法文 Terre "大地" 一词的首字母
I	电源与大地隔离或电源的一点经高阻抗与大地直接连接，I 是法文 Isolation "隔离" 一词的首字母
第二个字母说明电气装置的外露导电部分与大地的关系	
T	电气装置的外露导电部分直接接大地，它与电源接地无直接联系
N	电气装置外露导电部分通过连接电源中性点而实现接地，此电源中性点已经接地，N 是法文 Neutre "中性点" 一词的首字母

低压配电网的接地系统包括 TN 系统、TT 系统和 IT 系统，而 TN 接地系统又可细分为 TN - C、TN - S 和 TN - C - S 三种，如图1-39所示。

2. TN 系统

按表1-12中符号的意义可知 TN 系统的电源中性点是不经阻抗直接接地的，同时用电

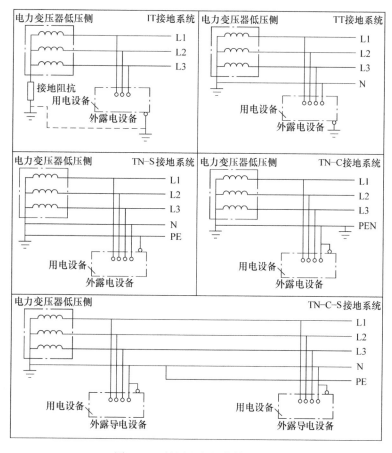

图 1-39 低压配电网的接地系统

装置的外露导电部分则通过与接地的中性点连接而实现接地。TN 系统按中性线和 PE 线的不同组合方式又分为三种类型：

类型 1：TN－C 接地系统：TN－C 在全系统内 N 线和 PE 线是合一的，其中 C 是法文 Combine "合一" 一词的首字母，见图 1-39。

类型 2：TN－S 接地系统：TN－S 在全系统内 N 线和 PE 线是分开的，S 是法文 Separe "分开" 一词的首字母，见图 1-39。

类型 3：TN－C－S 接地系统：TN－C－S 在全系统内仅在电气装置电源进线点前 N 线和 PE 线是合一的，而电源进线点之后即分为 N 和 PE 两根线，见图 1-39。

TN 接地系统的特征是：

1）强制性地要求将用电设备外露导电部分和中性点接通并接地。

2）TN 接地系统中的单相接地故障电流被放大为短路故障电流，所以 TN 系统属于大电流接地系统。因此在 TN 系统下可利用断路器或熔断器的短路保护作用来执行单相接地故障保护。

3）在 TN 接地系统中发生第一次接地故障时就能切断电源。

（1）TN－C 接地系统及特征

TN－C 系统中的中性线 N 和保护线 PE 在整个过程中作为 PEN 导线敷设，TN－C 系统属于三相四线制带电导体系统,见图 1-39,TN – C 接地系统故障保护如图 1-40 所示。

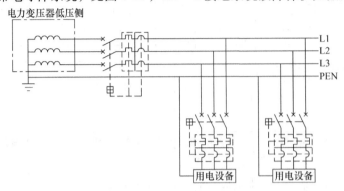

图 1-40　TN – C 接地系统的接地故障保护

　　TN – C 系统要求在用电设备的内部范围内设置有效的等电位环境,且需要均匀地分布接地极,所以 TN – C 能同时承载三相不平衡电流和高次谐波电流。为此,TN – C 的 PEN 线应当在用电设备内与若干接地极相连,即重复接地;其次,当 TN – C 系统的用电设备端 PEN 线断线后则外壳将带上与相电压近似相等的电压,其安全性较低。为了消除这种影响,也要求在 PEN 线上采取重复接地的措施。正是因为 TN – C 采取了 PEN 线重复接地的措施,使得系统不能使用剩余电流动作保护装置。

　　值得注意的是:TN – C 系统的 PEN 线定义中,"保护线"的功能优于"中性线"的功能。所以 PEN 线首先接入用电设备的接地接线端子,然后再用连接片接到中性线端子。

　　(2) TN – S 接地系统及特征

　　TN – S 系统中的中性线 N 和保护线 PE 在整个过程中各自独立分开敷设,但在电源端两者合并在一起接入电源设备的中性点,电源设备的中性点直接接地。TN – S 系统为三相四线制带电导体系统,见图 1-39,TN – S 接地系统的接地故障保护如图 1-41 所示。

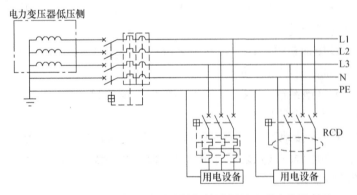

图 1-41　TN – S 接地系统下的接地故障保护和剩余电流保护

　　(3) TN – C – S 系统

　　TN – C – S 系统中的中性线和保护线前部分按 PEN 导线敷设,后部分各自分开敷设,且分开后不能再合并,见图 1-39。

　　TN – C – S 系统的 TN – C 部分适用于不平衡负载,而 TN – C – S 系统的 TN – S 部分适用于平衡负载。TN – C – S 系统可以配套使用剩余电流动作保护装置,只是后部的 TN – S 系统其 PE 线不能穿过剩余电流动作保护装置的零序电流互感器铁心。

3. IT 接地系统

按表 1-12 中符号的意义可知 IT 系统的电源中性点是不接地或者经过高阻抗（1000～2000Ω）接地的，其用电设备上的外露导电部分则直接接地，见图 1-39。

IT 系统的三条相线与地之间存在泄漏电阻和分布电容，这两种效应一起组成了 IT 系统对地泄漏阻抗。以 1km 的电缆为例，IT 系统对地泄漏阻抗 Z_g 为 3000～4000Ω。

在 IT 系统中发生单相接地的故障时，电网的接地电流很小，产生的电弧能量也很小，电力系统仍然能维持正常工作状态，一般地，IT 系统多用于对不停电要求较高的场所，例如矿山的提升机械、水泥砖窑生产机械装置以及医院手术室供电等。

IT 系统为三相三线制带电导体系统，如图 1-42 所示。

由于 IT 系统的某相对地短路后另外两相对地电压会升高到接近线电压，若人体触及另外的任意两条相线后，触电电流将流经人体和大地再经接地相线返回电网，此电流很大足以致命。为此，IT 系统的现场设备必须配备剩余电流动作保护装置 RCD，见图 1-42。

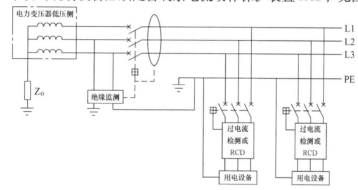

图 1-42　IT 接地系统的绝缘监测和 RCD 保护

IT 接地系统的应用特性如下：

1）能提供最好的供电连续性；

2）IT 接地系统可以省略中性线的敷设，减少了投资费用；

3）当出现第一次接地故障时发出报警信息，操作人员可对系统实施必要的故障定位和故障排除，从而有效地防止了供电中断；

4）当发生第二次异相接地故障时能起动过电流保护装置或剩余电流动作保护装置 RCD切断用电设备的电源。

4. TT 接地系统

按表 1-12 中符号的意义可知 TT 系统的电源的中性点是不经阻抗直接接地的，其用电设备上的外露导电部分也是直接接地的。TT 系统中系统接地和保护接地是分开设置的，在电气上不相关联。

TT 接地系统的特征是应用于三相四线制且所有终端用电设备的外露可导电部分均各自由 PE 线单独接地，见图 1-39。

从图 1-39 中可以看出，TT 系统中电源变压器的中性点直接接地，而所有用电设备的外露导电部分与单独的接地极相连接。TT 系统的用电设备端接地极和电源接地极之间可以不相连，但也可以相连。

在 TT 系统中使用中性线时要充分注意到中性线的连续性要求：TT 系统的中性线不允许中断。若 TT 系统的用电设备必须要分断中性线，则中性线不允许在相线分断之前先分断，同时中性线也不允许在相线闭合之后再闭合。

TT 系统发生单相接地故障时，因为电网中的接地电流比较小，往往不能驱动断路器或熔断器产生接地故障保护分断操作。正是由于 TT 系统的单相接地电流较小，所以 IEC 对 TT 系统最先推荐使用剩余电流动作保护装置，如图 1-43 所示。

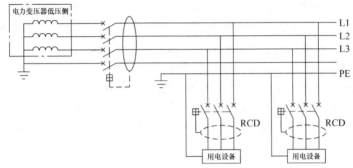

图 1-43　TT 接地系统的接地故障 RCD 保护

1）TT 电源接地系统的设计和安装较为简单，适用于由公用电网直接供电的电气装置；

2）TT 电源接地系统运行时不需要安装绝缘监测装置；

3）在 TT 电源接地系统中要使用剩余电流 RCD 保护装置，其中剩余电流在 30～100mA 可作为人身电击伤害防护，而剩余电流在 500mA 以下可作为消防测量和防护；

4）在 TT 系统中，每次发生接地故障都将出现供电中断，但供电中断仅限于故障回路。

5. 低压配电网带电导体的分类形式

IEC 标准中按配电系统带电导体的相数和根数进行分类。其中"相"指的是电源的相数，而"线"指的是在正常运行时有电流流过的导线。

注意：当低压配电系统正常时，接地线 PE 是没有电流流过的，所以在 IEC 的低压配电网带电导体系统形式中接地线 PE 不属于"线"的范畴。

图 1-44 所示为若干种低压配电网带电导体的形式。

图 1-44 中的 a、b 是三相四线制带电导体系统形式，这是应用最广的带电导体系统形式。

图 1-44a 中除了三根相线外，还有一根中性线或者兼具有中性线 N 和接地线功能的 PEN 线；图 1-44b 中除了三根相线外，还有一根中性线 N 和接地线 PE。

图 1-44c、d 和 e 是三相三线制带电导体系统形式。它们的特点是电源输出的电压仅为线电压，没有相电压。其中变压器绕组有星形和三角形两种。

图 1-44f 是两相三线制带电导体系统形式，它的特点是可以引出 120/240V 两种电压。240V 供较大负荷使用，而 120V 则供小负荷使用，对人身安全防护更为有利。

图 1-44g 和 h 是单相两线制带电导体系统形式，其中图 1-44g 用三相变压器构成单相两线制的低压配电网带电导线系统形式，图 1-44h 则用单相变压器构成单相两线制的低压配电网带电导线系统形式。图 1-44h 因为没有中性线，因此对于用电设备来说更安全。

图 1-44i 是单相三线制带电导体系统形式，其中变压器的两个绕组间相位角为零，两绕组的连接处引出线为 N 线，因此它被称为单相三线制。

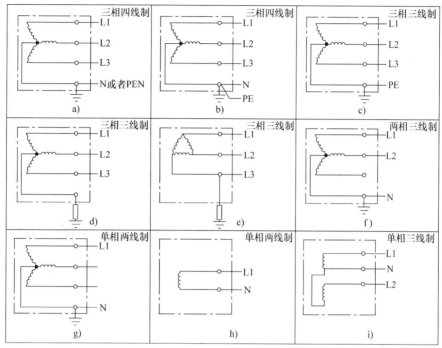

图 1-44　低压配电网带电导体系统的形式

注意：按 IEC 标准的规定，我国国内广泛使用的术语"三相五线制"是不存在的。这里所谓的"五线"，是把地线 PE 也算作线了。但根据 IEC 标准，我们已经知道 PE 不能算线。也因此，基本的 TN 接地系统应当是三相四线的线制。

6. 各类电源接地系统的选用准则和应用范例

从人身电击伤害的角度来看各类电源接地系统，则其效果都是一样的，因此各类电源接地形式与安全准则无关。

各类电源接地系统的选用准则见表1-13，选用电源接地系统的形式主要考虑到如下方面。

1）某些情况下必须强制采用某种电源接地系统，例如医院的手术室必须采用 IT 系统；

2）低压电网要求不间断供电的水平；

3）接地系统要满足低压配电网的运行要求和运行条件；

4）接地系统要满足低压配电网和负载的其他特性。

表 1-13　各类电源接地系统的选用准则

电气特性	TT	TN – S	TN – C	IT	说　明
故障电流	—	—	—	√	IT 系统会产生非常小的第一次接地故障电流
故障电压	—	—	—	√	IT 系统第二次接地故障的接触电压等于线电压
过电压	√	√	√	√	在 IT 系统中第一次接地故障时将产生持久的相线对地的过电压

(续)

电气特性	TT	TN-S	TN-C	IT	说明
瞬时过电压	√	—	—	√	大故障电流时 TT 和 IT 可能产生瞬时过电压
PE 线的瞬时不等电位	√	—	—	√	TT 和 IT 在大故障电流下 PE 线会出现瞬时不等电位
发生接地故障时出现电压暂时性降落	—	√	√	√	因为 TN 系统将接地故障放大为短路故障，因此在大故障电流下会发生电压暂时性降落；IT 系统在第二次接地故障时因为已经出现相间短路，所以也会出现电压暂时性降落
人身电击防护	√	√	√	√	所有接地形式均符合标准
消防或兼有消防和人身电击保护使用的剩余电流动作保护装置 RCD	√	√	不允许安装	√	在有火灾危险的低压电网中禁止采用 TN-C
第一次接地故障时切断电源	√	√	√	—	只有 IT 系统允许第一次接地故障时继续运行
必须使用的设备	√	—	—	√	TT 系统必须使用 RCD，IT 系统必须使用绝缘监测装置
接地极的数量	√	—	—	√	TT 系统要设两个独立的接地极，IT 系统可设置 1 个或 2 个接地极
电缆或母线的数量	—	—	√	√	TN-C 和 IT 系统的电缆或母线的数量较少
接地故障后电气设备的损坏程度	√	—	—	√	发生大故障电流后 TT 系统会发生一定程度的设备损坏，IT 系统则会产生比较严重的设备损坏

注：1. 由于大电流接地故障会增加 TN-C 系统的危险性，因此在易发生火灾的场所，例如煤矿、油田、化工等场所不能使用 TN-C 电源接地系统。

2. 某些情况下必须强制采用某种电源接地系统。例如：医院的手术室必须采用 IT 系统。

3. 低压电网要求不间断供电的水平。

4. 接地系统要满足低压配电网的运行要求和运行条件。

5. 接地系统要满足低压配电网和负载的其他特性。

6. 无论采用何种电源接地系统，消防系统使用的 RCD 其整定值 $T_{\Delta n} \leqslant 500 \text{mA}$。

【例 1-5】

电源接地系统应用范例——某医院的低压配电网。

图 1-45 所示为某医院的低压电网示意图。

图 1-45 中可见，低压总进线电源的接地系统采用 TN-S，重要部门和科室采用市电进线互投供电；电梯、消防、MIS 信息中心和手术中心等一级负荷由市电和自备发电机互投确保供电；手术室的电源通过独立的电力变压器从 TN-S 系统转换为 IT 系统。

图中的手术中心的电源是利用电力变压器从 TN-S 电源接地系统中独立出来的特殊供电区域，该区域采用 IT 电源接地系统。

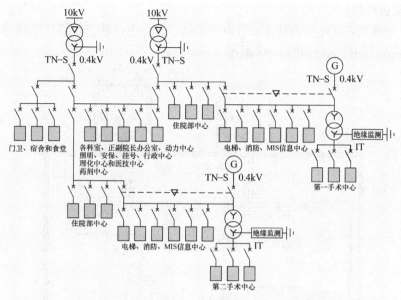

图 1-45 某医院的低压配电网示意图

此示例中说明：为了满足某种特殊需求，可采用利用电力变压器从低压电网中另行组建独立区域，在独立区域中可实现最佳的电源接地系统。

【例 1-6】

电源接地系统应用范例——同一电源引出不同的接地系统。

图 1-46 所示为从 TN－C 的系统中引出不同的接地系统示意图。

从图 1-46 中，我们看到从同一电源中可引出不同的接地系统。

在 TN－C 和 TN－C－S 系统中，在电气装置外的低压配电线路上需要将 PEN 线做重复接地。这样做的好处是，一旦 PEN 线发生断裂，或者不同级别低压配电系统中 PEN 线上出现中性线电压降后，重复接地可降低此电位。

从图 1-46 中看出，TT 系统和 TN－S 系统内中性线是不允许做重复接地的，否则将产生非正规路径中性线电流，引起不良后果。

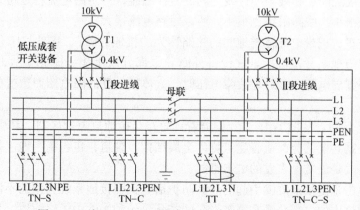

图 1-46 从 TN－C 的系统中引出不同接地系统的示意图

7. 总等电位联结

IEC 标准中强调在配电所内建立总等电位联结。总等电位联结是指在建筑物内电源进线处将可导电部分互相连通，如图 1-47 所示。

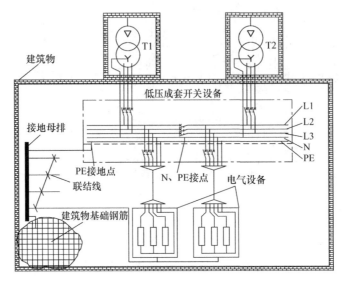

图 1-47 低压配电所内的等电位联结

建立等电位联结是为了减少人体同时接触不同电位引起的电击危险，以及防止雷电危害和抗干扰的要求。

在低压配电所内，有时用接地扁钢环绕内墙一周，以实现各处等电位。

建立变电所、配电所内的接地系统和等电位联结是一件很复杂的工作，而且与实际条件密切相关。

1.5.3 低压电器对接地故障的线路保护和人体电击防护

1. 带电导体间的短路与接地故障的区别

短路是指相线之间、相线与中性线之间的直接触碰，产生的电流就是短路故障电流。因为短路点的电阻很小，线路阻抗也很小，所以短路电流很大。

在 IEC 标准里，把带电导体与地间的短路称为"接地故障"。接地故障包括电气装置绝缘破损出现的故障现象，还包括电气设备外露导电部分发生相线碰壳事故时出现的故障现象。电气设备外露导电部分带对地故障电压时，人体接触此故障电压而遭受的电击，被称作间接接触电击。

我们来看图 1-48。从图 1-48 中我们能看到短路与接地故障的区别。其中的"地"指的是电气装置的外露导电部分，或者建筑物内金属结构、管道，也包括大地。接地故障引起的间接接触电击事故是最常见多发的电击事故。

间接接触电击是由接地故障引起的，其防护措施就因接地系统类型的不同而不同。间接接触电击防护措施中的一部分系在电气设备的产品设计和制造中予以配置，另一部分则是在电气装置的设计安装中予以补充，即间接接触电击的防护措施系由电气设备设计和电气装置设计相互组合来实现。

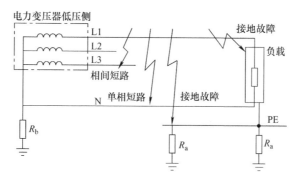

图 1-48 短路故障与接地故障的区别

低压系统接地故障不仅会危害低压成套开关设备的安全，还会危害人身和环境安全，造成电击伤害或引发电气火灾，因此接地故障的保护要从电击防护和电气火灾防护的角度来考虑。

2. 电击防护的一般性措施

（1）人体阻抗与安全电压

人体阻抗是阻容性的非线性阻抗，阻抗值随电压幅值、接触面积和压力大小不同而不同，且与人体皮肤的潮湿程度密切相关。标准规定：人体阻抗值按 $R_M = 1000\Omega$ 取值。

人体所能承受的最高电压称为安全电压 U_L。正常环境条件下，安全电压等于 50V。

（2）直接接触和间接接触

直接接触是指人体与正常带电的导体接触，间接接触是指人体与电气设备正常时不带电但在故障时带电的外露部分进行接触。

（3）电气设备电击防护方式分类

电气设备电击防护方式分为 0、Ⅰ、Ⅱ、Ⅲ 等四类，各类设备特征见表 1-14。

表 1-14 电气设备电击防护方式分类

设备编号	内 容
0 类设备	仅依靠基本绝缘作为电击防护手段的设备称为 0 类设备。该类设备一旦基本绝缘破坏或失效，将可能发生电击
Ⅰ 类设备	除了基本绝缘外，还有保护连接措施。即设备外露可导电部件还连接了一根 PE 导线（例如 ABB 的 MNS3.0 的各类门板均采用黄绿色 PE 导线接地），一旦基本绝缘失效，还可通过保护连接所建立的防护措施进行电击防护
Ⅱ 类设备	依靠双重绝缘或加强绝缘作为电击防护手段，此类设备在使用时可不考虑绝缘失效的可能性
Ⅲ 类设备	采用安全特低电压供电，使设备在任何情况下都不会出现高于安全电压的电压值

3. 直接接触的防护措施

直接接触的防护措施包括：

（1）将带电部分用绝缘材料完善地覆盖起来的防护措施

（2）用遮栏和隔离等防护措施

例如 ABB 公司的 MNS3.0 低压成套开关设备中为了防止固体物进入，采取了 IP3X 或

IP4X 以上的防护措施，并且带电的主母线和电气设备均采用隔板隔离，且所有金属外壳和可移动的各种金属板材均使用保护接地线与地直接连接。

（3）局部防护措施

采用阻挡物阻挡人的手臂伸向带电体。

（4）特殊防护措施

采用超低电压的防护措施。

4. 间接接触的防护措施

间接接触的防护措施包括：

（1）自动切断电源

为了保证能迅速而又有效地切断电源，必须根据接地通道的电压来决定和调整切断电源的速度，具体数值见表 1-15。

表 1-15　切断电源的时间与接地通道电压的关系表

	U_0	$50V < U_0 \leqslant 120V$	$120V < U_0 \leqslant 250V$	$250V < U_0 \leqslant 400V$	$U_0 > 400V$
接地系统	TN 或 IT	0.8s	0.4s	0.2s	0.1s
	TT	0.3s	0.2s	0.07s	0.04s

（2）特殊防护措施

采用超低电压的防护措施或者隔离变压器实施电气隔离。

5. 低压配电网中实现间接防护的方法

（1）TT 接地系统中实现间接防护的方法

TT 系统的特征就是电源接地极和用电设备的接地极是分开的，当用电设备发生接地故障时，接地电流的流通路径是，接地相→用电设备的外露导电部分→用电设备的接地导线→用电设备的接地极及接地电阻 R_L→地线电流通道→电源接地极及接地电阻 R_n→电源中性线 N，如图 1-49 所示。

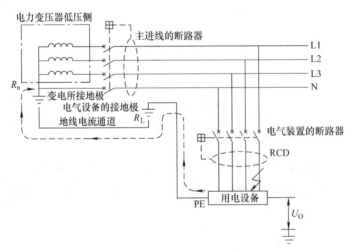

图 1-49　TT 系统接地故障电流的流通通道

从图 1-49 中可见，接地电流流经了用电设备接地极 R_L 和变电所电源接地极 R_n 的接地电阻，使得 TT 系统的接地故障电流相对较小，不足以驱动电流继电器等设备，所以 TT 系统必须采用剩余电流动作保护装置 RCD 来自动切断电源。

在 TT 系统中采用 RCD 行使自动切断电源的接地故障防护措施时，其动作灵敏度为

$$I_{\Delta n} = \frac{50}{R_L} \tag{1-19}$$

式中，$I_{\Delta n}$ 为 RCD 额定动作电流；R_L 为用电设备接地极的接地电阻。

【例1-7】

设配电所接地系统是 TT，电源接地极的电阻 $R_n = 4\Omega$，设用电设备接地极的电阻 $R_L = 30\Omega$，接地环路电流 I_O 为 4.5A，求接地故障的参数。

解： 接地故障的参数为

$$U_O = I_O R_L = 4.5A \times 30\Omega = 135V$$

$$I_{\Delta n} = \frac{50}{R_L} = \frac{50}{30} \approx 1.67A > 300mA$$

显然，用电设备外露导电部分 135V 的间接接触电压为远大于 50V 的安全电压，对操作者来说相当危险，需要配置动作电流为 300mA 的 RCD 来及时地切除此接地故障。

因为配电所电源接地极的电阻是 4Ω，接地环路电流在电源接地极电阻上产生的压降为 $4.5A \times 4\Omega = 18V$。若相电压 $U_n = 220V$，于是发生接地故障的相线故障点上的电压是 $220V - 135V - 18V = 67V$。这么高的电压有可能会造成导线发热甚至引发电气火灾。

（2）在 TN 系统中实现间接防护的方法

TN 系统的特征就是系统内的用电设备其外露导电部分通过保护线直接与电源的接地极相连。

虽然 TN－C、TN－S 和 TN－C－S 系统各自的接地保护方式不尽相同，但对于所有的 TN 系统来说，接地故障电流均放大为相线对中性线或者保护中性线的短路故障，所以原则上均可以采用过电流保护电器（断路器或熔断器）来切断电源。

我们来看 TN－C 系统接地故障电流的流通通道，如图 1-50 所示。

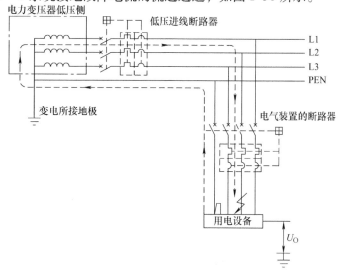

图 1-50　TN－C 系统接地故障电流的流通通道

需要注意的是，当发生接地故障而电源尚未切除之前，故障点处的接触电压 U_0 可能升高到超过 50% 的相电压。

在图 1-50 中，当 TN－C 系统中用电设备的中相对地发生了接地故障时，接地电流的流通路径是：接地相→用电设备的外露导电部分→用电设备的接地导线→PEN 线→电源中发生接地故障的相线。

一般 TN－C 系统是多点接地的，因此 TN－C 系统能够尽量降低用电设备外露导电部分的接地故障接触电压。

因为 TN 系统的接地故障实质上是短路故障，为了能够准确地确定过电流保护装置的动作参数，所以需要给出计算主回路短路电流的方法。

方法一：环路阻抗法

$$I = \frac{U}{\sqrt{(\Sigma R)^2 + (\Sigma X)^2}} \tag{1-20}$$

式中，$(\Sigma R)^2$ 为环路内所有电阻之和的二次方；$(\Sigma X)^2$ 为环路内所有感抗之和的二次方；U 为相电压。

运用环路阻抗法时，首先要计算出接地故障短路电流的环路中所有元器件的阻抗，而这项工作本身就是比较困难的工作，需要查阅相关的工程图表和元器件参数等。

方法二：回路阻抗法

$$I_{SC} = I_{EC} \frac{U}{U + Z_S I_{EC}} \tag{1-21}$$

式中，I_{SC} 为故障点上端的短路电流；I_{EC} 为环路末端的短路电流；U 为相电压；Z_S 为环路阻抗。

回路阻抗法可以用环路始端已知的短路电流来计算环路末端的短路电流，且环路阻抗为各元器件阻抗的代数和。

若认为 I_{SC} 与 I_{EC} 接近相等，则回路阻抗法可近似简化为

TN 系统接地故障电流为

$$I_d = \frac{U}{Z_S} \text{或者} 0.8 \frac{U}{Z_C} \geq I_a \tag{1-22}$$

式中，I_d 为接地故障电流；U 为相电压；Z_S 为接地故障电流环路阻抗，为故障点前的相线线路阻抗和故障点后保护线的线路阻抗总和；Z_C 为故障回路的环路阻抗；I_a 为使保护电器在规定的时间内动作的电流。

> **说明：**
> 1）从故障点接地极至电源接地极的阻抗远大于 Z_S 或 Z_C，故在计算中予以忽略。
> 2）因为馈出回路的导线截面积远远小于电源和母线系统的导线截面积，因此可以用从母线到用电设备电缆或导线阻抗作为 Z_S 的近似值。

【例 1-8】

若 TN－C 接地系统中某 32A 的馈电回路出口处发生了接地故障，且从母线至故障点再至 PEN 母线的阻抗为 86mΩ，求故障电流。

已知母线阻抗为 86mΩ，则故障电流为

$$I_\mathrm{d} = \frac{U}{Z_\mathrm{S}} = \frac{230\mathrm{V}}{0.086\Omega} \approx 2674\mathrm{A}$$

采用 ABB 公司的 Tmax T2N160TMD 32A 断路器就足以分断此接地故障电流了。查阅样本得知 T2N160TMD 是热磁式断路器，其瞬时短路磁脱扣电流是 $32 \times 10 = 320\mathrm{A}$，接地故障电流是断路器壳体电流的 $2674\mathrm{A}/320\mathrm{A} \approx 8.4$ 倍，断路器足以在不到 30ms 的时间内脱扣跳闸保护。

当低压电网采用 TN－S 系统时，在下列情况下必须使用 RCD 剩余电流保护电器：

1）不能确定环路阻抗。

2）故障电流特别小以至于过电流保护电器（例如断路器的过电流脱扣器）的动作时间不能满足系统要求。当馈电电缆截面较小；而长度又较长时会出现这种状况。

RCD 剩余电流保护电器一般均为毫安至数安之间，比接地故障电流低得多，故 RCD 剩余电流保护电器非常适合上述两种状况。

（3）在 IT 系统中实现间接防护的方法

IT 系统的特征是：电源的中性点与地绝缘，或者经过高阻接地；所有用电设备的外露导电部分经过接地极接地。

当 IT 系统发生第一次接地故障的电流很小，能满足 $I_\mathrm{d} \leqslant 50/R_\mathrm{A}$ 的要求而不出现危险的故障电压，既不会对人身产生电击伤害，也不会出现危害电气设备的现象，如图 1-51a 所示。

由于系统存在潜在的危害，所以 IT 系统必须配备绝缘监测装置对第一次接地故障进行报警，同时要迅速地查清故障点，及时予以排除。

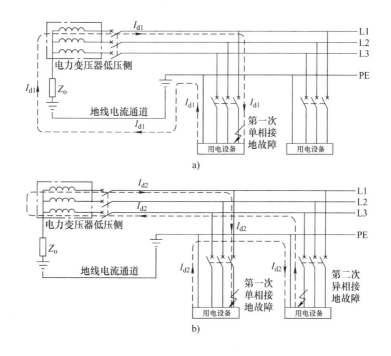

图 1-51　IT 系统发生接地故障时的接地故障电流流向

当系统中发生第二次不同相的接地故障时，IT 系统的接地故障电流流向如图 1-51b 所示。

在图 1-51b 中，IT 系统中左边的第一个用电设备 L3 相的接地故障尚未解除，而右边的第二个用电设备 L1 相又发生了接地故障。与第一次接地故障电流的流向不同的是第一个用电设备的接地故障电流不再流经地线电流通道进入电力变压器，而是流经地线通道进入第二个用电设备的故障相再流入电力变压器。显然，此时的接地故障电流已经变为相间的短路故障电流。

IT 系统第二次发生接地故障时的接地故障电流计算方法见式（1-23）

$$I_d = 0.8\,\frac{\sqrt{3}U_O}{Z_C} \tag{1-23}$$

式中，I_d 为接地故障电流；U_O 为相电压；Z_C 为故障回路的环路阻抗。

对于 IT 系统第二次发生的接地故障，利用断路器或熔断器的短路保护就足以切断电源了。

若 IT 系统中的用电设备单独接地，则当发生第二次接地故障时，接地电流要流经接地极的接触电阻，接地电流的强度将因此而受到限制。此时使用断路器或熔断器来行使保护就变得非常不可靠，需要采用更灵敏的 RCD 剩余电流保护电器来实现保护操作。

为了对 IT 系统的绝缘进行监测及线路保护，在 IT 系统的进线回路配套绝缘监测装置。绝缘监测装置的原理图如图 1-52 所示。

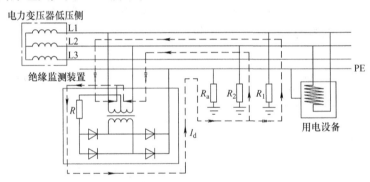

图 1-52　IT 系统的绝缘监测装置工作原理

图 1-52 中，绝缘监测装置接在 L1 相和 L2 相之间。绝缘监测装置中经过降压变压器和整流器输出一个直流电压。绝缘监测装置中的 R 与 PE 的绝缘电阻 R_a 和 L1 相的绝缘电阻 R_1 相串联，同时 R 也与 PE 的绝缘电阻 R_a 和 L2 相的绝缘电阻 R_2 相串联。当线路绝缘正常时，R_a、R_1 和 R_2 的阻值很大，故测量电流 I_d 很小，R 上的压降也很小；当 L1 相或者 L2 相的绝缘被破坏后，R_1 或者 R_2 的阻值变小，测量电流 I_d 急剧变大，R 上的压降也随之增大，绝缘监测装置由此产生对应的输出信息。

绝缘监测装置能实现的功能包括：

1）监测 IT 系统的第一次接地故障，当 IT 系统的绝缘水平降至某一规定值以下时即发出告警信息；

2）可作为过电流侦测装置，当 IT 系统发生第二次接地故障时通过断路器按 TN 系统切断电源；

3）可作为剩余电流侦测装置，当 IT 系统发生第二次接地故障时通过断路器按 TT 或 TN 系统切断电源。

绝缘监测装置只能用来监测 IT 系统的对地绝缘，而不能用来监测 TN 系统和 TT 系统的对地绝缘。道理很简单：因为 TN 系统和 TT 系统的电源中性点是直接接地的，于是 R_a 和 R 就被仅仅数欧的系统接地电阻所短接，当然也就无法侦测出系统的绝缘水平了。

正因为如此，IEC 标准中不提倡 IT 系统带中性线，避免破坏绝缘监测装置对 IT 系统绝缘状况的侦测能力。

值得注意的是：

如果用在一级配电且符合 IT 接地系统的低压成套开关设备（直接连接在电力变压器低压侧执行一级配电任务）与用电设备不在同一建筑物内，当发生第一次接地故障时，见图 1-51a，IT 系统事实上成为 TT 系统；

如果用在一级配电且符合 IT 接地系统的低压成套开关设备（直接连接在电力变压器低压侧执行一级配电任务）与用电设备在同一建筑物内，当发生第一次接地故障时，见图 1-51b，IT 系统事实上成为 TN 系统。

如果再次发生异相的接地故障，则系统将按 TT 系统或 TN 系统的方式切断电源。

1.5.4　低压电器中接地故障电流的测量方法

接地故障电流测量的依据如下：

$$I_G = K_{C1}\left(\sqrt{2}I_{L1}\sin \omega t + \sqrt{2}I_{L2}\sin\left(\omega t + \frac{2\pi}{3}\right) + \sqrt{2}I_{L3}\sin\left(\omega t + \frac{4\pi}{3}\right)\right) + K_{C2}I_N''$$
$$= I_T + I_N \tag{1-24}$$

式中，I_G 为接地故障电流；I_{L1}、I_{L2}、I_{L3} 为三相电流互感器二次电流；I_N'' 为中性线电流互感器二次电流；K_{C1} 为相电流互感器的电流比；K_{C2} 为中性线电流互感器的电流比；I_T 为三相不平衡电流；I_N 为中性线电流。

从式（1-24）中可以看出，I_G 实质上就是三相不平衡电流与中性线电流的矢量和，并且中性线电流 I_N 的电流方向与三相不平衡电流的方向相反。

一般相线电流互感器与中性线电流互感器的电流比不可能一致，因此在计算参数时需要将电流互感器的电流比输入到测算单元中。

接地故障电流的测量方法有三种，即 RS 系统测量方法、SGR 系统测量方法和 ZS 系统测量方法。三种测量方法罗列如下：

1. 测量剩余电流实现测量接地故障电流的方法：RS 系统

RS 系统的剩余电流检测方式利用电流互感器二次电流的矢量和计算出接地故障电流，适用于三相平衡低压电网或三相不平衡低压电网。

RS 测量方法的原理是：

在 RS 系统中，4 只电流互感器既可安装在断路器之外，也可一体化地安装在断路器之内成为断路器专用的电流测量部件。

例如 ABB 公司的 Emax 断路器，其内部就安装了 4 只电流互感器，由此实现测量三相电流和中性线电流，同时在保护脱扣器 PR120 中对 4 项电流参数进行计算和判断，由此实现接地故障的 G 保护功能和双 G 保护功能，如图 1-53 所示。

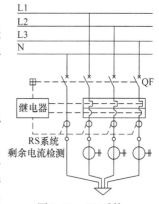

图 1-53　RS 系统

事实上，各种品牌的低压框架断路器内部用于测量电流的电流互感器（一般为罗氏线圈），其测量原理都是基于 RS 系统。见 2.5.1 节有关罗氏线圈的说明。

2. 通过测量 PE 线电流实现接地电流的检测方式：SGR 系统

由图 1-54 中可以看出接地故障电流的测量是通过安装在 PE 线返回电源端上的电流互感器 TA_0 实现的，TA_0 的二次电流输入到继电器中实现计算和输出控制。

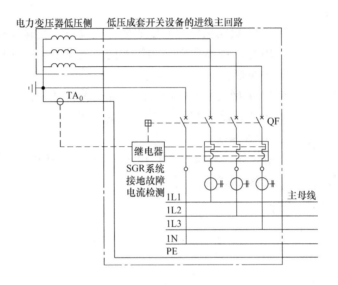

图 1-54　SGR 系统

电流互感器的中心孔可穿入保护线 PE，其二次电流输出端则连接到脱扣器对应的电流输入端口上。

显然，SGR 系统的测量结果与 RS 系统测量结果等效。

以 ABB 的 Emax 断路器为例，其电流互感器 TA_0（外接线圈和传感器）安装在断路器的外部，位于低压成套开关设备的 PE 线上，且靠近 PE 线与中性线 N 的结合点。电流互感器 TA_0 的二次电流输送到 Emax 断路器的电子脱扣器 PR122/PR123 中实现计算和控制。

3. 零序电流检测方式：ZS 系统

ZS 系统的测量方式如图 1-55 所示。

ZS 的方法需要配备零序电流互感器，并且将三相四线制的四根电缆（三根相线，一根中性线）都穿入其中，此时零序电流互感器二次电流的数值乘以电流比后直接反映了接地故障电流的大小。显然，ZS 系统的测量结果与 RS 系统的测量结果等效。

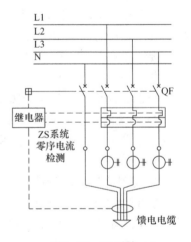

图 1-55　ZS 系统

虽然 ZS 系统能直接测量出接地故障电流，但 ZS 方法只能用在测量小电流的系统上。由于低压电网的电流大，电缆或母线的截面积也大，一般的零序电流互感器无法满足低压电网的测量尺寸要求。因此在低压电网中很少使用 ZS 系统。

1.5.5　低压电器和低压开关控制设备中的人身安全防护措施

带电部件的间接接触防护的意义是：防止在终端电器或终端用电设备的机壳上出现过高的接触电压而伤及人身，同时也提出若干种有效的方法避免出现过高的接触电压。

一般地，终端电器或终端用电设备的机壳在正常情况下是不带电的，但如果带电导体的绝缘受损则将使机壳带上电，人触及带电的机壳将受电击。

IEC 60364 - 4 - 41 和 GB/T 16895.9—2000 目前都将过高的接触电压规定为

1）大于 50V 的交流电压（有效值）；

2）大于 120V 的直流电压。

IEC 60364 - 4 - 41 和 GB/T 16895.9—2000 中将上述电压定义为对地电压。对于三相三线制的不接地供电系统，则上述电压定义为当某相接地后而出现在其他导线上的电压。

对于成套低压开关设备，为了防止间接接触，首先要对电力系统配套相应的保护措施与保护绝缘，且保护措施与保护绝缘必须与系统接地方式相适应；同时，还要求所有的电气设备应具备在发生漏电时能自动切断电源，防止事故的存在和扩大。

在各种漏电保护装置中，剩余电流动作保护器 RCD 是最好的一种，它不仅适用于 TT 和 TN 接地系统，也适应某些 IT 系统。

低压成套开关设备必须具有设置良好的保护电路，所有的柜体结构、柜门及机构、抽屉、抽出式部件等非载流回路金属结构部件都必须接地，并且接地的通路必须是连续的。

在 IEC 61439 - 1 和 GB7251.1—2013 中把保护导体的连续通道称为接地保护导体的连续性。

低压配电网中的人身安全防护和设备防护包括两方面的内容，其一是隔离防护，其二是接触防护。

隔离防护涉及的国际电工标准是 IEC 61140，对应的国家标准是 GB/T 17045—2008；接触防护涉及的国际电工标准是 IEC 60364，对应的国家标准是 GB16895；漏电电击防护的国际电工标准是 IEC 61008 - 1，国家标准是 GB/Z 26829—2008《剩余电流动作断路器的一般要求》和 GB16916《家用或类似用途不带过电流保护的剩余电流动作断路器的一般要求》。

（1）直接接触防护与隔离防护型式

在 IEC 61140：2001 中描述的直接接触防护与电压等级的高低无关，也就是说该标准是在任何情况下都必须遵守的强制性标准。

当直接接触发生在干燥的气候条件下且被接触的电压在交流 25V 以下或直流 60V 以下时，或者当低压电器或低压成套开关设备安装在封闭的电气工作场所时，允许放弃直接接触防护。

根据 IEC 61140：2009 的规定，最低防护型式必须达到 IP2X。

对于直接接触的防护包括完全防护和局部防护两类。完全防护采用绝缘材料、挡板、外壳或外罩等物体对带电部件进行隔离，此时的最低防护型式为 IP2X；对于局部防护，由于局部防护只是防止偶然的接触而不可能防护有意的直接接触，虽然局部防护也用防护罩、阻挡物、栅栏和挡板等物体进行阻隔，但局部防护的防护等级低于 IP2X。

需要进行电击防护和人身安全防护的电气操作包括：

1）微型断路器 MCB 和塑壳断路器 MCCB 的操作；

2）断路器 ACB 的操作，包括面板手柄操作和按钮操作；

3）电动机控制操作，包括按钮操作和控制开关操作；

4）仪表键盘和编程键盘操作；

5）热继电器、断路器、剩余电流保护装置、电压继电器等装置的脱扣复位操作；

6）更换熔断器熔芯、更换信号灯的灯泡等操作；

7）松开或插上连接片、插接元件等操作；

8）调节选择开关和程序控制器的操作；

9）整定仪器仪表、时间继电器、温度控制器、压力控制器的调节和控制量等操作。

以上这些操作一般均由专职人员来执行，若该操作由非专职人员来实施则必须具有完全的直接接触防护。

我们来看看有关防护型式 IP 等级的意义，见表 1-16。

表 1-16　防护型式 IP 等级的意义

数字	第 1 标识数字 表示防止直接接触危险部件和防止固体异物进入的防护程度		第 2 标识数字表示防止水进入的防护程度	
	简短说明	定义	简短说明	定义
0	无防护		无防护	
1	防止手背触及危险的部位　防止直径为 50mm 和大于 50mm 的固体异物进入	直径为 50mm 的探针和球必须与危险部位保持足够的距离　直径为 50mm 的探针和球不允许完全进入	防滴水	垂直滴落的水不允许造成有害的作用
2	防止用手指触及危险部件　防止直径大于或等于 12.5mm 的固体异物进入	直径为 12mm，长度为 80mm 的分节式试指必须与危险部位保持足够的距离　直径为 12.5mm 的探针和球不允许完全进入	防止以 15° 角度滴落的水滴滴入	当有以 15° 角度滴落的水滴时，不允许造成有害的作用
3	防止用工具触及危险的部件　防止直径大于或等于 2.5mm 的固体异物进入	直径为 2.5mm 的探针不允许进入　直径为 2.56mm 的探针根本不能进入	防淋水	与垂直线两侧成 60° 角度的淋水不允许造成有害的作用
4	防止用细丝触及危险的部件　防止直径大于或等于 1.0mm 的固体异物进入	直径为 1.0mm 的探针不允许进入　直径为 1.0mm 的探针根本不能进入	防溅水	来自任何方向的溅向外壳的水不允许造成有害的作用
5	防止用细丝触及危险的部件　防尘	直径为 1.0mm 的探针不允许进入　不能完全阻止尘埃进入，但尘埃的进入量不允许影响到电器的正常工作或安全性	防喷水	来自任何方向的喷向外壳的水不允许造成有害的作用

（续）

数字	第 1 标识数字 表示防止直接接触危险部件和防止固体异物进入的防护程度		第 2 标识数字表示防止水进入的防护程度	
	简短说明	定义	简短说明	定义
6	防止用细丝触及危险的部件 尘密	直径为 1.0mm 的探针不允许进入 尘埃不允许进入	防止强力的喷水	来自任何方向的强力喷向外壳的水不允许造成有害的作用
7			防止暂时的浸水影响	当外壳在标准规定的压力和时间条件下浸入水中时，水的进入不允许引起有害的作用
8			防止持久潜水时产生的影响	当外壳在制造厂与用户协商规定的条件下必须持久地潜在水中时，水的进入量不允许引起有害的作用。然而，协商规定的条件要比标识数字 7 更苛刻

对于低压开关柜来说，默认的 IP 防护等级为 IP40 或 IP41。

IP 防护等级中的第 1 标识数字表示防止直接接触到开关设备中危险部件和防止固体异物进入开关设备的防护程度，这是 IP 中体现人身安全防护的部分。

IP 防护等级中的第 2 标识数字表示防止水进入开关设备的防护程度，这是 IP 中体现设备安全防护的部分。

从低压开关柜的使用来看，低压配电所的工作人员都希望低压开关柜能有较高的 IP 防护等级，但较高 IP 防护等级却直接影响了低压开关柜的散热效率，造成低压开关柜全面降容，甚至会因为发热严重而造成系统停止运作或发生故障，所以低压成套开关设备的设计者和使用者在确定低压开关柜的方案和结构时务必注意到这一点。

（2）间接接触防护与低压成套开关设备中的保护导体连续性

带电部件的间接接触防护的意义是：防止在终端电器或终端用电设备的机壳上出现过高的接触电压而伤及人身，同时也提出若干种有效的方法避免出现过高的接触电压。

一般地，终端电器或终端用电设备的机壳在正常情况下是不带电的，但如果带电导体的绝缘受损则将使机壳带上电，人触及带电的机壳将受电击。IEC 60364 - 4 - 41 或 GB/T 16895.9—2000 目前都将过高的接触电压规定为：大于 50V 的交流电压（有效值），大于 120V 的直流电压。

IEC 60364 - 4 - 41 或 GB/T 16895.9—2000 中将上述电压定义为对地电压。对于三相三线制的不接地供电系统，则上述电压定义为当某相接地后而出现在其他导线上的电压。在 IEC 60364 - 4 - 41或 GB/T 16895.9—2000 中介绍了以下保护措施：

1）采用双重绝缘或加强绝缘进行保护；

2）设置不接地的等电位联结实现局部电位平衡进行保护；

3）将电气设备安装在非导电场所内进行保护；

4）采取电气隔离措施进行保护。

标准号	GB 14048.1—2012
标准名称	低压开关设备和控制设备总则
等同使用的 IEC 标准号	IEC 60947.1：2011，MOD

7.1.10　保护性接地要求

7.1.10.1　结构要求

对外露的导体部件（如底板、框架和金属外壳的固定部件），除非它们不构成危险，都应在电气上相互连接并连接到保护接地端子上，以便连接到接地极或外部保护导体。

电气上连续的正规结构部件能符合此要求，并且此要求对单独使用的电器和组装在成套装置中的电器都适用。

7.1.10.2　保护接地端子

保护接地端子应设置在容易接近便于接线之处，并且当罩壳或任何其他可拆卸的部件移去时其位置仍应保证电器与接地极或保护导体之间的连接。

在电器具有导体构架、外壳等的情况下，如有必要应提供相应的措施，以保证电器的外露导电部件和连接电缆的金属护套之间有电气上的连续性。

7.1.10.3　保护接地端子的标志和识别

根据 GB/T 4026—1992 中 5.3 的规定，保护接地端子应采用颜色标志（绿—黄的标志）或适用的 PE、PEN 符号来识别，或在 PEN 情况下应用图形符号标志在电器上。

在 GB 7251.1—2013（等同于 IEC 61439-1：2011）中把保护导体的连续通道称为接地保护导体的连续性。

对于成套低压开关设备，为了防止间接接触，首先要对电力系统配套相应的保护措施与保护绝缘，且保护措施与保护绝缘必须与系统接地方式相适应；同时，还要求所有的电气设备应具备在发生漏电时能自动切断电源，防止事故的存在和扩大。

低压成套开关设备必须具有设置良好的保护电路，所有的柜体结构、柜门及机构、抽屉、抽出式部件等非载流回路金属结构部件都必须接地，并且接地的通路必须是连续的。

（3）低压成套开关设备中保护导体的截面要求

在国家标准 GB 7251.1—2013 的附录 B 中提出如下计算保护导体截面积的方法：

$$S_p = \frac{\sqrt{I^2 t}}{k} \tag{1-25}$$

式中，S_p 为保护导体截面积；I 为在阻抗可以忽略的情况下，流过保护电器的接地故障电流值（方均根值）（A）；t 为保护电器的分断时间（s）；k 为系数，它取决于保护导体、绝缘和其他部分的材质以及起始和最终温度。

式 1-74 中的 k 取值见 GB 7251.1—2013 附录 B 的表 B.1。

标准号	GB 7251.1—2013
标准名称	低压长套开关设备和控制设备　第1部分：总则
等同使用的 IEC 标准号	IEC 60439.1：2011

附录 B.1　不包括在电缆内的绝缘保护导体的 k 值，或与电缆护套接触的裸保护导体的 k 值

	保护导体或电流护套的绝缘		
	PVC 热塑件	XLPE EPR 裸导体	丁烯橡胶
最终温度	160℃	250℃	220℃
	系数 k		
导体材料： 铜 铝 钢	143 95 52	176 116 64	166 110 60
导体的初始温度设定为30℃			
更多的详细信息可见 IEC 60364 – 5 –54			

【例1-9】

由例 1-8 知低压配电网的接地系统是 TN – C。低压成套开关设备某 32A 馈电回路出口处发生了接地故障，接地故障电流为 2674A。若断路器瞬时短路保护动作时间是 30ms，试求电气设备接地电缆的截面积。

设接地电缆采用 EPR，最终温度为 160℃，查表知 $k=176$。将数据代入式（1-25），得

$$S_{\mathrm{p}} = \frac{\sqrt{I^2 t}}{k} = \frac{\sqrt{2674^2 \times 0.03}}{176}\,\mathrm{mm}^2 \approx 2.63\,\mathrm{mm}^2$$

所以，电气设备的接地电缆截面积采用 4mm² 即可。

在 GB 7251.1—2013 中对相线、N 线和 PE 线的截面积有相关的规定和要求。GB 7251.1—2013 的表 5 中有如下说明：

标准号	GB 7251.1—2013
标准名称	低压长套开关设备和控制设备　第1部分：总则
等同使用的 IEC 标准号	IEC 60439.1：2011

标准摘录：

表5　保护导体的截面积（PE、PEN）

相导体的截面积 S/mm^2	相应保护导体的最小截面积 S_{p}（PE、PEN）$/\mathrm{mm}^2$
$S \leqslant 16$	S
$16 < S \leqslant 35$	16
$35 < S \leqslant 400$	$S/2$
$400 < S \leqslant 800$	200
$800 < S$	$S/4$

在低压成套开关设备中，保护导体也即 PE 线的截面积按表 1-17 选配。

表 1-17　低压成套开关设备中与外壳相连的 PE 线截面积

相导体额定电流/A	PE 线的截面积/mm²	说　　明
≤20	与导线截面积相同	
≤25	2.5	额定电流系指流入某功能单元或 抽屉单元的总电流
≤32	4	
≤63	6	
>63	10	

1.6　电气制图图符和低压电器中的电气标识

电气技术文件中包括设计、制造、施工、安装、维护、使用、管理和物流等各方面的技术资料，其中电气制图占有很重要的地位。电气制图是电气工程技术业界的信息交流语言，而电气制图的"语法"和"词汇"就是电气制图规则和电气制图图符。

由于科技的发展，电气设备和电气系统日益复杂，功能日趋完美，操作和维护却更加简单。IEC 和国际标准化组织 ISO 联合起草了将电气制图的使用范围由"电气"向"一切技术领域"扩展的一系列新标准。中国国家标准也紧随 IEC 制定和发布了一系列新"电气制图"标准，这些标准见表 1-18。

表 1-18　电气制图的标准

我国国家标准	IEC 标准	标准名称
GB/T 4728.1—2018	IEC 60617.1	电气简图用图形符号　第 1 部分：一般要求
GB/T 4728.2—2018	IEC 60617.2	电气简图用图形符号　第 2 部分：符号要素、限定符号和其他常用符号
GB/T 4728.3—2018	IEC 60617.3	电气简图用图形符号　第 3 部分：导线和连接件
GB/T 4728.7—2008	IEC 60617.7	电气简图用图形符号　第 7 部分：开关、控制和保护器件
GB/T 4728.8—2008	IEC 60617.8	电气简图用图形符号　第 8 部分：测量仪表、灯和信号器件
GB/T 6988.1—2008	IEC 61082.1	电气技术文件的编制　第 1 部分：规则
GB/T 5094.1~4	IEC 61346.1~4	工业系统、装置与设备以及工业产品结构原则与参照代号
GB/T 18135—2008		电气工程 CAD 制图规则

1. 本书使用的电气制图图符

表 1-19 为本书中使用的电气制图图符。

表 1-19　本书中使用的电气制图图符（常用电气制图图符）

图形符号	说　明	图形符号	说　明
	导线、导体		延时闭合的动断触点 当带该触点的器件被释放时，触点延时闭合
	保护导线（PE 线）		电抗器
	中性线（N 线）		三相电动机
	保护中性线（PEN 线）		整流器和逆变器
	电容器一般符号		信号灯
	三相电力电容器		电流表
	延时闭合的常闭触点		电压表
	断路器		控制变压器
	隔离开关		线圈或电磁执行器操作
	熔断器		过电流保护电磁操作
	开关熔断器和熔断器开关		热执行器，例如热继电器或热过电流保护器
	接插符号		电动操作机构（电操）
	接地符号		手动操作机构
	常开触头，一般的通断功能开关		手动开关的一般符号
	常闭触头，一般的通断功能开关		合闸和分闸控制按钮
	延时闭合的动合触点 当带该触点的器件被吸合时，触点延时断开		缓吸和缓放线圈
	延时断开的动合触点 当带该触点的器件被释放时，触点延时断开		电力变压器
	延时断开的动断触点 当带该触点的器件被吸合时，触点延时断开		电流互感器

2. 电气设备类别标识和导线电气标识（见表1-20和表1-21）

表1-20 **DIN 40719 和 IEC 60617 标准中所列的电气设备类别标识**

标识字母	电气设备类别	说 明
C	电容器	
F	保护装置	
G	发电机	
H	信号器件	HL（信号灯）
K	继电器、接触器	KA（继电器）、KM（接触器）、KH（热继电器）
M	电动机	
P	测量仪表	PA（电流表）、PV（电压表）
Q	大电流开关电器	QF（断路器）、QC（隔离开关）
R	电阻	
S	开关、选择器	SA（选择开关）、SB（控制按钮）
T	变压器	T（变压器）、TA（电流互感器）
U	调制器、变换器	
X	接线端子、插头、插座	XT（接线端子）
Y	电操作的机械装置	
Z	终端设备	

表1-21 **IEC 417 标准的导线电气标识**

导线		导线端头标识	电气设备接线端的标识
交流电网	相线1	L1	U
	相线2	L2	V
	相线3	L3	W
	中性线	N	N
直流电网	正	L +	C
	负	L -	D
	中线	M	M
保护导体		PE	PE
具有保护功能的中性线		PEN	
接地导线		E	E

3. 低压成套开关设备中的导线颜色标识

在低压成套开关设备内部的线缆一般采用黑色作为基本颜色，线头和线尾可加颜色套环进行区别。颜色色系的标定含义见表1-22。

表 1-22 低压成套开关设备内部的线缆颜色标定含义

序号	颜色	意 义
依导线颜色标志电路时		
1	黑色	装置和设备的内部布线
2	棕色	直流电路的正极
3	红色	三相电路的 C 相 晶体三极管的集电极 晶体二极管、整流二极管或晶闸管的阴极
4	黄色	三相电路的 A 相 晶体三极管的基极 晶闸管和双向晶闸管的门极
5	绿色	三相电路的 B 相
6	蓝色	直流电路的负极 晶体三极管的发射极 晶体二极管、整流二极管或晶闸管的阳极
7	淡蓝色	三相电路的零线或中性线 直流电路的接地中线 双向晶闸管的主电极 无指定用色的半导体电路
8	黄绿双色	接地线
9	红、黑色并行	用双芯导线或双根绞线连接的交流电路
依电路选择导线颜色时		
1	黄色	交流三相电路的 A 相
2	绿色	交流三相电路的 B 相
3	红色	交流三相电路的 C 相
4	淡蓝色	零线或中性线
5	黄绿双色	安全用的接地线
6	红黑色并行	用双芯导线或双根绞线连接的交流电路
7	棕色	直流电路的正极
8	蓝色	负极
9	淡蓝色	接地中线
10	红色	半导体电路的晶体三极管的集电极
11	黄色	基极
12	蓝色	发射极
13	蓝色	二极管和整流二极管的阳极

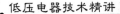

（续）

依电路选择导线颜色时		
序号	颜色	意　义
14	红色	阴极
15	蓝色	晶闸管的阳极
16	黄色	门极
17	红色	阴极 双向晶闸管的门极
18	白色	主电极
19	黑色	整个装置及设备的内部布线—一般推荐
20	白色	半导体电路

第 2 章

低压配电主电路中的低压电器

2.1 用于主电路的低压电器分类

1. 按用途和控制对象分类

按用途和控制对象的不同，可将低压电器分为配电电器和控制电器，见表 2-1。

表 2-1 配电电器和控制电器

低压电器名称		符号	品种	用途
配电电器	断路器	QF	框架断路器 ACB 塑壳断路器 MCCB 微型断路器 MCB	用于线路的过载、短路、漏电和欠电压等故障状态保护，以及非频繁的线路接通和断开
	熔断器	FU	有填料熔断器 无填料熔断器 快速熔断器	用于线路的过载、短路保护
	刀开关	QS	大电流隔离器 开关熔断器组合电器 熔断器开关及负荷开关	用于电路的隔离，以及接通和分断额定电流
	转换开关	QS	组合开关 ATSE 转换开关	用于双路电源或者负载的转换和通断电路
控制电器	接触器	KM	交流接触器 直流接触器 真空接触器	用于远距离频繁地起动和控制交流、直流电动机以及接通和分断正常工作的主电路和控制电路（辅助电路）
	起动器		直接起动器 星-三角减压起动器 自耦减压起动器 软起动器 变频器	用于交流电动机的起动和正反转控制

2. 按工作方式和操作方式分类

低压电器按工作方式可分为自动电器和手动电器两类。

自动电器依靠外来信号的变化，或者自身参数的变化，利用电磁操作机构来完成电器的接通和分断等操作。

手动电器则通过手动操作机构来完成电器的接通和分断等操作。

3. 按工作条件和使用环境分类

低压电器按工作条件和使用环境可分为一般通用低压电器和特殊用途低压电器。

【一般用途低压电器】

一般用途低压电器广泛用于发电厂、变电站、机械制造、石油化工等领域。

【高原型低压电器】

高原型低压电器用于海拔超过 2000m 的工作环境，例如应用在我国青藏铁路沿线变电站的低压电器，还有应用在云贵高原海拔超过 2000m 地区的工矿企业使用的低压电器等。

【船用电器】

具有耐潮、耐腐蚀、抗振动冲击的低压电器，应用在海上石油钻井平台和各类船只上的低压电器。

【矿用电器和化工电器】

具有耐潮、耐腐蚀和防爆功能的低压电器，适用于化工企业；具有隔爆、密封、耐潮、抗冲击振动的低压电器，适用于各类矿山，特别是煤矿使用的低压电器。

本章的内容是对低压配电柜中常用的主电路低压开关电器的工作特性参数及使用技术数据进行阐述，重点说明了若干种的低压开关电器在使用时相互之间的配合关系，以及常用的低压开关电器型式试验对使用的影响。

4. 按工作在主电路和辅助电路来分类

低压配电系统和低压控制系统的主电路是指实施电能传递的回路。主电路又称为一次回路，应用在一次回路中的低压电器就是主电路元器件。

例如隔离开关、熔断器开关、断路器、交流接触器、热继电器、电流互感器等，都是主电路元器件。

低压配电系统和低压控制系统的辅助电路是指实施控制、信号采集、放大、传递的回路。辅助电路又叫作二次回路，应用在二次回路的低压电器就是二次回路或者辅助电路元器件。

例如各类继电器、测量仪表、控制按钮、信号灯和选择开关等，都是辅助电路元器件。

5. 按能否主动开断短路电流分类

【主动元件】

当线路中发生短路时，如果线路中某开关电器能主动地完成切断短路线路和短路电流的任务，那么这种开关电器被称为主动式元器件，简称主动元件。

低压电器中主动元件只有两个，就是断路器和熔断器。

【被动元件】

当线路中发生短路时，如果某种开关电器只能被动地承受短路电流的冲击，或者产生了某种信号但要借助于其他元件来完成切断短路线路的任务，那么这种开关电器被称为被动式元器件，简称被动元件。

在图 2-1 中，我们看到在靠近电动机处发生了短路，短路电流 I_k 流过了进线断路器，流过了低压配电柜的主母线和分支母线，还流过了电动机回路断路器、接触器、热继电器、电流互感器、接线端子和馈电电缆等，但是真正能独立地完成切断短路电流的元件只有电动机回路的断路器，或者进线断路器，其他元件和开关柜部件只能被动地承受短路电流的冲击。

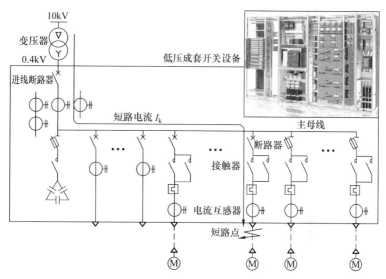

图 2-1　短路电流流过的路径和主动元件与被动元件

所以在图 2-1 中，断路器和熔断器是主动元件，而接触器和热继电器，还有电流互感器、主母线及一次接线端子及电缆等等都是被动元件或者部件。

在主电路中，主动元件和被动元件共同配合完成各种电能输送控制的操作。当主动元件在切除短路电流时，它与被动元件之间存在动作协调配合关系。

2.2　熔断器

【用途】

熔断器是主动式元件，在低压配电网和控制线路中主要用于过载和短路保护，也可作为电缆导线的过载保护，以及电力电子元器件的保护。

【结构特点】

熔断器由熔断器绝缘底座和熔芯（由熔断体和安装熔断体的导电零件组成）构成，如图 2-2 所示。

【应用】

熔断器的分断能力高，可靠性也高，它维护方便，价格相对低廉，在低压配电网中得到广泛的应用。

1. 熔断器的分类

（1）按结构形式分类

熔断器按结构形式可分为半开启式、无填料密闭管式和有填料密闭管式三类。

有填料密闭管式的熔断器又可分为专职人员使用的熔断器、非熟练人员使用的熔断器和半导体器件保护用的熔断器三类，见图 2-2。

专职人员使用的熔断器分为刀形触头熔断器、螺栓连接熔断器和圆筒形帽熔断器等三种，非熟练人员使用的熔断器则分为螺旋式和圆管式两种。

（2）按分断范围分类

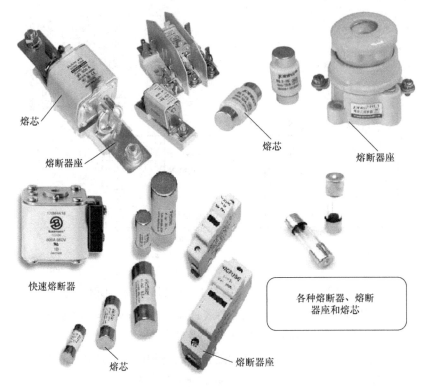

熔芯

熔断器座

熔芯

熔断器座

快速熔断器

熔芯

熔断器座

各种熔断器、熔断器座和熔芯

图 2-2　熔断器

【全范围分断能力的熔断体——"g"熔断体】

在规定的条件下，"g"熔断体能分断引起熔断体熔化的最小电流至额定分断电流之上的所有电流。"g"熔断体也被称为一般用途熔断体。

【部分范围分断能力的熔断体——"a"熔断体】

在规定的条件下，"a"熔断体能分断时间－电流曲线上的最小电流至额定分断能力之间的所有电流。"a"熔断体也被称为后备熔断体。

（3）按使用类别分类

【一般用途的熔断体——"G"熔断体】

【保护电动机的熔断体——"M"熔断体】

熔断器使用两个字母来表示分断范围和使用类别，第一个字母用"g""a"表示分断范围，第二个字母"G""M"表示使用类别。例如：gG、gM、aM 等。

gG——一般用途用于全范围分断的熔断体，用于可靠地分断过载电流至额定分断能力之间的所有故障电流，常用于馈电回路实现对电线和电缆的短路保护。

gM——全范围分断的保护电动机电路的熔断体，既可用于对电动机电路的过载保护，也可用于对电动机回路的短路保护。

aM——部分范围分断的保护电动机电路的熔断体，仅用于对电动机电路的短路保护。

2. 低压熔断器的工作原理

低压熔断器串联在电路中。当线路发生过载或者短路时，熔断体的温度升高达到熔断体（熔丝或者熔片）的熔点时，熔断体迅速熔化从而切断线路。

（1）熔芯的升温、熔化和燃弧阶段

【熔断体的升温阶段】

当流过熔芯的电流超过额定电流后，熔芯内熔断体的温度从运行温度 θ_u 开始逐渐上升。当温度到达熔化温度 θ_r 时，熔芯内的熔体开始熔化。从 θ_u 到 θ_r 所经历的时间是 t_1。注意到在升温阶段熔断体材料保持为固体状态，如图 2-3 所示。

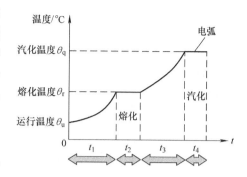

图 2-3　熔断体的熔断过程

【熔断体的熔化阶段】

当熔断体温度到达 θ_r 以后，熔断体继续吸收热量并开始由固体状态转变为液体状态，时间长度是 t_2。由于熔体熔化时需要吸收热量，熔体的温度始终保持为 θ_r。

【熔体汽化阶段】

熔化的熔断体材料继续吸收热量，温度由熔点 θ_r 升至汽化温度 θ_q，时间长度是 t_3。

【燃弧阶段】

燃弧阶段是从熔体断裂开始。断裂点之间出现电弧，至电弧熄灭，所经历的时间是 t_4。

t_1、t_2 和 t_3 合并为熔体的熔化时间 t_a，t_a 与 t_4 之和称为熔断时间 t_b。

（2）熔芯的冶金效应与反时限特性

为了有效地控制熔片最细处的熔点，在此处往往焊有锡珠。利用锡珠熔化后和铜熔片形成的冶金效应，降低熔点，并且能得到可控的熔断温度，以此实现熔芯熔断的反时限线路保护特性，如图 2-4 所示。

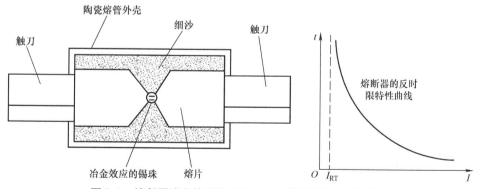

图 2-4　熔断器熔芯熔片的冶金效应与熔断器的反时限特性

图 2-4 中，当流过熔断体的电流为 I_{RT} 时，熔体不会熔断。我们把 I_{RT} 叫做最小熔化电流，或者叫做临界电流。显见，此时熔体的熔化时间是无穷大。并且，当流过熔体的电流小于 I_{RT} 时，熔断器不会熔断。

因为熔体在熔化和汽化的过程中，所需要的热量是一定的，故熔化时间与电流之间的关系具有反时限特性。其特征是：**电流越大，熔断保护的时间就越短。**

熔断器的熔断时间为熔化时间加燃弧时间，当电流较小时燃弧时间很短，故熔断时间主要为熔化时间。当电流增大后，燃弧时间虽有增长，但依然具有反时限特性。

我们把最小熔化电流 I_{RT} 与熔断器额定电流 I_N 的比值叫做最小熔化系数 K_{RT}，即

$$K_{RT} = \frac{I_{RT}}{I_N} \qquad (2-1)$$

最小熔化系数 K_{RT} 是熔断器保护小倍数线路过载的灵敏度指标。

因为熔断器在流经额定电流时不能熔断，因此 K_{RT} 的值必定大于1。当熔断器用于线路过载保护时，如果 K_{RT} 的值过分接近于1，考虑到熔断器的制造误差，则熔断器熔芯有可能在额定电流下熔断。所以，K_{RT} 的值一般在 1.2~1.4 倍之间取值。

（3）熔断器的分断能力和限流能力

熔断器的分断能力是指它的额定电压下，在一定时间内切断短路电流的能力。

我们由第1章的图1-34可知，短路电流具有周期分量 I_p 和非周期分量 I_g，两者在短路后10ms时形成冲击短路电流峰值 I_{pk}。

熔断器的分断能力是用短路电流周期分量的有效值来定义的。

从发生短路开始，到短路电流出现最大值，这段时间由电路参数决定。如果熔断器能在短路电流还未达到最大值时就切断线路，我们将熔断器的这种能力叫做"限流能力"。熔断器的限流能力能够显著地降低被保护对象（被保护电器）的动热稳定性。并且，熔断器的限流能力越强，它的分断能力也越强。

对于不具有限流能力的熔断器，短路电流是在第一个半周期自然过零时被切断的。对于具有限流能力的熔断器，其切断的时间小于1/4周期，也即短路电流尚未到达峰值时就被切断。

熔断器具有限流能力，与它的结构有一定的关系。

熔断器熔芯的熔片冲有若干缺口，缺口处都有锡珠。当短路电流流过时，熔片的各个串联狭口同时发生熔化和汽化现象，并出现一串小段的电弧。由于熔断体内装入石英砂填料，它能强制性冷却和熄灭这些狭口中的电弧。这种限流能力有时被称为截流能力。

我们称限流型熔断器的实际分断电流 I_k 与预期短路电流最大值 I_{max} 的比值为限流系数 K_i，即

$$K_i = \frac{I_k}{I_{max}} \qquad (2-2)$$

熔断器限流系数 K_i 的值小于1。K_i 的值越小，熔断器的限流能力就越强。

注意：当限流型熔断器用于分断感性负载电路时，会出现超过额定电压数倍的过电压。过电压既会影响到熄弧过程，还可能损坏线路和电气设备的绝缘。

有时还采用密闭管式无填料的熔断体，利用高温下产生的气体压力来熄弧。其原理见1.1.3节图1-19的击穿电压与 pd 的关系（巴申曲线）。

3. 表示熔断器性能的主要名词术语

【电路预期电流】

当电路内的保护装置被阻抗可忽略不计的导线予以取代后，电路中流过的短路电流被称为预期电流。预期电流是熔断器分断能力和特性的参照量，例如 I^2t 和截断电流特性等等。

【门限】

在规定的时间内，能使熔断体熔断的试验电流范围和不能熔断的试验电流范围。

【熔断体的分断能力】

在规定的使用和性能条件下，熔断体能够分断的预期电流值，对于用于交流电路的熔断体，熔断体的分断能力用预期电流值的有效值来定义。

【截断电流 I_d】

在熔断体分断期间所能达到的最大瞬时电流。

【熔断器支持件的峰值耐受电流】

熔断器支持件所能承受的截断电流

【熔断体额定电流 I_e】

在规定的条件下，熔断体能够长期通过而不使性能降低的电流。

【弧前时间】

从熔断体开始熔断至熔断体熔断后出现电弧时的时间段。

【燃弧时间】

电弧产生的瞬间至电弧熄灭之间的时间。

【熔断时间】

弧前时间和燃弧时间之和。

【约定不熔断电流 I_{nf}】

在规定时间内熔断体能承受而不熔断的规定电流值。

【约定熔断电流 I_f】

在规定时间内能引起熔断体熔断的规定电流值。

【恢复电压】

在电流分断后出现在熔断器端子间的电压。

恢复电压有两个连续的时间段：第一个阶段存在瞬时电压，第二个阶段仅存在工频或直流恢复电压。

【瞬态恢复电压】

即在具有明显瞬态特性时间阶段内的恢复电压。

根据电路和熔断器特性，瞬态恢复电压可以是振荡的和非振荡的。图 2-5 所示为熔断器的特性曲线和熔断器分断短路电流的示意图。

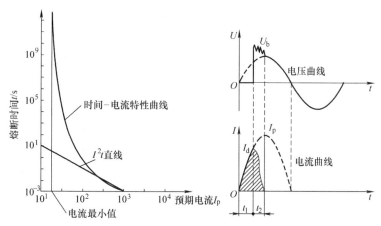

图 2-5　熔断器的特性曲线和熔断器分断短路电流的示意图

低压电器技术精讲

图2-5 的左图可见熔断器的熔断时间在电流取最小值时需要无限长的时间，随着曲线向右下方伸展，在电流最大值时熔断时间迅速地减小到毫秒数量级。因为熔断器能在很小的灭弧空间中分断极高的短路电流，所以熔断器具有良好的短路保护和分断能力，也因此使得熔断器成为非常重要的短路保护元器件。

图2-5 的右图中 I_d 是熔断器分断过程中达到的最大电流瞬时值，也就是熔断器的截断电流，I_p 是冲击短路电流峰值。从图中可见短路电流 I_d 远未达到 I_p 时就开始熔断，其中熔断器的熔体在 t_1 时间段中熔化，在 t_2 时间段中进行灭弧。

直线 I^2t 被称为等热值直线，在这条直线上的任何一点熔体都会熔化。

我们来看熔断器熔体的熔断电流与熔断时间的关系表，见表2-2。

表2-2　熔体的熔断电流与熔断时间对应关系

熔断电流	$1.25I_e$	$1.6I_e$	$2I_e$	$2.5I_e$	$3I_e$	$4I_e$
熔断时间	∞	1h	40s	8s	4.5s	2.5s

表2-2中，I_e 为熔断体的额定电流。

截断电流 I_d 与环境温度的关系：环境温度越高，则截断电流 I_d 将会相应地降低。

截断电流 I_d 表征了熔断体对应的最大瞬时熔断电流。当流过熔断器电流大于或等于 I_d 时，其焦耳积分 I_d^2t 中的 t 取值为最短的弧前时间。显然，对于不同的 I_p 来说，I_d^2t 近似地保持为常数。据此，可以简化使用熔断器的设计和计算。

【焦耳积分 I^2t】

焦耳积分指的是在给定时间内电流二次方的积分：

$$I^2t = \int_{t_0}^{t_1} i^2 \mathrm{d}t \tag{2-3}$$

其中弧前和熔断的 I^2t 分别是熔断器弧前时间内和熔断时间内的焦耳积分。

【时间 – 电流特性】

在规定的熔断条件下，以弧前时间或熔断时间为预期电流的曲线被称为熔断体的时间 – 电流特性曲线。图2-6 所示为 ABB 的 OFAF 系列熔断体 gG 时间 – 电流特性曲线。

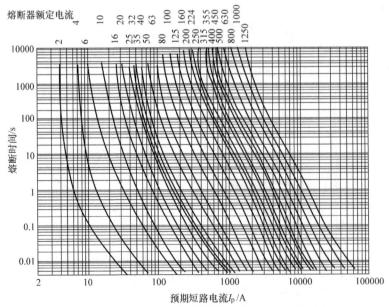

图2-6　ABB 的 OFAF 系列熔断体 gG 时间 – 电流特性曲线

4. 熔断器截断电流和限流比的计算方法

图 2-7 所示为熔断器截断电流计算方法。

在图 2-7 中，横坐标是预期短路电流 I_p，左侧纵坐标是熔断器截断电流 I_d，右侧纵坐标是熔断器熔芯的额定电流。

值得注意的是，这里的预期短路电流 I_p 是不带直流分量的，如果熔断器被用在一级配电低压配电柜中，那么就要将 I_p 乘以峰值系数。

设图 2-7 中选定的熔断器熔芯额定电流为 100A，预期短路电流为 50kA。又设此熔断器被用在一级配电设备中，它的上方就是低压配电柜的主母线，短路电流中一定

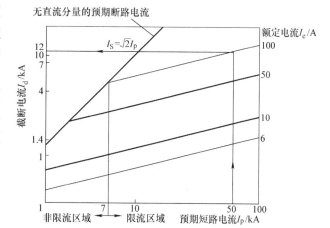

图 2-7　熔断器截断电流计算方法

包含直流分量，所以预期短路电流必须要乘以峰值系数 n，峰值系数 n 的定义见 1.3.2 节表 1-6 中有关短时耐受电流 I_{cw} 解释。

对应于 50kA 的预期短路电流，查阅 1.2.1 节国家标准峰值系数表后得知 $n = 2.1$，代入冲击短路电流峰值 I_{pk} 的计算式，得到 $I_{pk} = 2.1I_d = 2.1 \times 50 = 105kA$，同时我们从图 2-5 中看到熔断器的截断电流 I_d 是 12kA，于是此熔断器的限流比是

$$K_S = \frac{I_d}{I_{pk}} \times 100\% = \frac{12}{105} \times 100\% = 11.4\%$$

即此例中熔断器的限流比为 11.4%。

我们看图 2-8，此图是 ABB 的 gG 熔断器时间 – 电流特性曲线。

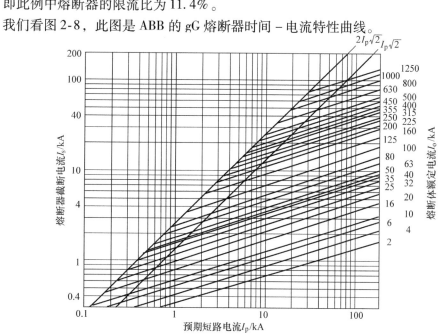

图 2-8　ABB 的 gG 熔断器时间 – 电流特性曲线

设短路电流是70kA，熔断器的额定电流是63A。查阅1.2.1节表1-4峰值系数表后得知 $n=2.2$，再从图2-7中查得截断电流大约为11kA，于是有

$$K_S = \frac{I_d}{I_{pk}} = \frac{11}{2.2 \times 70} \times 100\% \approx 7.1\%$$

由此可见，熔断器具有良好的短路保护能力。

图中直线 $I_p\sqrt{2}$ 表示不带直流分量的预期短路电流，$2I_p\sqrt{2}$ 表示带直流分量的预期短路电流。

5. 熔断器的选用方法

熔断器的选用一般原则是：

1）按合适的电压等级和配电系统中能出现的最大短路电流来选用熔断器。

2）gG、gM和aM熔断体的选用

gG熔断体属于一般用途的可实现全范围分断的熔断体，它兼有过电流保护功能，主要用于线路保护；

gM熔断体可实现全范围保护电动机，既可用于对电动机电路的过载保护，也可用于对电动机回路的短路保护。gM熔断体还可以保护照明回路；

aM熔断体只能在部分范围分断的保护电动机，所以用在电动机主电路时需要配套热继电器。

3）当熔断器是按上下级安装时，需要考虑选择性配合关系。

g类熔断体的过电流选择比有1.6∶1和2∶1两种。一般地，专职人员使用的带刀口的熔断体过电流选择比为1.6∶1，而带螺栓连接的熔断体和圆筒形熔断体其过电流选择比为2∶1。例如，上级熔断体为400A，若选择过电流选择比为1.6∶1时下级熔断体的额定电流不得大于 $400/1.6 = 250A$；若选择过电流选择比为2∶1时，下级熔断体的额定电流不得大于200A。

① 应用在变压器进线回路的熔断器：对于低压配电柜的变压器进线回路，在实际使用一般采用断路器作为主进线开关，极少采用开关熔断器。对于功率比较小的电力变压器，配套熔断体的方法见表2-3。

表2-3 变压器进线回路的熔断器选择方法

项目	计算公式	说明
变压器额定电流 I_n	$I_n = \dfrac{S_n}{\sqrt{3}U_p}$	U_p 是变压器低压侧线电压
变压器短路电流 I_k	$I_k = \dfrac{I_n}{U_k\%}$	$U_k\%$ 是变压器的阻抗电压
变压器的冲击短路电流峰值 I_{pk}	$I_{pk} = nI_k$	n 是峰值系数
熔断体的额定电流 I_e	$I_e = (1 \sim 1.5)I_n$	
熔断体的截断电流 I_d		查熔断体电流–时间曲线求得截断电流
熔断体的限流比	$K = \dfrac{I_d}{I_{pk}} \times 100\%$	

熔断体选择完毕后，还要根据变压器的额定电流选择开关熔断器组合隔离开关部分的额定电流和短路电流接通能力 I_{cm} 这两个参数。

② 应用在电动机回路的熔断器：对于单台的电动机主电路，应当按电动机的起动电流倍数来考虑让熔断体的截断电流大于或等于电动机的起动冲击电流，熔断体的额定电流应当等于 $(1.5 \sim 3.5)I_n$，这里的 I_n 是电动机的额定电流。

如果开关熔断器组合需要驱动多台电动机主电路，则可按式（2-4）来计算额定电流：

$$I_e = (2.0 \sim 2.5)I_{n.MAX} + \sum I_n \qquad (2-4)$$

式中，I_e 为熔断体额定电流；$I_{n.MAX}$ 为最大功率的电动机额定电流；I_n 为其余多台电动机的额定电流。

如果最大功率的电动机有多台，则 $I_{n.MAX}$ 要乘以相应的倍数。

③ 应用在硅整流器件和晶闸管保护的快速熔断器：对于用于硅整流装置的熔断器，一般熔芯多采用快速熔断器。值得注意的是，快速熔断器的额定电流使用交流有效值来定义的，而晶闸管或者硅整流器件的额定电流却是用平均值来表示的，于是这些元器件前方电源侧的快速熔断器额定电流应当按式（2-5）来选择：

$$I_e = K_d I_{d.MAX} \qquad (2-5)$$

式中，I_e 为快速熔断器额定电流；K_d 为硅整流器件和晶闸管的保护系数，见表 2-4；$I_{d.MAX}$ 为流过硅整流器件的最大整流电流或者流过晶闸管的最大电流。

表 2-4　用于硅整流器件和晶闸管的 K_d 保护系数

用于硅整流器件					
整流电路的形式	单相半波	单相全波	单相桥式	三相半波	三相桥式	双星形六相
K_d	1.57	0.785	1.11	0.575	0.816	0.29
晶闸管电路					
导通角/°	180	150	120	90	60	30
单相半波	1.57	1.66	1.83	2.2	2.78	3.99
单相桥式	1.11	1.17	1.33	1.57	1.97	2.82
三相桥式	0.816	1.828	0.865	1.03	1.29	1.88

2.3　隔离开关和开关熔断器组合

隔离开关和开关熔断器组合在低压配电设备和低压控制设备中大量使用，是低压电器的一大门类。

以下按隔离开关和开关熔断器组合电器来讲述。

2.3.1　隔离开关及其组合电器概述

1. 概述

在对电气设备和电气装置进行检修时，必须保持这些设备和装置处于不带电的状态，以确保操作人员的人身安全。为此，可以利用隔离开关将电气设备和装置从电网中脱开并且隔离，用于实现隔离的低压开关电器就是隔离开关。隔离开关又被称为刀开关。

隔离开关的通断任务就是隔离，因此隔离开关在打开的状态下，它的开距必须满足介电性能要求；隔离开关要能接通正常的运行电流，但不具有开断短路电流的能力，因此它属于被动元件；隔离开关一般不具有灭弧系统，有些产品带有很简单的栅片灭弧罩。为了防止隔离开关强行拉闸时的电弧伤人，电工操作规程规定，不允许隔离开关带负荷拉闸，如图 2-9

所示。

隔离开关可以和熔断器共同组成组合电器。

标准中规定：如果开关在前，熔断器在出线处，则这种组合电器叫作开关熔断器；如果熔断器位于隔离开关的活动刀闸上，则这种组合电器叫作熔断器开关。图 2-9 的右下方就是熔断器开关。

与隔离开关及隔离开关组合电器相关的国家标准是 GB 14048.1 和 GB/T 14048.3。我们来看该标准中的若干定义：

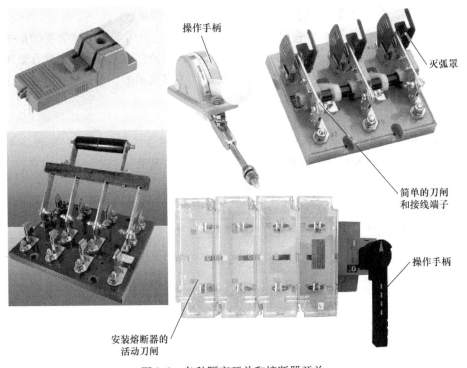

图 2-9　各种隔离开关和熔断器开关

标准号	GB 14048.1—2012
标准名称	低压开关设备和控制设备　第 1 部分：总则
项目	2.2.8，2.2.9
内容	2.2.8　隔离器　disconnector 在断开位置上符合规定隔离功能要求的一种机械开关电器。 注 1. 此定义与 IEV 441 - 14 - 05 定义不同，因为隔离功能要求不仅只限于对隔离距离的要求。 注 2. 如分断或接通的电流可忽略，或隔离器的每一极的接线端子两端的电压无明显变化时，隔离器能够断开和闭合电路。隔离器能承载正常电路条件下的电流，也能在一定时间内承载非正常电路条件下的电流（短路电流）⊖。 2.2.9　（机械式）开关　switch（mechanical）。 在正常电路条件下（包括过载工作条件）能接通、承载和分断电流，也能在规定的非正常条件下（例如短路条件下）承载电流一定时间的一种机械开关电器。 注 1：开关可以接通但不能分断短路电流。

⊖　见 GB/T 14048.3—2017 的 2.3.1 条。

由以上定义我们可以看出，隔离开关组合电器必须具有额定电流、额定电压、短时耐受电流和短路接通能力这四个基本参数。这四个参数中，前两个参数与隔离开关组合电器接通正常状态下的电流有关，与隔离开关的温升当然也有关；后两个参数与隔离开关作为被动元件承受短路电流冲击的性能有关。

我们来看看与隔离开关有关的图符，如图 2-10 所示。

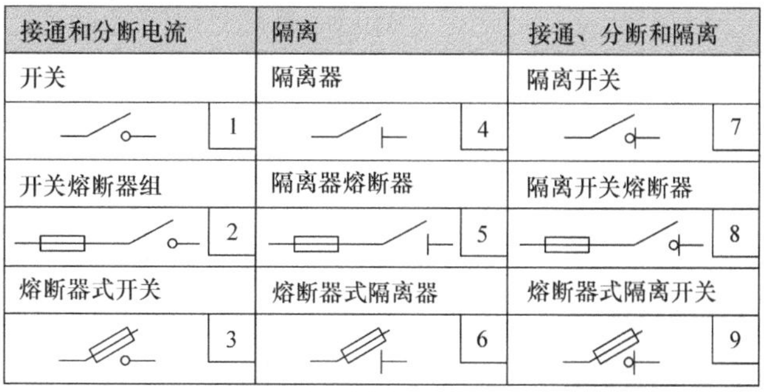

接通和分断电流	隔离	接通、分断和隔离
开关	隔离器	隔离开关
1	4	7
开关熔断器组	隔离器熔断器	隔离开关熔断器
2	5	8
熔断器式开关	熔断器式隔离器	熔断器式隔离开关
3	6	9

图 2-10　与隔离开关有关的图符

该图符来源于 GB/T 4728.7《电气图用图形符号　第 7 部分：开关、控制和保护器件》。

我们看到，编号 1 就是普通的开关；编号 4 是隔离器；编号 7 是隔离开关；编号 8 是隔离开关熔断器，也即开关熔断器；编号 9 是熔断器式隔离开关，也即熔断器开关。

需要注意的是：当隔离开关与熔断器组合在一起时，它们的组合体就不再属于被动元件，而是主动元件，具有了线路保护的能力。

我们仔细看看 ABB 的 OETL 隔离开关参数，见表 2-5。

表 2-5　ABB 的 OETL 隔离开关部分参数

项目	工作条件	技术条件	单位	开关型号	
				OETL1250M	OETL3150
额定绝缘电压	AC - 20/DC - 20	污染等级 3	V	1000	1000
介电强度		50Hz 1min	kV	8	8
额定冲击耐受电压			kV	8	8
额定发热电流 I_{th}	AC - 20	环境温度 40℃，自由空气	A	1250	3150
	AC - 20	环境温度 40℃，封闭环境	A	1250	2600
	AC - 20	环境温度 60℃，封闭环境	A	1000	2300
额定工作电流 I_e	AC - 21A	690V	A	1250	3150
		1000V	A	1000	1000
	AC - 22A	500V	A	1250	1600
	AC - 23A	690V	A	800	
额定开断容量	AC - 23A	500V	A	6400	6400
		690V	A	2500	4800
额定限制短路电流 I_p（R.M.S）配熔断器 gG/aM		50kA@415V	kA	105	140
		50kA@500V	kA	105	140
		50kA@690V	kA	105	105

（续）

项目	工作条件	技术条件	单位	开关型号	
				OETL1250M	OETL3150
额定短时耐受电流 I_{cw}		690V，0.25s	kA	56	
（R.M.S）		690V，1s	kA	50	80
额定短路合闸容量 I_{cm}		415V	kA	105	176
		500V	kA	105	140
		690V	kA	105	105
功率损耗/极		运行电流为额定工作电流	W	40	140
机械寿命		开合次数		6000	12000

　　OETL是一款很常用的隔离开关，在低压配电线路中用于进线和出线回路。

　　下面我们来分析表2-5中的数据：

额定绝缘电压和额定工作电压：

　　从表中我们看到两者都是1000V，符合额定电压小于或等于额定绝缘电压的要求。

额定发热电流和额定工作电流：

　　这是在AC-20（无载开闭切换）工作条件下给出的数据，我们看到随着环境温度上升，隔离开关的额定工作电流会出现降容，且开关额定电流越大降容越厉害。

额定电流：

　　由表2-5的额定电流看，它与额定电压是联动的：额定电压越低，额定电流就越高。

　　我们还看到在混合负载类别AC-21/690V和感性负载AC-23/690V下，OETL1250的额定电流由1250A降至800A，可见感性负载对隔离开关的额定电流产生较大的影响。

有关开断容量：

　　看OETL1250的开断容量，在500V下的电流只是额定电流的5倍，故知隔离开关虽然不能执行开断任务，但能承受开断电流的冲击和电动机起动电流的冲击。

额定限制短路电流：

　　从表2-5中的条件看，隔离开关配套了熔断器，并且熔断器位于隔离开关的前方，也即上游电源处，其目的就是防止隔离开关承受过高的短路电流冲击。

　　当线路中出现冲击短路电流 I_p 的瞬间，熔断器尚未开始熔断保护，I_p 将流过熔断器和隔离开关，此项参数表征了OETL对短路电动力冲击的动稳定性，以及隔离开关能承受的冲击短路电流极限值。

额定短时耐受电流：

　　根据GB/T 14048.3—2017有关短时耐受电流的要求："短时耐受电流值不得小于12倍最大额定工作电流。除非制造厂另有规定，通电持续时间应为1s。"，我们会发现表2-5中的数据是远远大于12倍额定工作电流，故由此得知表中的数据来源于型式试验。

额定短路合闸容量：

　　此参数就是额定短路接通能力 I_{cm}，从表2-5中看 I_{cm} 随着额定电压的升高而出现降容。

　　注意到OETL的额定短时耐受电流是50kA，额定短路合闸容量（短路接通能力）是105kA，两者之比105/50=2.1，这就是峰值系数 n。查阅1.2.1节表，得知当短路电流为

50kA 时，峰值系数 n 就取值为 2.1，故知此隔离开关适配的最大变压器容量为

$$S_n = \frac{\sqrt{3}U_N U_K I_{PK}}{n} = \frac{1.732 \times 400 \times 0.06 \times 105}{2.1} kV \cdot A \approx 2078.4 kV \cdot A$$

故 OETL1250 适合在变压器容量为 2000kVA 的低压配电网中用作出线隔离开关，而 OETL3150 则可作为主进线的隔离开关，它们都需要配套断路器来保护线路。

隔离开关主要用于线路隔离，它的触头开合位置需要有明确的标识，为此隔离开关面板上往往配套观察窗来观察触头状况。

对于带有灭弧室的隔离开关，它具有一定的接通和分断交流电路的能力。对于含有熔断器的开关组合电器，则能进行有载通断和短路保护能力。

图 2-11 所示为若干款 ABB 的隔离开关外形，我们能看到它操作面的观察窗。OETL 在右上方。

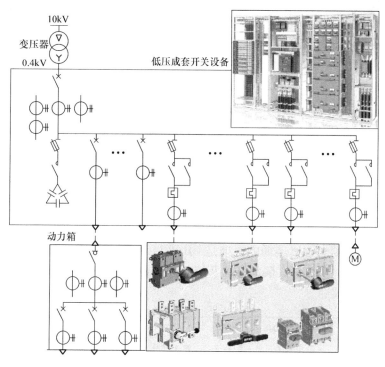

图 2-11　若干款 ABB 的隔离开关外形

2. 隔离开关（刀开关）的选用原则

隔离开关（刀开关）的主要参数包括额定绝缘电压、额定工作电压、额定工作电流、额定通断能力、额定短时耐受电流、额定短路合闸容量、使用类别、操作次数和安装尺寸及操作性能等。

1）隔离开关的额定绝缘电压和额定工作电压不得低于低压配电网电压。隔离开关的额定工作电流不小于线路的计算电流。

2）当要求有通断能力时，要选用具备相应额定通断能力的隔离器；如果需要承受短路电流的冲击，则应当选用具备相应短路接通能力的隔离开关，并选用合适的熔断器规格。熔断器规格的选择可参见本章 2.2 节的内容。

3）隔离开关的极数和操作方式由现场需求决定。

2.3.2　开关和熔断器的组合及选用

1.　开关熔断器和熔断器开关

本节对隔离开关与熔断器的组合进一步探讨。

【开关熔断器】

由本章的 2.3.1 节的描述中我们已经知道，开关与熔断器可以组合在一起使用。若开关在前熔断器在后，居于前位的动、静触头与居于后位的熔断器之间没有动作关系，则称此开关组件为开关熔断器。

【熔断器开关】

如果开关的动触头由熔体或者带熔体的载熔件构成，则称此开关组件为熔断器开关。

【负荷开关】

如果开关组件在增设辅助元件如操作杠杆、弹簧、弧刀等，则称此开关组件为负荷开关。负荷开关具有在非故障条件下接通或者分断负荷电流的能力，具有一定的短路保护功能。

开关熔断器与熔断器开关的区别如图 2-12 所示。

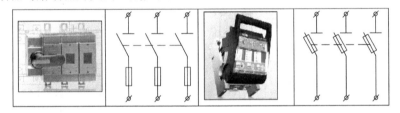

图 2-12　开关熔断器（左）和熔断器开关（右）

隔离开关与熔断器组合所遵循的标准是 GB/T 14048.3—2017《低压开关设备和控制设备　第 3 部分：开关、隔离器、隔离开关及熔断器组合电器》，这部标准对隔离开关及熔断器组合电器有明确定义：

标准号	GB/T 14048.3—2017
标准名称	低压开关设备和控制设备　第 3 部分：开关、隔离器、隔离开关及熔断器组合电器
条目	2.3.2, 2.3.3, 2.3.4, 2.3.8
内容	2.3.2　熔断器组合电器　fuse – combination unit 在制造厂或按其说明书将机械开关电器与一个或数个熔断器组装在同一个单元内的组合电器。 2.3.3　开关熔断器组　switch – fuse 开关的一极或多极与熔断器串联构成的组合电器。 2.3.4　熔断器式开关　fuse – switch 用熔断体或带熔断体载熔件作为动触头的一种开关。 2.3.8　熔断器式隔离开关　fuse – switch – disconnector 用熔断体或带有熔断体的载熔件作为动触头的一种隔离开关。

2. 开关熔断器（包括熔断器组合电器）的转移电流问题

开关熔断器（包括熔断器组合电器）有转移电流问题，我们来看图 2-13。

当低压电网发生三相短路时，由于三相电流之间存在相位差，必然会出现某相熔断器的熔断体先熔断（假定是 A 相熔断体先熔断），若开关熔断器产品能实现熔断体熔断后自动关联开关跳闸，且 B 相和 A 相的熔断体并未熔断，则开关的 B 相和 C 相触头将承担分断短路电流的任务。此时的 B 相和 C 相电流被称为转移电流，显然，B 相和 C 相开关部件将承担起分断较大电流的操作任务。

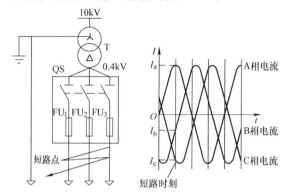

图 2-13　负荷开关的转移电流问题

注意：对于低压开关熔断器（包括熔断器组合电器）来说，由于低压系统的电流大，电压低，开关的熄弧能力也差，因此低压开关熔断器（包括熔断器组合电器）不具备分断转移电流的能力。当某相熔断体熔断后，低压开关熔断器（包括熔断器组合电器）只能采取将熔断体熔断信号发送给控制系统去执行相应的操作，而不允许开关自动分闸。

3. ABB 的 OS 系列开关熔断器简介

表 2-6 为 ABB 的 OS 开关熔断器性能说明。我们看到，开关熔断器组合的优势就是结构的简单设计和使用的灵活方便。

表 2-6　ABB 的 OS 系列部分开关熔断器技术参数

项目	工作条件	技术条件	单位	开关型号	
				OS125	OS160
额定绝缘电压和额定工作电压	AC－20	污染等级 3	V	1000	1000
介电强度		50Hz，1min	kV	10	10
额定冲击耐受电压			kV	12	12
额定发热电流	环境温度为 40℃	自由空气	A/W	125/12	160/12
		封闭环境	A/W	125/12	160/10，135/12
		封闭环境	A	150	175
额定工作电压	AC－20		V	1000	1000
额定工作电流	AC－21A	500V	A	125	160
		690V	A	125	160
	AC－22A	500V	A	125	160
		690V	A	125	160
	AC－23A	500V	A	125	160
		690V	A	125	160

（续）

项目	工作条件	技术条件	单位	开关型号 OS125	开关型号 OS160
额定功率	AC-23A，三相异步电动机，转速：1500r/min	230V	kW	37	45
		400V	kW	55	75
		415V	kW	55	75
		500V	kW	75	90
		690V	kW	110	132
额定开断容量	AC-23A	500V	A	1280	1280
		690V	A	1280	1280
额定限制短路电流 I_p（R.M.S）和相应的最大截断电流峰值		熔断器额定电流	A	OFAA 规格为 125A QFAM 规格为 160A	OFAA 规格为 125A QFAM 规格为 160A
		冲击电流为 80kA@415V	kA	29	29
		熔断器额定电流	A	OFAA 规格为 125A QFAM 规格为 160A	OFAA 规格为 125A QFAM 规格为 160A
		冲击电流为 100kA，500V	kA	22	22
		熔断器额定电流	A	OFAA 规格为 100A QFAM 规格为 125A	OFAA 规格为 100A QFAM 规格为 125A
		冲击电流为 50kA，690V	kA	16	16
		熔断器额定电流	A	OFAA 规格为 100A QFAM 规格为 125A	OFAA 规格为 100A QFAM 规格为 125A
		冲击电流为 80kA，690V	kA	18.5	18.5
额定短时耐受电流 I_{cw}，1s		R.M.S 值	kA	5	5

图 2-14 所示为 OS 开关的实物图。

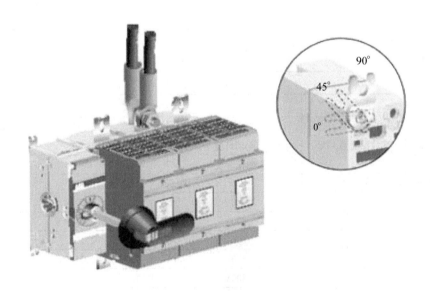

图 2-14　OS 熔断器开关实物图

2.4　双电源互投开关 ATSE

2.4.1　ATSE 开关概述

1. ATSE 的概念

ATSE 的全称是 Automatic Transfer Switching Equipment，即自动转换开关。

ATSE 的国家标准是 GB/T 14048.11，我们来看看国家标准对 ATSE 的定义：

标准号	GB/T 14048.11—2016
标准名称	低压开关设备和控制设备　第 6-1 部分：多功能电路　转换开关电器
条目	3.1.1，3.1.4，3.2.1
内容	3.1.1　转换开关电器　transfer switching equipment；TSE 由一个或多个开关设备构成的电器，该电器用于从一路电源断开负载电路并连接至另外一路电源。 3.1.4　自动转换开关电器　automatic transfer switching equipment；ATSE 自行动作的转换开关电器。 注 1：ATSE 通常包括所有有用于监测和转换操作所必需的设备。 注 2：ATSE 可以具有可选的手动操作特性。 3.2.1　ATSE 的操作程序　operating sequence of ATSE 常用电源被监测到出现偏差时，ATSE 自动将负载从常用电源转换至备用电源；如果常用电源恢复正常时，则自动将负载返回到常用电源。 注 1：转换时可有预定的延时或无延时，并可有一个断电位置。 注 2：在存在常用电源和备用电源两个电源的情况下，ATSE 需指定一个常用电源位置。

图 2-15 所示为 ABB 的 ATSE 产品图片。

图 2-15　ABB 的 ATSE 产品

按照国标 GB/T 14048.11—2008 规定，ATSE 包括其本体和控制器。ATSE 本体可分为 PC 级或 CB 级两个级别。

PC 级的 ATSE 是统一的装置，它能够接通、承载、但不能用于分断短路电流；CB 级的

ATSE 则由两套互投的断路器构成。因为断路器配备了过电流脱扣器，所以 CB 级的 ATSE 能够接通并用于分断短路电流。

ATSE 的主要特点见表 2-7。

表 2-7　ATSE 的主要特点

额定电流	最大可达 5000A
极数	3 极型和 4 极型
功能特点	PC 级 ATSE，CB 级 ATSE
结构原理及组成部件	型式 1：接触器型 ATSE， 型式 2：断路器型 ATSE， 型式 3：负荷开关型 ATSE， 型式 4：PC 级一体化 ATSE
使用类别	AC－31 和 AC－33
工作位置	两段式 ATSE 和三段式 ATSE

2. ATSE 在转换电源时的中性线重叠问题

我们已经知道，TN 系统有三种形式：TN－C、TN－S 和 TN－C－S。其中 TN－C 将 PE 和 N 联在一起组成 PEN 线作为保护接地或保护接零。

我们来看图 2-16。

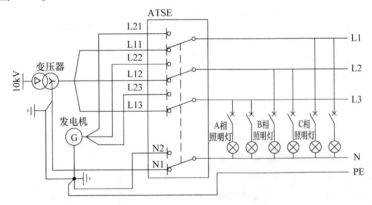

图 2-16　ATSE 中性线重叠问题的说明

图 2-16 中的电源是 TN 系统：其中有发电机和电力变压器供电电源，还有 ATSE 和三相照明负载。

设想原先低压电网由市电供电，现在因为某种原因需要切换到发电机 G 供电，并且发电机 G 已经起动。在 ATSE 切换的过程中，若 N1 线先脱离，随后相线才相继脱离，于是会出现这样的时刻：负载侧的 N 将会出现中性点偏离，使得负载侧的 N 线上出现较高的电压，有可能会损坏照明灯具或者电力设备。

这种现象在电网切换的过程中时常会出现，究其原因，就是因为 ATSE 先于相线切换 N 线，致使用户侧 N 线带上较高电压，严重时甚至发生人身伤害事故。

若 ATSE 从发电机电源切换到市电电源时也先于相线切换 N 线，则同样会出现上述现象。

为了避免出现上述现象，ATSE 在实施分断操作时让相线的分断操作超前于 N 线；而 ATSE 在实施闭合操作时，让相线的闭合操作滞后于 N 线。两者的时间差不小于 20min。

注意：这里所指的时间差是 ATSE 开关自身的动作时间差，而不是发电机起动落后于市电失压故障的时间差。

对于 CB 级的 ATSE，因为它是用两台断路器加上控制器构成，因此不可能解决中性线重叠问题。但因为 CB 级的 ATSE 是由断路器构建而成的，因此 CB 级 ATSE 具有过电流的分断能力，这是 CB 级 ATSE 的最大优势。

有些 PC 级的 ATSE 开关能够将相线相对于 N 线的投退完成时间按 5ms 的时间间隔进行整定。例如，可以将分闸设定为相线触头超前 N 线触头 25ms 动作，将合闸过程设定为 N 线触头超前相线触头 45ms 动作，这样就确保不会出现中性线重叠问题。

有些 ATSE 开关还能在电压过零时实现投切转换，此时因为电网电压最低不会出现冲击电压。

3. ATSE 的应用场合

对 ATSE 开关要求较高的场合一般是高档楼宇项目、机场、会展、移动和电信等，特点是照明设备和通信设备多，经受不起 N 线上的瞬间高压冲击。

ATSE 开关有三极和四极的两种规格，这两种规格应用的场合如下：

（1）应用场合之一：市电与发电机通过 ATSE 互投

若低压配电网采用 TN – S 的接地系统，并且低压进线侧断路器配备了接地故障保护，则 ATSE 和断路器必须使用四极的元件规格；若低压配电网采用 TN – C 的接地系统，则因为 N 线不得断开，所以 ATSE 和断路器都必须使用三极的元件规格。

（2）应用场合之二：馈电回路的双电源互投

若馈电回路需要两路电源互投，且电源来自两段母线，则可以采用三级的 ATSE 开关。

2.4.2　ATSE 开关产品

1. GE 公司的 ATSE 开关

我们来看看 GE 的 ATSE 参数，见表 2-8。

表 2-8　GE 的 ATSE 开关技术参数

GE Zenith ZTG 开关		CCC 认证短路参数		
ZTG 系列开关型号	额定电流/A	额定短时耐受电流/kA	额定短路电流/kA	额定限制短路电流值/kA
标准转换开关 ZGS	40，80，100，150，200，225	10	17	25
	400	30	63	42
	800	42	88	50
	1000，1200	24	50.4	65
	1600，2000，3000	50	105	N/A
延时转换开关 ZGD	40，80，100，150，225，400	30	63	42
	800	42	88.2	50
	1000，1200	24	50.4	65
	1600，2000，3000	50	105	N/A

GE 的 ATSE 开关外形如图 2-17 所示。

GE 公司的 ATSE 采用中性线先合后分技术来实现中性线重叠,其示意图如图 2-18所示。以下做简要说明:

图 2-18a 是 GE – ATSE 的原始状态,图中可见 GE – ATSE 的输出公共端被接到变压器 T1 一侧;图 2-18b 开始转换过程。从图中可见 GE – ATSE 的相线触头被置于零位,与变压器 T1 三相的接触已经实现脱离,但 ATSE 的 N 线触头仍然保闭合,维持在变压器 T1 的中性线上;图 2-18c 中可见 GE – ATSE 的相线触头仍然保持在中间的零位状态,但 GE – ATSE 的 N 线触头已经切换到变压器 T2 一侧;图 2-18d 中可见

图 2-17 GE 的 ATSE 开关外形

GE – ATSE 的相线触头也切换到变压器 T2 侧。至此,GE – ATSE 完成了从变压器 T1 转换到变压器 T2 的过程。

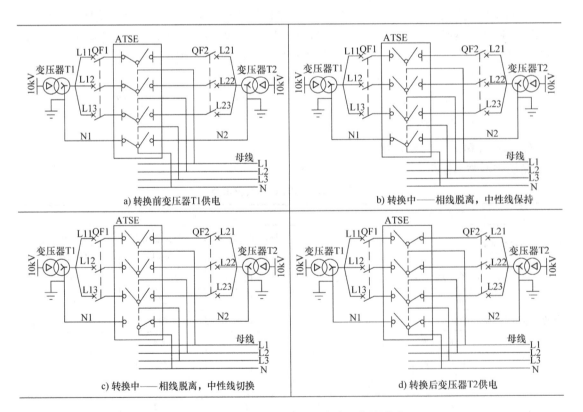

图 2-18 GE 的 ATSE 中性线先合后分的说明

从 GE 公司 ATSE 参数中我们能看出如下几点：

1）ATSE 不能独立地分断短路电流，ATSE 必须配套断路器或者熔断器。

2）PC 级的 ATSE 具有一定的带载切换能力。

3）只有 PC 级的 ATSE 才具有中性线重叠功能或者中性线先合后分功能。

4）在使用 ATSE 时，要注意到 ATSE 的短时耐受电流 I_{cw} 其时间往往是 18 个工频周波，也即 $20 \times 30 = 600\,\text{ms}$，折合到 1s 的短时耐受电流相当于乘以 1.29 倍。以 ASCO 的 1600A 开关为例，它的短时耐受电流是 36kA，折合到 1s 后的短时耐受电流是 46.44kA。

5）ATSE 的额定电流范围为 30 ~ 4000A。

2. 对 CB 级 ATSE 智能控制器 DPT/SE 和 DPT/TE

DPT/SE 和 DPT/TE 是 ABB 公司的产品，符合的标准是 IEC 60947 – 6 – 1 和 GB/T 14048.11。其中 DPT/SE 用于两路市电或者市电与发电机供电的自动切换，DPT/TE 则用于两进线单母联的两路市电自动切换。

DPT/SE 和 DPT/TE 的技术参数和基本功能见表 2-9。

表 2-9　DPT/SE 和 DPT/TE 的技术参数和基本功能

技术参数		DPT/SE	DPT/TE
制造标准		IEC60947 – 6 – 1 和 GB/T 14048.11	
级别		CB 级	
工作电压	控制电路	230V/AC – 50Hz	
	主电路	400V/AC – 50Hz/60Hz	
控制电路触点的分断能力	阻性负载	5A/220V/AC – 50Hz	
	感性负载 $\cos\phi = 0.4$	2A/220V/AC – 50Hz	
机械寿命		5000 次	
基本功能		DPT/SE	DPT/TE
电流范围		≤6300A	≤6300A
基本功能		转换模式、延时控制、失压转换、断相转换、市电——发电机转换、断路器状态指示、自投自复、拒动报警、断相报警、外接开关量变位报警	

DPT/SE 能对市电进线和发电机进线延时互投，操作模式包括自动模式、正常供电模式、应急供电模式和关断模式；DPT/TE 能对两进线的电压进行监测，在出现失压对进线断路器执行分断操作，对母联断路器后执行延迟闭合操作。当低压配电网的电压恢复后对进线断路器和母联断路器执行恢复操作。操作模式也包括自动模式和关断模式，也具备报警功能。

DPT 的电路图如图 2-19 所示。

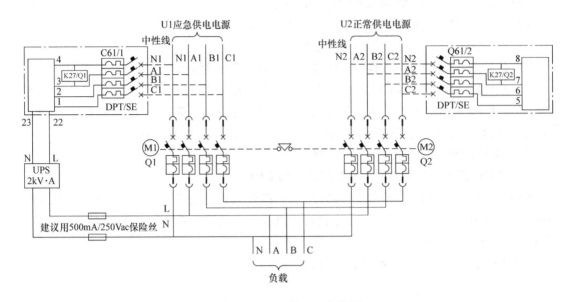

图 2-19　ABB 的 DPT 电路图

2.5　低压断路器

2.5.1　概述

1. 低压断路器的用途和功能

断路器是一种能够接通、承载和分断正常运行电路中的电流，也能在非正常运行的电路中（过载、短路）按规定的条件接通、承载一定时间和分断电流的开关电器。

低压断路器常常在低压配电箱和低压配电柜中作为电源开关使用，并且当线路中出现过电流（过载和短路）、断相、漏电等故障时，能自动切断线路，实施线路保护。

低压断路器在制造和使用方面遵循的国家标准是 GB 14048.2，而家庭使用的断路器标准是 IEC60898。

低压断路器，从结构类型可分为三种型式：

第一种是空气绝缘框架断路器，国际上通用名是 Air circuit breaker，简称为 ACB 断路器；

第二种是塑壳断路器，国际上通用名是 Moulded case circuit breaker，简称为 MCCB 断路器；

第三种是微型断路器，国际上通用名是 Micro circuit breaker，简称为 MCB 断路器。居家配电使用的断路器属于 MCB，并且常常被称为空气开关。

低压断路器还可分为配电型断路器和电动机保护型断路器，还有专用于照明回路的断路器，以及漏电断路器等。

低压断路器的用途分类表见表 2-10。

表 2-10　低压断路器的用途分类

断路器类型	电流等级	保护特性			用途
配电线路保护	交流 10 ~ 6300A	选择型 B 类	两段保护	过载 L + 短路瞬时 I	电源进线和馈线保护
				过载 L + 短路短延时 S	
			三段保护	过载 L + 短路短延时 S + 短路瞬时 I	
电动机保护	交流 630A	选择型 A 类	限流型	过载 L + 瞬时 I	馈线保护
			单磁型	瞬时 I	电动机保护
		一般型	三段保护	过载 I + 堵转 R + 短路 I	
直流配电线路	直流 600 ~ 6300A	快速型	有极性、无极性		电力电子设备保护
		一般型	长延时 + 瞬时		一般直流设备保护
照明保护、线路保护	交流 5 ~ 50A	过载 + 短路瞬时			单极，用于居家配电和单相回路
漏电保护	交流 20 ~ 200A	15mA，30mA，50mA，75mA，100mA，0.1s 内执行脱扣			保障人身安全，防止漏电

低压断路器作为一种全功能的低压电器，其基本功能见表 2-11。

表 2-11　断路器各种功能

功能		条件
隔离		
控制	包括各种功能性控制	断路器脱扣器的内置功能
	紧急通断控制	
	设备维护控制和闭锁功能	
	远程控制	对脱扣线圈实施远程控制
保护	过载保护	
	短路保护	
	绝缘监测及接地故障保护	脱扣器中带剩余电流检测功能
	欠电压保护	带欠电压脱扣线圈
测量	模拟量	断路器电子脱扣器的内置功能
	开关量	
显示和人机对话		断路器电子脱扣器的内置选项

2. 低压断路器结构和脱扣器工作原理

断路器用作合、分电路时，依靠扳动手动操作机构的手柄（简称为手操）或者利用电动操作机构（简称为电操）使得断路器的动、静触头闭合或者断开。

当断路器所在线路出现过载（过负荷）时，断路器热脱扣器中的双金属元件受热（或者通过它近旁的发热元件使得双金属元件受热）产生变形、弯曲，并打开锁扣使得断路器跳闸。热脱扣器一般用于过载保护。

当断路器所在线路中出现短路时，短路电流使得磁脱扣器的动衔铁被吸合，从而带动牵引装置使得断路器跳闸。磁脱扣器一般用于短路保护。

当断路器所在线路出现电压低于$70\% U_n$（额定电压）时，欠电压脱扣器将触发断路器执行跳闸操作。这种脱扣被称为欠电压脱扣；当操作者需要从远方来操作断路器跳闸时，可以利用分励脱扣器。分励脱扣器可实现断路器的远距离操作。

断路器的脱扣器包括温度、电流、电压的传感元件、传递元件、测控元件和执行元件。

断路器的脱扣器按测量和控制方式可分为热磁式脱扣器和电子式脱扣器两种，如图2-20和图2-21所示。

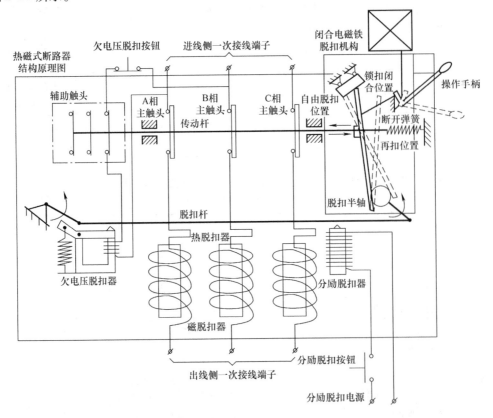

图 2-20 带热磁式脱扣器的断路器结构原理图

从图2-20和图2-21中，我们看到主触头、辅助触头被传动杆连动，当反时针方向推动操作手柄时，闭合力经自由脱扣机构传递给传动杆使触头闭合。最后锁扣将自由脱扣机构锁住，把保护电路接通。

我们先看图2-20的热脱扣器：为了实现过载保护，热脱扣器配套了测量过载电流的双金属片。过电流不大时，热双金属片慢慢弯曲（与电流大小成反比），经过一定延时后推动脱扣轴，使机构执行脱扣（热磁式）。

我们再看图2-20的磁脱扣器：当出现短路电流时，电流大到磁脱扣器铁心气隙中产生电动力足以克服反力弹簧的反力时，铁心迅速向上运动，推动脱扣轴，使机构瞬时脱扣。

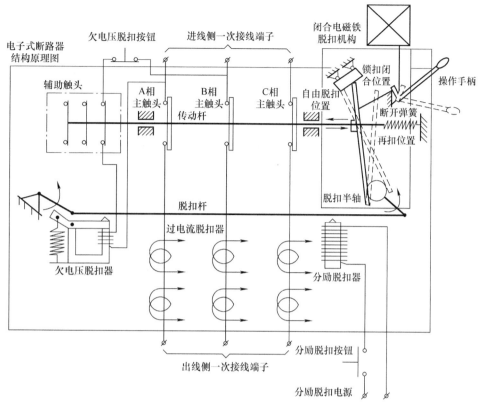

图 2-21　带电子式脱扣器的断路器结构原理图

再看图 2-21 的测量系统，当出现过电流后，过电流脱扣器中的罗氏线圈将过电流信号经运算处理后使机构脱扣。可实现过载长延时、短路短延时、大短路电流瞬时动作的保护特性。

传动机构既有手动操作的，也有电动操作的。电动操作又分为电磁铁操作和电动机操作两种。

采用电动机操作机构的原理是：电动机经过齿轮系统减速后将储能弹簧压缩，直到能量储足，然后将此能量释放，推动机构快速闭合。

图 2-20 和图 2-21 中的欠电压脱扣器让断路器实现欠电压保护，而分励脱扣器则让断路器可实现遥控。

将以上各部件装入一个塑料外壳中就成为塑料外壳式断路器 MCCB，将所有零部件装入金属材料的框架中就成为框架式断路器 ACB。框架式断路器的额定电流比塑壳断路器要大很多。

图 2-22 所示为电子式断路器脱扣器的原理流程图。

电子式脱扣器中安装了微处理器，利用微处理器电子技术实现过载和短路电流的测量和保护。

在图 2-21 和图 2-22 中，电流采样信号通过空心电流互感器即罗氏（Rogowski，罗果夫斯基）线圈获得。之所以采用空心电流互感器是为了避免在测量过载和短路电流时铁磁电流互感器磁通饱和效应。

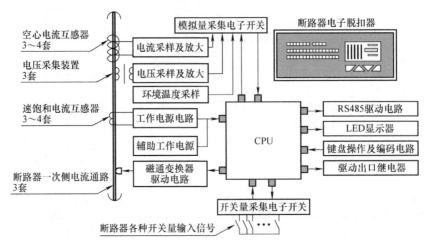

图 2-22 断路器脱扣器的原理流程图

断路器的电压采集装置的作用是采集三相电流信息，用以实现欠电压和过电压保护。

断路器的工作电源来自速保护电流互感器获取的能量。采用速保护电流互感器的目的是避免当断路器的一次回路中流过较大的电流时对电源系统产生破坏性冲击。

图 2-22 中，电流、电压等模拟量通过模拟量采集电子开关输入到 CPU 中，CPU 对模拟量采集电子开关发出选通控制实现高速循环输入各种模拟量；断路器的各种开关量则从开关量采集电子开关输入 CPU。

CPU 的输出包括：LED 显示器显示测控信息和模拟量信息，键盘操作及编码电路用于实现人机对话，驱动出口继电器则用于执行各种脱扣操作，而 RS485 驱动电路则用于与上位系统交换信息。

【有关罗氏线圈的小知识】

罗氏线圈的原理如图 2-23 所示。

罗氏线圈是一种空心环形的线圈，可以直接套在被测量的导体上。导体中流过的交流电流会在导体周围产生一个交替变化的磁场，从而在线圈中感应出一个与电流变比成比例的交流电压信号。线圈的输出电压 $U_{OUT} = M di/dt$，这里的 M 为线圈的互感系数，而 di/dt 则为电流对时间的变化率。

罗氏线圈通过积分器将线圈输出的电压信号进行积分后得到一个交流电压信号，这个电压信号可以准确地再现被测量电流信号的波形。

罗氏线圈及配套积分器是一种通用的电流测量系统，应用的场合很广泛，它对被测电流的频率、电流大小、导体尺寸都无特殊要求。系统的输出信号与被测电流波形相位差小于 0.1°，可测量波形复杂的电流信号，如瞬态冲击电流。

罗氏线圈电流测量系统一个突出的特点就是线性度好。线圈不含磁饱和元件，在量程范围内，系统的输出信号与待测电流信号一直是线性的。而系统的量程大小不是由线性度决定的，而是取决于最大击穿电压。积分器也是线性的，量程取决于本身的电气特性。线性度好使得罗氏线圈非常容易标定，因为系统可以使用常见的基准信号进行标定，标定后的系统在整个量程范围内都是线性的，测量结果都是准确的。同时由于线性度好，系统的量程可以随意确定，瞬态反应能力突出。

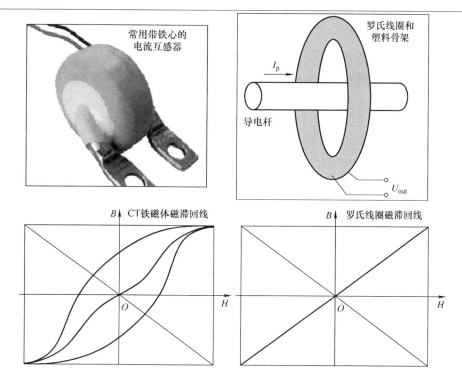

图 2-23　断路器内部用于测量电流的罗氏线圈

积分器输出的交流电压信号可以在任何输入阻抗大于 $10k\Omega$ 的电气设备上使用，例如电压表，示波器，瞬态冲击记录仪或保护系统。积分器输出的直流电流信号可以广泛应用在数据采集系统及自动化控制系统中。

罗氏线圈用于测量交流电流，频率为 $<0.1Hz \sim 1MHz$，测量范围为 $1mA \sim 1MA$，精度为 $0.1\% \sim 1\%$。线圈具有极佳的瞬态反应能力，可以用于测量尺寸很大或尺寸形状不规则的导体。罗氏线圈可广泛应用在传统电流测量装置如电流互感器无法正常使用的场合。罗氏线圈特别适用于交流大电流的测量，例如短路电流的测量。

罗氏线圈与传统电流测量装置相比有以下突出优点：

1）无饱和；

2）线性度好，标定容易；

3）瞬态反应能力突出，可用于中高压保护；

4）待测电流频率范围宽，从 $0.1Hz$ 到 $1MHz$，可用于测量谐波；

5）待测电流量程大，可从 $1mA$ 到 $1MA$；

6）相位差在中频时小于 $0.1°$；

7）线圈绝缘电压 $10kV$；

8）无二次开路危险，无过载危险；

9）尺寸极小，安装简单方便，无须破坏导体。维修简单方便。

3. 低压断路器的分类

（1）断路器按使用类别分类

使用类别 A 是指断路器不具有可调延时的短路保护，而使用类别 B 则具有可调延时的短路保护。

（2）断路器按用途分类

可分为配电保护断路器、电动机保护断路器、家用和类似用途的断路器和剩余电流保护断路器等。

用于配电保护的断路器必须符合 GB 14048.2《低压开关设备和控制设备　第 2 部分：断路器》标准，而用于电动机保护的断路器除了要满足 GB 14048.2 外，还要满足 GB 14048.4《低压开关设备和控制设备　第 4 部分：接触器和电动机起动器　机电式接触器和电动机起动器（含电动机保护器）》标准。对于微型断路器，它在符合 GB 14048.2 标准的基础上，还必须符合 GB 10963.1 标准，即《家用和类似场所使用的过电流保护断路器　第 1 部分：用于交流的断路器》。

（3）断路器按接线方式分类

可分为板前接线断路器、板后接线断路器、插入式接线断路器、抽出式接线断路器和导轨式接线断路器等。

（4）断路器按安装方式分类

可分为固定安装式断路器和抽出式断路器两种。抽出式框架断路器如图 2-24 所示。

图 2-24 是 ABB 的 Emax 抽出式框架断路器 ACB，图中可见其本体能从壳体中抽出，壳体中亦可见到轨道及主电路接线端子抽插活门。在实际使用时，若断路器本体可抽出，则更便于检修和更换。

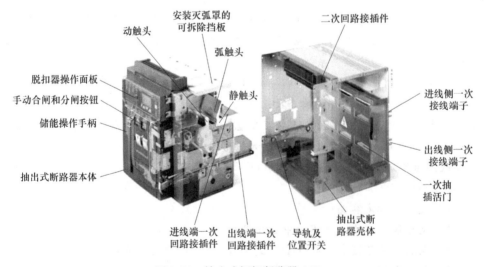

图 2-24　抽出式框架断路器 ACB

一般地，框架式断路器 ACB 大多采用抽出式，塑壳断路器 MCCB 及微型断路器 MCB 大多采用固定式。

固定式塑壳断路器 MCCB 的外形图如图 2-25 所示。

（5）断路器按极数分类

可分为单极断路器、双极断路器、三极断路器和四极断路器，如图 2-26 所示。

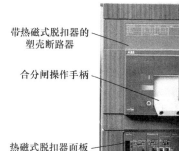
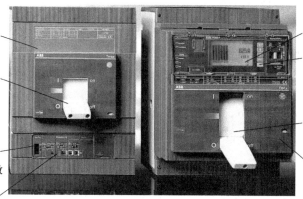

带热磁式脱扣器的塑壳断路器

合分闸操作手柄

热磁式脱扣器面板

过载长延时保护L参数
短路瞬时I保护
整定值选择拨码开关

电子式脱扣器面板

过载长延时保护L参数
短路短延时保护S参数
短路瞬时I保护
整定值选择按钮开关

合分闸操作手柄

带电子式脱扣器的塑壳断路器

图 2-25   固定式塑壳断路器 MCCB

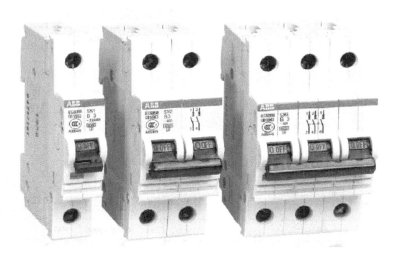

图 2-26   单极、双极和三极微型断路器 MCB

2.5.2   断路器的主要技术术语和参数设置方法

1. 额定绝缘电压 U_i、额定工作电压 U_e 和额定冲击耐受电压 U_{imp}

额定绝缘电压 U_i、额定工作电压 U_e 和额定冲击耐受电压 U_{imp} 的定义见第 1 章 1.3.2 节。

一般额定电压是指相间电压，即线电压。中国国内大多数电压为交流 50Hz 380V（在变压器或者发电机的端口处空载电压为 400V），以及矿用负载电压为交流 50Hz 660V（变压器或发电机的端口处空载电压为 690V）。国外的电压还有 415V 和 480V 等。

2. 断路器的工频耐压

当断路器处于打开状态时，对断路器的进出线之间、断路器各极之间进行工频耐压测试；当断路器处于闭合状态时，将断路器各级并接后进行各极与金属外壳间的工频耐压测试。

测试电压应当根据绝缘电压等级来制订。当断路器的绝缘电压 U_i 为 660V $\geq U_i >$ 300V 时，实施工频耐压测试的电压为 2500V，测试时间为 1min。测试时不允许出现闪络或击穿。

为了真正实现绝缘配合，IEC 还规定了冲击耐受电压。

3. 额定电流 I_e 和额定持续电流 I_u

额定电流 I_e 是断路器制造厂声明的能在规定的条件下长期运行的最大电流值,且当断路器长期流过额定电流时其运行温度不会超过规定极限。

GB 14048.2 和 IEC60947-2 标准中规定额定电流 I_e 通常等于断路器的额定持续电流 I_u。额定电流反映了断路器脱扣器的额定整定值。

例如 E1B 断路器型式,它的壳架电流为 1600A,额定电流分别为 800A、1000~1250A 和 1600A。每一种额定电流又可以有若干种整定值,例如 800A 的额定电流具有 400A、630A 和 800A 三种整定值。

4. 断路器壳架(或框架)等级电流

壳架等级电流是由断路器的壳架外型决定的,并且用断路器额定电流中的最大值来表示,见表 2-12。

表 2-12　部分 ABB 的 Emax 和 Emax2 系列框架断路器的额定电流

断路器型式	额定不间断电流 I_u	额定电流 I_n/A
E1B E1.2B	630~800	630、800
	630~1250	630、800、1000、1250
	630~1600	630、800、1000、1250、1600
E1N E1.2N	800~1250	800、1000、1250
	800~1600	800、1000、1250、1600
E2N E2.2N	800~1250	800、1000、1250
	800~1600	800、800、1000、1250、1600
	800~2000	800、800、1000、1250、1600、2000
E3N	2500	800、800、1000、1250、1600、2000、2500
	3200	800、800、1000、1250、1600、2000、2500、3200
E4.2N	3200~4000	3200、4000
E6.2N	4000~6300	4000、5000、6300

断路器壳架电流等级额定值是指壳架能够承受的最高过电流脱扣整定值。例如:ABB 的 MCCB 塑壳断路器 T6S630 其壳架电流额定值为 630A,而 ACB 断路器 E2N2000 的壳架电流额定值为 2000A。

5. 额定频率

在中国内地,额定频率为 50Hz,中国香港地区为 60Hz。

6. 断路器温升

断路器通过壳架等级电流中的最大额定电流,且延续一段时间后,它的各个部件温度升高的规定值。这里所指的各个部件包括一次接线端子、操作手柄、欠电压线圈、分励脱扣器线圈等。

7. 过载保护 L 参数

在断路器特性曲线中的"L"区域被称为过载长延时保护 L 参数整定曲线,如图 2-27 所示。

断路器的热延时过载脱扣器，其整定值为 L 反时限参数。L 反时限参数可在一定电流范围内加以整定，有时也可能采用固定值。L 反时限参数确定了热延时过载脱扣器的特性曲线。

GB 14048.1 和 GB 14048.2、GB 14048.4 中对配电用断路器的长延时过电流脱扣器反时限动作特性作了规定，见表 2-13 ~ 表 2-16。

表 2-13　断路器的长延时过电流脱扣器反时限动作特性

脱扣电流倍数		约定时间/h
约定不脱扣电流 I_r	约定脱扣电流 I_{rth}	
1.05	1.30	2（$I_n > 63A$） 1（$I_n \leqslant 63A$）

表 2-14　IEC60947.4：2002 和 GB14048.4 - 2008 中用于直接起动电动机的断路器的反时限动作特性

过载脱扣器	整定电流倍数				周围空气温度
	A	B	C	D	
热磁和电磁式无周围空气温度补偿	1.0	1.2	1.5	7.2	+40℃
热磁式，有空气温度补偿	1.05	1.2	1.5	7.2	+20℃

注：1. 在 A 倍整定电流时，从冷态开始在 2h 内不动作；当电流接着上升到 B 倍整定电流时，应在 2h 内动作。
2. 脱扣级别为 10A 的过载脱扣器在整定电流下达到热平衡后通以 C 倍整定电流，应在 2min 内动作。
3. 对于脱扣器级别为 10、20 和 30 级的过载脱扣器在整定电流下达到热平衡后通以 C 倍整定电流值，应当分别在 4min、8min 和 12min 动作脱扣。
4. 从冷态开始，脱扣器在 D 倍整定电流下应当按下表给出的极限值内脱扣。

表 2-15　热、电磁式固态过载继电器的脱扣级别和脱扣时间对照表

级别	按上表 D 列规定条件下的脱扣时间 T_n/s
10A	$2 < T_n \leqslant 10$
10	$4 < T_n \leqslant 10$
20	$6 < T_n \leqslant 20$
30	$9 < T_n \leqslant 30$

表 2-16　断路器的脱扣器电流参数的设定范围

脱扣器类型	过载保护	短路保护
热磁式	固定值：$I_{r1} = I_n$	固定值：$I_2 = (7 \sim 10)I_n$
	可整定范围：$0.7I_n \leqslant I_{r1} < I_n$	整定范围： 低整定值：$(2 \sim 5)I_n$ 标准整定值：$(5 \sim 10)I_n$
电子式	长延时整定范围： $0.4I_n \leqslant I_{r1} < I_n$	短延时可整定范围： $1.5I_{r1} \leqslant I_{t2} < 10I_{r1}$ 瞬时固定值范围：$I_{t3} = (12 \sim 15)I_{r1}$

8. 可调延时短路保护 S 参数

在断路器特性曲线图 2-27 的 "S" 区域被称为短路短延时电流保护 S 参数整定曲线。S 区域曲线中流过的电流为短路电流。S 区域的保护参数可设定为定时限（$t = k$）或反

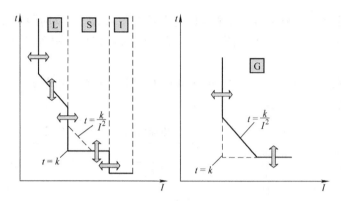

图 2-27　断路器的时间 - 电流特性曲线

时限（允通能量曲线 $I^2t = k$）。在定时限方式下，只要短路电流超过给定值则立即发生保护脱扣动作，而反时限方式下则延迟一段时间才发生保护脱扣动作。

9. 瞬时短路保护 I 参数

在断路器特性曲线图 2-27 中的"I"区域被称为短路电流瞬时保护 I 参数曲线。

在 I 区域中低压系统发生了严重的短路故障，流经断路器的短路电流超过线路允许的最大允许值，断路器必须立即分断，所以 I 区域的脱扣过程必须在瞬间完成的。

10. 接地故障 G 保护参数

特性曲线图 2-27 的右图中"G"区域的曲线被称为接地故障反时限参数整定，有时被简称为 G 参数整定。

G 曲线与 S 曲线相同，也可将保护方式设定为定时限（$t = k$）或反时限（允通能量曲线 $I^2t = k$）。在定时限方式下，只要接地故障电流超过给定值则立即发生保护脱扣动作，而反时限方式下则延迟一段时间才发生保护脱扣动作。

单相接地故障 G 保护通常与三段保护合并为四段保护。

11. 寿命

低压电器的寿命包括电寿命和机械寿命，具体定义见 1.3.2 节。

对于断路器来说，由于断路器的主触头需要较高的触头压力和加大的质量才能确保可靠工作，因此断路器的机械寿命就受到很大的限制。

我们来看 Emax 和 Emax2 系列框架断路器的机械寿命和电寿命参数，如图 2-28 所示。

		E1 B-N-S			E2 B-N-S				E2 L	
额定不间断电流(40℃)I_u	[A]	800	1000~1250	1600	800	1000~1250	1600	2000	1250	1600
机械寿命　正常维护作业下	[操作次数×1000]	25	25	25	25	25	25	25	20	20
操作频率	[每小时操作次数]	60	60	60	60	60	60	60	60	60
电气寿命　(440V~)	[操作次数×1000]	10	10	10	15	15	12	10	4	3
(690V~)	[操作次数×1000]	10	8	8	15	15	10	8	3	2
操作频率	[每小时操作次数]	30	30	30	30	30	30	30	20	20

图 2-28　Emax 和 Emax2 开关的机械寿命和电寿命

注意：机械寿命指的是断路器不带负载的情况下的分合次数，而电寿命这时指断路器带负载情况下的分合次数。电寿命与断路器触头的磨损密切相关。

12. 断路器型式试验时的专业术语 "O"、"t" 和 "CO" 的解释

"O" 试验时已经预先调整好短路电流，断路器接入试验线路并合闸，短路电流流过断路器。若断路器能自动分断并熄弧，则认为 "O" 试验通过。

"t" 表示 "O" 试验与 "CO" 试验之间的时间间隔，一般为 3min。

"CO" 试验表示断路器接通短路电流后立即分断，其目的是测试断路器在经受短路电流峰值的冲击时是否会因为电动力和热冲击的影响而损坏。若断路器合闸后能够顺利分断和熄弧，则认为 "CO" 试验通过。

13. 极限短路分断能力 I_{cu}

极限短路分断能力 I_{cu} 是指在规定的条件下（电压、电流、功率因数等）断路器的分断能力，并且分断后不考虑断路器能否继续承载它的额定电流。I_{cu} 这个参数表征了断路器的极限分断能力，同时对断路器来说也是破坏性试验。

极限短路分断能力 I_{cu} 的试验程序是：O—t—CO，即打开 – 延时 – 闭合后立即打开。这里的 t 延迟休息时间一般不小于 3min。

试验线路如果处于 O 程序，断路器处于分断状态。CO 试验时使断路器合闸，然后立即分断。这里的合闸 C 是考核断路器在经受了接通电流（峰值电流）以后，是否会因为峰值电流产生的电动斥力冲击和热冲击而损坏。如果断路器能够在合闸后立即分断，并且还能熄灭电弧，则说明该断路器的 CO 试验成功。

14. 运行短路分断能力 I_{cs}

运行短路分断能力是指在规定的条件下（电压、电流、功率因数等）断路器的分断能力，并且分断后断路器还能继续承载它的额定电流。由此可见，I_{cs} 表征了断路器的重复分断能力。

运行短路分断能力 I_{cs} 的试验程序是：O—t—CO—t—CO，即打开 – 延时 – 闭合后立即打开 – 延时 – 闭合后立即打开。

与极限短路分断能力 I_{cu} 的试验程序相比，运行短路分断能力 I_{cs} 的试验程序多了一个 CO。当试验顺利完成后，还需要做工频耐压验证、温升验证、过载脱扣器性能验证和操作性能验证。操作性能验证是在同样的工作电压加载了额定电流，让断路器反复操作的次数为电寿命的 5% 。试验合格的判定标准是：每个试验程序都合格，并且断路器的外壳不应破碎，但允许有裂缝。

15. 额定短路分断能力 I_{cu} 和额定运行短路分断能力 I_{cs} 之间的关系

I_{cu} 表征了断路器在闭合状态下能够分断的极限短路电流值，并且分断后断路器有可能已经损坏；I_{cs} 则表征了断路器在闭合状态下能够分断的短路电流值，并且分断后断路器仍然能正常工作。在实际使用断路器时，最重要的参数是额定运行短路分断能力 I_{cs}。

值得注意的是：在 GB 14048.2 标准中提供的极限短路电流值是指冲击短路电流的交流分量的有效值，也就是最高预期短路电流，并且其中不包含直流暂态分量。

在 GB 14048.2 标准中，规定 I_{cs} 占 I_{cu} 的比值序列为 25% 、50% 、75% 和 100% 。一般地，断路器的 I_{cs} 占 I_{cu} 的比值为 50% ~75% 。查阅 ABB 公司断路器的产品样本会发现在多数情况下 I_{cs} 和 I_{cu} 两者相等，这显示了 ABB 在断路器制造方面的技术水平和能力。

在使用断路器时，究竟是 I_{cu} 还是 I_{cs} 更能代表断路器的分断能力呢？答案应当是 I_{cu}。

设想短路电路中预期短路电流为 65kA，其额定电流为 2000A。若按 I_{cs} 选择某型断路器，

其 I_{cu} 为 75kA 而 I_{cs} 为 65kA，但该断路器的额定电流为 2500 ~ 3200A，显然无法对该电路中出现的过载电流实施有效保护；若按 I_{cu} 选择某型断路器，则其额定电流为 1000 ~ 2000A，正好覆盖实际电路中的额定电流，完全能够满足过载保护的要求。

I_{cs} 常用于上下级配合时上级断路器对短路电流的后备保护：若下级电路中发生短路时且下级断路器出现故障未跳闸，则上级断路器的 I_{cs} 能确保本级断路器能够承受短路电流的冲击且及时地启动短路后备保护实现跳闸。

16. 额定短时耐受电流 I_{cw}

额定短时耐受电流 I_{cw} 的定义见 1.3.2 节。

当额定电流 $I_n \leqslant 2500A$ 时，额定短时耐受电流 I_{cw} 取 $12I_n$ 或者 5kA 中的最大者；当额定电流 $I_n > 2500A$ 时，I_{cw} 为 30kA，延时时间不应小于 0.05s，延时时间的优选值是 0.05 - 0.1 - 0.25 - 0.5 - 1s。

短时耐受电流仅适用于 B 类断路器，即具有短路短延时保护特性的断路器。

17. 断路器的限流能力

事实上，所有的低压断路器都具有一定的限流能力。

我们在第 1 章 1.1.3 节有关近阴极效应的描述中可知，电弧具有一定的限流能力。但毕竟利用近阴极效应限流已经在断路器动静触头间出现了电弧，而且近阴极效应的限流能力也很弱。能否利用断路器的结构来实现限流？答案是肯定的。专门设计的限流型断路器能有效地阻止短路电路中的预期最大故障电流，仅允许小于或等于被限制数值要求的电流通过。

通过断路器的限流作用，短路电路极大地减少了允通电流 I^2t 的数值，而当预期短路流过未加限流作用的断路器时，短路电流产生的热冲击将加载在短路电路中，将对电路产生破坏作用。

我们来看看限流保护与短时耐受电流之间的关系。

当线路发生短路时，线路和电器设备有可能会因为短路电流的热冲击而损害，所以要实施限流保护。

图 2-29 中 B 是预期短路电流 I_k，A 是限流后的短路电流，我们看到曲线 A 所反映的短路电流相对预期短路电流 B 来说其幅值已经被极大地削弱了，不再对线路产生危害。

曲线 A 的有效值相对曲线 B 的有效值之比被称为限流比，限流比一般在 25% ~ 75% 之间，由此可见具有限流作用的断路器其工作特性非常类似于熔断器。

值得注意的是，限流式断路器不再具有短时耐受电流这个参数。

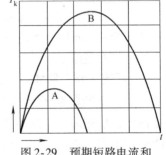

图 2-29　预期短路电流和限流后的电流

限流式断路器在分断短路电流时的电流和电压过程如图 2-30 所示。

第一种限流式断路器利用安装双金属片导电排来限流。当发生短路时，由于断路器安装了双金属片构成的导电排和瞬时短路脱扣器，此时导电排受热使得电阻变得非常大，足以将短路电流限制成为断路器能够承受的电动力和热效应，继而将较小的短路电流分断。

第二种限流式断路器利用合适的导电杆形状、触头和灭弧室结构来灭弧。当电弧产生后，电弧被电磁作用迅速地推到灭弧室中，灭弧室中的栅片将电弧分割成多段局部电弧，再将多段局部电弧进行强力冷却后灭弧。

当电路中出现短路电流时，断路器的反时限保护装置触发脱扣器将断路器的主触头打开，再结合上述的多种方式灭弧。

当电压在 400V 以下时，限流式断路器的灭弧能力大于电流过零熄弧式断路器。虽然限流式断路器的灭弧能力大于电流过零熄弧式断路器，但限流式断路器不能实现可调时限的短路保护，所以限流式断路器均属于使用类别为 A 的断路器。

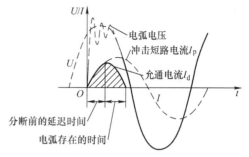

图 2-30　限流式断路器分断短路电流时的电流和电压过程

【有关限流型断路器原理的小知识】

在低压断路器限流技术里，有许多很有意思的物理现象，以及独特的结构设计和工作原理。

20 世纪 20 年代，Slipen 提出了近阴极效应的原理，发明了栅片灭弧，使低压电器从简单灭弧的第一代刀开关，发展到配电线路用的断路器和控制系统用的接触器等专用的品种，前者使得低压配电系统具有较高的开断能力，后者则满足控制要求的频繁操作能力。

20 世纪 50 年代，发现开关电器触头开断后电弧有个短暂的停滞过程（即零休时间，见 1.1.3 节中讲到的"交流电弧及零休现象"），这个过程对控制电器的电气寿命和断路器的开断性能有很大的影响，包括触头材料、吹弧磁场、触头打开速度、灭弧室尺寸等，这些研究对低压开关的开断性能和电气寿命的提高起了很大的作用。

这一时期另一个对提高低压电器性能有重大意义的是磁场吹弧的新机理，即横向磁场能在弧柱中感应出流场，使冷气流从电弧前端进入而从后端流出，形成对称涡流的流场，这一冷气流可带走电弧的热量，有利于电弧的熄灭；另一方面在触头分断的初期，这一作用可使然弧初期的金属相电弧转变为气相电弧，有利于缩短电弧的停滞时间。这一发现使磁吹成为当时最有效的灭弧措施之一。

随着低阻抗大容量变压器的故障短路电流可达 100kA 以上，要求故障分断电器不但要有足够大的分断能力，还应带有显著的限流效应，这就促进了限流技术在低压电器中的应用。限流型低压断路器的限流原理是依靠短路电流产生的电动斥力或通过冲击电磁铁产生的电磁力使触头系统在操作机构动作前就使提前斥开而呈现电弧，利用电弧电压来限制电流。

ABB 公司在意大利的 SACE 公司根据这一原理早在 20 世纪 80 年代初期就提出触头单边斥开，触头双边斥开，电动机槽结构和双断点开断等多种限流断路器的结构方案，尽管近年来限流技术有很大的发展，但这些基本方案仍沿用至今。

20 世纪 80 年代初期，英国、德国和日本相继发现了限流开断过程中电弧背后击穿与转移现象，并研究出这种现象是由于背后区域热击穿所引起的。

20 世纪 80 年代末，施耐德电气公司提出"固体绝缘屏幕"的限流技术，它用一绝缘材料制作的屏幕插入动、静触头之间，把电弧隔断，该公司并把这种技术应用于额定电流为 25A 的 Optical25 小型断路器。

对低压断路器来说，直到 20 世纪末才开始注意气吹对提高低压断路器开断性能的作用。当开断时，电弧高温使产气材料气化，通过冷却电弧和控制电极的金属蒸气喷流来达到提高电弧电压和开断性能的目的：把产气材料放在由静触头导电回路形成的槽中，进一步加强气吹作用，被称为槽形冲击加速器技术（ISTAC），并开发出 PSS 系列塑壳断路器。

低压电器的气吹作用，可由两种方法来达到，一种是依靠灭弧室器壁放置的产气材料产气，另一种是利用半封闭独立的灭弧单元，让电弧高温在灭弧单元内引起压力上升，通过出气口而形成气吹。

施耐德电气公司的 NS 系列塑壳断路器就充分利用了上述两种气吹作用，并使产品达到同期塑壳断路器中最高的开断能力，与之同时半封闭的灭弧室结构和气吹作用的应用也推广到框架断路器上，使框架断路器的开断性能也有大幅度的提高。施耐德电气公司推出的 NS 系列塑壳断路器之所以能达到高的开断性能，除了依靠独立灭弧单元和气吹的作用外，另一原因是采用了旋转双断点的开断结构，这种触头系统的结构，到了 21 世纪进一步得到了推广。

国际上著名电器公司纷纷推出新一代采用双断点触头系统和利用气吹作用的塑壳断路器，如美国 GE 公司的 RecordPlus 系列，ABB 公司的 TMAX 系列等，结构上也更多样化，除旋转双断点外，又出现了平行双断点和桥式双断点等新结构，日本寺崎公司更是把双断点的结构用于框架断路器，推出了 TemPower2 断路器，改变了框架断路器传统的单断点结构。传统的限流开关，电弧能量全部由断路器开断过程来承担，因而限制了断路器尺寸的进一步缩小，一种新的思路是用一个限流器和断路器串联，在开断时，电弧能量大部分由限流器来承担，这就可以大大地减轻断路器的负担。

这种限流器可以由多种原理来实现，近年来受人注目的是采用一种称为正温度系数的材料 PTC 来实现，它是一种导电塑料，由聚合物（如聚乙烯）加上填充的导电炭粒组成，当短路电路通过这种限流器，使原有导电炭粒组成的桥路因热膨胀拉断，让限流器的电阻骤然增加而达到限流效果。

另一方面真空开断技术、固态断路器也在不断地发展，西门子公司 3WSI 低压真空断路器的开断能力已达 50kA，尽管其开断能力尚不能与空气灭弧的传统断路器相比较，但无电弧或无喷弧使安全性远高于传统的结构。

以下解释几个相关概念：

（1）交流电弧的零休和重燃条件

在第 1 章的 1.1.3 节中，我们知道交流电弧的过零熄弧及重燃条件是介质恢复强度 U_{jf} 大于电压恢复强度 U_{hf}，即式（1-8）：$U_{jf} > U_{hf}$。式（1-8）对于理解限流原理很重要。

我们来看图 2-31。

图 2-31 中的 U_{b1} 和 U_{b2} 为两条电压恢复曲线，我们看到 U_{b1} 大于 U_{b2}。同时我们发现，U_{hf} 在 A 点与 U_{b2} 相交，于是电弧在 A 点重燃；对于 U_{b1}，它与 U_{hf} 完全不相交，因此若低压断路器或者低压限流断路器的主触头弧隙中的介质（空气）满足 U_{b1} 曲线的重燃电压关系，则交流电弧一定熄灭。

因此交流电弧熄灭的条件是：电压恢复曲线小于介质恢复曲线。即 $U_b < U_{hf}$。

（2）近阴极效应

在第 1 章的 1.1.3 节中，我们知道了近阴极效应。近阴极效应产生的作用使得交流电弧在过零后有一个休止期，被称为交流电弧的零休现象。零休时间对电弧产生了抑制作用和限流作用。由于近阴极效应的存在时间十分短暂，大约只有 150μs，因此近阴极效应仅对低压电器的灭弧有效，对高压电器无效。

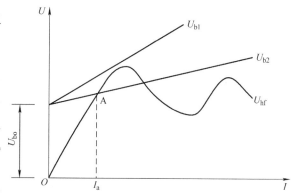

图 2-31　介质恢复强度与电压恢复强度
的大小与电弧重燃的关系

近阴极效应的零休限流作用在低压断路器灭弧原理中普遍存在。

（3）限流和限流比

首先，我们都知道塑壳断路器和微型断路器的体积很小，为了要限流，则首要的问题是体积必须精巧。当然，在原理上也要符合基本要求。

这里的限流，指的是当开关电器流过短路电流时，开关电器能在短路电流还未达到峰值时就给予开断。开断电流值与短路电流峰值之比被称为限流比。

注意开关电器的限流作用有两个特点：

1）限流很类似于熔断器的保护作用；

2）由于电流从过零后到峰值点的时间为 5ms，因此限流动作的时间很短暂。

也因此，限流型断路器在国家标准 GB 14048.2《低压开关设备和控制设备　第 2 部分：断路器》中被定义为 A 类断路器。A 类断路器只有过载长延时保护 L 参数和短路瞬时保护 I 参数。

（4）低压断路器限流作用的原理

我们来看图 2-32，从图 2-32 的左图中看到，流过静触头和动触头的导电杆的电流方向正好相反。我们先用右手螺旋定则判断磁场方向，再用左手判断电动力方向，我们可以

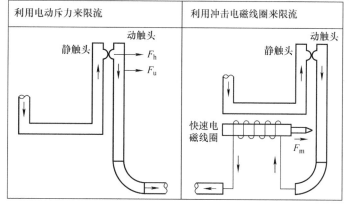

图 2-32　低压断路器限流作用的原理

得出结论：动静触头导电杆的受力是斥力。对于动触头来说，受力方向向右，即 F_U。这里的"U"就是U形导体结构的意思。

同时，在触头上也有作用力，即电流线的收缩霍姆力 F_h。这两个力的合力构成动触头快速打开的作用力。

再看图2-32的右图，这里有冲击电磁线圈。当发生过电流时，冲击电磁线圈产生的快速打击作用力直接顶开动触头。

一般地，限流型塑壳断路器采用图2-32的左图所示的电动力开断法来限流，而限流型微型断路器则用图2-32的右图所示的快速冲击力来限流。

我们来看图2-33，图2-33中由很粗导线绕制的部分就是用于限流作用的冲击电流线圈。

请注意：冲击电流线圈的铁心的上端用于打击动触头，下端则用于拉动脱扣器脱扣。

图2-33　ABB的微型断路器内部视图

（5）限流断路器的结构模式

限流断路器的结构模式有五种，其中也包括施耐德公司的双断点结构。这五种限流开关的结构模式如图2-34所示。

图2-34的上部左图就是普通断路器，也即非限流的断路器。

图2-34的上部中图，我们看到了U形结构。由前所述，我们知道它能实现限流功能。

图2-34的上部右图，我们看到静触点也有旋转中心，也可斥开。此开关具有动、静触头的双斥开结构。

图2-34的中图，加了励磁绕组，增强了触头臂上的斥开电动力。

图2-34的下图，即施耐德公司的双断点结构。两个触头串联同时斥开，增强了灭弧能力，也增大了电弧电压。因此，最后这个方案也是最优的结构。

我们来看图2-35，下面对其进行分析。

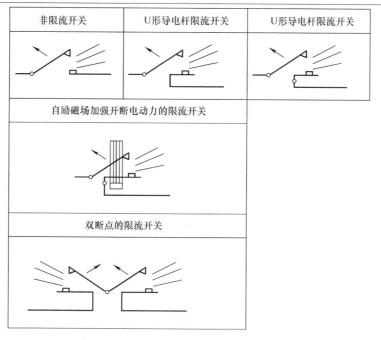

非限流开关	U形导电杆限流开关	U形导电杆限流开关

自励磁场加强开断电动力的限流开关

双断点的限流开关

图 2-34　限流低压断路器的五种结构方案

1）从短路电流开始出现的时刻 $t=0$，到 t_0 时刻，限流断路器即将开始动作。在此过程中，动触头上承受的电动斥力随着短路电流的增加而增加，一直到电动斥力等于触头压力时为止。由于触头并未分开，因此电弧电压 $U_h=0$

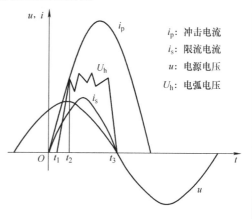

i_p：冲击电流
i_s：限流电流
u：电源电压
U_h：电弧电压

2）从 t_0 到 t_1 阶段，触头在 t_0 打开，触头之间开始出现电弧。由于这时电弧电流并不大，因此电弧停留在原地，被称为电弧停滞时间。电弧停滞时间与触头材料、吹弧磁场、开距和打开速度等都有关。由于电弧电流变化不大，因此电弧电压也变化不大

图 2-35　限流曲线的解释

3）从 t_1 到 t_2 时刻，电弧在自身的励磁作用下，进入灭弧栅片，电弧电压快速增长

4）当电弧进入灭弧栅片后，电弧电压达到其最大峰值 U_h，注意 $U_h>U$。电弧电流强制减小，至 t_3 时刻电流降到零，电弧熄灭

由此可见，限流断路器在发生短路时执行了三套开断操作：

第一套是 U 形触头导电回路产生的开断电动力；

第二套是冲击电磁铁铁心上端产生的对触头的开断冲击力；

第三套是冲击电磁铁铁心下端产生的脱扣作用力。这一点请充分注意。

对比普通的断路器，我们发现限流断路器与普通断路器的脱扣原理很不一样。

我们知道，工频频率是50Hz，所以交流电流半个周波时间是10ms。如果限流断路器的开断时间大于10ms，则交流电流必然过零，于是我们就要考虑过零前后在主触头上的电弧变化；反之，我们就只考虑过零前电流减小的熄弧过程就可以了。

另外，若限流断路器的分断时间小于10ms，交流电弧事实上近似为直流电弧，我们也可以参照直流电弧的理论来讨论。

现在我们来考虑一个问题：限流断路器能用于电动机回路吗？

我们来看图2-36。

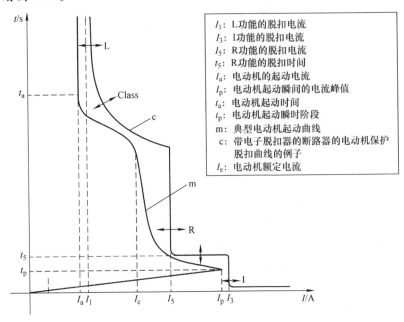

I_1：L功能的脱扣电流
I_3：I功能的脱扣电流
I_5：R功能的脱扣电流
t_5：R功能的脱扣时间
I_a：电动机的起动电流
I_p：电动机起动瞬间的电流峰值
t_a：电动机起动时间
t_p：电动机起动瞬时阶段
m：典型电动机起动曲线
c：带电子脱扣器的断路器的电动机保护脱扣曲线的例子
I_e：电动机额定电流

图2-36 电动机起动电流分析

注意看曲线m。当电动机送电伊始，电动机的转子还未旋转，这时电动机的电流最大，此电流被称为起动冲击电流I_p，它的值为电动机额定电流的12~14倍。

电动机起动后，电流迅速回落，这时的电流称为电动机起动电流I_a，它的值在4~8.4倍之间，一般取为6倍额定电流。

当电机起动完成后，电机电流回归到正常值，也即额定电流I_e。

面对如此之大的冲击电流，我们可以使用限流断路器吗？答案是否定的。

我们从限流断路器的结构就能看出，当出现接近限流断路器动作值的电流时，限流断路器触头导电杆的U形结构会使得触头出现振动和弹跳，并拉出电弧烧蚀触头。这会严重影响限流断路器的电寿命。

因此，限流断路器不建议使用在具有冲击性电流的场合，尤其不能让正常运行时出现的冲击性电流接近于限流断路器脱扣值。

对于电动机回路，我们应当使用专用于电动机的单磁断路器，也即只有瞬时短路保护I参数的断路器。

18. 额定接通能力 I_{cm}

额定接通能力 I_{cm} 为断路器在额定电压下能建立的最高电流瞬时值。额定接通能力 I_{cm} 定义为断路器额定极限分断能力 I_{cu} 的 n 倍。这里的 n 是峰值系数，参见 1.2.1 节的表。

例如 ABB 的框架 Emax 断路器 E4S4000，其在额定电压 230/400V 时额定极限分断能力 I_{cu} 为 75kA，则此时对应的额定接通能力 I_{cm} 为 165kA（$nI_{cu} = 2.2 \times 75kA = 165kA$）。

某线路已经发生了短路，断路器却要闭合以接通这个短路电路，则断路器将承受最大的短路电流值，这个电流参数就是断路器的短路接通能力 I_{cm}。在 GB 14048.2 中规定断路器短路接通能力 I_{cm} 的值必须等于断路器极限短路分断能力 I_{cu} 的 2.2 倍。

为什么国家标准要这么规定呢？我们来看图 2-37。

在图 2-37 中主母线 A 点上发生短路，如果变压器的短路电流稳态值 I_k 大于 50kA，查表得到峰值系数 $n = 2.2$，即冲击短路电流峰值 I_{pk} 等于 2.2 倍的 I_k。冲击短路电流峰值 I_{pk} 出现的时间是短路后 10ms。

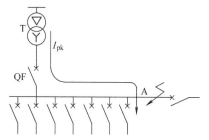

图 2-37　断路器短路接通能力 I_{cm} 说明

虽然主开关 QF 能分断此短路电流，但由于断路器分断时间比较长（为 40 ~ 70ms），冲击短路电流峰值 I_{pk} 必定会在断路器执行开断动作之前流过断路器，所以断路器必须要能够承受 I_{pk} 的冲击。

断路器的额定极限短路分断能力 I_{cu} 总是取值为大于或等于短路电流稳态值 I_k，所以只要断路器的短路接通能力 I_{cm} 等于 2.2 倍极限短路分断能力 I_{cu}，那么断路器就一定能够承受冲击短路电流峰值 I_{pk} 的电动力冲击。这就是国家标准规定 $I_{cm} = 2.2I_{cu}$ 的原因。

以下给出断路器一系列线路保护参数之间的大小关系：

$$I_1 \leqslant I_n < I_2 < I_3 < I_{cw} \leqslant I_{cs} \leqslant I_{cu} < I_{cm} \tag{2-6}$$

式中，I_1 为断路器的过载长延时保护电流整定值；I_2 为断路器的短路短延时保护电流整定值；I_3 为断路器的短路瞬时保护电流整定值；I_{cw} 为断路器的额定短时耐受电流；I_{cs} 为断路器的额定运行短路分断能力；I_{cu} 为断路器的额定极限短路分断能力；I_{cm} 为断路器的额定短路接通能力；I_n 为断路器的额定电流。

在式（2-6）中，I_1 一般取 $(0.4 \sim 1.05)I_e$（电子式脱扣器）或者 $(0.7 \sim 1.05)I_e$（热磁式脱扣器），I_2 一般取 $(1 \sim 8)I_e$（热磁式脱扣器）或者 $(1 \sim 10)I_e$（电子式脱扣器），I_3 一般取 $(1.5 \sim 15)I_e$。

注意：断路器的长延时 L 参数、短延时 S 参数和瞬时 I 参数整定值都必须小于断路器的短时耐受电流 I_{cw}。

同理，I_{cs}、I_{cu} 和 I_{cm} 都属于断路器自身对短路电流的电动力作用的抵御能力，它们体现了断路器的动稳定性。许多种类的断路器已经能够实现 $I_{cw} \leqslant I_{cs} \leqslant I_{cu}$。例如 ABB 的 Emax 系列 E1 和 E2 断路器，如图 2-38 所示。

19. 断路器的使用类别 A 和使用类别 B

依照 GB 14048.2 标准，将断路器分为使用类别 A 和使用类别 B。

断路器		E1			E2			
		E1B	E1N	E1S	E2B	E2N	E2S	E2L
极数	[No.]	3~4			3~4			
N极载流能力(4极)	[%I_u]	100			100			
I_u (40℃)	[A]	800-1000-1250-1600	800-1000-1250-1600	800-1000-1250	1600-2000	1000-1250-1600-2000	800-1000-1250-1600-2000	1250-1600
U_e	[V~]	690	690	690	690	690	690	690
I_{cu} (220...415V)	[kA]	42	50	65	42	65	85	130
I_{cs} (220...415V)	[kA]	42	50	65	42	65	85	130
I_{cw} (1s)	[kA]	42	50	65	42	55	65	10
(3s)	[kA]	36	36	65	42	42	42	—

图 2-38 E1、E1.2 和 E2、E2.2 断路器的 I_{cu}、I_{cs} 和 I_{cw}

标准号	GB 14048.2—2008
标准名称	低压开关设备和控制设备 第 2 部分：断路器
条目	4.4
内容	4.4 使用类别 断路器的使用类别是根据断路器在短路情况下是否特别指明用作串联在负载侧的其他断路器通过人为延时实现选择性保护而规定。 表4 使用类别 使用类别 | 选择性的应用 A | 在短路情况下，断路器无明确指明用作串联在负载侧的另一短路保护装置的选择性保护，即在短路情况下，选择性保护无人为短延时，因而无额定短时耐受电流。 B | 在短路情况下，断路器明确作串联在负载侧的另一短路保护装置的选择性保护，即在短路情况下，选择性保护有人为短延时（可调节）。这类断路器具有额定短时耐受电流。

因为短路短延时保护 S 参数是可以人为地改变短路电流保护设定值和脱扣时间设定值的，所以把具有 S 短路保护参数的断路器称为符合"使用类别 B"，把不具有 S 短路保护参数的断路器称为符合"使用类别 A"。

使用类别 B 的应用目的是为了满足与其他断路器在时间上的选择性，当短路发生时 B 类断路器会延迟短路脱扣跳闸的时间，但短路电路的允通电流必须小于断路器的 I_{cw}。

A 类断路器和 B 类断路器的特性曲线如图 2-39 所示。

从图 2-39 左图的特性曲线中看出，A 类断路器仅仅只有过载反时限保护参数 I_{r1} 和瞬时短路保护参数 I_{r3}；从图 2-39 的右图中可以看出，B 类断路器则具有过载反时限保护参数 I_{r1}、短路短延时保护参数 I_{r2}、瞬时短路保护参数 I_{r3}。其中注意 I_{cw} 的值介于 I_{r3} 和 I_{cs} 之间。

20. 断路器的欠电压脱扣器和分励脱扣器

通常把欠电压脱扣器用于监视电压、闭锁电路和遥控脱扣。当电路操作电压 U_c 降低到 0.35 ~ 0.7U_c 时断路器分断。如果操作电压取自电网，则电网电压消失或下降时将断路器瞬

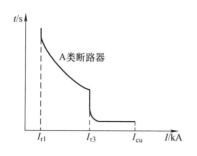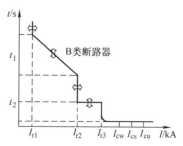

图 2-39　A 类断路器和 B 类断路器的性能曲线

时地分断。欠电压脱扣可以带延时功能，延时时间从 0.1～1s。

分励脱扣器可用作断路器的遥控分断或就地手动按钮分断。

21. 断路器能够正常使用的条件和安装条件

1）环境温度：周围空气温度的上限不超过 40℃，下限不低于 -5℃，24h 的平均值不超过 35℃。

2）海拔：安装地点的海拔不超过 2000m。

3）大气湿度：大气的相对湿度在周围空气温度为 40℃时不超过 50%，在较低的温度下，可以有较高的湿度，最湿月的平均最大相对湿度为 90%，同时该月的平均最低温度为 25℃。在考虑上述条件时必须要注意到断路器表面可能因为温度变化而凝露。

4）工作场所的振动：无明显的颠簸、冲击和振动的场合。

5）污染等级：污染等级为 3 级，无腐蚀金属和破坏绝缘的气体和导电尘埃。

22. 电气间隙

具有电位差的两个导电部件之间的最短直线距离。

23. 爬电距离

具有电位差的两导体之间沿着绝缘材料表面的最短距离。

电器产品的电气间隙与电器的额定冲击耐受电压 U_{imp} 和电源系统的额定电压密切相关，也与安装类别相关。安装类别有四个等级：其一是信号水平级，其二是负载水平级，其三是配电水平级，其四是电源水平级。

相对地的电压为 220V 而安装类别为三级或四级时，U_{imp} 分别为 4.0kV 和 6.0kV。

24. 飞弧距离

当断路器分断很大的短路电流时，其动、静触头处会产生电弧。虽然电弧会被吸入灭弧室予以冷却，但在电弧未完全熄灭之前，有一部分电弧或电离气体会从断路器电源端的喷弧口喷出损伤开关柜柜体结构。因此，通常都在安装断路器时要留下足够的空间，这个空间距离就被称为飞弧距离。

ABB 的所有断路器都都具有零飞弧特征。

25. 断路器的过载保护 L 参数设定方法

我们知道，配电型断路器遵循的标准是 IEC60947.2：2002，它保护的对象就是馈电电缆。馈电电缆允许过载的倍数及容忍过载的时间见表 2-17。

表 2-17　馈电电缆过载前 5h 允许过载的倍数及容忍过载的时间

电缆截面积 /mm²	过载前 5h 内的负荷率（%）				
	0		50		70
	过载时间（h：min）		过载时间（h：min）		过载时间（h：min）
	0.5	1	0.5	1	0.5
50 ~ 95	1.15				
120 ~ 240	1.25		1.2		1.15
240 以上	1.45	1.2	1.4	1.15	1.3

表 2-17 是断路器对电缆实施过载保护时参数整定来源的设计依据。

按照 GB 14048.2，对于热磁式脱扣器的断路器，其过载保护参数 I_1 的可调范围是 $0.7 \sim 1.05 I_n$；对于电子式脱扣器的断路器，其过载保护参数 I_1 的可调范围是 $(0.4 \sim 1.05) I_n$。

26. 断路器的可延时短路保护 S 参数的设定方法

两只断路器上下级联用于线路保护，如果下级断路器的出口处发生了短路，我们总希望距离短路点最近的断路器先跳闸，于是断路器之间就需要有短路保护选择性匹配关系。

一般地，处于级联上端的断路器需要采用可调延时的短路保护，可调延时的短路保护其电流整定范围是 $1 \sim 10$ 倍 I_n。

若断路器的负载中不但有馈电回路，同时也有电动机回路，则需要用到断路器的短延时 S 短路保护。计算短延时 S 参数保护见式（2-7）。

$$I_2 \geqslant 1.1(I_L + 1.35 K_M I_{MN}) \tag{2-7}$$

式中，I_2 为短延时脱扣整定电流；I_L 为线路计算电流；K_M 为线路中功率最大的一台电动机的起动电流比；I_{MN} 为最大的一台电动机的额定电流。

【例 2-1】

低压配电线路中最大功率的电动机为 55kW，其额定电流 $I_{MN} = 98A$，线路计算电流 $I_L = 400A$，电动机起动比 K_M 为 6，试确定线路保护断路器的短路短延时保护参数 I_2。

代入式（2-7）后得到

$$I_2 \geqslant 1.1(I_L + 1.35 K_M I_{MN}) = 1.1 \times (400 + 1.35 \times 6 \times 98)A \approx 1313.2A \approx 3.28 I_L$$

我们发现 I_2 为断路器额定电流 I_n（低压配电网计算电流 I_L）的 3.28 倍，所以我们将此断路器的 S 参数整定到 4 倍 I_n 即可，至于延迟脱扣的时间则要另行确定。

一般地，将断路器的短路短延时 S 保护参数整定值 I_2 取为额定电流的 $3 \sim 4$ 倍即可。

27. 断路器的短路瞬时保护 I 参数的设定方法

当线路中发生了较大的短路时，我们期望断路器能尽快地切断短路电路，于是可利用断路器短路瞬时脱扣来实现这一目的。MCCB 塑壳断路器的瞬时脱扣整定值范围是 $1.5 \sim 12$ 倍 I_n，ACB 框架断路器的瞬时脱扣整定值范围是 $1.5 \sim 15$ 倍 I_n。

如果断路器的负载中同时存在馈电和电动机回路，计算瞬时脱扣整定值见（2-8）。

$$I_3 \geqslant 1.1(I_L + 1.35 K_P K_M I_{MN}) \tag{2-8}$$

式中，I_3 为瞬时电流；I_L 为线路计算电流；K_M 为线路中最大的一台电动机的起动比；I_{MN} 为最大的一台电动机的额定电流；K_P 为电动机的起动冲击电流的峰值系数，其值可取 $1.7 \sim 2$。

【例 2-2】

低压配电线路中最大功率的电动机为 55kW，其额定电流 $I_{MN}=98A$，线路计算电流 $I_L=400A$，电动机起动比 K_M 为 6，试确定线路保护断路器的短路瞬时保护参数 I_3。

代入式（2-8）后得到：

$$I_3 \geqslant 1.1(I_L + 1.35K_PK_MI_{MN}) = 1.1 \times (400 + 1.35 \times 2 \times 6 \times 98) \approx 2186.4A \approx 5.5I_L$$

我们发现 I_3 为断路器额定电流 I_n（低压配电网计算电流 I_L）的 5.5 倍，所以我们将此断路器的 I 参数整定到 6 倍 I_n 即可。

一般地，将断路器的短路瞬时 I 保护参数整定值 I_3 取为额定电流的 6 倍即可。

断路器脱扣器的整定值是按线路中的负荷来决定的。如果我们将电动机的功率改为 75kW，那么结果当然就不一样了。

一般地，框架断路器的短延时保护电流整定最大值不能超过 10 倍额定电流，而瞬时值保护电流整定最大值不超过 15 倍额定电流。

28. 断路器的图符和符号

我们先来看断路器的图符，如图 2-40 所示。

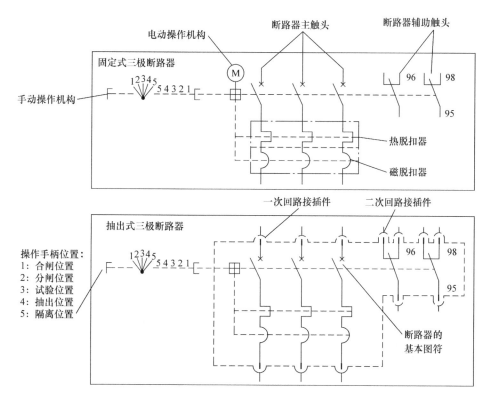

图 2-40　断路器的图符

图 2-40 中，右上角为断路器的标准图符；中间的固定式三极断路器图符中，添加了辅助触头和热磁脱扣器符号，还有手动操作机构和电动操作机构的图符；下方的抽出式三极断路器图符中，添加了操作手柄的五个位置，以及一次回路和二次回路的接插件符号。

2.5.3 框架断路器 ACB 的实用技术数据

表 2-18 是若干款框架断路器的主要技术数据。

表 2-18 若干款框架断路器的主要技术数据

型号	壳体电流/A		额定电流/A	额定极限短路分断能力 I_{cu}/kA		额定运行短路分断能力 I_{cs}/kA		额定短时耐受电流 I_{cw}/kA	飞弧距离/mm	进线方式
				380V	660V	380V	660V			
DW15-630	630	热磁	315~630	30	25	30	20	12.6/0.2S	280	上进线
		电子	315~630							
DW15-1600	1600		630~1600	40		30		30/0.5S	350	上进或下进
DW15-2500	2500		1600~2500	60		40	—	40/0.5S	350	
DW15-4000	4000		2500~4000	80		50	—	60/0.5S	400	
E1N	1600		800~1600	50	50	50	36	50/1S	无飞弧	
E2N	2500		1000~2500	65	55	65	55	55/1S		
E3N	3200		2500~3200	65	65	65	65	65/1S		
E4H	4000		3200~4000	100	100	100	85	100/1S		
E6V	6300		4000~6300	150	125	125	100	100/1S		上进或下进
MT16N1	1600		800~1600	50	42	50	—	36/1S		
MT25N2	2500		1250~2500	50	50	50	—	50/1S		
MT40H1	4000		2000~4000	65	65	65	—	65/1S		
MT63H2	4000		4000~6300	150	100	150	—	100/1S		
3WL08B	800		800	—	55	—	55	42/1S		
3WL25N	2500		2500	—	66	—	66	55/1S		
3WL40H	4000		4000	—	100	—	100	80/1S		
3WL63H	6300		6300	—	100	—	100	80/1S		

表 2-18 中，DW15 为国产框架断路器，E 系列为 ABB 产框架断路器，MT 为施耐德产框架断路器，3WL 为西门子产框架断路器。

1. 保护特性

以 ABB 的 Emax 断路器 3 种脱扣器 PR121、PR122 和 PR123 为例，见表 2-19。

表 2-19 Emax 断路器的 PR121、PR122 和 PR123 部分保护特性

保护参数	保护性能	PR121/P	PR122/P	PR123/P
L	过载保护，具有反时限长延时脱扣特性	■	■	■
S	第一重反时限或定时限的选择性短路保护	■	■	■
I	瞬时短路保护，可调脱扣电流门限	■	■	■
G	接地故障可调延时保护	■	■	■
RC	剩余电流		■	■
UV	欠电压保护		■	■

Emax 开关的 PR121/P 脱扣器保护功能及参数设置如图 2-41 所示。

保护功能及参数设定－PR121/P

	功能	脱扣门限值	脱扣时间	相关值 $t = f(I)$
L	过载保护	$I_1 = 0.4 - 0.425 - 0.45 - 0.475 - 0.5 -$ 0.525 − 0.55 − 0.575 − 0.6 − 0.625 − 0.65 − 0.675 − 0.7 − 0.725 − 0.75 − 0.775 − 0.8 − 0.825 − 0.85 − 0.875 − 0.9 − 0.925 − 0.95 − 0.975 − $1 \times I_n$	电流 $I_f = 3 \times I_1$ $t_1 = 3 - 12 - 24 - 36 - 48 - 72 - 108 - 144s$	$t = k/I^2$
	允许偏差	在1.05和$1.2 \times I_1$之间脱扣	$\pm 10\%$　$I_f \leqslant 6 \times I_n$ $\pm 20\%$　$I_f > 6 \times I_n$	
S	选择性短路保护	$I_2 = 1 - 1.5 - 2 - 2.5 - 3 - 3.5 - 4 - 5$ $6 - 7 - 8 - 8.5 - 9 - 9.5 - 10 \times I_n$	电流 $I_f > I_2$ $t_2 = 0.1 - 0.2 - 0.3 - 0.4 - 0.5 - 0.6 - 0.7 - 0.8s$	$t = k$
	允许偏差	$\pm 7\%$　　$I_f \leqslant 6 \times I_n$ $\pm 10\%$　$I_f > 6 \times I_n$	应选误差较小的数据： $\pm 10\%$ 或 $\pm 40ms$	
		$I_2 = 1 - 1.5 - 2 - 2.5 - 3 - 3.5 - 4 - 5$ $6 - 7 - 8 - 8.5 - 9 - 9.5 - 10 \times I_n$	电流 $I_f = 10 \times I_n$ $t_2 = 0.1 - 0.2 - 0.3 - 0.4 - 0.5 - 0.6 - 0.7 - 0.8s$	$t = k/I^2$
	允许偏差	$\pm 7\%$　　$I_f \leqslant 6 \times I_n$ $\pm 10\%$　$I_f > 6 \times I_n$	$\pm 15\%$　$I_f \leqslant 6 \times I_n$ $\pm 20\%$　$I_f > 6 \times I_n$	
I	瞬时短路保护	$I_3 = 1.5 - 2 - 3 - 4 - 5 - 6 - 7 - 8 -$ $9 - 10 - 11 - 12 - 13 - 14 - 15 \times I_n$	瞬时	$t = k$
	允许偏差	$\pm 10\%$	$\leqslant 30ms$	
G	接地故障保护	$I_4 = 0.2 - 0.3 - 0.4 - 0.6 -$ $0.8 - 0.9 - 1 \times I_n$	电流 $I_f > I_4$ $t_4 = 0.1 - 0.2 - 0.4 - 0.8s$	$t = k$
	允许偏差	$\pm 7\%$	应选误差较小的数据：$\pm 10\%$或 $\pm 40ms$	
		$I_4 = 0.2 - 0.3 - 0.4 - 0.6 -$ $0.8 - 0.9 - 1 \times I_n$	$t_4 = 0.15 @ 4.47I_n$, $t_4 = 0.25 @ 3.16I_n$, $t_4 = 0.45 @ 2.24I_n$	$t = k/I^2$
	允许偏差	$\pm 7\%$	$\pm 15\%$	

图 2-41　Emax 开关的 PR121/P 脱扣器保护功能及参数设置

2. PR121/P 的 L－S－I 保护曲线

图 2-42 所示为 PR121/P 的 L－S－I 曲线之一，其中 S 参数是定时限的。

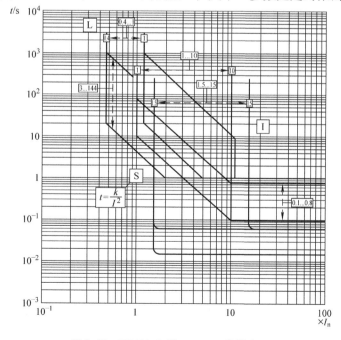

图 2-42　PR121/P 的 L－S－I 曲线之一

从图 2-42 的曲线中可以看出：

1）L 参数允许用拨码开关从 $0.4 \sim 1$ 倍 I_n 之间取值

2）当选定某条电流参数后，例如最左边的 L 曲线，该曲线从 $(0.4 \sim 2.1)I_n$ 之间的曲线是反时限的。反时限曲线中时间 t 与电流之间的关系是 $t = \dfrac{K}{I^2}$。显然，当过载电流越大时，L 脱扣动作的时间就越短，这也是反时限的意义所在。

L 参数脱扣时间的长短可通过拨码开关从 $3 \sim 144\text{s}$ 中取值。

3）L 反时限曲线与允通电流的关系

从反时限公式中可以推得 $i^2 t = K = $ 常数，说明反时限曲线的允通能量被限制为小于系统短路发热极限的某一常数，因此 L 参数反时限曲线完全满足短路发热要求。

4）I 参数短路保护电流值允许用拨码开关从 $1.5 \sim 15$ 倍 I_n 中取值。

因为 I 参数脱扣曲线平行于时间轴，所以 I 参数脱扣曲线是定时限的，并且脱扣时间的长度由系统决定而不可人为调节。

定时限曲线中时间 t 与电流 I 之间的关系是 $t = K$。

注意：具有 L−I 保护曲线的断路器属于使用类别 A，具有使用类别 A 的断路器一般应用在低压配电柜的馈电回路和母联回路。

具有 L−S−I 保护曲线的断路器属于使用类别 B，具有使用类别 B 的断路器一般应用在低压配电柜的进线回路中。

3. PR122/P 的 G 保护特性曲线

G 保护可以是定时限的，也可以是反时限的，如图 2-43 所示。

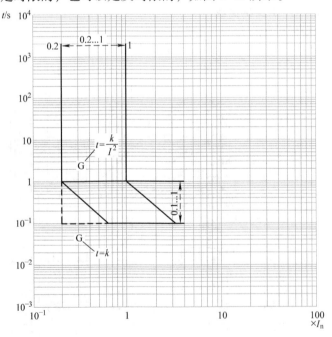

图 2-43　PR122/P 的 G 保护特性曲线

接地故障电流要通过零序电流互感器来测量，对于低压进线主电路，零序电流互感器安装在变压器中性线的接地点上。

从图 2-43 中可以看出，上述 PR122/P 的接地保护只能对进线端实现接地保护，但对负载端的接地故障则无法测量和保护。在 PR123/P 中设置了双接地保护即双 G 功能，其测量除了依靠安装在进线侧的零序电流互感器以外，还在脱扣器中设置了内部电流传感器测量零序电流，这样处理后就可对负载端出现的接地故障进行保护。

4. Emax 断路器的附件及功能。

这些功能方便了用户的使用，同时也加强了断路器的基本功能，见表 2-20。

表 2-20　Emax 断路器的附件及功能

附件名称	功能	说明
分闸线圈和合闸线圈	实现就地通过按钮控制断路器分闸和合闸操作，也可实现遥控操作	
欠电压脱扣器线圈	实现对电网电压的监视，当电网失压时可将断路器分闸	35% ~ 70% U_n 时断路器分闸，85 ~ 110% U_n 时断路器合闸
辅助触头	用于传递断路器状态	4、10 或 15 个合分状态辅助触点
断路器的工作位置、试验位置和抽出位置的电气信号	用于传递断路器位置状态	
储能弹簧信号	显示合闸后储能弹簧的状态	
欠电压电脱扣器释能信号	欠电压脱扣器释能状态	
保护动作电气信号	保护动作状态	
断路器外加中性线电流传感器	用于三极断路器，与过流脱扣器相连完成中性线保护	
剩余电流保护用零序电流互感器	用于实现剩余电流保护功能	
机械连锁机构及连锁柔性电缆	用于机械互锁	

2.5.4　塑壳断路器 MCCB 的实用技术数据

塑壳断路器 MCCB 的主要特征是它的聚酯绝缘材料模压而成的塑料外壳，所有部件都安装在这个封闭的外壳中，其外形如图 2-44 所示。

MCCB 的接线方式有板前接线和板后接线两种，其操作方式有手动操作和电动操作两种。

MCCB 的脱扣器有热磁式和电子式两种。

热磁式脱扣器一般为两段（过载长延时 L 参数 + 短路瞬时 I 参数）保护的规格，也有一段（单磁的 I 参数）保护的规格。前者用于配电线路和控制线路的保护，后者用于电动机保护。

电子式脱扣器即有两段保护的规格，也有三段（过载长延时 L 参数、短路短延时 S 参数和短路瞬时 I 参数）和四段（过载长延时 L 参数、短路短延时 S 参数、短路瞬时 I 参数和接地故障 G 参数）保护的规格。

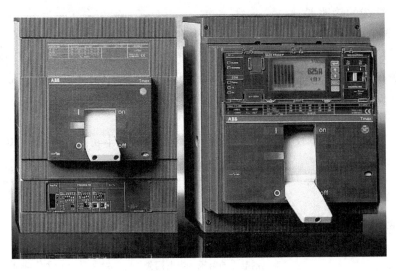

图 2-44　塑壳断路器

MCCB 产品种类繁多，表 2-21 ~ 表 2-23 列举国产 DZ20、ABB 的 T 系列、施耐德和西门子等四种品牌的 MCCB 产品。

表 2-21　国产 DZ 系列 MCCB 产品的主要技术参数

MCCB 型号		DZ2—100 ~ 160C	DZ2—200 ~ 250C	DZ2—400	DZ2—630	DZ20Y – 1250
额定绝缘电压/V		500V				
额定工作电压/V		AC380V（400V），DC220V				
额定电流/A		16 ~ 100	100 ~ 200	200 ~ 400	500 ~ 630	630 ~ 1250
I_{cu}/kA	AC380V	Y 型：18 J 型：35 G 型：100 C 型：12 S 型：35	Y 型：25 J 型：42 G 型：100 C 型：15； S 型：42	Y 型：30 J 型：42 G 型：100 C 型：20 S 型：50	Y 型：30 J 型：42 C 型：20 S 型：50	50
	DC220V	Y 型：10 J 型：18 G 型：20	Y 型：20 J 型：20 G 型：25	Y 型：25 J 型：25 G 型：30	Y 型：25 J 型：25	30
I_{cs}/kA	AC380V	Y 型：18 J 型：18 G 型：50 S 型：18	Y 型：19 J 型：25 G 型：100 S 型：25	Y 型：25 J 型：25 G 型：100 S 型：25	Y 型：23 J 型：25 S 型：35	38
	DC220V	Y 型：10 J 型：15 G 型：20	Y 型：20 J 型：20 G 型：25	Y 型：25 J 型：25 G 型：30	Y 型：25 J 型：25	30
最高操作频率/（次/h）		120		60		30
机械寿命/次		4000	6000	4000		2500
电寿命/次		4000	6000	1000		500

表 2-22　ABB 的 Tmax 配电 MCCB 产品主要技术参数

MCCB 型号	T1N160	T2N160	T3N250	T4N250	T5H400 ~630	T6H630 ~800	T7H800 ~1600
额定不间断电流 I_u/A	16 ~ 160	4 ~ 160	63 ~ 250	125 ~ 250	320 ~ 400 320 ~ 630	630, 800	630 ~ 800 630 ~ 1600
极数	3/4						
额定工作电压 U_e/V	AC690，DC500				AC690，DC750		690
额定绝缘电压 U_i/V	800				1000		
I_{cu}/kA 380V	36	36	36	36	70	70	70
690V	6	6	5	20	40	25	42
$I_{cs} = \% I_{cu}$ 380V	75%	100%	75%	100%	100%	100%	100%
690V	50%	100%	75%	100%	100%	75%	75%
I_{cm}/kA 380V	75.6	75.6	75.6	75.6	154	154	154
690V	9.2	9.2	7.7	5	6	8	10
机械寿命/次	25000				20000		10000
电寿命/次	8000				7000		1000

表 2-23　施耐德的 NSE 配电 MCCB 产品主要技术参数

MCCB 型号	NSE100N	NSE160N	NSE250N	NSE400N	NSE630H
额定不间断电流 I_u/A	100	160	250	400	630
极数	3/4				
额定工作电压 U_e/V	AC 690 ~ 750				
额定绝缘电压 U_i/V	AC 690				
I_{cu}/kA 380V	35	35	35	35	70
690V	8	8	8	10	20
I_{cs}/kA 440V	35	35	35	35	70

1. 配电型 Tmax 断路器的保护特性

图 2-45 所示为 ABB 公司的 T4N250R250 的配电用热磁式脱扣器的特性曲线。该型断路器属于 MCCB 类型，一般用于构建馈电回路的线路保护。

图 2-45 中的横坐标为过载电流相对于额定电流的倍数，纵坐标为热磁式脱扣器的动作时间。

Tmax T4N250R250 型号中的 R250 指出厂热脱扣整定值为 250A。通过热脱扣调节器可选择门限值 I_1，图中将过载保护门限电流 I_1 选为 $0.9I_n$（225A）；通过磁脱扣调节器可选门限值 I_3，I_3 的可选范围为 $(5 ~ 10)I_n$，图中将短路保护门限值 I_3 选为 $10I_n$，相当于 2500A。

图 2-45 所示曲线簇下边线是处于热态下的断路器过载保护曲线，而上边线则是处于冷态下的断路器过载保护曲线。按图示当整定过载电流为 $2I_1$ 时，热状态下脱扣时间为 21.4 ~ 105.3s，冷状态下脱扣时间为 105.3 ~ 357.8s。

当发生短路故障时，若短路电流为 2500A 则断路器的磁脱扣将立即产生动作使断路器分闸。

值得注意的是：

1）图 2-45 中的 L 参数是反时限的，而 I 参数则是定时限的。

2）图 2-45 中的断路器属于配电型断路器，它符合 GB 14048.2—2008《低压开关设备和控制设备第 2 部分：低压断路器》。

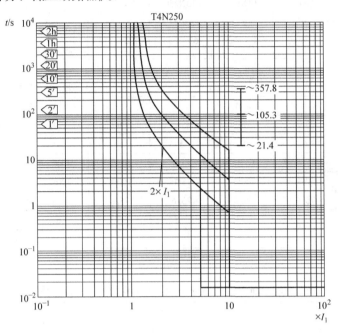

图 2-45　Tmax 断路器 T4N250 的脱扣器特性曲线

2. 电动机型 MCCB 断路器的保护特性

图 2-46 所示为异步电动机运行特征曲线。图 2-46 与图 2-36 类似：

图 2-46 中：

I_1 为 L 功能脱扣电流（长延时过载保护）；I_3 为 I 功能脱扣电流（瞬时短路保护）；I_5 为 R 功能脱扣电流（堵转保护）；t_5 为 R 功能脱扣时间（堵转保护脱扣时间）；I_6 为 U 功能脱扣电流（断相或相不平衡保护）；t_6 为 U 功能脱扣时间（断相或相不平衡保护脱扣时间）；I_e 为电动机额定工作电流；I_a 为电动机起动电流；I_p 为电动机起动电流瞬时峰值；t_a 为电动机起动时间；t_p 为电动机起动阶段瞬态时间；m 为电动机起动典

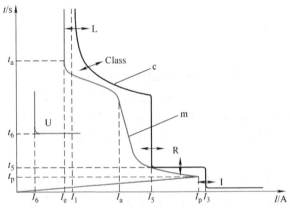

图 2-46　异步电动机运行特性曲线

型曲线；C 为带电子脱扣器的电动机保护断路器的脱扣曲线；Class 为带电子脱扣器的电动机保护，可关闭；L 为 L 功能（过载长延时保护），不可关闭；R 为 R 功能（堵转保护功能），可关闭；I 为 I 功能（瞬时短路保护），不可关闭；U 为断相或相不平衡保护，可关闭。

从图 2-46 中能看出 MCCB 断路器对异步电动机的保护功能。通过多个门限值与时间值的设定得到一条非常接近电动机起动和运行的功能曲线，由此实现对异步电动机较好的保护功能。

图 2-47 所示为 Tmax T4 和 T5 电动机保护断路器的特性曲线。我们能看出它与配电型断路器的特性曲线有较大的区别:

(1) 电动机型断路器的过载保护 L 功能

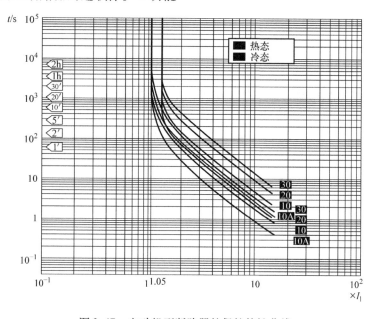

图 2-47   电动机型断路器的保护特性曲线

图 2-47 是 T4 250 电子脱扣器 PR222MP 的 L 功能曲线, 其中左边的曲线簇是断路器热态曲线, 右边的曲线簇是断路器冷态曲线。

注意: 保护电动机的电动机型断路器对应的标准是 IEC60947 - 2 和 IEC60947 - 4, 其中长延时过载保护 L 参数和堵转保护 R 参数符合 IEC60947 - 4 标准, 而短路瞬时脱扣 I 参数则符合 IEC60947 - 2 标准。

电子脱扣器 PR222MP 的 L 功能实现电动机的过载保护, 并且符合 IEC60947 - 4 - 1 的标准和划分等级。L 功能具备温度补偿, 对断相和相不平衡敏感。L 功能具备热记忆功能, 以便电动机在分闸后重新起动实现温度的连续计算。

电动机必须选择起动等级, 起动等级决定了过载脱扣的时间。我们来看 GB 14048.4—2010 标准中相关内容:

标准号	GB 14048.4—2010
标准名称	《低压开关设备和控制设备 第 4 - 1 部分: 接触器和电动机起动器 机电式接触器和电动机起动器 (含电动机保护器)》
等同使用的 IEC 标准号	IEC60947 - 4 - 1: 2009 Ed.3.0, MOD

标准摘录:

5.7.3.2 过载继电器

根据表 2 分类的脱扣级别或在 7.2.1.5.1 表 3 中 D 列规定的条件下脱扣时间超过 30s 时的最大脱扣时间, 单位为 s。

表2   热、电磁或固态过载继电器的脱扣级别和脱扣时间

级别	在7.2.1.5.1 表3 中 D 列规定条件下的脱扣时间 T_p, s
10A	$2 < T_p \leq 10$
10	$4 < T_p \leq 10$
20	$6 < T_p \leq 20$
30	$9 < T_p \leq 30$

电动机型断路器脱扣器 PR222MP 的过载保护必须符合 GB 14048.4 中电动机起动等级的规定，见表2-24。

表2-24   电动机型断路器的过载保护等级

过载电流相对 I_1 的倍率	等级	脱扣时间 t_1/s
7.2I_n	10A	4
	10	8
	20	16
	30	24

（2）电动机型断路器的堵转保护 R 功能和断相/相不平衡 U 功能

图 2-48 所示为电子脱扣器 PR222MP 的 R 和 U 功能曲线。

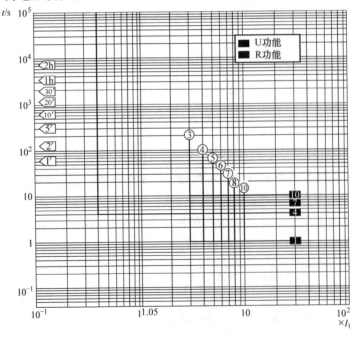

图 2-48   Tmax 脱扣器 PR222MP 中的 R 和 U 功能曲线

注意图 2-48 中的 R 功能的参数整定范围是 $(3 \sim 10)I_1$，U 功能的参数整定范围是 $(0.4 \sim 1.0)I_1$。

R 功能实现了电动机在运转过程中的堵转保护。根据电动机是在起动阶段或在运行阶段

出现堵转故障，R 保护设置了 2 种保护模式：

1）起动阶段模式：R 保护与 L 保护相联系。当电动机在起动阶段发生堵转故障时，在 L 脱扣的时间范围内，R 保护被限制；当超过 L 脱扣的时间限制后，R 保护被激活。R 保护的脱扣时间是 t_5，断路器在 t_5 时间过后产生脱扣分闸操作。

2）运行阶段模式：在电动机的运行阶段出现堵转，则 R 保护立即被激活。当至少一相的电流越过设定值并且时间超过 t_5 后，断路器立即产生脱扣分闸操作。

R 保护通过 PR222MP 的面板设置从 3 倍的 I_1 到 10 倍的 I_1 电流门限值，还可通过面板设置从 1s、4s、7s 和 10s 的 t_5 脱扣时间。

U 功能的作用是精确地控制缺相和三相电流不平衡。当一相或两相的电流降到低于 L 功能设定的电流 I_1 的 0.4 倍并且持续时间 4s 后 U 保护脱扣动作。

（3）I 功能：短路保护

图 2-49 所示为电子脱扣器 PR222MP 的 I 功能曲线。I 功能的参数整定范围是 $6 \sim 13 I_n$。

当相间出现短路或某单相电流越过设置的门限时 I 功能提供保护动作。

I 功能的脱扣电流最大可达脱扣器额定电流的 13 倍。I 功能的参数可通过电子脱扣器 PR222MP 的面板设定。

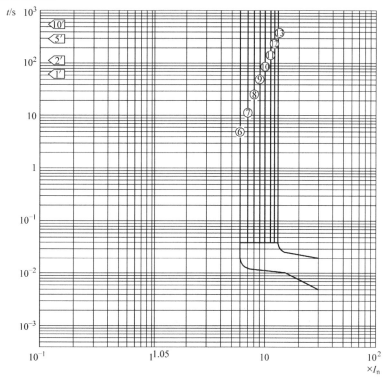

图 2-49　电子脱扣器 PR222MP 的短路保护 I 功能

电动机型 MCCB 断路器还有一款单磁的产品，它的脱扣器只有瞬时短路保护 I 参数项，用于对电动机回路的短路保护，而电动机的过载保护和堵转保护由热继电器去执行。图 2-50 所示为 ABB 的单磁断路器 T2 160 – T3 250 – MA 的保护特性曲线。

需要着重指出的是：电动机型断路器的短路保护功能对应的标准是 GB14048.2《低压开

关设备和控制设备 第2部分：断路器》。事实上，包括单磁断路器在内，所有用于短路保护的断路器其制造标准都是上述这部标准。

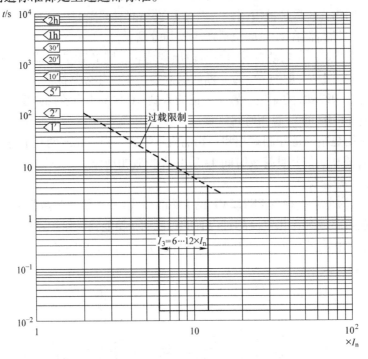

图 2-50 可调门限的单磁 MCCB 特性曲线

（4）Tmax 断路器的附件及功能（见表2-25）

表 2-25 Tmax 断路器的附件及功能

附件名称	功能	说明
分闸线圈 YO 和合闸线圈 YC	实现就地通过按钮控制断路器分闸和合闸操作，也可实现遥控操作	
欠电压脱扣器 UVR 线圈	实现对电网电压的监视，当电网失压时可将断路器分闸	$(35\% \sim 70\%)$ U_n 时断路器分闸 $(85\% \sim 110\%)$ U_n 时断路器合闸
辅助触头 AUX	用于传递断路器状态	
电磁操作机构 MOS	用于 T1 ~ T3 断路器	用于电动合分闸
储能电动操作机构 MOE/MOE – E	用于 T4 ~ T6 断路器	用于电动合分闸
旋转手柄操作机构 RHD/RHE	用于 T1 ~ T6 断路器手动操作	
剩余电流脱扣器 RC221/RC222	用于实现剩余电流保护功能	
剩余电流继电器 RCQ/RCD	用于实现剩余电流保护功能	
机械连锁机构	用于机械互锁	

Tmax 断路器的这些功能方便了用户的使用，同时也加强了断路器的基本功能。

2.5.5 微型断路器 MCB 的实用数据

微型断路器工作的场所被称为符合家用或类似用途的用电场所，一般都属于电路的末端，即三级配电设备。这种电路的低压用电设备、保护电器的选择、安装和使用所依据的标准是 IEC60898。IEC60898 对应的国家标准是 GB10963《家用或类似用途场所用过电流保护断路器》。

对于用电设备的正常运行来说，只需要采取一般的合、分电路就可以了。但因为三级配电设备的线路电压较低，同时用电终端的线路和电器设备易老化，很容易出现过载、短路等危险现象，这就需要保护电器予以保护。通常在这种情况下使用的保护电器就是小型断路器 MCB，也称为微型断路器，如图 2-51 所示。

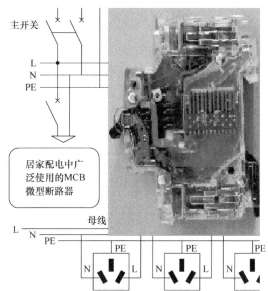

图 2-51　居家配电广泛使用的 MCB 微型断路器

线路终端故障电路危害性的表现是

1）危害人身安全；

2）危害电气设备，包括：

① 由于线路或者设备的过载而出现的过高的温升；

② 由于线路或者设备的短路而出现的过高温升；

③ 当故障电流出现时，因过高的电弧能量使得故障处燃烧，或者因为能量过于集中使得绝缘材料中形成爬电电流而引起火灾；

④ 在出现线路欠电压或者过电压时可能发生的危险，包括过电压引起的相间或相地之间的绝缘击穿；当电压下降到 70% 额定电压以下时引起电动机温升提高或者堵转，或者控制设备失灵。

微型断路器 MCB 的保护特性就是按照应用在以上这些场合而设计的。

作为家用或者类似用途的断路器，对线路过载保护特性应当满足如下要求：

1. MCB 的过载保护

MCB 的过载保护计算方法见式（2-9）。

$$\begin{cases} I_B \le I_n \le I_Z \\ I_2 \le 1.45 I_Z \end{cases} \tag{2-9}$$

式中，I_B 为被保护线路的计算负荷电流；I_n 为低压断路器的额定电流；I_Z 为被保护导体或电缆允许的持续电流；I_2 为保证断路器可靠动作的电流。

MCB 断路器投入运行时规定：约定不脱扣电流 $I_1 = 1.13 I_n$，约定不脱扣时间 $t \ge 1h$（当 $I_n \le 63A$ 时）或者 $t \ge 2h$（当 $I_n > 63A$ 时）。

对于末端有单相电动机的场合，因为断路器对于电动机的过载也必须保护，而且短路保护还要能躲过电动机的起动电流。因此规定：$I_3 = 2.55 I_n$，约定脱扣时间：$1s < t < 60s$（当 $I_n \le 32A$ 时）或者 $1s < t \le 120s$（当 $I_n > 32A$ 时）。

2. MCB 的短路保护

短路保护就是设置的保护装置必须在短路电流可能对导体绝缘、连接端子和连接位置以及电缆周围造成有害的发热之前就能切断短路电流。

一般地，必须使得过电流保护装置所具有的短路通断能力与安装处可能出现的最大短路电流相符合，而且要能在规定的时间内切断短路电流，还能在这段时间内将短路电流限制在 $\int i^2 \mathrm{d}t$ 的允通值内（允通能量或者开关电器的短时耐受电流）。

$$I^2 t < K^2 S^2 \qquad (2\text{-}10)$$

式中，K 为应用的导体材料与绝缘材料常数，一般 PVC 绝缘的铜导体 $K=115$，PVC 绝缘的铝导体 $K=76$，普通橡胶铝导体 $K=87$；S 为导体的截面积。如果短路持续时间小于 0.1s，则应考虑短路电流的非周期分量的影响。

只要能满足式（2-9），MCB 断路器就能完全实现短路保护。

微型断路器的脱扣特性包括 B 特性、C 特性、D 特性和 K 特性等，见图 2-52。

脱扣特性	符合标准	热脱扣特性				电磁脱扣特性			
		试验电流	试验时间	起始状态	预期结果	试验电流	试验时间	起始状态	预期结果
B	IEC60898 GB10963	$1.13I_n$	>1h	冷态	不脱扣	$3I_n$	>0.1s		不脱扣
		$1.45I_n$	<1h	热态	脱扣	$5I_n$	<0.1s		脱扣
C	IEC60898 GB10963	$1.13I_n$	≥1h（≤63A）≥2h（>63A）	冷态	不脱扣	$5I_n$ $7I_n$(S250S − DC)	≥0.1s		不脱扣
		$1.45I_n$	<1h（≤63A）<2h（>63A）	热态	脱扣	$10I_n$ $15I_n$(S250S − DC)	<0.1s	冷态	脱扣
D	IEC60898 GB10963	$1.13I_n$	≥1h	冷态	不脱扣	$10I_n$	≥0.1s		不脱扣
		$1.45I_n$	<1h	热态	脱扣	$20I_n$	<0.1s		脱扣
K	IEC60947−2 GB14048	$1.05I_n$	≥2h	冷态	不脱扣	$10I_n$(S250S、S260、S280)	≥0.2s		不脱扣
		$1.20I_n$	<2h	热态	脱扣	$14I_n$(S260、S280)	<0.2s		脱扣

特性曲线

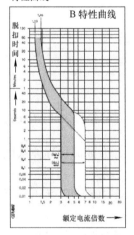
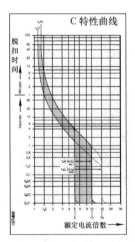
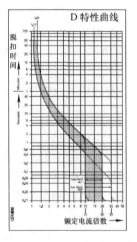
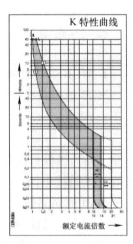

图 2-52　MCB 的 B、C、D、和 K 特性

（1）B 型脱扣特性

B 型脱扣特性的脱扣电流为 $3I_n \sim 5I_n$，是标准特性。一般用于住宅建筑和专用建筑的插座回路。

（2）C 型脱扣特性

C 型脱扣特性的脱扣电流为 $5I_n \sim 10I_n$，优先用于接通大电流的电器设备，例如照明灯和电动机。

（3）D 型脱扣特性

D 型脱扣特性的脱扣电流为 $10I_n \sim 50I_n$，适用于产生脉冲的电器设备，例如变压器、电磁阀和电容器等。

（4）K 型脱扣特性

K 型脱扣特性的脱扣电流为 $10I_n \sim 14I_n$，适用于电动机负载。I_n 为额定电流。

这些脱扣形式意味着：小于 $3I_n$（或者 $5I_n$ 或者 $10I_n$）时不能动作（过电流出现的时间大于 1s 时不动作），大于 $5I_n$（或者 $10I_n$ 或者 $14I_n$ 或者 $50I_n$）时必须动作（过电流出现的时间小于 0.1s 时动作）。

在线路末端的电动机起动时，可能引起电压降落，标准规定其电压降不应低于 8% ~ 10%，即电动机端子处的电压不得低于 $90\% U_n$。为此，电缆的工作电流载流量至少应等于 $I_n + I_{st}/3$，I_{st} 为电动机起动电流。一般地，小型电动机的起动电流为 $(4 \sim 8.4)I_n$，平均值取为 $6I_n$。

电动机的起动冲击电流可按 2 ~ 2.35 倍起动电流来计算，断路器的电磁脱扣整定值应当大于或等于此值，即 $2.35 \times 6I_n = 14.1I_n$，K 脱扣特性满足此要求。

2.5.6　剩余电流保护器概述

1. 三相不平衡电流、剩余电流与人体电击防护

剩余电流保护电器（residual current operated protective devices，RCD）是针对低压系统接地故障的一种保护电器，又称为漏电保护电器。

剩余电流保护电器的核心部分为剩余电流检测元件，见图 2-53。

图 2-53 中，从断路器引出的三相线路以及 N 线（中性线）均穿过零序电流互感器，再接到用电设备上。

我们知道当三相平衡时，三相电流之和为零，于是 N 线的电流也为零；而当三相电流不平衡时，三相电流之和与 N 线电流大小相等而方向相反，即

$$\dot{I}_a + \dot{I}_b + \dot{I}_c = \dot{I}_n \tag{2-11}$$

现在我们将三相电缆和零线电缆同时都穿过零序电流互感器，那么此时零序电流互感器的二次绕组电流代表什么电流呢？

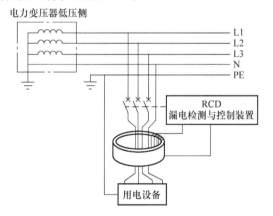

图 2-53　三相不平衡电流的测量方法

$$\dot{I}_x = \dot{I}_a + \dot{I}_b + \dot{I}_c + \dot{I}_n \tag{2-12}$$

式（2-12）中的 $\dot{I}_x$ 就是线路或者用电设备对地的漏电流，也被称为剩余电流。

当线路工作正常时，因为 $\dot{I}_x = 0$，所以正常情况下系统的剩余电流基本为零；当线路中发生漏电时，$\dot{I}_x \neq 0$，则从零序电流互感器中就能测量出剩余电流。

需要注意的是，要测量剩余电流，必须将三条相线及 N 线都穿过零序电流互感器，或者直接测量变压器的中性线接地极电流。

因为中性线在正常工作时也可能有电流流过，因此当有 N 线时，应当将 N 线和所有的相线都接入 RCD 剩余电流检测元件。

剩余电流包括两类不同类型的漏电电流，一类是因为电器设备绝缘破坏而产生的漏电电流，又称为设备漏电电流；另一类是人体发生直接电击时从人体上流过的漏电电流。前者对低压电网的消防和设备保护有重要意义，而后者则对人体保护有重要意义。

当人体接触到带电导体时，如果流过的电流为 40~50mA，且维持时间为 1s，则会对人体产生电击伤害。在 IEC60364 标准中，将人体电击伤害电流再乘以 0.6 的系数，得到 50 × 0.6 = 30mA 电流，且定义此电流为人体电击伤害的临界电流值。

防止人体被电击的开关电器就是剩余电流动作保护器，简称为漏电开关。

2. 漏电开关的型式

漏电开关按动作型式可分为三种：RCCB 剩余电流动作断路器、RCBO 剩余电流动作断路器和剩余电流动作继电器。它们的区别是：

1）RCCB 剩余电流动作断路器：剩余电流动作断路器不带过载保护和短路保护，仅有漏电保护。

2）RCBO 剩余电流动作断路器：RCBO 剩余电流动作断路器带过载保护和短路保护，还带有漏电保护。

3）剩余电流动作继电器：剩余电流动作继电器无过载保护和短路保护，也不能直接合分电路，仅有漏电报警功能。一般与其他电器例如断路器或者接触器等组合实现漏电保护功能。

漏电断路器按测量和控制方式可区分为三种：电磁式漏电断路器 RCD、电子式漏电断路器 RCD 和混合式漏电断路器 RCD。它们的区别是：

1）电磁式漏电断路器 RCD：电磁式 RCD 由零序电流互感器（零序电流互感器）、铁心、衔铁、永久磁铁、去磁线圈等组成断路器的脱扣器。电磁式 RCD 的灵敏度较差，很难做到 30mA 以下；从漏电开始到断路器跳闸需要的时间在 0.1s 以内，无延迟时间。

2）电子式漏电断路器 RCD：电子式 RCD 同样安装了零序电流互感器（零序电流互感器）。当发生漏电时，零序电流互感器二次绕组输出漏电电流信号给电子测量元件，再通过电子元件将漏电信号放大后驱动中间继电器或者断路器的分励线圈，使得开关电器或者断路器跳闸。

3）混合式漏电断路器 RCD：发生漏电时，分相的零序电流互感器二次绕组能输出剩余电流。脱扣器是电磁式结构，包括铁心、衔铁、永久磁铁、去磁线圈等。当零序电流互感器检测到剩余电流后，电子元件将剩余电流信号放大后去激励去磁线圈，再通过衔铁使得断路器脱扣跳闸。

这种方式常常用于 ACB 和 MCCB 断路器的漏电测量和保护。

电磁式 RCD 和电子式 RCD 的比较见表 2-26。

表 2-26   电磁式 RCD 和电子式 RCD 的比较

内容	电磁式 RCD	电子式 RCD
灵敏度	30mA 以下制造困难	高灵敏，可做到 6mA 以下
实现延时动作	困难	容易
辅助电源	不需要	需要
电压对特性的影响	无影响	有影响
温度对特性的影响	没有影响	有影响，需要温度补偿
重复操作对特性的影响	较大	小
耐压试验	可进行工频耐压测试	受电子元件的限制，不得施加工频耐压测试
耐感应或雷击的性能	强	较差，需要增设过电压吸收装置
耐机械冲击和振动的性能	一般	强
可靠性	受加工精度影响较大	取决于电子元件的可靠性
对零序电流互感器的要求	高	低
制造技术	精密	制造方便容易
价格	高	较低

3. 额定漏电动作电流和额定漏电不动作电流

RCD 的额定漏电动作电流和额定漏电不动作电流的示意图如图 2-54 所示。

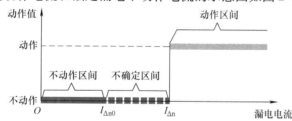

图 2-54   RCD 的额定漏电动作电流和额定漏电不动作电流的示意图

（1）额定漏电动作电流 $I_{\Delta n}$

额定漏电动作电流 $I_{\Delta n}$ 是指在规定的条件下，漏电开关必须动作的漏电电流值。

一般地，额定漏电动作电流值的范围为 5 ~ 20000mA，其中 30mA 及以下属于高灵敏度类型，主要用于人体的电击防护；50 ~ 1000mA 属于中等灵敏度，用于兼有人体电击防护和漏电设备消防防护；1000mA 以上属于低灵敏度，用于漏电消防防护和接地故障监视。

（2）额定漏电不动作电流 $I_{\Delta n0}$

额定漏电不动作电流 $I_{\Delta n0}$ 指在规定的条件下，漏电开关必须不动作的漏电电流值。

值得注意的是：额定漏电不动作电流 $I_{\Delta n0}$ 总是与额定漏电动作电流 $I_{\Delta n}$ 成对地出现的，其优选值为：$I_{\Delta n0} = 0.5 I_{\Delta n}$。

一般地，从 $I_{\Delta n0}$ 到 $I_{\Delta n}$ 之间的电流为不能确认动作的区间，若某试验电流正好落在此区间内，则漏电开关有可能动作，也可能不动作。

（3）分断时间

分断时间与漏电开关的用途有关。分断时间分为 "间接电击保护用漏电保护器" 和 "直接电击保护用漏电保护器" 两类，具体分类见表 2-27 和表 2-28。

表 2-27　间接电击保护用漏电保护器的最大分断时间

$I_{\Delta n}/A$	I_n/A	最大分断时间/s		
		$I_{\Delta n}$	$2I_{\Delta n}$	$5I_{\Delta n}$
≥0.03	任何值	0.2	0.1	0.01
	≥40	0.2	—	0.15

表 2-28　直接电击保护用漏电保护器的最大分断时间

$I_{\Delta n}/A$	I_n/A	最大分断时间/s		
		$I_{\Delta n}$	$2I_{\Delta n}$	0.25A（电流）
≤0.03	任何值	0.2	0.1	0.04

在"最大分断时间"栏下的电流值是指漏电开关的试验电流值。例如：当通过漏电开关的电流值等于额定漏电动作电流 $I_{\Delta n}$ 时，动作时间不大于0.2s，而当通过的电流为 $5I_{\Delta n}$ 时，动作时间不大于0.04s。

在使用以上参数时，应当特别注意从 $I_{\Delta n0}$ 到 $I_{\Delta n}$ 的电流区间。若工程设计中要求漏电保护电器在通过的剩余电流大于等于 I_1 时必须动作，而当通过的剩余电流小于或等于 I_2 时必须不动作，则在配置和选用漏电保护电器时应使得：$I_1 \geq I_{\Delta n}$ 和 $I_2 \leq I_{\Delta n0}$。

4. 不同的接地形式下对 RCD 的需求

（1）IT、TT 和 TN 接地系统对 RCD 的需求

IT 系统的特点是变压器的中性点不接地或者经过高阻接地，而负载的外露导电部分则通过保护线直接接地。当 IT 系统发生单相接地故障时，接地电流很小，其电弧能量也极小，所以 IT 系统属于小电流接地系统。一般用于对不停电要求高的场合，如图 2-55 所示。

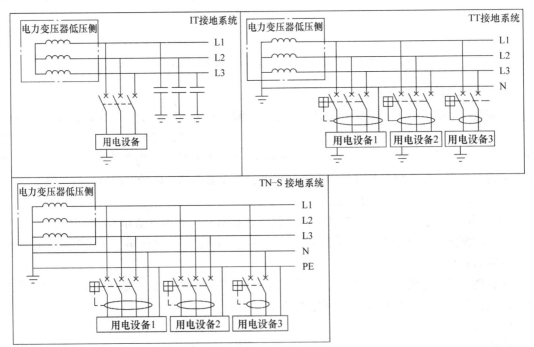

图 2-55　接地系统和 RCD 的关系

当 IT 系统的某相接地后，人体若同时触及另一相，则人体的接触电压相当于线电压，因而流过人体的电流很大足以致命，为此可装设 RCD 保护人身安全。

一般地，在矿井下要求 IT 系统必须配 RCD，并且在电源侧还要装绝缘监视装置。

TT 系统的特点是变压器中性点直接接地，而负载侧的外露导电部分也直接接地，见图 2-55。

TT 系统中发生单相接地故障时，因接地电流需要流经负载侧的接地极和变压器中性点的接地极，所以其接地电流较小，不足以启动断路器的短路保护，所以 TT 系统也属于小电流接地系统。IEC 首先推荐在 TT 系统中使用 RCD。

TN－S 系统的特点是变压器中性点直接接地，并且引三条相线、中性线 N 和 PE 线到负载侧。中性线和 PE 线在变压器接地极分开后就相互绝缘，并且一直延伸到负载侧。见图 2-55。

TN－S 系统中发生单相接地故障时，因为接地电流几乎等于短路电流，所以 TN－S 系统属于大电流接地系统，系统中发生单相接地故障时可用断路器的短路保护来切断线路。

若在 TN－S 系统中使用 RCD，则 N 线和三相线必须同时穿过零序电流互感器，或者单相的相线和 N 线同时穿过零序电流互感器。

对于 TN－C 系统，虽然变压器的中性点直接接地，但是因为 PE 和 N 组成单根的 PEN 线引入到负载中，为了防止 PEN 断线而在 PEN 线中出现过电压，因此 PEN 线必须重复接地。正因为如此，使得 TN－C 系统不得安装 RCD。

对于 TN－C－S 系统，它的前部为 TN－C 系统，PEN 线在某处接地后引出为 N 线和 PE 线，由此形成 TN－C－S 系统，它适合于不平衡负载。TN－C－S 系统可用 RCD，但是 PEN 线和后部的 PE 线不得穿过 RCD 的零序电流互感器铁心。

（2）剩余电流保护的选用和分级选择性保护

RCD 的线路保护系统见表 2-29。

表 2-29　RCD 的线路保护系统

电路范围		额定工作电流/A	额定剩余电流/mA	说明
总线路		200 以上	300 ~ 500	接地保护为主，兼有部分触及相线的触电保护
		100 ~ 200	200	
		100 以下	100	
分支回路		100 以上	100	接地保护为主，兼有部分触及相线的触电保护
		60 ~ 100	50 ~ 75	
		60 以下	30, 50	主要用作触电保护
照明线路	单相照明线路	40 以下	30, 50, 75	
	三相四线制分支开关	60 以下	50, 75	
电路末端	动力设备	40 ~ 60	30, 50, 75, 100	75mA 以上应当将电动机外壳接地
		20 ~ 40	30, 50	
		20 以下	30	
	动力照明混合线路	40 ~ 50	30, 50, 75	
		40 以下	30, 50	

5. ABB 的剩余电流保护电器

RCD 通常附设在组件中或与组件成套组装。

对于使用在低压配电网进线回路的剩余电流动作保护器，RCD 需要配备延时功能，具有延时功能的剩余电流动作保护器的级别为 A，型号为 RCD - S。

对于低压配电网下级回路中的剩余电流动作保护器，RCD 需要配备瞬动功能，具有瞬动功能的剩余电流动作保护器级别为 B。

RCD 可与断路器一起构建剩余电流动作保护，此时 RCD 的灵敏度必须与接地电阻相配合。

ABB 的剩余电流动作保护器 RCD - S 如图 2-56 所示。

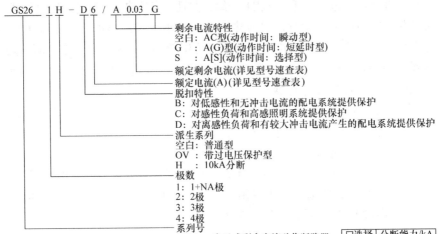

系列	极数	派生系列	特性	额定电流(A) 6 10 16 20 25 32 40 50 63 80 100	分断能力/kA	剩余电流特性	额定剩余电流/A	动作时间	额定过压
GS26	1		−B		6	/	0.03		
	1					/A	0.01	G	
						/A	0.1		
	2,3,4		−C			/A	0.03		
	1,2,3,4					/A	0.03	G	
	1,2,3,4					/A	0.3	S	
	2,3,4					/	0.03		
	1,2,3,4		−D			/A	0.03	G	
	1,2,3,4	H	−C,−D		10	/	0.03		
	2,3,4	H				/A	0.3	S	
	1	OV	−C,−D		6	/	0.03		280V
DS26	2,3,4		−B		6	/	0.03		
			−C			/	0.03		
						/A	0.3	S	
			−D			/	0.03		
						/A	0.3	S	
	2,3,4	H	−C,−D		10	/	0.03		
			−C			/A	0.3	S	
DS9	41,51		−C		4,5,6	/	0.03		
	71				10				
F20	2,4	AC−				/	0.03		
							0.1		
							0.3		

图 2-56　ABB 的 RCD - S 型号速查表

6. RCD 间的配合

当配电网上发生某回路接地故障时，与短路保护的上下级配合类似，在配电网上下级之间也需要对 RCD 实施剩余电流保护的选择性配合。RCD 选择性配合的目的是只让靠近故障点的 RCD脱扣跳闸而上级 RCD 和远离故障点的 RCD 不跳闸，如图 2-57 所示。

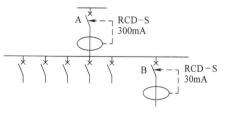

图 2-57　两级配电的 RCD 上下级配合

RCD 之间的选择性是依据如下规则来确定的：

- 两只 RCD 额定剩余动作电流值之间的比值大于 2；
- 上级的接地故障保护装置需要采用具有延时特性的 RCD – S。

对各级 RCD 之间可按灵敏度来确定优选值，这些优选值分别是 30mA、100mA、300mA 和1A；除了采用电流优选值的方法外，还可以采用用不同的脱扣跳闸时间来实现选择性配合。

以图 2-57 的两级配电为例：A 极：使用带延迟功能的 RCD – S 用于间接接触和接地故障防护；B 极：使用瞬时动作的高灵敏 RCD 用于间接接触和接地故障防护。

2.6　交流接触器和热继电器概述

2.6.1　交流接触器

1. 概述

接触器是一种用来自动接通或断开带负载电路的电器，它可以频繁地接通或分断交流、直流电路，可以实现远距离操作控制，还可以配合继电器实现定时操作、联锁操作、各种定量控制和失电压、欠电压保护等。

交流接触器的主要控制对象是电动机，也可以用来控制其他电力负载，例如电热器、照明电器、电容器等。

交流接触器具有控制容量大、过载能力强、寿命长、设备简单经济等特点，是电力拖动与自动控制电路中使用最为广泛的低压电器之一。

图 2-58 所示为交流接触器的模式图。

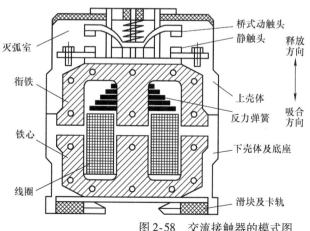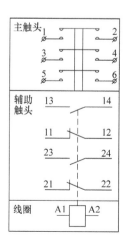

图 2-58　交流接触器的模式图

在图 2-58 中，我们看到接触器的主触头属于双断点的桥式结构。当线圈带电后，衔铁向下运行带动动触头拍合在静触头上。由于动、静触头中的电流方向相反，所以电流在两者之间会产生电动斥力。动触头的压力弹簧片用于消除电动斥力的影响。

当线圈失电后，动、静主触头在缓冲弹簧、触点弹簧和电动斥力的共同作用下返回到释放位置。在主触头打开的瞬间，动、静触头之间将产生电弧，灭弧罩的用途就是熄弧。

交流接触器的额定接通能力是指在规定的条件下能接通的电流值，而此时的触头不发生熔焊、不出现明显的烧损，且没有太强的飞弧。

接触器的额定分断能力是指接触器在规定的条件下能分断的电流值，而此时不出现触头被烧损到无法运行的程度，也不出现太强的飞弧现象。

交流接触器的电寿命是表示接触器耐抗电磨损能力的一个参数，用带载情况下的通断循环次数来表示。测量交流接触器的电寿命时不允许检修和更换零件。

图 2-58 右图是接触器图符，上部是一次触头，中间是二次触头，下部是驱动线圈。

2. 交流接触器的分类

（1）按主触点的极数分类

单极、双极、三极、四极和五极接触器。

单极接触器主要用于单相负荷，如照明回路和电焊机等负载；双极接触器用于绕线转子异步电动机的转子回路，起动电机时用来短接起动绕组；三极接触器用于三相电动机的控制；四极接触器用于三相四线制的照明线路，以及双速电动机；五极接触器用来组成电动机的自耦变压器起动电路，还用来控制双速电动机控制电路以变换绕组接法。

（2）按灭弧介质分类

分为空气绝缘式接触器、真空式接触器等。

依靠空气绝缘的接触器用于一般的负载，而采用真空绝缘的接触器则用于特殊环境下，例如煤矿、石化以及电压为 660V 和 1140V 等特殊场合。

（3）按有无触点分类

可分为有触点的接触器和无触点的接触器。常见的接触器均为有触点的接触器，而无触点的接触器则利用晶闸管作为电路的通断元件，常用于易燃易爆的场合。

3. 接触器的基本技术参数

（1）额定电压

交流接触器的额定电压指交流接触器主触点的额定工作电压，应当等于负载的额定工作电压。交流接触器一般有若干个额定电压值，在技术说明书中会同时列出相应的额定电流或控制功率。

通常最大工作电压即为额定电压，例如 220 ~ 230V、230 ~ 240V、380 ~ 400V 和 400 ~ 415V 等。

（2）额定电流

接触器的额定电流指交流接触器主触点的额定电流值。常用的额定电流等级为 9A、12A、16A、26A、30A、40A、50A、63A、75A、95A；110A、145A、150A、175A、210A、260A；300A、375A、550A、1000A、1350A、1650A 和 2000A 等。

（3）接触器的接通和分断能力

接触器的接通和分断能力包括最大接通电流和最大分断电流两个指标。

最大接通电流是指触点闭合且不会造成触点熔焊的最大电流值，最大分断电流是指触点断开时能可靠地灭弧的最大电流。一般通断能力是额定电流的 5～10 倍。

通断能力与电压等级有关，电压等级越高则通断能力越小。

例如在 AC-2、AC-3 下工作的交流接触器应当能满足 8 倍过电流的冲击，而在 AC-4 下工作的交流接触器应当满足 10 倍过电流的冲击。630A 及以下的接触器承载时间是 10s，630A 以上的接触器承载时间会略微缩短。交流接触器的使用类别和通断条件见表 2-30。

表 2-30　交流接触器的使用类别和通断条件

使用类别	用途分类	额定工作电流 I_n/A	接通条件			分断条件		
			I/I_n	U/U_n	$\cos\phi$ 或者 L/R（注1）	I_b/I_n	U_r/U_n	$\cos\phi$ 或者 L/R（注1）
AC-1	无感或者微感负载、电阻炉	全部值	1.5	1.1	0.95	1.5	1.1	0.95
AC-2	绕线转子异步电动机起动、运行和停止	全部值	4	1.1	0.65	4	1.1	0.65
AC-3	笼型异步电动机起动、运行和停止	$I_n \leqslant 17$	10	1.1	0.65	8	1.1	0.65
		$17 < I_n \leqslant 100$	10	1.1	0.35	8	1.1	0.35
		$100 < I_n$	8（注2）	1.1	0.35	6（注3）	1.1	0.35
AC-4	笼型异步电动机起动、反接制动和点动	$I_n \leqslant 17$	12	1.1	0.65	10	1.1	0.65
		$17 < I_n \leqslant 100$	12	1.1	0.35	10	1.1	0.35
		$100 < I_n$	10（注4）	1.1	0.35	8	1.1	0.35

注：1. 表 2-30 中，I 为接通电流；I_n 为额定电流；I_b 为分断电流；U 为接通前电压；U_n 为额定电压；U_r 为恢复电压。

2. AC-1：$\cos\phi$ 的误差为 ±0.05，L/R 的误差为 ±15%；

3. AC-2：I 或者 I_b 的最小值为 1000A；

4. AC-3：I_b 的最小值为 800A；

5. AC-4：I 的最小值为 1200A。

（4）动作值

接触器的动作值分为吸合电压和释放电压。

吸合电压是指在接触器吸合前缓慢地增加线圈电压使交流接触器吸合的最小电压；释放电压是指缓慢地降低线圈电压使交流接触器释放的最大电压。一般规定：吸合电压不得低于线圈额定电压值的 85%，释放电压则不高于线圈额定电压值的 70%。

（5）操作频率

接触器的操作频率指每小时允许操作次数的最大值。

每小时允许操作次数可分为：1 次/h、3 次/h、12 次/h、30 次/h、120 次/h、300 次/h、600 次/h、1200 次/h 和 3000 次/h。操作频率影响到交流接触器的电寿命，还影响到交流接触器线圈的温升。

（6）工作制

接触器有四种工作制，分别是 8h 工作制、不间断工作制、断续周期工作制和短时工作制。

8h 工作制是接触器的基本工作制，约定发热电流参数就是按 8h 工作制确定的；不间断工作制较 8h 工作制严酷得多，接触器的触头容易出现氧化而线圈容易出现过热。在不间断工作制下，接触器需要降容使用；断续周期工作制的负载率则分别为标准值的 15%、25%、40% 和 60%；短时工作制下触头的通电时间标准值分别为 10min、30min、60min 和 90min 等四种。

（7）使用类别

接触器有四种标准使用类别，分别是 AC-1、AC-2、AC-3 和 AC-4。其中 AC-3 用于电动机的直接起动和运行，AC-4 则是电动机的可逆起动、反接制动和电动。

（8）机械寿命和电寿命

接触器的机械寿命是指在正常维护和更换机械零件之前所能承受的无载循环操作次数，接触器的电寿命是指在标准使用状态下，无需修理或者更换零件的带载操作次数。

在无其他规定的条件下，接触器 AC-3 使用类别的电寿命次数应当不少于相应机械寿命次数的 1/20。

4. 控制电路参数

吸合线圈额定电压：接触器正常工作时线圈上所加的电压值。

交流接触器工作时线圈上所加的电压经常与主电路电压一致，但也可能不一致，有时还可能采用直流电源。这要由现场条件和设计决定。

交流接触器线圈加载的电压是标准值，见表 2-31。

表 2-31   交流接触器线圈加载的电压标准数据

电源性质	电压范围/V					
交流	24	36	48	110	127	220
直流	24	48	110	125	220	250

5. 交流接触器的选用

交流接触器选用有 7 个原则，如下：

1）选择接触器的极数。

2）选择主电路的参数，包括额定工作电压、额定工作电流、额定通断能力和耐受过载能力等。

3）选择合适的控制电路参数。

4）选择合适的电寿命和使用类别。

5）对于电动机用接触器，要根据电动机运行的情况来分别考虑。

对于单向运行的电动机，例如风机、水泵类负载，可按 AC-3 类别来选用交流接触器；

对于可逆的电动机，其反向运转、点动和反接制动时接通电流可达 8 倍额定电流以上，因此要按 AC-4 类别来选用交流接触器。当电动机的功率不大于 630kW 时，接触器应当能承受 8 倍额定电流至少运行 10s。

选择电动机回路使用的交流接触器额定电流，有一个经验公式，见式（2-13）。

$$I_e = \frac{P_M}{KU_N} \qquad (2-13)$$

式中，P_M 为电动机的功率，单位是 kW；U_N 为的额定电压；I_e 为交流接触器的额定电流；K 为经验系数，一般取值为 1~1.4。

对于一般的电动机，工作电流均小于额定电流，虽然电动机的起动电流可达额定电流的 4~8.4 倍，但是时间短，对接触器主触头的烧蚀作用不大，所以选择交流接触器额定电流的 K 系数为 1.25 即可。

例如电动机的功率为 30kW，由式（2-11），有

$$I_e = \frac{P_M}{KU_N} = \frac{30 \times 10^3}{1.25 \times 380} A \approx 63.2A$$

故取交流接触器的额定电流为 63A。

需要指出的是：接触器的额定通断能力应当高于通断时电路中可能出现的电流值，而接触器耐受过载电流的能力则应当高于电路中可能出现的过载电流值。由于电路中这些数据均可以通过使用类别和工作制来确定，因此按使用类别和工作制来选用接触器是合理的。这也是用接触器生产厂家给出的接触器选用表格的依据。

绕线转子异步电动机接通电流及分断电流都是 2.5 倍额定电流，可选用使用类别为 AC-2 的交流接触器。

6）电热设备选用交流接触器的原则：可按 AC-1 使用类别来选取，选用接触器时使得接触器的额定电流大于或等于 1.2 倍电热装置的额定电流即可。

7）切换电容器接触器的选用原则：因为电容器的充电电流可达 1.43 倍额定电流，因此选用切换电容器接触器时要按 1.5 倍电容器额定电流来考虑。

6. ABB 的 A 系列交流接触器使用参数

ABB 的若干种 A 系列交流接触器技术参数表如图 2-59 所示。

2.6.2　热继电器

1. 热继电器概述

电动机在实际运行中若出现过载，则电动机的转速将下降，绕组中的电流将增大，从而使电动机的温度升高。若过载电流不大且过载时间较短，电动机绕组中的温升不会超过允许值，则此类过载是容许的；若过载时间长，或过载电流大，则电动机的绕组温升就会超过允许值，这将造成电动机绕组绝缘老化，缩短电动机的使用寿命，严重时甚至会烧毁电动机，因此必须对电动机进行过载保护。

热继电器利用电流的热效应原理实施过载保护。当出现电动机不能承受的过载时，过载电流流过热继电器的热元件引起热继电器产生保护动作，配合交流接触器切断电动机电路。

热继电器的形式多样，常用的有双金属片式和热敏电阻式，目前使用最多的是双金属片式，同时有的规格还带有断相保护功能。

双金属片热继电器主要由主双金属片、热元件、复位按钮、动作机构、触点系统、电路调节旋钮、复位机构和温度补偿元件等构成。

当电动机正常运行时，热元件产生的热虽然能使主双金属片弯曲，但是弯曲产生的推动力不足以使热继电器的触点动作。当电动机过载时，双金属片的弯曲位移加大，推动导板使常闭触点断开，通过控制电路使得交流接触器断电分闸从而切断电动机的工作电源，由此保护了电动机。

我们来看图 2-60。

	A9	A12	A16	A26	A30	A40	A45	A50	A63	A75	A95	A110
	AL9	AL12	AL16	AL26	AL30	AL40	—					
								AF50	AF63	AF75	AF95	AF110
额定工作电压/V	690						1000(690适用于AF...接触器)				1000	
额定频率范围/Hz	25...400											
约定(自由空气)发热电流I_n Conventional free–air thermal current IEC 60947-4-1,open contactors,$\theta\leq40°C$ A	26	28	30	45	65	65	100	100	125	125	100	160
导体截面 with conductor cross–sectional area mm²	4	4	4	6	16	16	35	35	50	50	35	70
额定工作电流/A 接触器环境温度 fr air temperature in contactor U_{omax} 690V-50/60Hz $\theta\leq40°C$	25	27	30	45	55	60	70	100	116	125	70	160
$\theta\leq55°C$	22	25	27	40	55	60	60	85	95	105	60	145
$\theta\leq70°C$	18	20	23	32	39	42	50	70	80	85	50	130
导体截面 /mm²	2.5	4	4	6	10	16	25	35	50	50	25	70
使用类别AC-3 接触器环境温度≤55℃ 额定工作电流AC-3 3相电动机 220-230-240V /A	9	12	17	26	33	40	40	53	65	75	40	110
380-400V /A	9	12	17	26	32	37	37	58	65	75	37	110
415V /A	9	12	17	26	32	37	37	50	65	75	37	110
440V /A	9	12	16	26	32	37	37	45	65	70	37	100
500V /A	9	12	14	22	28	33	33	45	55	65	33	100
690V /A	7	9	10	17	21	25	25	35	43	45	25	82
1000V /A	—	—	—	—	—	—	—	23	25	25	—	30
额定功率P_0 AC-3 1500r/min 50Hz 1800r/min 60Hz 3相电动机 220-230-240V /kW	2.2	3	4	6.5	9	11	11	15	18.5	22	25	30
380-400V /kW	4	5.5	7.5	11	15	18.5	18.5	22	30	37	45	55
415V /kW	4	5.5	7.5	11	15	18.5	18.5	25	37	40	55	59
440V /kW	4	5.5	9	15	18.5	22	22	25	37	40	55	59
500V /kW	5.5	7.5	9	15	18.5	22	22	30	37	45	55	59
690V /kW	5.5	7.5	9	15	18.5	22	22	30	37	40	55	75
1000V /kW	—	—	—	—	—	—	—	30	35	37	40	40
额定工作电流I_0/A 不带热过载继电器	11	16	22	30	40	50	—	63	85	95	120	140
额定接通能力	$10\times I_0$ AC-3(IEC 60947-4-1)											
额定分断能力	$8\times I_0$ AC-3(IEC 60947-4-1)											
短路保护对不带热过载继电器的接触器不含电机保护 $U_0\leq500V$ a.c.–gG tybe fuse /A	25	32	32	50	63		80	100	125	160	160	200
额定短时耐受电流 环境温度40℃ 自由空气从冷态 1s /A	250	280	300	400	600		1000				1320	1320
10s /A	100	120	140	210	400		650				800	800
30s /A	60	70	80	110	225		370				500	500
1min /A	50	55	60	90	150		250				350	350
15min /A	26	28	30	45	65		110	110	135	135	160	175
极限分断能力 $\cos\varphi=0.45$ 440V /A	250			420	820		900	1300			1160	
$I_0\geq100A$时$\cos\varphi=0.35$ 690V /A	90			170	340		490	630			800	
每极功耗 AC-1 /W	0.8	1	1.2	1.8	2.5	3	2.5	5	6.5	7	6.5	7.5
AC-3 /W	0.1	0.2	0.35	0.6	0.6	1.3	0.65	1.3	1.5	2	2.7	3.6
极限电气操作频率 -AC-1 次/h	600						600(300为AF...)				300	
-AC-3 次/h	1200						600(300为AF...)				300	
-AC-2,AC-4 次/h	300						150				150	
机械寿命 -百万操作循环次数	10											
-极限操作频率 次/h	3600(300为AF...接触器)											

图 2-59 ABB 的若干种 A 系列交流接触器技术参数表

图中：

曲线 1 为三相笼型异步电动机容许的过载反时限动作特性；

曲线 2 为热继电器的冷态过载反时限动作特性；

曲线 3 为热继电器的热态过载反时限动作特性；

曲线 4 为热继电器的断相保护特性曲线。

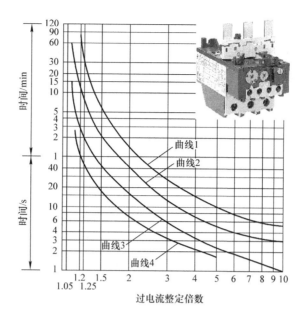

图 2-60　热继电器过载反时限动作特性

可以看出，使用热继电器对三相笼型异步电动机进行过载保护时，必须与交流接触器配合使用，热继电器的过载保护曲线 2 和 3 不能与电动机容许的过载反时限曲线 1 有交点。

热继电器遵循的标准是 IEC60947 - 4 和 GB14048.4：

标准号	GB 14048.4—2010
标准名称	低压开关设备和控制设备　第 4 - 1 部分：接触器和电动机起动器　机电式接触器和电动机起动器（含电动机保护器）
等同使用的 IEC 标准号	IEC 60947 - 4 - 1：2009 Ed.3.0，MOD

标准摘录：

5.7.3.2　过载继电器

d. 根据表 2 分类的脱扣级别或在 7.2.1.5.1 表 3 中 D 列规定的条件下脱扣时间超过 30s 时的最大脱扣时间，单位为 s；

表 2　热、电磁或固态过载继电器的脱扣级别和脱扣时间

级别	在 7.2.1.5.1 表 3 中 D 列规定条件下的脱扣时间 T_p，s
10A	$2 < T_p \leqslant 10$
10	$4 < T_p \leqslant 10$
20	$6 < T_p \leqslant 20$
30	$9 < T_p \leqslant 30$

注：

① 按继电器的类型，在 7.2.1.5 条中给出了脱扣条件；

② 对于转子变阻式起动器，过载继电器通常接在定子电路中。因此，过载继电器不能有效地保护转子电路，特别是电阻器（通常，起动器在故障条件下起动时，电阻器比转子本身和开关电器更易损坏），因此，转子电路的保护应符合制造厂和用户的协议（7.2.1.1.3）。

③ 对于两级自耦减压起动器，起动用自耦变压器一般仅在起动时间内使用，如在故障条件下起动时，自耦变压器不能受到过载继电器的有效保护。因此，自耦变压器的保护应符合制造厂和用户的协议。

④ 考虑到不同的热元件特性和制造误差，可选择 T_p 的下限值。

标准中给出的脱扣级别为 10A 的热继电器用于轻载电动机，脱扣级别为 10 的热继电器用于一般的电动机，脱扣级别为 20 和 30 的热继电器可用于重载起动的电动机。

2. 热继电器的选择原则

热继电器主要用于电动机的过载保护，使用中应当考虑电动机的工作环境、起动情况、负载性质等因素，主要有以下几个方面：

（1）热继电器用于保护长时工作制的电动机

1）按电动机的起动时间来选择热继电器：热继电器在电动机起动电流为 $6I_n$ 时的返回时间 t_f 与动作时间 t_d 之间有如下关系：

$$t_f = (0.5 \sim 0.7) t_d \tag{2-14}$$

式中，t_f 为热继电器动作后的返回时间，单位为 s；t_d 为热继电器的动作时间，单位为 s。

按电动机的起动电流为 $6I_n$ 时具有三路热元件的热继电器动作特性见表 2-32。

表 2-32 电动机的起动电流为 $6I_n$ 时具有三路热元件的热继电器动作特性

整定电流	动作时间		工作条件
$1.0I_n$	不动作		冷态
$1.2I_n$	<20min		热态
$1.5I_n$	<30min		热态
$1.5I_n$	返回时间 t_f	≥3s	冷态
		≥5s	
		≥8s	

注：如果三路热元件的热继电器用于两极通电时，则按 $1.2I_n$ 选取，但整定电流要调高 10%。

表 2-32 的环境条件是：海拔不大于 1000m，环境温度为 40℃。

2）按电动机额定电流来选择热继电器及整定热继电器保护参数：一般地，热继电器的整定电流可按式（2-15）来选择：

$$I_{FR} = (1.05 \sim 1.1) I_n \tag{2-15}$$

式中，I_{FR} 为热继电器整定值；I_n 为电动机额定电流。

例如 30kW 的电动机，已知它的额定电流是 56A，则热继电器的整定电流按式（2-15）为

$$I_{FR} = (1.05 \sim 1.1) I_n = (1.05 \sim 1.1) \times 56 \approx 58.8A \sim 61.6A$$

故取热继电器的规格为 63A。

对于过载能力比较差的电动机，通常按电动机额定电流的 60% ~ 80% 来选择热继电器的额定电流。

3）按断相保护要求来选择热继电器：对于星形联结的电动机，建议采用三极的热继电器；对于三角形联结的电动机，应当采用带断相保护装置的热继电器，即脱扣级别为 20 或者 30。

具有断相保护的热继电器其动作特性见表 2-33。

当电动机出现断相时，电动机各绕组的电流、流过热继电器的电流及热继电器保护状况见表 2-34。

表 2-33　具有断相保护的热继电器其动作特性

额定电流		动作时间	试验条件
任意两极	第三极		
$1.0I_n$	$0.9I_n$	不动作	冷态
$1.15I_n$	0	<20min	冷态（以 $1.0I_n$ 下运行稳定后开始）

注：热继电器的复位时间：不大于5min，手动复位时间不大于2min；电流调节范围：66%～100%。

表 2-34　电动机断相时各绕组的电流、流过热继电器的电流及热继电器保护状况

	接线方式	负载率	动作条件	线路侧线电流相对倍率	电动机绕组电流相对倍率	流过热继电器的电流相对倍率		热继电器动作状况		
						两极	三极	两极	三极	断相保护
1	Y/△	100%	正常三相	1	1	1	1	不动作	不动作	不动作
2	Y	100%	图A	1.73	1.73	1.73	1.73	能	能	能
3	△	100%	图B	1.73	2.00	1.73	1.73	能	能	能
4	△	100%	图C	1.50	1.50	0.87	1.50	不能	能	能
5	△	80%	图C	1.20	1.20	0.69	1.20	不能	临界	能
6	△	85%	图B	1.47	1.70	1.47	1.47	能	能	能
7	△	78%	图B	1.35	1.56	1.35	1.35	能	能	能
8	△	66%	图B	1.14	1.32	1.14	1.14	不能	不能	不能

例图

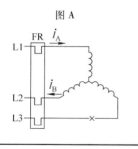

图 A

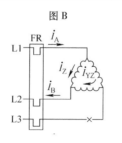

图 B

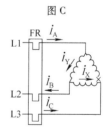

图 C

（2）热继电器用于保护重复短时工作制的电动机

对于重复短时工作制的电动机，例如起重电机，由于电动机不断重复起动使得温升加剧，热继电器双金属片的温升跟不上电动机绕组的温升，则电动机将得不到可靠的过载保护，电动机的过载保护不宜选用双金属片热继电器，而应当选用过电流继电器或能反映出绕组实际温度的温度继电器来实施保护。

（3）选择用于重载起动电动机保护的热继电器

当电动机起动惯性矩较大时，例如用于风机、卷扬机、空压机和球磨机等设备的电动机，其起动时间较长，一般在5s以上，甚至可达1min。为了使热继电器在电动机起动期间不动作，可采用多种方法，见表2-35。

表 2-35　用于电动机重载起动的热继电器配套方法

编号	配套方法	说明
1	热继电器经过饱和电流互感器接入	起动时间一般在 20 ~ 30s，最长可达 40s
2	起动时利用接触器将热继电器热元件接线端子短接，正常运行时再断开接触器	用于长时间的起动，需要配套时间继电器，可用于反复起动过程。电动机起动时热继电器无法进行过载保护
3	热继电器经过电流互感器接入，起动时用中间继电器将热继电器热元件接线端子短接，正常运行时再断开中间继电器	
4	采用脱扣级别为 30 的热继电器	

注：方法编号 2 和 3 可用普通热继电器和普通电流互感器。

3. ABB 的若干种热继电器参数

ABB 的 TA 系列热继电器选型表如图 2-61 所示。

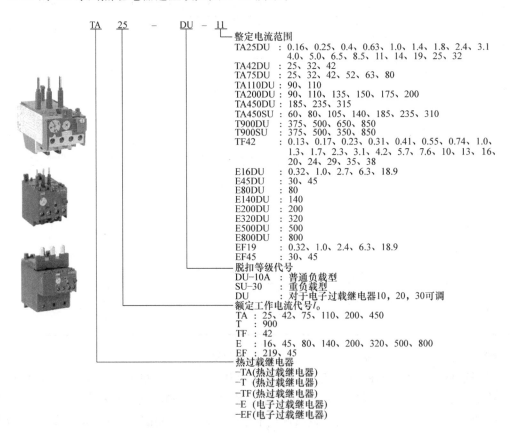

图 2-61　ABB 的 TA 系列热继电器选型表

表中 SU – 30 系列配套了过饱和电流互感器，而 DU 系列则采用电子式热元件，它可选择脱扣级别。

4. 热继电器及交流接触器与执行短路保护的元件之间的配合关系

对于电动机主电路，一般主元件的配置中用断路器或熔断器进行短路保护，用交流接触器控制电动机的合分和运行，用热继电器对电动机实施过载保护。

当电动机或者电动机回路引至电动机的电缆发生短路时，短路电流将流过短路保护元件（断路器或者熔断器），也流过交流接触器和热继电器，但只有短路保护元件才能切断短路电流，而交流接触器和热继电器只能承受短路电流的冲击。

为此，执行短路保护的元件和交流接触器、热继电器之间需要有短路保护协调配合。关于短路保护协调配合见 2.8.4 节。

2.7 软起动器

当第一台电动机出现时，工程师们就一直在寻找一种方法，避免电动机在起动时出现电气和机械方面的若干问题。例如因为起动电流的冲击造成电压大幅度降低，还有电动机起动时出现的机械应力冲击等。

在未出现软起动器之前，这些问题始终不能完善地解决。而软起动器的出现后，不但解决了电动机软起动还解决了电动机的软停车，以及力矩控制、模拟量输出问题和元器件紧凑型安装的问题。

我们来看图 2-62。

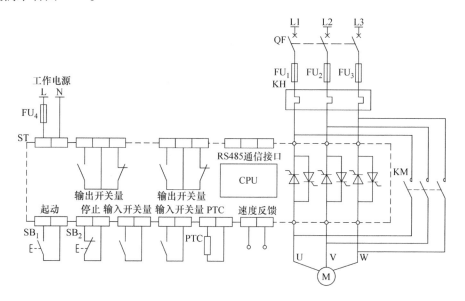

图 2-62　软起动器的工作原理

图 2-61 中，ST 为软起动器；

SB_1、SB_2 为起动按钮和停止按钮；

PTC 为电动机定子线圈中预埋的热敏电阻；

KH 为热继电器；

KM 为旁路交流接触器；

FU1～FU3 为软起动器一次回路前接快速熔断器。

我们看到在软起动器 ST 内有 6 只两两反并联的晶闸管，有的产品采用双向晶闸管，这些晶闸管按照移相控制原理控制和调节其导通角，由此实现对电动机的电压和电流按预先设计好的起动曲线平滑起动。用软起动器起动电动机后，基本上消除了电流的跃变，减小了对电网的冲击，减小了电动机对负载的机械冲击。

软起动器除了能实现软起动外，还能实现软停止、限流起动、脉冲突跳起动、斜坡起动、泵类和风机类起动、制动、节能运行和故障诊断等。软起动器具有可编程输入输出触点、模拟量输入输出触点、转速反馈和控制、电动机热敏电阻 PTC 输入接点。软起动器的面板上有 LCD 液晶数字显示、键盘操作等人机交互，还有 RS485 的通信接口，可用 MODB-US – RTU、PROFIBUS 等协议与外界交换信息。

1. 软起动器的工作特性

我们来看软起动器的工作特性，如图 2-63 所示。

当交流笼型异步电动机在软起动后，软起动器是通过控制加载在定子绕组的平均电压来控制电动机的电流和转矩的。软起动器能使电动机的起动电流按照预先设计好的斜坡平稳地上升，转矩逐渐增加，转速也逐渐提高，直到起动完成。

图 2-63 中软起动器输出的电压曲线 1、曲线 2 和曲线 3 斜坡不同，于是电动机的起动转矩也不同，曲线 3 比曲线 1 更平稳，但起动时间较长。

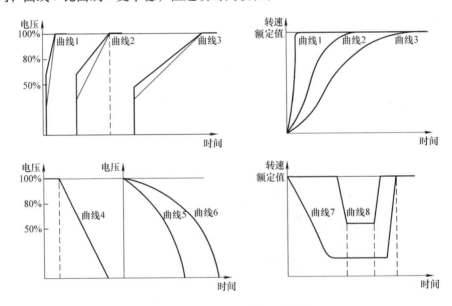

图 2-63 软起动器的工作特性曲线

（1）起动转矩可测可调

软起动器可通过调整电流斜率曲线，得到不同的起动特性曲线，可满足不同的电动机起动特性，减小对低压配电网的冲击。

（2）恒流起动和限流起动

软起动器起动过程中，可对低压配电网的电压波动进行补偿，使得电动机在起动过程中保持电流恒定。恒流起动可用于重载的电动机起动。

限流起动则用于轻载起动的电动机，使得电动机在起动时其最大电流不超过预先给定的限流值 I_{max}。限流值 I_{max} 可根据电网容量及电动机负载等情况来确定，一般取 $1.5I_e \sim 5I_e$ 之间。限流起动可在实时的配电网电压下发挥电动机的最大起动转矩，缩短起动时间，实现最优的软起动效果。

（3）软停车和准确定位停车

软停车可实现电动机的斜坡减速停车，以此实现电动机的平稳减速，避免机械震荡和冲击，如图 2-64 所示。软停车的典型代表是用于消除水泵机组停机时回水冲击。

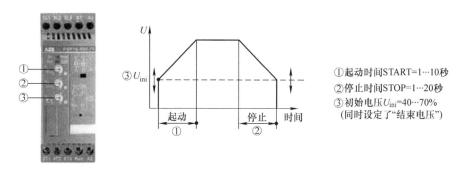

图 2-64　PSR 系列软起动器面板上对电动机实施软起动和软停车

有些场合下负载的转动惯量较大，或者对负载的停车位置有准确要求，则可以采取快速制动停车的办法。软起动器在快速停车时向电动机定子绕组通入直流电，以实现快速制动。

在软停车的方式下，如果软起动器配备了旁路接触器，则应将控制方式切换到软起动器。

2. ABB 的软起动器产品概述

ABB 的软起动器包括三种型号，分别是 PSR、PSS 和 PST（B）。三种型号的软起动器涵盖了电动机电流从 3A 到 1810A 的所有起动类型，如图 2-65 所示。

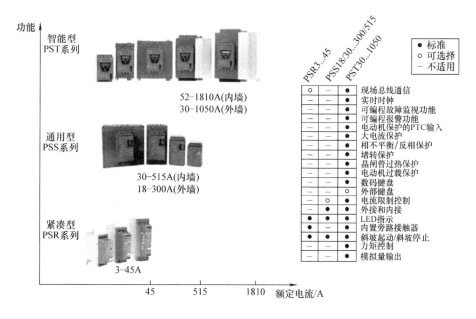

图 2-65　ABB 生产的 PSR 系列软起动器

图 2-66 的上图是 PSR 系列软起动器面板上对电动机实施软起动和软停车操作的示意

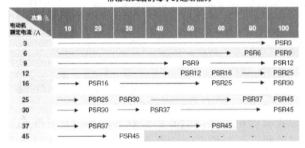

图 2-66　PSR 起动能力表

图，图 2-66 的下图是 PSR 起动能力表。

　　显然，每小时使用软起动器起动电动机的次数比起常规元器件（星 – 三角起动方式或自耦变压器起动方式）来要多得多，而使用辅助风扇后每小时电动机能起动的次数更是被大幅度地提高，且对电动机和电网的电冲击能减到最小，对机械设备的冲击也减到最低。所以，利用软起动器起动电动机具有极大的优势。

2.8　若干种低压开关电器的型式试验

　　低压电器产品的试验分成型式试验、常规试验、特殊试验和抽样试验。

　　型式试验是新产品研制单位或者新产品的试制和投产单位必须进行的试验。除非产品标准另有规定，通常型式试验只需进行一次。

　　另外，当产品在设计上的更改，或者制造工艺、使用原材料及零部件结构的更改有可能影响到电器的工作性能时，也必须重新进行有关项目的型式试验。

　　主要型式试验的项目有：

　　1）电器的温升试验；

　　2）电器的介电性能试验；

　　3）接通与分断能力试验；

　　4）过载电流试验；

　　5）接通和分断能力试验；

　　6）操作性能试验；

　　7）机械寿命和电寿命试验；

8）短路接通和分断能力试验；

9）额定短时耐受电流试验；

10）与短路保护电器（SCPD）的协调配合试验；

11）电磁兼容试验；

12）湿热、低温和高温试验。

型式试验一般在国家指定的试验中心执行。

低压电器的型式试验，是保证低压电器产品质量与可靠性的重要手段，是低压电器产品进入市场的必须进程之一。

2.8.1　断路器短路接通和分断能力型式试验

1. 断路器短路接通和分断能力型式试验的试验线路及试验参数的调整

断路器短路接通和分断能力型式试验的试验线路如图 2-67 所示。

图 2-67 中，G 是电源；PV 是电压测量装置；R 是可调电阻；L 是可调电抗器；R_s 是分流电阻器；$SV_1 \sim SV_6$ 是电压传感器；Q 是接通电器；QF 是被测断路器；W 是整定用临时连接线；$SA_1 \sim SA_3$ 是电流传感器；FU 是熔断器；R_L 是限制故障电流的电阻器。

调整电路时用阻抗可以忽略不计的临时连接线 W 来代替被试断路器 QF，连接线要尽量靠近 QF 的一次接线端子。调整可调电阻 R 和可调电抗 L，使得从试验整定波形图上能确定某相的电流为预期接通电流。

在这里有一个关键因素，就是试验电路的功率因数。只有准确地测定了功率因数后才能根据 GB14048.1 或者 GB7251.1 换算出峰值系数 n，然后进一步确定出峰值电流。冲击系数 n 的确定方法见本书第 1 章 1.2.1 节中的表。

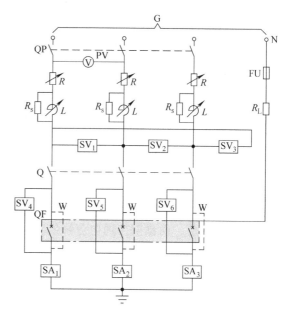

图 2-67　断路器的短路接通能力和短路分断能力的型式试验线路

2. 试验程序

当试验电路调整好后，就用被测断路器取代连接电缆 W，接着就可以进行短路接通和分断能力试验了。断路器的型式试验是按程序进行的，程序如下：

对于额定运行短路分断能力的型式试验，试验过程是：额定运行短路分断能力、操作性能、验证介电耐受能力、验证温升、验证过载脱扣器；

对于额定极限短路分断能力的型式试验，试验过程是：验证过载脱扣器、验证极限短路分断能力、验证介电耐受能力、验证过载脱扣器。

我们先看额定运行短路分断能力 I_{cs} 的试验。这个试验适用于使用类别为 A 或 B 的断路器。

I_{cs} 试验程序是: 额定运行短路分断能力试验、操作性能验证试验、验证介电耐受能力试验、验证温升试验、验证过载脱扣器试验。

I_{cs} 试验的操作程序为: O - t - CO - t - CO。这里的 O 表示打开操作, t 表示适当的延时, CO 表示闭合后经过一段适当的时间间隔后立即打开。

对于额定运行短路分断能力的试验 I_{cs} 来说, t 的时间长度为 3min。如果断路器的前方还配备了熔断器, 则应该在每次动作后更换熔芯, 其时间 t 会适当延长。

我们再看断路器的额定极限短路分断能力 I_{cu} 的试验。这个试验同样适用于使用类别为 A 和 B 的断路器。注意: 对于 B 类断路器, 其额定极限短路分断能力 I_{cw} 要比额定短时耐受电流 I_{cw} 要高。

断路器的额定极限短路分断能力的型式试验所进行的项目是: 验证过载脱扣器、验证极限短路分断能力、验证介电耐受能力、验证过载脱扣器。

额定极限短路分断能力的试验操作程序为: O - t - CO。

3. 试验波形分析

试验波形分析如图 2-68 所示。

图 2-68 中 A_1 为预期接通电流峰值, $A_2/2\sqrt{2}$ 为预期对称分断电流有效值; $B_1/2\sqrt{2}$ 为外部所施加的电压的有效值, 而 $B_2/2\sqrt{2}$ 为分断后电源电压的有效值, 即工频恢复电压。工频恢复电压应当在断路器所有的极电弧消失后的第一个完整周波中观察到。

图 2-68 中的 $A_2/2\sqrt{2}$ 其实就是预期短路电流的交流分量的有效值, 而预期接通电流峰值就是图中的 A_1。在三相电路中, A_1 应当取三相中 A_1 的最大值。

在图 2-68 最上边的一张图中, 第一个周波明显比后边的周波高一截, 这两个波形的差值:

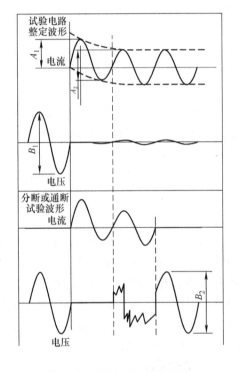

图 2-68 断路器短路接通和分断能力试验波形图

$$I_g = A_1 - \frac{A_2}{2\sqrt{2}} \qquad (2-16)$$

式中, A_1 为预期接通电流峰值; A_2 为预期短路电流交流分量; I_g 为预期短路电流直流分量。

式 (2-16) 中的差值就是直流分量 I_g。直流分量 I_g 叠加在交流分量 A_2 上形成的最高值就是冲击短路电流峰值 A_1。

直流分量 I_g 是会衰减的, 从波形图看出此直流分量衰减得很快。这说明试验站的变压器其负载几乎为零, 只是为试验供电而已。为什么呢? 因为直流分量衰减的时间常数等于 L/R, 这里的 L 是变压器和导线的电抗, R 是变压器和导线的电阻, 时间常数短恰好说明了其供电的单一性。

从图 2-68 波形图中可以识别出断路器的短路接通能力 I_{cm}、断路器的极限短路分断能力

I_{cu}、断路器的运行短路分断能力 I_{cs} 和断路器的分断能力 I_{cn} 这四个参量。

例如我们要测 I_{cm}，于是按照断路器的参数取短路电流值，记录下此时的波形，波形就能反映出具体的 I_{cm} 参数。所以，对于每次的 O 和 C，我们都要仔细去看它的波形，由此分析出断路器的具体参数和性能。

试验中的两个 CO 与一个 CO 的区别很大，前者相当于对断路器进行两次考验，而后者只有一次；其次，前者试验时所用的模拟短路电流较小，后者较大，故 I_{cs} 用于表达断路器执行短路分断后能够重复使用的技术参数，而后者则用于只能执行一次性分断操作的技术参数。

4. 试验结果的判定

断路器短路接通和分断能力试验的过程中和结束后，断路器应当符合生产厂家的技术说明。在试验中不允许出现伤害操作者的电弧，也不允许出现持续燃弧，断路器各极之间也不允许和框架之间有飞弧或闪络。

短路试验结束后，断路器的状况应当符合每一道试验及验证程序所规定的各种外在状态及技术状态，而且要每一道试验结果均合格，才能判此断路器合格。

2.8.2　断路器短时耐受电流的型式试验

电网发生短路时要求保护电器能迅速动作切断短路电路，但是切断短路电路是需要时间的，所以就要求主电路上的电器能在短时间内承受短路电流的热冲击而不致于损坏。

开关电器中的导体被短路电流加热的特征是：电流大且时间短，所以开关电器来不及散热，短路电流所产生的热量几乎全部都变成导体的剧烈温升。当温升超过限度后，开关电器的某零部件会发生熔焊、热变形，由此使得机械机构强度大为降低，绝缘材料也迅速老化和降低性能，由此产生了严重事故。

我们来看式（2-17）：

$$\tau = \frac{K_{ac}R}{cm} \times I^2 t \tag{2-17}$$

式中，τ 为开关电器的发热体温升；K_{ac} 为附加损耗；R 为发热体电阻；c 为发热体比热容值；m 为发热体的质量；I 为短路电流；t 为时间。

从式（2-17）可看出开关电器在绝缘的情况下，温升 τ 与 $I^2 t$ 成正比。

短时耐受电流的持续时间一般规定为 1s，有时也采用 3s。

1. 断路器短时耐受电流能力的试验电路

断路器短时耐受电流能力的试验电路如图 2-69 所示。

图 2-69 中：G 是电源，QP 是保护开关，PV 是电压测量装置，R 是可调电阻，L 是可调电抗，$SV_1 \sim SV_6$ 是电压传感器，Q 是合闸开关，QF 是被测断路器或其他电器，W 是整定用的临时线，$SA_1 \sim SA_3$ 是电流传感器。需要指出的是：SV 是具有测量、记录和瞬间连续拍摄功能的电压传感器；同理，SA 也是具有测量、记录和瞬间连续拍摄功能的电流传感器。

注意图 2-69 中的接地点，此点必须是唯一的。

2. 断路器短时耐受电流能力试验过程

第一步当然是测试参数的调整了。在图 2-68 中用阻抗值可忽略不计的临时连接线 W 代替被测电器 QF，W 的两端必须尽可能地靠近被测电器的上下口一次接线端子。调整电阻 R 和电抗 L，通过拍摄的预期电流波形使得试验电流达到规定的测试值。如果需要测量短时耐受电流在通电后第一个周波的最大值电流，则需要采用选相合闸装置。

试验时必须要测量出试验电路的功率因数，然后根据功率因数与冲击系数 n 的关系，确定出电流峰值的对应值，也即 I_{pk}，同时也由此参数调整电路。在断路器短时耐受电流能力型式试验中的冲击系数 n 的确定方法与断路器短路接通和分断能力型式试验相同，见第 1 章 1.2.1 节中的表。

如果被选择的电流周期分量有效值大于或小于要求值，则可调整通电时间，使得 I^2t 的值不变。这显然是合理的，它就是双曲线中的一支，要么调整 I^2，要么调整时间 t，使得测量和试验结果能保证就可以了。

在实际试验时，有时不必采用选相合闸装置。因为三相中必定有某相能获得最大值，尽管其他两相相差 120°，其电流必定小于此最大电流值。

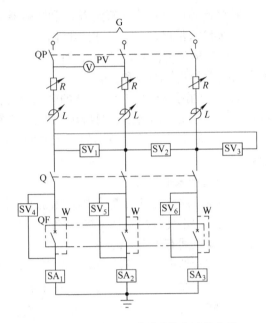

图 2-69　断路器短时耐受能力试验电路

第二步就是测试了。

在描述测试前，我们先看看断路器型式试验的内容是什么：

1) 验证过载脱扣器；
2) 额定短时耐受电流；
3) 验证温升；
4) 最大短时耐受电流时的短路；
5) 验证介电耐受能力；
6) 验证过载脱扣器。

这里描述的是第二个试验，即额定短时耐受电流试验。

在进行额定短时耐受电流试验时，断路器应当处于闭合位置，而且预期电流就等于额定短时耐受电流 I_{cw}。

试验步骤如下：

被测试的断路器 QF 触点闭合→保护开关 QP 触头闭合→光线示波器起动并进入测试状态→合闸开关 Q 闭合→试验电流已经出现，并且持续到规定的时间，然后保护开关 QP 自动脱扣断开，从而切断试验电流→合闸开关 Q 断开→光线示波器停止拍摄→分析和计算示波图数据，得到 I_{cw} 的测试值。

在此试验过程中，被测断路器必须自始至终处于闭合状态。如果没有采用选相合闸装置，则必须做多次试验，直到试验参数满足要求为止。试验站规定：每进行 3 次测试后可以更换被测断路器。

最后一步是试验结果的判定。试验中断路器的触头不得发生熔焊，机械部件和绝缘件应该没有发生损伤和变形，而且能继续正常工作，以进行后续的测试试验。

3. 有关断路器短时耐受电流能力试验的几个要点

要点 1：

我们知道，在做大电流试验时，试验电路中各部分都会发热，而串联电路中电流处处相等。于是就带来一个问题？凭什么认为测试结果是被测断路器的短时耐受电流，而不是前后连接导线及其他设备的短时耐受电流？

这就是临时导线 W 的重要用途。

我们来回想一下测小阻值电阻的阻值时，我们使用单臂电桥或双臂电桥，为什么呢？如果用普通万用表去测量小阻值电阻，因为测量仪表表棒的接触电阻阻值都大于被测电阻的阻值，所以测量出来的具体数值就不可能是被测电阻阻值的准确值。

双臂电桥利用一些较为特殊的方法消除了接触电阻，同时还要在测试前做一些必要的校准操作。我们看到在短时耐受电流型式试验的 W 线以及前期的调整过程其实就相当于双臂电桥测量前的校准工作。

正是有了这些测量预备，所以型式试验的测量值确实就是被测元器件的实际值。

要点 2：

我们已经知道此试验步骤符合使用类别为 B 的断路器，因为 B 类断路器具有短延时保护，因此短时耐受电流对 B 类断路器有意义。对于使用类别为 A 的断路器，以及限流型断路器，短时耐受电流是没有意义的。

要点 3：

断路器的 I_{cs}、I_{cu}、I_{cm}、I_{cw}、I_{cn} 的定义和它们的意义。

断路器的壳体电流是 I_n，它是某断路器壳体所能流过的最大运行电流；

每一种断路器一般都配套有过载保护参数，它的电流整定值就是 I_1。对于热磁断路器来说，I_1 的范围在 $0.7 \sim 1.05 I_n$ 之间；对于电子式断路器脱扣器来说，I_1 的整定值在 $0.4 \sim 1.05$ 之间。

如果断路器具备短路短延时功能，则短延时参数的电流整定值是 I_2，I_2 的范围在 $1 \sim 10 I_n$ 之间；

当线路中出现了很大的短路电流，此时断路器的瞬时脱扣将起作用。与瞬时脱扣对应的电流整定值是 I_3；

以上这些电流都与断路器作为主动元件有关，也就是断路器能通过脱扣来切断这些电流。这些电流按从小到大的次序排列为：

$$I_1 \leq I_n < I_2 < I_3$$

如果断路器能够经受住长达 1s 的短路电流热冲击，那么对应的断路器参数是 I_{cw}，即断路器的短时耐受电流；

如果断路器切断了短路电流后，其所有的结构件仍然正常，并且能够再次合闸使用，则对应的断路器参数被称为断路器额定运行短路分断能力 I_{cs}；

如果断路器切断了短路电流后，其结构件发生了永久性的损坏，并且不能再使用了，必须予以更换。与此对应的参数被称为断路器的额定极限短路分断能力 I_{cu}；

如果在线路已经发生短路的条件下，或者断路器作为隔离开关使用时，将断路器再次合闸，并且断路器能够承受此电流的冲击，则对应的断路器参数是短路接通能力 I_{cm}。

我们把这一系列电流参数从小到大排列起来就是：

$$I_1 \leqslant I_n < I_2 < I_3 < I_{cw} \leqslant I_{cs} \leqslant I_{cu} < I_{cm} \qquad (2\text{-}18)$$

请注意如下事实：按照 IEC60947.2—2008 的定义，$I_{cm} = 2.2I_{cu}$。并且，I_{cm}这个参数也是隔离开关和 ATSE 开关的最主要参数。

2.8.3 接触器过载耐受能力试验的型式试验

1. 试验线路

当电动机起动时，电动机的转子还未旋转，此时电动机的电流最大，其值就是起动冲击 I_p，I_p 一般为电动机额定电流的 $8 \sim 14$ 倍。见图 2-46 异步电动机运行特性曲线。

对于接触器来说，按照 GB 14048.4—2010 和 IEC60947.4：2002 标准，接触器的一次触头应该能承受 10 倍的额定电流，此电流就是为了克服电动机起动冲击电流而设置的。

接触器过载耐受能力试验的电路图见图 2-70。

图 2-70 的上图是试验线路的一次系统，其中 QP 是保护开关；KMC 是控制接触器；TV 是自耦变压器；T 是调节电流的变压器；KM 是被测接触器；W 是整定临时连接线；SA 是电流传感器；TA 是电流互感器；PA 是电流表。

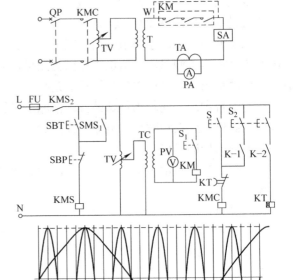

图 2-70　接触器过载耐受能力试验的电路图

图 2-70 的中图是试验线路的控制系统，其中 FU 是熔断器；SBT 是起动按钮；SBP 是停止按钮；KMS 是起动接触器；TV 是自耦变压器；TC 是控制变压器；PV 是电压表；S_1 是手动开关；KM 是被测接触器；S 是测量和试验控制按钮；KMC 是测量和试验的控制接触器；S_2 是手动开关，S_2 打开为测量，闭合为试验；KT 为时间继电器。

2. 试验过程

整个试验过程简单描述如下：首先被测接触器 KM 的触头置于断开位置，S_2 处于测量位置，接上连接线 W 后，闭合保护开关，再按下按钮 S 使得 KMC 闭合。调节自耦变压器 TV，使得试验电流等于被测试接触器预期的最大过载电流时，放开控制按钮 S。

试验时先撤除 W 临时线，接着按下 S，通电时间一般为 10s 再打开 S。在 S 按下时同时启动示波器拍摄记录预期测量电流。

最有意思的是波形分析。我们来看图 2-70 的下图，在测量临时线时，光线示波器记录为 20mm/s，而测试时则调整为 100mm/s，两者正好相差 5 倍波长。我们看图 2-68 下图波形，波长较短的是校准电流，而波长较长的是试验电流。这样处理后，很容易看出两者的曲线。比较后者曲线相对于前者曲线的高度，我们就可以判断出接触器所承受的过载电流值了。

3. 试验结果的判定

1）经过数次试验后，取最小比值作为结论值，此值必须大于接触器的给定值；

2）试验后接触器触头不得熔焊，绝缘部件也不得破坏，弹性部件性能不变；

3）测试后必须满足接触器的产品标准要求；

4）测试后接触器的一次回路必须能满足标准工频耐压的后续试验。

满足上述四条则接触器合格，否则为不合格产品。

我们由此可以看出，认为接触器具有短路保护功能的看法错误的，其来源就在这里。从型式试验的测试中，我们就没看到与冲击短路电流峰值相关的测试，从另一个侧面也看出，接触器就是为了对负荷执行运行和停止的操作的。

2.8.4　接触器与短路保护低压电器间的协调配合型式试验

1. 接触器与执行短路保护的低压开关电器之间的协调配合型式试验

若电动机主电路引至电机的电缆发生了短路，于是短路电流就流过主电路，包括断路器、接触器和热继电器，或者熔断器、接触器和热继电器。短路电路中的断路器和熔断器是能够主动切断短路电流的，而接触器和热继电器则不能，它们只能承受短路电流的冲击。我们把断路器和熔断器等能够主动切断短路电流的元件称为主动式元件，而把接触器、热继电器等只能承受短路电流的元件称为被动式元件。

对于电动机主电路而言断路器或者熔断器的用途就是执行短路保护；接触器的任务就是闭合与分断电路，所以接触器的最大过载能力在 AC-3 时是 10 倍；热继电器的任务是对电动机过载执行保护。

当电动机的进线端子前方电缆发生短路时，熔断器的熔体应该要熔断。假如电动机回路的辅助电路电源取自于主电路，则此时加载在接触器线圈两端的电压几乎为零，接触器就会因此而释放。如果接触器的释放时间小于熔断器的熔断时间，或者接触器的释放时间小于断路器的分断时间，则接触器将承担起分断短路电流的任务。接触器的分断能力很低，接触器的一次触头有可能出现严重烧蚀损毁，因此一定要杜绝让接触器执行短路分断任务。

需要注意的是：虽然由主动元件去分断短路电流，但是在分断期间，接触器一定要能够承受短路电流的冲击。这种关系其实也是过电流保护的选择性。

对于短路电路中的被动元件，要与短路电路中的主动元件之间实现协调配合。这种协调配合关系的试验被称为 SCPD，其意义是验证被动元件在规定的使用和性能条件下与某主动元件的 SCPD 动作期间，承受预期短路电流的冲击而不损坏，而且也不能出现事故扩大化。

当某开关电器进行 SCPD 型式试验时，要用该开关电器制造厂给出的参数来执行，而且与某开关电器配合的上级过电流保护电器（熔断器或断路器）也由制造厂指定。对于 SCPD 动作时间内某开关电器能够承受的预期短路电流值也由制造厂指定。

2. 接触器的 SCPD 试验电路

图 2-71 所示为有关接触器 SCPD 的试验电路，图 2-71 中 G 是电源，PV 是电压表，R 是可调电阻，L 是可调电抗，R_s 是分流电阻，$SV_1 \sim SV_6$ 是电压传感器，Q 是接通开关，SCPD 是短路保护电器，KM 是被测试接触器，W 是临时接线，$SA_1 \sim SA_3$ 是电流传感器。

在做 SCPD 试验时有两项内容，即预期电流 r 测试和预定限制短路电流 q 测试。对于保护配合协调关系为 TYPE1 的试验，每次都允许更换新的元件；对于保护配合协调关系为 TYPE2 的试验，当进行 r 的 O-CO 试验时要使用同一台被测元件，当进行 q 的 O-CO 试验

低压电器技术精讲

时可以使用新的元件。

3. 试验过程及关系描述

（1）只有接触器的限制短路电流试验

预期电流 r 试验

● 接触器 KM 的控制线圈通电而处于闭合位置，此时 SCPD 处于闭合位置，接通 Q 使得短路电流流过被测线路和元件，再有 SCPD 来分断短路电流。在此过程中，接触器 KM 和 SCPD 协调配合完成一次分断操作。

● Q 被接通闭合，SCPD 也闭合，接触器 KM 处于分断位置。将接触器线包带电使之闭合接通短路电流，再由 SCPD 分断短路电流。在此过程中，接触器 KM 和 SCPD 协调配合完成了一次接通和分断的操作。

额定限制短路电流 q 试验

额定限制短路电流 q 试验的过程同 r 试验。

（2）既有接触器，又有热继电器的限制短路电流试验

我们看图 2-72。

对于热继电器来说，SCPD 试验是验证其时间－电流特性曲线与主动式元件（断路器或者熔断器）时间－电流特性曲线交点上的选择性保护性能及相应的协调配合类型。

图 2-72 中的交点是热继电器和熔断器两条时间－电流特性曲线的重合点，此点的电流被称为交接电流 I_{co}。当电流小于 I_{co} 时，热继电器会产生动作；当电流大于 I_{co} 时，应当是熔断器动作。这里的下限是 $0.75I_{co}$，上限是 $1.25I_{co}$。

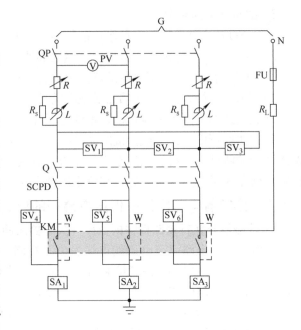

图 2-71　有关接触器 SCPD 的试验电路

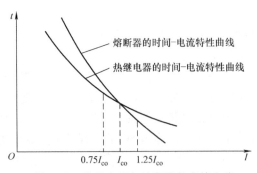

图 2-72　热继电器与熔断器的交接电流

在 I_{co} 的左侧，应当由热继电器带动接触器执行分断动作；在 I_{co} 的右侧，应当由熔断器或者断路器执行分断动作。考虑到试验误差后，在型式试验中确定了两个试验点，最小点的试验电流 $0.75I_{co}$ 和最大点的试验电流 $1.25I_{co}$。

1）最小点和最大点电流测试：试验从冷态开始。将热继电器和接触器接好，并且使得热继电器动作时能够将接触器断开。试验时接触器和 SCPD 闭合，然后接通试验电流。试验必须要进行两次，分别以最小点试验电流和最大点试验电流来测试。

2）交接电流 I_{co} 的测试：将试验电流整定到 I_{co}，然后通电 50ms，间隔时间按不同的电流等级（100～1600A）为 10～240s，具体值由试验站提供的标准关系表决定，然后在重复

测试，直到完成 3 次试验。

我们来看图 2-73。

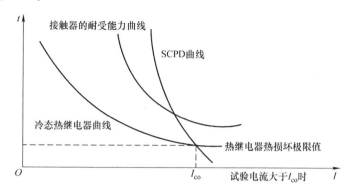

图 2-73　SCPD 试验中各曲线之间的关系

我们知道，接触器的耐受过载电流的能力是以时间 – 电流特性曲线来表示的，见图2-73的中间曲线。左边的曲线是热继电器的时间 – 电流平均曲线，表明热继电器的脱扣时间与过载电流的关系。显见，当电流小于 I_{co} 时，热继电器的曲线必须位于 SCPD 曲线的左侧。一旦越过 SCPD 曲线，则热继电器将会永久性地损坏。

从这里我们也可以进一步看出，热继电器和接触器是短路电流的被动承受者，它们不能去主动地切断短路电流。虽然接触器有一定的分断能力，但根据 GB14048.4 或者 IEC 60947 – 4，接触器的最大过载电流倍数仅为 10 倍而已。只有熔断器或者断路器才是切断短路电流的主动元件。

4. 限制短路电流试验结果判定

我们来看国家标准 GB 14048.4—2010 对保护匹配关系的规定：

标准号	GB 14048.4—2010
标准名称	低压开关设备和控制设备　第 4 – 1 部分：接触器和电动机起动器　机电式接触器和电动机起动器（含电动机保护器）
条目	8.2.5.1 条
内容	8.2.5.1　短路条件下的性能（额定限制短路电流） 用短路保护电器（SCPD）作为后备保护的接触器和起动器，以及综合式起动器、综合式开关电器、保护式起动器和保护式开关电器，其额定限制短路电流性能，应根据 9.3.4 所述试验方法进行验证。 试验规定为： a）预期电流 "r"，见表13； b）额定限制短路电流 I_q（仅当 I_q 大于预期电流 "r" 时，才进行 I_q 电流试验）。 SCPD 的额定值应适用于任何给定的额定工作电流、额定工作电压及相应的使用类别。 协调配合类型（保护型式）有如下两种，其试验方法见 9.2.4.2.1 和 9.3.4.2.2。 a）"1" 型协调配合，要求接触器或起动器在短路条件下不应对人及设备引起危害，在未修理和更换零件前，允许不能继续使用； b）"2" 型协调配合，要求接触器或起动器在短路条件下不应对人及设备引起危害，且应能继续使用，允许触头熔焊，但制造厂应指明关于设备维修所采取的方法。 注：选用不同于制造厂推荐的 SCPD 时，协调配合可能会无效。

我们再来看 SCPD 限制短路电流试验结果的判定：

1）SCPD 分断故障电流时熔断元件 FU 未熔断；

2）元件的外部绝缘和元器件整体未受到破坏或碎裂；

3）按照 IEC60947 - 4 定义的对于 TYPE1，壳体未击穿，但接触器受破坏是允许的，每次试验后，允许更换接触器；

4）对于 TYPE2，只允许接触器的触头发生熔焊，而且用螺钉旋具很容易拨开；短路试验前后，热继电器的电流整定值倍数及脱扣特性不允许被破坏；试验后，接着做介电试验，电压为 $2U_n$（不得小于 1000V）保持 1min；

5. 对于 SCPD 在交接电流协调配合试验判定

1）最小点试验时 SCPD 应当不动作，而热继电器能将接触器脱扣。

2）最大点试验时 SCPD 应当在热继电器之前动作，热继电器和接触器的配合关系应当满足制造厂的规定。

3）接触器和热继电器应当能通过介电试验。

4）对于接触器的时间 - 电流耐受能力，应当具有如下特性：试验电流大于 I_{co}；接触器的时间 - 电流特性在电流小于 I_{co} 时应当位于冷态热继电器时间 - 电流特性平均曲线的上方。

▶ 第3章

辅助电路的低压电器和测控仪表

3.1 辅助电路低压电器的分类与特性

首先，我们来看看什么叫作辅助电路电器。

在 GB 14048.1—2012 中，对控制电路电器有明确的定义，如下：

标准号	GB 14048.1—2012
标准名称	低压开关设备和控制设备 第1部分：总则
条目	2.2.16
内容	控制电路电器 control circuit device 用于开关设备和控制设备的操作（包括信号、电气联锁）的一种机械开关电器。 注：控制电路电器可包括其他标准中涉及的控制电路电器，例如仪器、电压表、继电器等有关电器，而这些电器主要用于规定用途。

由此我们看到，辅助电路的低压电器其任务就是执行控制，还有开关量信号的扩展放大和传递，模拟量信号的传递和测控等。

在实际工程中，辅助电路有时又被称为二次电路或者二次回路。

对应地，用于执行电能传递和控制的电路则被称为主电路，有时又被称为一次电路或者一次回路。

我们来看常用辅助电路低压电器的分类，见表3-1。

表3-1 常用辅助电路低压电器的品种分类

低压电器名称	符号	品种名称	用途
控制继电器	KI KU KA KT K KH/FR	电流继电器 电压继电器 中间继电器 时间继电器 温度继电器 热继电器	用于控制其他电器，以及作为主电路的保护
主令电器	SB SK K K K HL	控制按钮 限位开关 微动开关 转换开关 接近开关 信号灯	用于接通和分断控制电路，发布控制命令

（续）

低压电器名称	符号	品种名称	用途
接线端子			
模拟量测控仪表	PV	电压表	
	PA	电流表	
	PH	电能表	
	FM	多功能电力仪表	

常见低压电器类别标识见表3-2。

表3-2　DIN 40719 和 IEC 60617 标准中所列的电气设备类别标识

标识字母	电气设备类别	说明
C	电容器	
F	保护装置	
G	发电机	
H	信号器件	HL（信号灯）
K	继电器、接触器	KA（继电器）、KM（接触器）、KH（热继电器）
M	电动机	
P	测量仪表	PA（电流表）、PV（电压表）
Q	大电流开关电器	QF（断路器）、QC（隔离开关）
R	电阻	
S	开关、选择器	SA（选择开关）、SB（控制按钮）
T	变压器	T（变压器）、TA（电流互感器）
U	调制器、变换器	
X	接线端子、插头、插座	XT（接线端子）
Y	电操作的机械装置	
Z	终端设备	

3.2　继电器的分类与特性

继电器是一种根据某种输入信号的变化来接通或断开控制电路，实现控制、远距离操纵和保护的自动电器。其输入量可以是电压、电流等电气量，也可以是温度、时间、速度、压力等非电气量。继电器广泛地应用于自动控制系统、电力系统以及通信系统中，起着控制、检测、保护和调节等作用。

1. 继电器的分类和组成

继电器种类很多，其分类方法也很多，常用的分类方法见表3-3。

2. 继电器的结构

继电器一般由感测机构、中间机构和执行机构三个基本部分组成。感测机构把感测得的电气量和非电气量传递给中间机构，将它与整定值进行比较，当达到整定值（过量或欠量）

表 3-3　继电器的分类

序号	类别	实例
1	按输入量的物理性质分类	电压继电器、电流继电器、功率继电器、时间继电器、速度继电器、温度继电器等
2	按工作原理分类	电磁式继电器、感应式继电器、电动式继电器、热继电器、电子式继电器等
3	输出形式分类	有触点继电器、无触点继电器
4	按用途分类	电力拖动系统用控制继电器和电力系统用保护继电器

时，中间机构便使执行机构动作，从而接通或断开电路。

无论继电器的输入量是电气量或非电气量，继电器工作的最终目的是控制触点的分断或闭合，从而控制电路的通断。从这一点来看继电器与接触器的作用是相同的，但它与接触器又有区别，主要表现在以下两方面。

（1）所控制的线路不同

继电器主要用于小电流电路，反映控制信号。其触点通常接在控制电路中，触点容量较小（一般在 5A 以下），且无灭弧装置，不能用来接通和分断负载电路；而接触器用于控制电动机等大功率、大电流电路及主电路，一般需要加有灭弧装置。

（2）输入信号不同

继电器的输入信号可以是各种物理量，如电压、电流、时间、速度、压力等，而接触器的输入量只有电压。

3. 继电特性

继电器的继电特性具有阶跃式的输入输出特性。即在规定条件下，当输入特性量达到动作值时，电气输出电路发生预定的阶跃变化，这种输入输出特性为一矩形曲线，又称为"继电特性"，如图 3-1 所示。

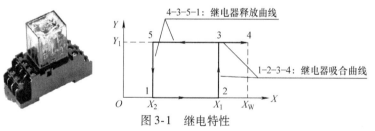

图 3-1　继电特性

通常将继电器开始动作并顺利吸合的输入量（电量或其他物理量）称为动作值 X_1，使继电器开始释放并顺利分开的输入量称为返回值 X_2。触点闭合后被控电路中流过的电流称为继电器的输出量，记为 Y。继电特性的表达式见式（3-1）。

$$\begin{cases} Y = 0, X < X_2 \\ Y = Y_1, X > X_1 \end{cases} \tag{3-1}$$

【继电器的吸合曲线】

我们来看图 3-1 中的继电器吸合曲线 1 - 2 - 3 - 4。当继电器得到输入信号时，只要 $X < X_1$，则继电器就不会动作，其输出 $Y = 0$；

当输入信号 X 等于或者超过 X_1 时，继电器动作，$Y = 1$；此后，输入信号继续加大到 $X = X_W$，继电器的输出也稳定在 $Y = Y_1$。

我们来看继电器的储备系数 K_C，见式（3-2）。

$$K_C = \frac{X_W}{X_1} \tag{3-2}$$

储备系数 K_C 的意义在于，输入信号会在一定范围内波动，为了保证继电器稳定吸合而不出现误动，要让 K_C 的值稳定在 X_W 附近。K_C 确保继电器稳定可靠地工作。

一般地，K_C 取值为 1.25。

【继电器的释放曲线】

我们来看图 3-1 中的继电器释放曲线 4 – 3 – 5 – 1。当继电器的输入信号 X 下降小于 X_1 后，继电器仍然保持吸合状态，$Y = Y_1$；只有当 X 小于 X_2 后，继电器释放，$Y = Y_0$。

我们来看继电器的返回系数 K，见式（3-3）。

$$K = \frac{X_2}{X_1} \tag{3-3}$$

返回系数反映了继电器的吸力特性与反力特性配合紧密程度。

如果某继电器根据输入参数增加而产生动作，则其返回系数恒小于 1。

一般的继电器要求低返回系数，K 值在 0.1 ~ 0.4 之间，这样当继电器吸合后，输入值波动较大时不致引起误动作。

对于欠电压继电器则要求高返回系数，K 值在 0.6 以上。设某欠电压继电器的 $K = 0.66$，吸合电压为 90% 额定电压，则电压低于额定电压的 60% 时继电器释放，起到欠电压保护作用。

不同场合要求不同的返回系数，K 值调节的具体方法随着继电器结构不同而有所差异。

【吸合时间和释放时间】

指当输入量达到动作值到继电器完全吸合所需的时间。一般分为快速、中速及延时型。中速的吸合时间为十几毫秒至几十毫秒。继电器的释放时间是指从输入量小到继电器的释放值到继电器完全释放所需的时间。一般继电器的吸合时间和释放时间为 0.05 ~ 0.15s，它的大小影响着继电器的操作频率。

【整定值】

人为调节的动作值称为整定值。电磁式继电器的整定值一般都可调整，部分电磁继电器的整定值范围见表 3-4。

表 3-4　部分继电器的整定值范围

继电器类别	参数	调整范围	复位方式
电压继电器	可调动作电压	吸合 30% ~ 50% U_n，释放 7% ~ 20% U_n	自动
过电压继电器	可调动作电压	105% ~ 120% U_n	自动
电流继电器	可调动作电流	吸合 30% ~ 65% I_n，释放 10% ~ 20% I_n	自动
过电流继电器	可调动作电流	70% ~ 300% I_n	自动或者非自动

3.3　电磁式继电器

电磁式继电器的基本结构和工作原理与接触器相似，由铁心、衔铁、线圈、复位弹簧和触点等部分组成。由于电磁继电器用于辅助电路，其接通和分断的电流小，故不配灭弧装置。

电磁式继电器的电磁系统有直动式和拍合式两种类型。交流继电器的电磁机构有 U 形拍合式和 E 形直动式。直流继电器的电磁机构为 U 形拍合式，其结构如图 3-2 所示。

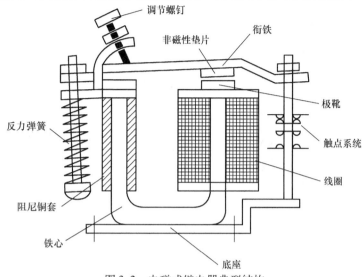

图 3-2　电磁式继电器典型结构

图 3-2 所示电磁继电器的电磁系统铁心和铁轭是一个统一体，以此减少非工作气隙。极靴为圆环，并套住铁心端部。衔铁制成可转动的板状结构。

当未通电时，电磁继电器的衔铁靠反力弹簧作用而打开，触头系统复位。通电后，电磁吸力使得衔铁被吸向铁心，带动触头系统产生开闭动作。

电磁继电器按电磁线圈电流的种类和分为直流继电器和交流继电器。

电磁继电器按线圈在电路中的连接方式分为电流继电器和电压继电器，还有中间继电器。

直流继电器和交流继电器，按其在电路中的连接方式可分为电流继电器、电压继电器和中间。

【电流继电器】

电流继电器线圈串接在电路中，线圈的线径粗而匝数少，阻抗也小。

电流继电器根据先全部中电流的大小而接通或断开电路，以此反映电路中电流的变化。

电流继电器除用于电流型保护的场合外，还经常用于按电流原则控制的场合。按吸合电流的大小，电流继电器又分为过电流继电器和欠电流继电器，如图 3-3 所示。

过电流继电器在电路工作正常时不动作，而当电流超过某一整定值时衔铁才产生吸合动作，带动触点动作。通常，交流过电流继电器的吸合电流整定范围通常为 1.1 ~ 4 倍额定电流，直流过电流继电器的吸合电流整定范围通常为 0.7 ~ 3.5 倍额定电流。

由于过电流继电器在正常情况下（即电流在额定值附近）是释放的，只有当电路发生过电流时才动作。

【电压继电器】

电压继电器触点的动作与线圈的动作电压大小有关的继电器成为电压继电器，使用时电压继电器的线圈与负载并联，其线圈的匝数多，线径细、阻抗大。按线圈中电流的种类可分为交流电压继电器和直流电压继电器，按吸合电压大小不同，电压继电器又分为过电压、欠

电压继电器

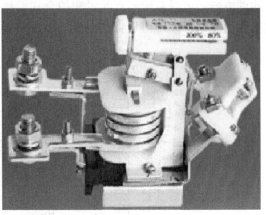

电流继电器

图3-3 电压继电器和电流继电器

电压和零电压继电器三种。

在低压控制电路中，欠电压和零电压继电器用得较多。欠电压继电器在电路电压正常时吸合，而发生欠电压（$0.4 \sim 0.7U_e$）时释放返回。见图3-3。

【中间继电器】

中间继电器实质上为电压继电器，它作为转换控制信号的中间元件。中间继电器的输入信号为线圈的通电或断电信号，输出信号为触点的动作。其触点数量较多，触点容量也大。

中间继电器在电路中用作中间转换（传递、放大、分路、翻转信号）的作用。

ABB的CM系列单相电流继电器和电压继电器，如图3-4所示。

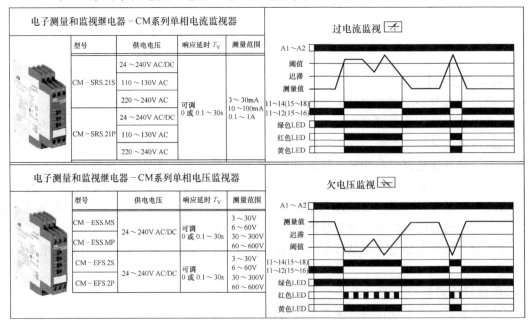

图3-4 ABB的CM系列单相电流和电压继电器

从图 3-4 右侧的时序图可以看出，这些监视继电器的输出量可配套延时输出功能，延时时间为 0.1 ~ 30s。

图 3-5 所示为 ABB 的 CR – M 微型中间继电器。

ABB的CR–M微型中间继电器

- 12种线圈电压
  - DC: 12V、24V、48V、60V、110V、125V、220V
  - AC: 24V、48V、60V、110V、120V、230V
- 输出触点:
  - 2 c/o (12A)
  - 3 c/o (10A)
  - 4 c/o (6A)，可选配纯金触点、LED和续流二极管
- 集成测试按钮，可手动动作和锁定输出触点 (蓝色 = DC，橙色 = AC) 可按需要移除
- 带/不带LED指示
- 逻辑型/标准底座
- 触点材料不含镉
- 底座宽度: 27mm
- 可插拔功能模块
  - 反极性保护/续流二极管
  - LED指示
  - RC器件
  - 过电压保护

图 3-5　ABB 的 CR – M 微型中间继电器

很多情况下中间继电器需要具有足够的电流导通能力和多组触点扩展能力。图 3-6 所示为 ABB 的 N 系列中间继电器的简要说明。

型号	触头数		额定工作电流/A		线圈功率	
	NC 常开触点	NO 常闭触点	AC – 15		吸合	保持
			220V	400V	VA	VA/W
N 中间继电器 – 交流操作						
N22E	2	2	4	3	70	8/2
N31E	3	1	4	3	70	8/2
N40E	4	0	4	3	70	8/2
NL 中间继电器 – 直流操作						
NL22E	2	2	4	3	3.0	3.0
NL31E	3	1	4	3	3.0	3.0
NL40E	4	—	4	3	3.0	3.0

图 3-6　ABB 的 N 系列中间继电器技术数据

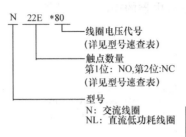

N 40E

	触点数量							
系列	22	31	40	44	53	62	71	80
N								
NL								

线圈电压代号
（详见型号速查表）
触点数量
第1位：NO,第2位:NC
（详见型号速查表）
型号
N：交流线圈
NL：直流低功耗线圈

备注：
1）NO：常开触点
　　NC：常闭触点
2）N...NL...中间继电器主要用于控制回路

代号	电压
81	24V 50/60Hz
83	48V 50/60Hz
84	110V 50Hz/110～120V 60Hz
80	220～230V 50Hz/230～240V 60Hz
88	230～240V 50Hz/240～260V 60Hz
85	380～400V 50Hz/400～415V 60Hz
86	400～415V 50Hz/415～440V 60Hz

代号	电压	代号	电压
80	12	86	110
81	24	87	125
82	42	88	220
83	48	89	240
21	50	38	250
84	60		
85	75		

图 3-6　ABB 的 N 系列中间继电器技术数据（续）

3.4　时间继电器

当继电器的线圈得电后，需要延迟一段时间才动作的继电器，叫作时间继电器。

时间继电器经常用于按时间原则进行控制的场合，其应用范围很广，无论是低压配电还是低压工控，都大量使用时间继电器。

按延时方式的不同，时间继电器还可分为通电延时型、断电延时型和重复延时型等三种。

【通电延时型】

通电延时型时间继电器在其感测部分得到输入信号后即开始延时，延时完毕即通过执行部分也即触点系统输出开关量信号以操纵控制电路。当输入信号消失时，继电器就立即恢复到动作前的状态。

【断电延时型】

与通电延时型相反，断电延时型时间继电器在其感测部分得到输入信号后，执行部分立即动作；当线圈电压消失后，继电器必须经过一定的延时，才能恢复到原来（即动作前）的状态，并且有信号输出。

【重复延时型】

重复延时型是指接通电源以后，时间继电器以一定的周期周而复始地连续工作。

【时间继电器的图形符号与文字符号】

时间继电器的电气图形符号如图 3-7 所示。

值得注意的是，图中图符的动作方向是圆弧指向圆心。

图 3-8 所示为 ABB 的时间继电器。

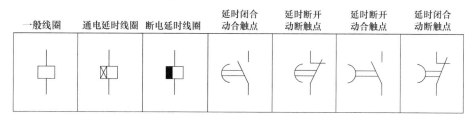

一般线圈	通电延时线圈	断电延时线圈	延时闭合动合触点	延时断开动断触点	延时断开动合触点	延时闭合动断触点

图 3-7　时间继电器的图形符号

CT–MFD.12

CT–ERD.22

型号	时间功能	供电电源	时间范围	控制输入触点	输出触点
CT-MFD.12		24～240V AC 24～48V DC	7 时间段 (0.05s～100h)	■	1 c/o
CT-MFD.21		12～240V AC/DC	7 时间段 (0.05s～100h)	■	2 c/o
CT-AHD.12	■		7 时间段 (0.05s～100h)	■	1 c/o
CT-AHD.22	■			■	2 c/o
CT-VWD.12		24～240V AC 24～48V DC			1 c/o
CT-EBD.12					
CT-TGD.12″			2×7 时间段 (0.05s～100h)	■	1 c/o
CT-TGD.22″					

1) 通断 (ON和OFF) 时间可独立设置: 2×7 时间段(0.05s～100h)
2) 转换时间: 固定50ms
3) 转换时间: 可调

⊠ 通电延时
■ 断电延时

图 3-8　ABB 的时间继电器

表 3-5 是 ABB 的 CT 系列时间继电器简要说明。

表3-5　ABB的CT系列时间继电器简要说明

项目	型号及规格	参数
额定控制供电电压	CT-D（输出1常开1常闭）	AC 24~240V/DC 24-48V
	CT-D（输出2常开2常闭）	AC/DC 12~240V
额定频率		50~60Hz
电源故障缓冲时间		最小20ms
时间段范围		1）0.05~1s 2）0.5~10s 3）5~100s 4）0.5~10min 5）5~100min 6）15~300s 7）0.5~10min
恢复时间		小于50ms
重复精度		$\Delta t < \pm 0.5\%$
供电电压误差范围内计时误差的精度		$\Delta t < 0.005\%/\Delta U$
温度范围内计时的精度		$\Delta t < 0.06\%/℃$
专用于电动机星-三角起动的时间范围	CT-SDD	固定：50ms
	CT-SAD	可调：20~100ms，级差10ms

型号	供电电源	功能说明 触点及状态灯	延迟时间段范围
CT-MFD.12	DC 24~48V；AC 24~240V	1C/O，2LED	7个时间段： 0.05s~100h
CT-MFD.21	AC/DC 12~240V	2C/O，2LED	
专用于通电延时的时间继电器			
CT-ERD.12	DC 24~48V；AC 24~240V	1C/O，2LED	7个时间段： 0.05s~100h
CT-ERD.22		2C/O，2LED	
专用于断电延时的时间继电器			
CT-AHD.12	DC 24~48V；AC 24~240V	1C/O，2LED	7个时间段： 0.05s~100h
CT-AHD.22		2C/O，2LED	
专用于通电脉冲延时的时间继电器			
CT-VWD.12	DC 24~48V；AC 24~240V	1C/O，2LED	7个时间段： 0.05s~100h
CT-EBD.12		1C/O，2LED	2×7个时间段： 0.05s~100h
CT-TGD.22		2C/O，2LED	
专用于电动机星-三角起动转换的时间继电器			
CT.SDD.22	DC 24~48V；AC 24~240V	2C/O，2LED	转换时间固定为50ms
CT-SAD.22	DC 24~48V；AC 24~240V	2C/O，2LED	转换时间可调，具有 7个时间段： 0.05s~10min

我们看 ABB 的 CT 系列时间继电器动作时序图，如图 3-9 所示。

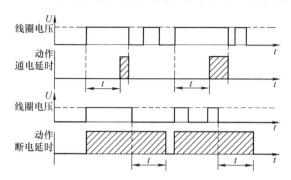

图 3-9　通电延时时间继电器和断电延时时间继电器的时序图

图 3-9 的上图是通电延时的时间继电器时序图。当时间继电器线圈电压从零上升到额定值时，通电延时的时间继电器开始进入延时态，若线圈电压的维持时间超过延时时间 t 后，通电延时的时间继电器触点立即变为闭合（或打开）。

当通电延时的时间继电器线圈电压从额定值降至零后，其触点立即返回打开（或闭合）。

图 3-9 的下图是断电延时的时间继电器时序图。当断电延时的时间继电器在线圈加载了额定电压后其触点则立即闭合（或打开）。

当断电延时的时间继电器线圈电压从额定值降低到零时，断电延时的时间继电器进入延迟等待，当线圈失电压时间超过延迟时间 t 后，其触点变位打开（或闭合）。

通电延时和断电延时的时间继电器逻辑表达式分别为

$$\text{TON}(0\rightarrow1, t=t_0)$$
$$\text{TOF}(1\rightarrow0, t=t_0) \tag{3-4}$$

式中，t_0 为延时时间设定值。

3.5　主令电器

主令电器用于在控制系统中发出指令的电器，一般用来控制接触器、继电器等。

主令电器的种类繁多，按功能分，有控制按钮、位置开关、行程开关、选择开关和万能转换开关、微动开关、接近开关和主令开关等，还有信号灯。

1. 控制按钮和信号灯

控制按钮和信号灯是很常见的低压电器，它本身没有多少技术含量，但对使用者来说，需要注意的是控制按钮和信号灯的颜色。

对于按钮来说，红色按钮用于停止操作，绿色按钮用于起动操作，白色和黄色按钮用于急停；对于信号灯来说，红色信号灯点燃表示运行，绿色信号灯点燃表示停止，黄色信号灯点燃表示故障。

对于信号灯的颜色，有一部标准，GB/T 4025—2010《人机界面标志标识的基本和安全规则　指示器和操作器的编码规则》做了专门的规定。

标准号	GB/T 4025—2010			
标准名称	人机界面标志标识的基本和安全规则　指示器和操作器的编码规则			
条目	4.2.1.1			
内容	4.2.1.1 颜色的选择 颜色信息含义的总则由表2给出。 表2　编码颜色的含义总则			

颜色	含义		
	人身或环境的安全	过程状况	设备状况
红	危险	紧急	故障
黄	警告、注意	异常	异常
绿	安全	正常	正常
蓝	指令性含义		
白、灰、黑	未赋予具体含义		

由此我们看到红色和绿色信号灯的颜色由来。

图3-10所示为ABB的按钮和信号灯的基本参数。

LED指示灯
· 单一整体单元：容易选型和使用
· 宽电压范围：6.3～415V
· 防止感应电压干扰：2V (6.3V LED灯)
　　　　　　　　　　5.1V (12～60V LED灯)
　　　　　　　　　　15V (110～415V LED灯)
· 长使用寿命：>50000小时
· 高防护等级：产品前端为IP67的
　　　　　　　防护等级，后端防护为IP20
　　　　　　　(适合户外和恶劣环境下使用)
· 高质量材料：使用符合UL认证的材料，可抗拒最恶劣
　　　　　　　环境。灯罩材料采
　　　　　　　用交通灯的材料，
　　　　　　　能在雾气及昏暗的
　　　　　　　环境下清晰指示
· 多颜色可选：由5种颜色构成：
　　　　　　　红色、绿色、黄色、
　　　　　　　蓝色和白色

信号灯图符

按钮
· 可提供紧凑型和模块型，紧凑型产品节省了安装空间，可为客户节省成本；模块型产品提供了不同的功能选择，满足了客户的不同需求
· 产品类型：自锁型、复位型
· 颜色：
　–紧凑型：红、绿、黄
　–模块型：红、绿、黄、蓝、白、黑、透明
· 工作温度：－25～+70℃
· 机械寿命：50万次
· 防护等级：IP67 (紧凑型)
　　　　　　IP66 (模块型)

按钮图符

图3-10　ABB的按钮和信号灯的基本参数

2. 选择开关

选择开关又叫作凸轮开关，是由多组相同结构的触点组件叠装而成的多回路控制电器，主要用于各种控制线路的转换、电气测量仪表测量参数的转换。特别地，在控制线路中的手动控制/自动控制、就地/远方等控制选项，都是用选择开关来实现的。

转换开关的手柄形式有普通旋钮形式，有带定位功能的旋钮形式，还有带钥匙锁定功能

的旋钮形式。

转换开关的定位形式包括自复式和定位式。定位角度分别为 30°、45°、60° 和 90° 等多种规格。

转换开关由操作机构、定位装置和凸轮触点系统等三部分构成。

图 3-11 所示为 ABB 的转换开关（凸轮开关）的简要参数。

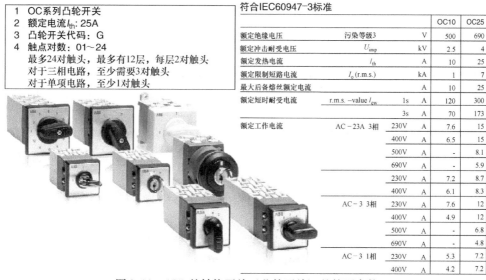

1　OC系列凸轮开关
2　额定电流I_{th}: 25A
3　凸轮开关代码：G
4　触点对数：01～24
　　最多24对触头，最多有12层，每层2对触头
　　对于三相电路，至少需要3对触头
　　对于单项电路，至少1对触头

符合IEC60947-3标准

			OC10	OC25
额定绝缘电压	污染等级3	V	500	690
额定冲击耐受电压	U_{imp} kV		2.5	4
额定发热电流	I_{th} A		10	25
额定限制短路电流	I_o (r.m.s.) kA		1	7
最大后备熔丝额定电流		A	10	25
额定短时耐受电流	r.m.s. −value I_{cw} 1s	A	120	300
	3s	A	70	173
额定工作电流	AC−23A 3相	230V A	7.6	15
		400V A	6.5	15
		500V A	-	8.1
		690V A	-	5.9
		230V A	7.2	8.7
		400V A	6.1	8.3
	AC−3 3相	230V A	7.6	12
		400V A	4.9	12
		500V A	-	6.8
		690V A	-	4.8
	AC−3 1相	230V A	5.3	7.2
		400V A	4.2	7.2

图 3-11　ABB 的转换开关（凸轮开关）的简要参数

图 3-12 所示为 ABB 转换开关（凸轮开关）的模式图。

带0位：12点方向，档位角度90°

型号	功能	极数/触点数量	额定发热电流 I_{th}/A	型号	功能	极数/触点数量	额定发热电流 I_{th}/A
门上卡扣安装，黑色标准手柄，黑底银色徽板				门上卡扣安装，钥匙操作手柄，黑底银色徽板			
OC10G01PNBN00NA01	0－1	1/1	10	OC10G01KNBN00NA01	0－1	1/1	10
OC10G02PNBN00NA02	0－1	2/2	10	OC10G03KNBN00NA03	0－1	3/3	10
OC10G03PNBN00NA03	0－1	3/3	10	OC25G01KNBN00NA01	0－1	1/1	25
OC10G04PNBN00NA04	0－1	4/4	10	OC25G03KNBN00NA03	0－1	3/3	25
OC10G05PNBN00NA05	0－1	5/5	10	底部安装 (模块化DIN导轨)，灰色手柄			
OC10G06PNBN00NA06	0－1	6/6	10	OC25G01MNGN00NA01	0－1	1/1	25
OC25G01PNBN00NA01	0－1	1/1	25	OC25G02MNGN00NA02	0－1	2/2	25
OC25G02PNBN00NA02	0－1	2/2	25	OC25G03MNGN00NA03	0－1	3/3	25
OC25G03PNBN00NA03	0－1	3/3	25	OC25G06MNGN00NA06	0－1	6/6	25
OC25G04PNBN00NA04	0－1	4/4	25				
OC25G05PNBN00NA05	0－1	5/5	25				
OC25G06PNBN00NA06	0－1	6/6	25				

结构模式图

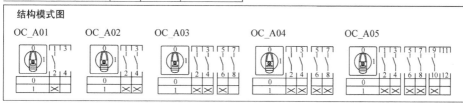

OC_A01　　OC_A02　　OC_A03　　OC_A04　　OC_A05

图 3-12　ABB 的转换开关（凸轮开关）的模式图

3.6 低压电流互感器

电流互感器属于测量电器，是联系一次系统与二次系统的关键设备。在低压配电柜中，电气参量测量、电能计量、继电保护等自动装置都会用到电流互感器。使用电流互感器的理由如下：

1）若直接在一次系统上测量电气参量，则因为电压高、电流大，对测量仪表的绝缘和载流能力的要求也高；同时还带来设备和人员的安全性问题。使用了电流互感器，将大电流转换为小电流，降低了对测量仪表的要求，改善了操作安全条件。

2）由于互感器的二次电压和电流都实现了标准化，电流互感器的二次电流为 1A 或 5A。

同样由于安全原因，互感器的二次绕组必须接地。

1. 电流互感器工作原理

图 3-13 所示为馈电回路上的三相电流互感器 TA_a、TA_b 和 TA_c，它们与三只电流表 PA_a、PA_b、PA_c 构成的电流测量回路，其中 C 相电流互感器的二次绕组与其他电流互感器二次绕组一并实施保护接地。

电流互感器的铁心上有两组绕组，其中匝数较少的是一次绕组，匝数较多的是二次绕组。一次绕组串接在供配电系统的一次回路中，绕组中流过一次系统的电流；二次绕组与测量仪表构成闭合的二次回路。

在实际使用的低压电流互感器中，往往一次绕组采用穿心式，如图 3-14 所示。

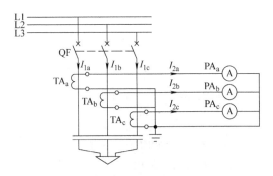
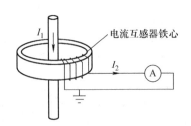

图 3-13　应用在馈电主电路中的三相电流互感器　　图 3-14　电流互感器一次和二次绕组

因为电流互感器的一次绕组的阻抗远远小于负载阻抗，其对一次电流的影响可以忽略不计，所以电流互感器一次绕组中的电流是真实的一次系统电流。

电流互感器二次绕组电流与一次绕组电流之比等于一、二次绕组的匝数比，由此可以从二次电流的大小推测一次电流的大小。

电流互感器二次绕组的阻抗很大，而一次绕组的阻抗很小，所以电流互感器相当于一台接近于短路运行的变流器。

定义电流互感器的变流比为

$$K_i = \frac{I_1}{I_2} \approx \frac{N_2}{N_1} \tag{3-5}$$

式中，I_1、I_2 为电流互感器的一、二次额定电流；N_1、N_2 为电流互感器一、二次绕组的匝数；K_i 为电流互感器变流比，或简称为变比。

（1）误差的定义

从电流互感器的变比公式中可以看到一次电流 $I_1 = K_i I_2$，其中没有考虑到误差的影响。定义电流互感器的相对测量误差的公式如下：

$$\Delta I\% = \frac{K_i I_2 - I_1}{I_1} \times 100\% \tag{3-6}$$

除了测量值的误差以外还有测量角误差。测量角的误差定义是：将二次电流相量旋转180°后于一次电流相量之间的夹角，并规定一次电流相量落后时取正值。在实用中测量角误差可以忽略。

（2）误差与准确度等级

根据误差的大小，将电流互感器按测量精确度要求分成 0.2 级、0.5 级、1 级、3 级和 B 级。其中 0.2 级为精密测量级，0.5 级为计量级，1 级为变、配电所中常用的测量仪表准确度等级，3 级为一般供电系统中常用的指示仪表准确度等级，B 级为继保装置使用的准确度等级。

值得注意的是：当电流互感器的一次回路流过额定电流时，测量误差才满足标称准确度等级。例如，当变比为 1000/5 误差为 0.5% 的电流互感器其一次电流为 1000A 时，测量误差 $\Delta I\% \leqslant 0.5$。

（3）误差分析

电流互感器的传变特性如图 3-15 左图所示，其等效电路如图 3-15 右图所示。

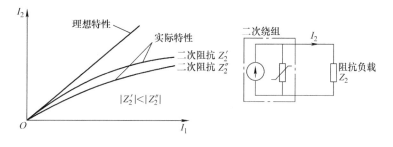

图 3-15　电流互感器的传变特性

电流互感器的传变特性具有非线性特征。从图 3-15 左图可以看出：当一次电流越大时，实际传变特性与理想传变特性的偏差越大，误差也因此而越大；从右图可以看出：误差的大小还取决于二次回路的阻抗。电流互感器的二次侧相当于具有非线性内阻抗的电流源，电流源的电流与一次电流之比等于变比。二次电流 I_2 是从电流源内阻抗分流得到的，因此二次阻抗越大，内阻抗分流所占的分量就越多，测量误差也就越大。

因此，必须限制二次阻抗的数值不超过限度。一般地，二次回路的负载不能超过两级，否则将使测量误差变大。例如一只电流表加上一只电度表是允许的，但若再加上一只无功电度表则将超出阻抗允许值，此时会加大测量误差。

2. 部分 ABB 的 LN 系列低压电流互感器数据（见表3-6）

表3-6 ABB 的 LN 系列电流互感器应用数据表

型号	额定电流比/A	额定电压/kV	准确级	容量/VA	外形尺寸/mm			穿孔尺寸/mm
					宽	厚	高	
LN2	5/1 （5）	0.69	0.5	2.5	59	30	78	φ23 或 30.5×11
	10/1 （5）							
	15/1 （5）							
	20/1 （5）							
	30/1 （5）							
	40－60/1 （5）							
	75－100/1 （5）							
	150/1 （5）							
	200－300/1 （5）			5				
LN3	30/1 （5）	0.69	0.5	2.5	75	44	97	φ30.6 或 42×11
	40－60/1 （5）							
	75－100/1 （5）							
	150/1 （5）							
	200－400/1 （5）			5				
	500－800/1 （5）			10				
LN4	200－400/1 （5）	0.69	0.5	5	86	45	106	52×31
	500－800/1 （5）			10				
	1000/1 （5）		0.2	15				
	1200/1 （5）			20				

3.7 低压多功能电力仪表和测控模块

1. 数字仪表概述

随着科学技术的突飞猛进，电子工业和电力工业的迅猛发展，数字仪表应运而生。数字仪表的品种繁多，型号各异。本书仅以低压多功能电力仪表为例说明。

【数字仪表的主要特征】

电力电测数字表是近些年涌现出来的新型而通用的电工数字仪表，它是在大规模集成电路与数字显示技术相结合的产物。目前，电力电测数字表正获得迅速推广，并以它优异的性能受到国内外电气工作者的青睐，成为仪表的佼佼者。究其原因，电力电测数字表有如下几个显著的特点：

1）数字显示，一目了然：数字表采用高亮度 LED 数码显示，使读数清晰准确。这比起传统的模拟式仪表所采用的指针和刻度盘，有明显的优势。

2）测量的精度高于模拟式仪表：我们知道，精度愈高，测量的误差就愈小。例如数字电压表的准确度远优于模拟电压表，3 位半和 4 位半数字电压表的精度可达到 0.5 级甚至

0.2 级。

3）数字表的显示位数多：显示位数位通常是 4 位半，亦有 2 位、3 位、3 1/2 位、4 1/2 位、5 1/2 位、6 1/2 位、7 1/2 位、8 1/2 位，可随用户要求确定。

例如，某电力电测表的最大显示值为 ±19999，满量程计数值为 20000，则表示这只仪表有 4 个整数，即 9999，而分数值的分子为 1，分母是 2，所以把这块表叫作 4 1/2 位表，读作四位半仪表。

4）数字仪表的分辨率高：分辨力是随数字仪表显示的数位增多而提高，比如，3 1/2 位、4 1/2 位、8 1/2 位的数字电压表，其分辨力分别为 $100\mu V$、$10\mu V$、$1\mu V$。分辨力也可用分辨率来表示。分辨率是指所能显示的除零以外的小数字与该数字表能显示的最大数字的百分比。

5）电力电测数字表测量范围宽：电力电测数字表适用于电力系统 0 到 500V 范围以内的电压、电流、频率、有功功率、无功功率、功率因数、有功电能和无功电能的测量。此外，也可用于对直流系统的电压、电流、电能的测量。

对测量超过 500V 的电压和大于 5A 以上的电流，只需增加电压互感器 PT 和电流互感器 CT 即可达到测量目的。

6）电力电测数字表的扩展功能和通信功能：电力电测数字表具有可编程智能功能，可通过键盘设置参数，同时又能显示数字，当达到设定数字时，输出继电信号实现控制目的。

多功能电力仪表除了具有开关量输入、开关量输出和模拟量输出外，还具有 RS485 通信接口与计算机联网，实现人机对话，随时监视着电网系统的各项电力参数的变化。

7）测量速率快：数字表在每秒钟内对电力数据的测量次数，叫作测量速率，其单位是"次/s"。它取决于 A/D 转换器的转换速率，其倒数是测量周期。

电力电测数字表的测速率通常是每秒几次。

8）输入阻抗高，损耗电能小，绝缘电阻高：数字表的具有 10 ~ 10000MΩ 的输入阻抗，工作时从电力线路吸取的电流极小，不影响电源的工作状况。数字表本身的绝缘电阻却很高，一般大于 100MΩ。

9）抗干扰能力强：电力电测数字表工作在交流网络之中，所以设计人员对它的抗干扰特别重视。由于采用了积分式 A/D 转换器，其串模抑制比（SMR）和共模押制比（CMR）分别可达 100dB 和 80 ~ 120dB。有的数字表还采用数字滤波、浮地保护等先进技术，其 CMR 可达 180dB。

2. 数字仪表分类

在低压配电系统中，最常用的数字仪表分为：PMCM 类综合电力仪表、RCU 测控模块和 MCU 电动机综合保护装置。

PMC 指的是 Power Multifunctional electric and Control Meter，即电力多功能测量和控制仪表。

RCU 指的是 Remot Control Unit，即远程控制模块或者远程控制模块。

MCU 指的是 Motor Control Unit，意思就是电动机控制模块。

3. ABB 的 IPD 系列测控模块

在低压配电柜中，无论是进线主电路，还是馈电主电路或者电动机主电路，都需要配套测控。在智能化成套开关设备中，这些测控装置还需要配套通信接口以满足信息传输的目的。ABB 的低压配电柜中常用的测控装置见表 3-7。

表 3-7　应用在低压配电柜中的智能测控仪表和装置

名称	型号与规格	用途及功能
全电量电力测控仪表	EMplus PMC916plus	采集 U/I/P/Q/F/PF/kWh/kVarh、2～31 次谐波 RS485 接口、MODBUS – RTU 通信规约
全电量电力测控仪表	EM	采集 U/I/P/Q/F/PF/kWh/kVarh RS485 接口、MODBUS – RTU 通信规约
多路遥信监测单元	RSI32	采集 32 路遥信开关量 RS485 接口、MODBUS – RTU 通信规约
多路电流监测单元	RCM32	采集 32 路电流遥测量 RS485 接口、MODBUS – RTU 通信规约
多路遥控单元	RCU16	16 路继电器遥控输出 RS485 接口、MODBUS – RTU 通信规约
电动机综合保护单元	M102 – MM102 – P	电动机综合保护单元，可用于获取电动机回路的保护、遥测、遥信和遥调信息 RS485 接口、MODBUS – RTU 通信规约 RS485 接口、PROFIBUS – DP 通信规约

这些测控仪表和装置可满足各种低压配电柜主电路的测控要求。

4. PMC 多功能电力仪表——ABB 的 EMplus

EMplus 既可用于低压进线回路的遥测、遥信和遥控，也可用于低压馈电回路的遥测、遥信和遥控。EMplus 的具体参数，如图 3-16 所示。

EMplus、EM、EM-M
装置外观图

EMplus、EM、EM-M和EM-B智能电量仪表是用于电力系统的智能化装置，它集数据采集计算功能于一身，具有基本单回路交流电量的测量与计算及2～15次谐波监测的功能

EMplus、EM、EM-M和EM-B具有面向用户的开放式通信协议，支持RS485通信接口，支持MODBUS-RTU网络通信协议，可以方便地与各类计算机监控系统实现信息交换

EMplus测量三相电压、三相电流及零序电流，并以上述测量量为基础计算得出功率、功率因数、电度量、谐波等扩展电参量。具有4路开关量输入监测和2路继电器输出功能，其中3、4路开关量输入可设置为电能脉冲计数功能

EMplus 开关量监测功能
- 最大可同时采集开关的状态等4种状态量信号；
- 事件记录：可连续记录32个SOE信息，可掉电保存；
- 第3、4路开关量输入与脉冲计数1、2复用

EMplus 继电器输出功能
- 2路继电器输出；
- 继电器输出模式可选择自保持模式（模式1）和脉冲输出模式（模式2）两种模式；当选择脉冲输出模式时，继电器的动作返回时间（即继电器的输出闭合时间）可根据用户需要在1～200s内进行设定；以上功能是为适应各种场合控制的需要而设立的；
- 每路继电器的输出状态可通过通讯方式获取其信息；
- 2路继电器可支持手动操作、遥控操作和电参量越限告警操作

电流，零序电流	I_a , I_b , I_c , I_n
线电压/相电压	U_{ab} , U_{bc} , U_{ca}/U_a , U_b , U_c
三相功率因数	PF_a , PF_b , PF_c
总功率因数	PF
2～15次谐波分量 ---	U_a , U_b , U_c , I_a , I_b , I_c , I_n
系统频率-	f
三相有功功率-	P , P_a , P_b , P_c
三相无功功率-	Q , Q_a , Q_b , Q_c
三相视在功率-	S , S_a , S_b , S_c
三相有功电能-	$kW \cdot h$, $kW \cdot h_a$, $kW \cdot h_b$, $kW \cdot h_c$
三相无功电能-	$kvar \cdot h$, $kvar \cdot h_a$, $kvar \cdot h_b$, $kvar \cdot h_c$
电压基波有效值--	Hu_a , Hu_b , Hu_c
电流基波有效值--	HI_a , HI_b , HI_c

注：-只有EM、EMplus有此功能
　　-- 只有EMplus有此功能
　　---EMplus为2-31次谐波分量

图 3-16　EMplus 的功能与参数

EMplus 需要输入的信息包括：三相电压和三相电流。电流信号引自电流互感器的二次侧。对于低压进线主电路，电压信号引自电力变压器的低压侧；对于馈电主电路，电压信号引自低压配电柜的主母线。

　　图 3-17 所示为应用在低压配电柜低压进线主电路中的 EMplus。从图中我们看到断路器的状态和保护动作状态遥信信息输入到 EMplus 的 DI 输入端口，三相电流量输入到 EMplus 的电流输入端口，电压量输入到 EMplus 的电压输入端口，EMplus 的出口继电器 RL11 ~ RL22 可对断路器执行合闸和分闸操作。

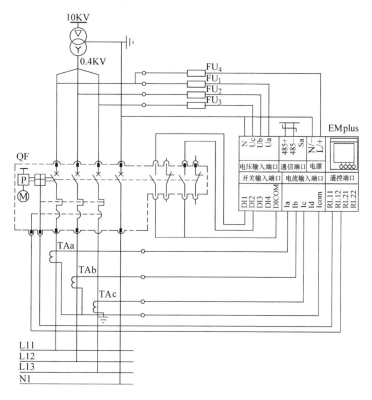

图 3-17　应用在低压配电柜低压进线主电路中的 EMplus

　　当 EMplus 应用时，以下技术参数需要予以关注：

　　（1）EMplus 的遥信、软遥信及 SOE 时间标签

　　EMplus 的 DI1 ~ DI4 测量的是开关量，对于电力监控系统而言开关量就是遥信量。当系统中的电压、电流等模拟量发生越限时，EMplus 也能给出告警信息，这些告警信息被称为软遥信。

　　当遥信开关量发生变位时，EMplus 会自动将日期和时间也同时记录下来作为开关量变位对应的时间标签，且即使 EMplus 的工作电源发生掉电也不影响已经保存的 SOE 信息。

　　用户可通过 RS485/MODBUS 通信接口和通信规约读取 SOE 信息。

　　（2）EMplus 的电度量记录

　　EMplus 可通过 DI3/DI4 实现脉冲电度表的脉冲记录，据此可准确地测量和计算出有功电度量和无功电度量，且有功电度量和无功电度量可通过 RS485/MODBUS 通信接口和通信

规约发送给计量系统。

（3）EMplus 出口继电器的动作形式

EMplus 的出口继电器可实现脉冲型动作方式，也可实现保持型动作方式。脉冲型动作方式的整定时间在 50ms 到 2s 之间。

在低压配电柜中 EMplus 的遥控对象一般是各类断路器的电动操作机构，因此 EMplus 一般采用脉冲型动作方式来实施遥控操作。

5. RCU 测控模块——ABB 的 IPD 系列分布式遥信、遥测和遥控模块

常用的 ABB 出产的 RCU 测控模块包括：RSI32、RCM32 和 RCU16。这三种模块可用于低压馈电回路的遥测、遥信和遥控，三种模块的外形基本一致，均为卡轨安装，供电电源均为 DC 24V。RSI32、RCM32 和 RCU16 的主要技术数据见图 3-18 ~ 图 3-20 所示。

RSI32通信装置

RSI32遥信装置是IPD配电智能化元件中的开关量采集模块，用于采集开关量信号，并转换为数字信号，经通信连接实现与监控系统的数据交换。RSI32采用光电隔离输入，可同时采集32路无源开关量信号

功能：

- 输入回路：32路
- 输入方式：无源干接点
- 工作电源：DC 24V±10%，纹波系数小于5%
- 功耗：≤2.5W
- 总线方式：RS485
- 开关量事件分辨率：<2ms
- 事件顺序记录(SOE)容量：32个
- 通信速率：9600/4800/1200/600 bit/s(通过拨码选择)

图 3-18　RSI32 开关量遥信监测装置

RCM32遥测装置

RCM32遥测装置是IPD配电智能化元件中的模拟量采集模块，通过配接互感器、变送器等元件，用于采集电流、电压、功率、温度、湿度、压力、流量等模拟量信号，并转换为数字信号，经通信连接实现与监控系统的数据交换

RCM32遥测装置可同时采集32个0～20mA交流或4～20mA直流电流信号，实时反映被测对象的遥测值

LNS系列电流互感器二次绕组可同时输出5A(1A)/20mA信号
配电回路电流可经LNS系列电流互感器二次侧0～20mA直接输入RCM32实现三相电流的采集，不需要再配置电流变送器

功能：

- 模拟量输入：32路
- 输入方式：AC 0～20mA/DC 4～20mA
- 工作电源：DC 24V±10%，纹波系数小于5%
- 功耗：小于2.5W
- 总线方式：RS485
- 遥测精度：0.5%
- 通信速率：9600/4800/1200/600 bit/s(通过拨码选择)

图 3-19　RCM32 电流量遥测装置

图 3-21 所示为 RSI32、RCM32 和 RCU16 的用途。

从图 3-21 中我们可以看到：断路器的辅助触点有两种，分别是状态辅助触点 S 和保护

RCU16遥控装置

RCU16遥控装置是IPD配电智能化元件中的远程继电器输出模块，用于接收计算机指令执行系统的遥控操作或自动控制。RCU16有16路继电器输出，继电器输出可分为

－脉冲型 ：继电器触点闭合两秒后自动释放
－自保持型：继电器输出长期保持为闭合或断开状态

功能：

- 输出回路：16路继电器输出
- 输出容量：5A/250V(AC)，电阻性负载
  或5A/30V(DC)
- 工作电源：DC24V±10%，纹波系数小于5%
- 功耗：小于2.5W
- 总线方式：RS485
- 通信速率：9600/4800/1200/600 bit/s(通过拨码选择)

图 3-20　RCU16 遥控装置

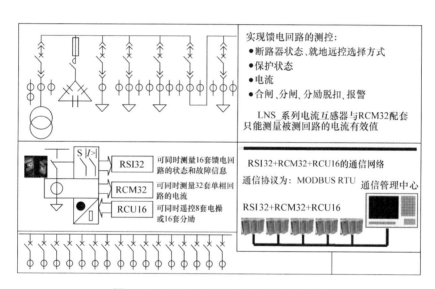

图 3-21　RSI32、RCM32 和 RCU16 的用途

动作辅助触点 F，若所有馈电回路都需要采集两种辅助触点状态参量时，我们可以利用 RSI32 来采集这些信息。

因为 RSI32 有 32 个开关量采集能力，因此一台 RSI32 最多可采集 16 套馈电回路的遥信信息。

断路器的合闸和分闸电动操作机构需要占用 2 组遥控通道，所以 RCU16 最多能够提供 8 套断路器的遥控操作。

对于电流采集，若每套馈电回路仅需要对 B 相电流进行遥测，则 RCM32 可以采集 32 套馈线回路的电流遥测信息；若每套馈电回路需要对 A、B、C 三相电流进行遥测，则 RCM32 最多能够采集 10 套馈线回路的电流遥测信息。

一般地，电动机回路仅需采集 B 相电流即可，而照明回路则需要采集三相电流。

RCM32 的输入信号为 0 ~ 20mA 的交流电流，因此需要配套 ABB 的 LNS 系列双二次绕组电流互感器。LNS 系列双二次绕组电流互感器中的第一绕组其输出电流为 0 ~ 5A（或 0 ~

1A），用于就地电流显示，而第二绕组其输出电流为 0～20mA，用于将电流信息传递到遥测采集模块 RCM32 中。

图 3-22 所示为应用在馈电回路中采集遥信开关量、遥测电流量信息的 RSI32 和 RCM32。其中线位号 125 到 129 是开关量遥信信号，线位号 A411～N411 是电流量遥测信号。

由此可见，RSI32、RCM32 和 RCU16 非常适合于执行分布式的多回路测控。

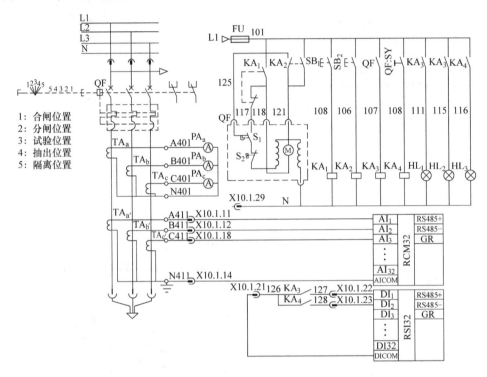

图 3-22　在低压配电柜馈电回路中采集遥信信息的 RSI32 和采集遥测信息的 RCM32

6. MCU 测控装置——ABB 的电动机综合保护装置 M102－M

MCU 电动机综合保护装置已经得到广泛的应用。从结构看，电动机综合保护装置是基于微处理器技术，采用模块化设计而成的智能装置。电动机综合保护装置的保护精度高，可与计算机系统联网，实现自动化控制和管理。

我们先看看电动机需要什么样的保护：

1）当发生三相电源电压断相和电流断相时对电动机的保护

2）当发生电源断相且电动机同时又过载的保护

3）电动机堵转保护

4）PTC 热敏电阻对电动机定子线圈过热保护

5）电动机发生漏电和接地故障的保护

归纳起来就是：过载保护、过热保护、外部故障保护、堵转保护、相序保护、断相保护、相不平衡保护、欠电压和过电压保护、欠功率保护、接地或漏电保护等。

（1）电动机的热过载保护

我们来看图 3-23 所示的电动机发热曲线。

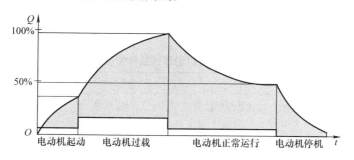

图 3-23　电动机的发热曲线

当电动机起动后，电动机的温升持续增高。若电动机长时间地过载，则电动机的发热将不断趋近于最大允许值。电动机进入正常运行状态后，电动机的温升将稳定在运行状态；当电动机停机后，电动机的温升将不断降低到零，此时电动机的温度与环境温度相等。

电动机的温升可依据工作电流与热容量关系曲线计算获得，也可通过埋入电动机定子绕组中的 PTC 热敏电阻直接测量获得。

电动机热过载保护模式有两种，其一标准型，其二是防爆型 EExe。普通三相异步电动机选用标准型热保护，通过调整 t_6 曲线时间来设定不同的保护等级，而防爆电机则需要设定防爆电机的专用参数 I_a/I_n（堵转电流/额定电流）和 t_e（堵转电流允许运行时间）来决定热过载保护参数。图 3-24 所示为电动机冷态下起动时 t_6 热过载保护特性曲线。

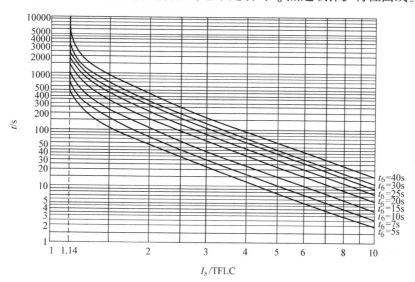

图 3-24　电动机冷态下起动时的 t_6 热过载保护特性曲线

在图 3-24 中，I_s 是起动电流，TFLC 是满载电流，所以横坐标就是起动电流与满载工作电流的比值。图中的纵坐标是电动机的起动时间。

我们来看从下往上第 3 条曲线，该曲线是 $t_6=10\mathrm{s}$。若电动机起动电流比是 6 倍，则对应的起动时间是 10s。我们由此知道该电机工作于重载起动和运行状态。

电动机的最大热容值用百分比表示。在环境温度为 40℃ 时，当电动机在冷态下以 6 倍额定电流运行 t_6 曲线一段时间后，热容值将达到最大值（即 100%）。

电动机热过载保护参数见表 3-8。

表 3-8　电动机的热过载保护参数

	项目		内容
1	堵转电流 I_a 与额定电流 I_n 之比防爆电机参数设定	设定范围	1.2 ~ 8
		默认值	5
2	热过载保护 t_6 曲线	设定范围	1 ~ 250s
		默认值	5s
3	冷却系数	设定范围	1 ~ 10
		默认值	1
4	报警值	设定范围	0% ~ 100%
		默认值	90%
5	热过载脱扣值	设定范围	60% ~ 100%
		默认值	100%
6	热过载脱扣复位	设定范围	60% ~ 100%
		默认值	50%
7	环境温度	设定范围	0 ~ 80℃
		默认值	40℃

注：堵转电流 I_a 与额定电流 I_n 之比：用于防爆电机的堵转参数设定，对于一般的电动机此项设定可以忽略。

热过载保护 t_6 曲线：t_6 曲线是电动机热过载保护功能的基本参数。t_6 曲线的意义在于：曲线给出了冷态下的电动机以 6 倍额定电流允许运行的时间。

电动机在起动过程中通常会出现短时过载现象。若电动机是从冷态起动的，则允许电动机起动两次；若电动机是从热态起动的，则只允许电动机起动一次。在实际应用中，一般都选择电动机从冷态起动。

电动机综合保护装置就是根据 t_6 曲线对电动机进行参数设定和保护的。

当电动机综合保护装置首次启用时，要将电动机的有关参数输入给综保装置，以便综保装置查找对应的 t_6 曲线。这些参数包括：

1）电动机起动电流倍数即 I_s/I_n；

2）冷态下最大起动时间；

3）热态下最大起动时间；

4）电动机的环境温度。

例如：若电动机的功率是 110kW，其对应的热过载保护参数基本信息是：

定义	参数
电动机起动电流倍数，即 I_s/I_n	7.5
冷态下最大起动时间	30s
热态下最大起动时间	15s
电动机环境温度	40℃

当电动机起动时，电动机综合保护装置就根据基本参数形成的 t_6 曲线实施保护，若电动机起动超时将产生脱扣信息驱动交流接触器跳闸。

由此可知，t_6 曲线的参数设定尤为重要，在实际运行中，往往要对电动机的起动参数略作调整。

若电动机需要在热态下起动，则 t_6 曲线要采用热态参数。电动机的热态 t_6 曲线范例见图 3-25 所示。

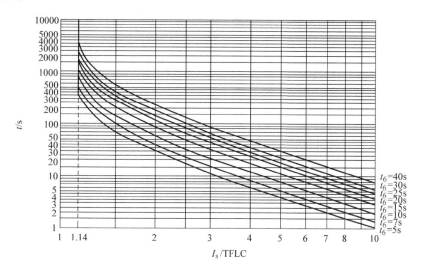

图 3-25　电动机热态下起动时的 t_6 热过载保护特性曲线

1）冷却系数：每台电动机的热容值都不相同，并且运行状态的电动机由于环境温度不同显然其温升和冷却时间不尽相同，一般冷却时间大约是升温时间的 4 倍。

在实际使用中，电动机综保装置将根据电动机的冷却状态决定是否允许电动机再次起动。冷却系数通常在 4~8 之间选择，也可选用电动机制造商提供的参数。

2）报警值：当电动机的热容值达到告警值时，电动机综保装置将发出热过载告警信息；当电动机的热容值下降到低于告警值时，电动机综保装置的热过载告警信息将复位。

3）热过载保护脱扣值：当电动机的热容值达到脱扣值时，电动机综保装置将发出脱扣命令使得交流接触器分闸，同时将"热过载脱扣信息"置位。

4）热过载保护脱扣复位值：当电动机被停机后，热容值也将随之下降。当热容值下降到复位值以下时，电动机综保装置才允许热过载保护脱扣器复位，此时电动机被允许正常起动运行。

5）环境温度：电动机运行的环境温度的最大值通常是 40℃。如果环境温度超过 40℃，则电动机需要降容使用。

电动机综合保护装置在发现环境温度超过设定值时，会根据设定的温度自动降低电动机输出功率的等级。表 3-9 是环境温度与电动机最大电流之间的关系：

电动机综合保护装置在检测了环境温度后，根据上表中的降容比监测电动机，若在某环境温度下发现电动机的工作电流超过对应值，则将发出告警信息和实施脱扣操作。

（2）电动机的堵转保护

表 3-9　环境温度与电动机最大电流之间的关系

环境温度℃	40	45	50	55	60	65	70	75	80
电动机工作电流最大值降容比	1.00	0.96	0.92	0.87	0.82	0.74	0.65	0.58	0.50

　　堵转保护是防止电动机在运行中出现阻转矩异常加大，以至于电动机的转子出现运转堵塞，其直接结果就是电动机严重超负荷运行。

　　电动机堵转运行示意图如图 3-26 所示。从图中我们看到，电动机正常运行时出现了堵转，电动机电流急剧地增大到起动电流之上，电动机综合保护装置将根据电动机电流与额定电流的比值判断是否启动堵转保护脱扣。

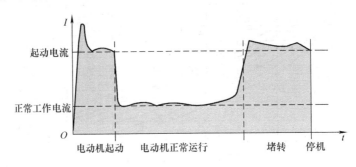

图 3-26　电动机堵转运行

　　电动机综保装置的堵转保护参数见表 3-10。

表 3-10　电动机综保装置的堵转保护参数

项目		内容
堵转脱扣电流范围	设定范围	120% ~800%
	默认值	400%
脱扣时间/s	设定范围	0.0 ~25.0
	默认值	0.5

（3）断相保护

　　供电电源出现断相往往是由于熔断器熔断造成的，且电源断相后一般不会自行恢复。对于电动机来说，原来运行于三相交流电源供电状态，而断相后变为单相运行状态（注意：两相运行实质上就是单相运行状态），尽管电动机仍然能维持慢速运行，但此时的电流将非常大，往往在很短时间内就将电动机烧毁。

　　断相故障是电动机损毁的主要原因，因此断相保护也是电动机综保装置必须要实现的一项重要保护措施。

　　由于电源发生断相故障时不可能自行恢复，且此时剩余两条相线中的线电流非常大，但若依靠热过载保护脱扣对电动机执行断相保护，其速度往往跟不上，等到热过载保护脱扣器动作时电动机已经烧毁了，所以断相保护装置的脱扣时间比热脱扣的时间更短。在实际的应用中，一旦电动机综保装置检测到断相且同时电流不平衡度达到20%时，就立即执行断相保护操作，如图 3-27 所示。

　　电动机综保装置的断相保护参数见表 3-11。

（4）三相不平衡电流保护

电动机的热损耗主要是由三相不平衡电流引起的。

当三相电流发生不平衡时会产生负序电流，负序电流的频率是基波频率的两倍，并且负序电流产生的反向旋转磁场会对电动机转子产生反向转矩。

当供电线路中发生轻微的三相不平衡时，因为电动机要维持正向输出转矩不变，于是电动机输出的正向转矩中会有一部分用来克服反向转矩，由此产生了电动机定子绕组的发热。

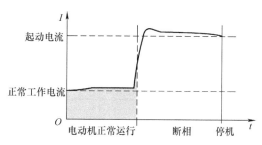

图 3-27　电动机的断相运行及保护

三相不平衡电流保护是根据流过电动机定子绕组的最小线电流和最大线电流的比值来判断是否启动三相不平衡保护。

表 3-11　电动机综保装置的断相保护参数

项目		内容
断相报警 最小线电流与最大线电流的比值	设定范围	10%～90%
	默认值	80%
断相脱扣值 最小线电流与最大线电流的比值	设定范围	5%～90%
	默认值	70%
断相脱扣时间/s	设定范围	0～60
	默认值	10

在图 3-28 中，我们看到当第一次发生三相不平衡时启动了电动机综保装置的脱扣延时，但因为三相不平衡又返回到脱扣值以上使得脱扣操作得以解除；当三相不平衡第二次越过脱扣值后，因其迟迟不能返回到脱扣值以上，电动机综保装置在脱扣延时结束后执行脱扣操作使得电动机停机。电动机停机后再延迟一段时间，三相不平衡脱扣操作将被自动复位。

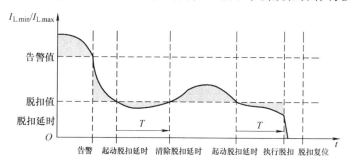

图 3-28　电动机的三相不平衡保护

电动机的三相不平衡保护参数见表 3-12。

（5）电动机轻载和空载保护

电动机轻载和空载保护比较类似，都是根据电动机的最大电流 $I_{L\,max}$ 与额定电流 I_n 的比值来判断的。如图 3-29 所示。电动机综保装置的轻载保护参数见表 3-13，空载保护参数见

表 3-14。

表 3-12　电动机综保装置的三相不平衡保护参数

项目		内容
告警 最小线电流与最大线电流的比值	设定范围	50% ~ 90%
	默认值	90%
脱扣值 最小线电流与最大线电流的比值	设定范围	50% ~ 90%
	默认值	85%
脱扣延迟时间/s	设定范围	0 ~ 60
	默认值	10

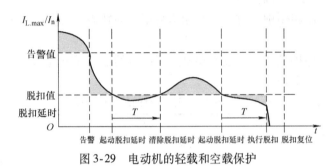

图 3-29　电动机的轻载和空载保护

表 3-13　电动机综保装置的轻载保护参数

项目		内容
告警 最大线电流与额定电流的比值	设定范围	20% ~ 90%
	默认值	30%
脱扣值 最大线电流与额定电流的比值	设定范围	5% ~ 90%
	默认值	20%
脱扣延迟时间/s	设定范围	0 ~ 1800
	默认值	10

　　例如水泵机组因为泵体渗水使得机组进入轻载甚至空载，电动机的转速接近同步转速，水泵会因为空转而剧烈发热，继而因为防渗漏装置和润滑剂高温失效使得水泵出现损坏。

表 3-14　电动机综保装置的空载保护参数

项目		内容
告警 最大线电流与额定电流的比值	设定范围	5% ~ 50%
	默认值	20%
脱扣值 最大线电流与额定电流的比值	设定范围	5% ~ 50%
	默认值	15%
脱扣延迟时间/s	设定范围	0 ~ 1800
	默认值	5

（6）电动机的接地故障保护

　　当电动机出现相线碰壳的接地故障时，在 TN 系统中执行接地故障保护的是回路中的断路器。因为在 TN 系统中，接地故障被放大为短路故障，断路器的过电流保护装置启动了过流保护脱扣跳闸功能。

当 TN 系统中的电动机出现碰壳接地时，电动机的工作电流将出现三相电流不平衡现象，电动机综合保护装置外接的零序电流互感器二次绕组将出现感应零序电流 I_0，当零序电流越过告警值时电动机综合保护装置将发出告警信息；当零序电流越过脱扣值时，电动机综保装置将启动接地故障脱扣延迟判误。当延迟结束后零序电流仍然大于脱扣值，则电动机综合保护装置将启动脱扣操作，否则将解除接地故障脱扣操作，如图 3-30 所示。

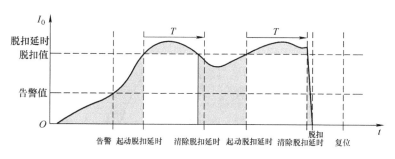

图 3-30　电动机的接地故障保护

电动机综保装置的接地故障保护参数见表 3-15。

表 3-15　电动机综保装置的接地故障保护参数

项目		内容
告警 零序电流/mA	设定范围	100~3000（零序电流互感器一次侧电流为1A） 500~15000（零序电流互感器一次侧电流为5A）
	默认值	500
脱扣值 零序电流/mA	设定范围	100~3000（零序电流互感器一次侧电流为1A） 500~15000（零序电流互感器一次侧电流为5A）
	默认值	800
脱扣延迟时间/s	设定范围	0.2~60
	默认值	10

一般来说，若接地故障的动作电流在 30~100mA，则被认为是高灵敏的具备保护人身安全的接地故障保护装置，100~2000mA 被认为是兼有保护人身安全和保护设备安全的接地故障保护装置，2000mA 以上被认为是保护设备的接地故障保护装置。

由此可知，电动机接地故障保护装置兼具有人身安全防护和设备防护，但以设备防护为主。

（7）电动机的欠电压保护

电动机的输出转矩 T 与电源电压 U_1 的关系见式（3-7）。

$$T = \frac{3pU_1^2 \frac{R_2}{S}}{2\pi f_1\left[\left(r_1 + \frac{R_2}{S}\right)^2 + (X_1 + X_2)^2\right]} \tag{3-7}$$

式（3-7）较复杂，但我们只需要注意到电动机的输出转矩 T 与电压 U_1 的平方成正比即可。

当电压略微偏低时，电动机为了维持输出转矩基本不变，必然要加大电动机定子绕组电流从而保持转矩。电动机定子绕组电流加大后的直接结果就是发热。

若电源电压降低的比较多，电动机已经无法维持正常的输出转矩，此时除了电动机转矩大幅跌落外，还伴随着电动机严重发热。此时必须对电动机实施欠电压保护。

若电源电压出现很短暂的失压，一般在 20mA 以下，我们把这种瞬间断电现象称为电源"闪断"。若闪断后驱动电动机的交流接触器仍然保持吸合状态，则由于电动机的转动惯性使得电力拖动系统不会受到太大的影响。

若电源电压持续大幅跌落，或低压电网出现失电压，电动机综合保护装置将切断电动机的电源使得电动机停机；若电压恢复正常后且未出现断相等现象，则电动机综合保护装置允许电动机重新起动，也可执行自动重起动操作。电动机的欠电压保护如图 3-31 所示，电动机综保装置的欠电压保护参数见表 3-16。

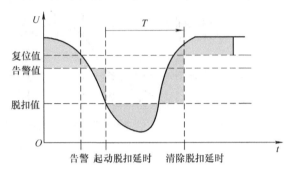

图 3-31　电动机的欠电压保护

表 3-16　电动机综保装置的欠电压保护参数

项目		内容
告警	设定范围	50% ~ 100%
	默认值	80%
脱扣值	设定范围	50% ~ 100%
	默认值	65%
脱扣延迟时间/s	设定范围	0.2 ~ 5
	默认值	1

（8）电动机的自动重起动功能

当电压跌落时，如果电压跌落的时间超出欠电压保护的脱扣延迟时间，则电动机综合保护装置将使接触器脱扣跳闸，电动机停止运行。

当电压恢复后，如果电压恢复的时间不超过电压跌落的最大时间，则电动机综合保护装置将启动自动重起动功能。

如果电压恢复的时间超过电压跌落的最大时间，则电动机综合保护装置将进入顺序起动延时，顺序起动延时结束后开始执行自动重起动功能。

电动机的自动重起动执行过程如图 3-32 所示，电动机综保装置的电动机自动重起动参数见表 3-17。

当低压电网中有众多的电动机在电压恢复后需要重起动，由于电机起动及设备投运涉及工艺流程及过程控制，所以电动机的重起动功能最好在 DCS 的直接操作下行使分批起动，而不要简单地依靠电动机综合保护装置实现自动重起动功能。要实现这一点，依靠电动机综合保护装置的遥控功能即可，或者通过外部引线直接对电动机执行起动控制。

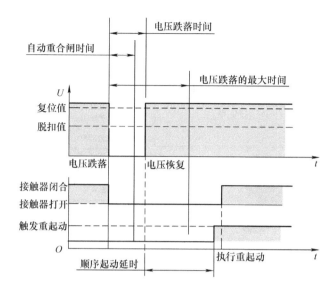

图 3-32　电动机的自动重起动功能

表 3-17　电动机综保装置的电动机自动重起动参数

项目		内容
最大自动重合闸时间/ms	设定范围	100 ~ 1000
	默认值	200
最大电压跌落时间/s	设定范围	0 ~ 1200
	默认值	5
顺序起动时间 s/	设定范围	0 ~ 1200
	默认值	5

（9）ABB 的 M102 – M

M102 – M 是 ABB 的一款功能强大的电动机综合保护装置。M102 – M 支持 MODBUS 通信。另一种型号为 M102 – P 的 MCU 模块支持 PROFIBUS – DP 通信协议。本书中讨论的对象以 M102 – M。

M102 – M 能够实现电动机的各种起动方式，能够对电动机执行各种综合保护，是一种多功能的电动机综保装置。

M102 – M（P）能采集电动机回路的三相电压、电流、功率、电度等信息，还可以采集断路器和交流接触器的状态。同时，M102 – M 还能提供与电动机起动、运行和保护相关的各种参数以及控制时间信息。

M102 – M 应用于 MODBUS – RTU 总线，并且有两套独立的 RS485 总线接口；M102 – P 则用于 PROFIBUS – DP 总线。

M102 – M 的应用模式如图 3-33 所示。

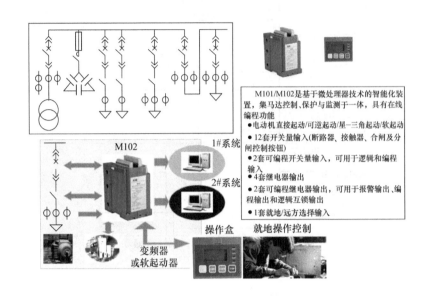

图 3-33　M102 – M 的应用模式图

3.8　低压开关设备和控制设备中的接线端子

接线端子就是用于实现电气连接的一种配件产品，工业上划分为连接器的范畴。

接线端子是为了方便导线的连接而应用的，它其实就是一段封在绝缘塑料里面的金属片，两端都有孔可以插入导线，用螺丝紧固或者松开。

比如两根导线，有时需要连接，有时又需要断开，这时就可以用端子把它们连接起来，并且可以随时断开，而不必把它们焊接起来或者缠绕在一起，很方便快捷。而且适合大量的导线互联，在电力行业就有专门的端子排，端子箱，上面全是接线端子，单层的、双层的、电流的、电压的、普通的、可断的等。一定的压接面积是为了保证可靠接触，以及保证能通过足够的电流。

接线端子可以分为保险接线端子、试验接线端子和通用型接线端子。

保险接线端子带有保险丝，可方便地实现控制线路的过电流保护。

试验接线端子，可在不切断电路的情况下接入和断开负载。试验接线端子一般用在电流互感器的二次侧，也即引入到电流表的一侧。

通用型接线端子可用于一般的线路连接。

图 3-34 所示为 ABB 的各类接线端子外观图。

ABB 部分接线端子的选用表如图 3-35 所示。

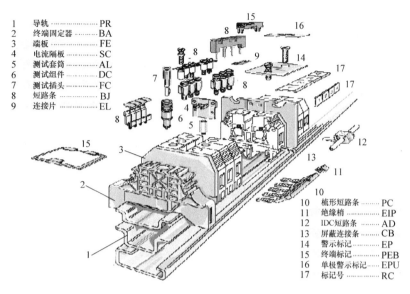

1	导轨 ··········	PR
2	终端固定器 ·····	BA
3	端板 ··········	FE
4	电流隔板 ·······	SC
5	测试套筒 ·······	AL
6	测试组件 ·······	DC
7	测试插头 ·······	FC
8	短路条 ·········	BJ
9	连接片 ·········	EL

10	梳形短路条 ·····	PC
11	绝缘梢 ········	EIP
12	IDC短路条 ·····	AD
13	屏蔽连接条 ·····	CB
14	警示标记 ·······	EP
15	终端标记 ······	PEB
16	单极警示标记 ··	EPU
17	标记号 ·········	RC

图 3-34　ABB 的接线端子的外观图

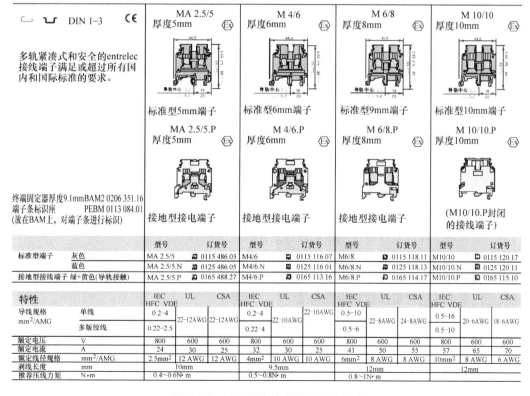

图 3-35　ABB 部分接线端子的选用表

第4章

低压电器在配电系统中的应用和配置方法

在低压配电系统是使用低压电器的大户，这些低压电器一般都安装在各种专用的配电柜和控制柜内。因此，低压配电柜是低压电器的容器，并且其自身也属于低压电器的范畴。

低压配电柜有它自身的各种标准和规范，例如 GB7251/IEC61439 系列标准就是低压配电柜专用的制造和应用标准。

在低压配电柜中，有进线回路、馈电回路、母联回路、电动机控制电路、照明控制电路和无功功率补偿回路等。

本章的要点是：

1）如何确定低压配电柜的容量；

2）如何确定低压配电柜各主电路元器件的额定参数；

3）如何确定低压配电系统上、下级配电线路过电流保护装置之间的选择性配合关系；

4）如何设计低压配电系统各主电路的控制原理。

本章的内容牵涉到大量的知识，以及各种国家标准和规范。限于篇幅，本书不可能对这些知识和标准规范进行一一解释。因此，本章以第 1~3 章的内容为主线，适当地扩充后来阐述这些知识，力求给读者建立起有关低压配电设备的基本概要性知识体系。

这些内容都比较重要，与电气人员日常工作密切相关。

4.1 低压配电系统设计要点

低压配电系统主电路的设计中有几个要点问题：

第一个问题：负荷分级和配电分级；

第二个问题：负荷容量的计算；

第三个问题：各配电设备主电路的设计、连接电缆的设计。

这些问题非常繁杂，又很重要。因此在国家标准和规范中，对这些问题有很详尽的操作规范和规程。这些国家标准中，最具有代表性的就是 GB 50054《低压配电设计规范》。本书在论及低压配电规范时将以这部标准为准

以下我们按顺序来阐述这些问题。

4.1.1 负荷分级和配电系统分级

1. 电力负荷

电力负荷通常有两种含义：一是指电气设备和导线中流过的功率或电流大小；二是指耗用电能的设备或用户。

负荷分级与配电网中某负荷的重要性有关，例如电梯的重要性比热水器要高得多，前者

中断供电可能会出现人身伤害事故，后者几乎不会产生什么重大影响。

根据国标 GB 50052—2009 的规定，工厂的电力负荷，根据其对供电可靠性的要求及中断供电造成的损失或影响的程度分为三级。负荷分级的数字越低，则负荷的重要性就越高。例如一类负荷比三类负荷更重要。

配电系统分级则与距离电源的远近有关。距离电源越近，低压配电系统的能量就越大，短路容量也越大。

用于在各配电分级之间连接电缆会大幅度地削减短路容量，因此配电系统分级也可以用配电电缆来分界。配电分级的数字越小，则配电分级的级别就越高。例如一级配电系统的短路容量要大于三级配电系统。

对于低压配电系统来说，负荷分级和配电系统分级是两个重要的概念。我们来看看两者的定义和要点。

2. 负荷分级

电力负荷应根据供电的可靠性要求及中断供电在人身伤害、政治、经济上所造成的影响进行分级，见表4-1。

表4-1　电力负荷分级表

分级	应符合的情况	供电要求
一类负荷	1）中断供电将造成人身伤亡 2）中断供电将在政治和经济上造成重大损失 例如：重大设备损坏、重大产品报废、连续生产过程被打乱且需要长时间才能恢复 3）中断供电将影响有重大政治、经济意义的用电单位正常工作。 例如：重要交通枢纽、重要通信枢纽、大型体育场馆、经常用于国际活动的大量人员集中公共场所等用电单位	一类负荷应当由两路电源供电。当一路电源发生故障时，另一路电源不应同时受到损坏 一类负荷中特别重要的负荷，除了由两路电源供电外，尚应增设应急电源，并严禁将其他负荷接入应急供电系统
二类负荷	1）中断供电将在政治、经济上造成较大损失 2）中断供电将影响重要用电单位的正常工作	二类负荷建议由两路电源供电
三类负荷	不属于一类和二类负荷者均为三类负荷	一般要求

对于具体的民用建筑来说，一般一类负荷就是可能产生人身伤害的设备，如电梯和消防设备等；二类负荷则包括常用的空调机组、水泵机组、扶梯、办公照明、居民生活用电等等；三类负荷一般是指广告照明及夜景照明等等。

3. 配电系统分级

配电系统分级是指处于相同的配电设备内，并且具有相同的短路分断容量的多组电器设备。

从低压电网的进线侧开始，到最终用电负荷一般有三级配电设备，如图4-1所示。

一级低压配电设备又被称为 PCC 低压配电柜。一级配电设备担任了电能的接受、电能的分配和电能的馈送任务，一般安装在总变配电所或总降压变电所内。

这里的 PCC 是 Power Control Center（电能控制中心）的缩写。

二级配电设备是车间级或区间级的配电中心，一般由馈电中心 PCC 开关柜和电动机控制中心 MCC 开关柜组成。

这里的 MCC 是 Motor Control Center（电动机控制中心）的缩写。

三级配电设备是就地照明配电箱、动力配电箱或入户配电箱，其控制对象是最终用电设备。

各级配电设备之间往往用电缆连接。

图 4-1 又叫作低压电网的系统图。图中可见整个低压电网中存在三级配电设备，而用电设备既包括电动机还包括照明设备。

设计民用建筑或工矿企业的低压电网时，其依据就是低压系统的负荷计算，以及负荷的工作制、使用参数、保护参数等。

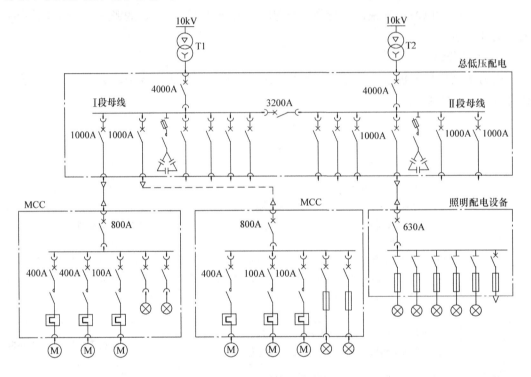

图 4-1　配电设备的分级

4. 配电负荷计算

负荷计算的内容包括：

1）确定计算负荷，作为按发热条件选择配电变压器、导体及电器的依据，并用来计算电压损失和功率损耗。

在工程上，常常把计算负荷作为电能消耗量以及无功功率补偿的计算依据。

2）确定尖峰电流，用以检验电压波动和选择保护电器。

3）确定一类和二类负荷，用以确定备用电源或者应急电源的容量参数。

4）确定季节性负荷，从经济运行条件出发，来考虑电力变压器的容量及台数。

5）根据负荷计算的结果，计算出各级配电系统的运行电流电压参数，计算出短路容量。

6）设计和配置各级配电系统的元器件的型号规格及参数，确定连接电缆的截面及长度等参数。

可见负荷计算的重要性。

4.1.2　负荷计算的几个原则和方法

1. 负荷计算与工作制的关系

用电设备的工作制包括：

（1）连续运行工作制

指连续工作、在恒定负荷下长时间运行且足以使之达到热平衡状态的用电设备。如通风机、水泵、空气压缩机、机床、电炉、电解设备和照明装置等。

（2）短时运行工作制

指在恒定负荷下运行的时间短（短于达到热平衡状态所需的时间），而停歇时间长（长到足以使设备温度冷却到周围介质的温度）的用电设备。如金属切削机床上的辅助电动机（如进给电动机，横梁升降电动机）、控制闸门的电动机等。

（3）反复短时运行工作制

指设备周期性地时而工作，时而停歇，如此反复循环运行，而工作周期一般不超过 10min，无论工作或停歇，均不足以使设备达到热平衡。如电焊机和吊车电动机等。

2. 负荷计算的原则

负荷计算的原则是将不同工作制下的用电设备额定功率更换为统一的长期工作制下的设备功率。

在这个原则下，连续工作制下的用电设备的额定功率当然就等于额定功率，而断续或者短时工作制下的电动机设备功率，则采用需要系数法或者二项式法，统一换算到负载持续率为 25% 时的有功功率。

3. 利用需要系数确定计算负荷的三个原则

计算负荷也称需要负荷或最大负荷。当我们按计算负荷选配低压电器及连接电缆后，用电设备及配电设备在实际运行中其最高温升不会超过其允许值。

我们知道，在长期工作制下，由于配电电器和电缆从通过电流起到达稳定温升的时间大约为 $3 \sim 4T$，T 为发热时间常数。由于电缆大约经过 30min 后可达到稳定的温升值，因此采用半小时的最大负荷作为计算负荷，可使按发热条件选择电气设备和导线更为合理。

确定用电设备组计算负荷的方法有需要系数法和二项式法。需要系数法更为简便，这也是需要系数法得到广泛应用的原因。

需要系数法确定计算负荷有四个原则。这四个原则分述如下。

第一个原则：设备分组。

根据用电设备的明细情况，将具有相近工作性质的用电设备分在同一组内。

第二个原则：确定用电设备的设备容量。

用电设备的工作制不尽相同，即有长期工作制的，也有短时工作制和反复短时工作制的。因此，这些设备铭牌上标定的额定功率首先要换算成统一规定工作制下的额定功率，然后才能相加。

确定各种用电设备的设备容量的方法如下：

1）长期连续运行制电动机的设备容量 P_e（kW）是指其铭牌上的额定功率 P_N

$$P_e = P_N \tag{4-1}$$

2）反复短时运行工作制电动机的设备容量（kW）是指统一换算到暂载率 $\varepsilon = 25\%$ 时的额定功率

$$P_e = \sqrt{\frac{\varepsilon}{\varepsilon_{25\%}}} \times P_N = \sqrt{\frac{\varepsilon}{25\%}} \times P_N = 2P_N \sqrt{\varepsilon} \tag{4-2}$$

式（4-2）中，ε 为电动机的铭牌暂载率。

3）电焊机及电焊装置的设备容量（kW）是指统一换算到暂载率 $\varepsilon = 100\%$ 时的额定功率

$$P_e = \sqrt{\frac{\varepsilon}{\varepsilon_{100\%}}} \times P_N = \sqrt{\frac{\varepsilon}{100\%}} \times P_N = P_N \sqrt{\varepsilon} \tag{4-3}$$

若电焊机和电焊装置的设备容量（kW）用的是视在功率 S_N，则有

$$P_e = S_N \cos\phi_N \sqrt{\varepsilon} \tag{4-4}$$

4）电炉变压器的设备容量（kW）是指额定功率因数时的额定功率

$$P_e = S_N \cos\phi_N \tag{4-5}$$

5）照明设备的设备容量

① 白炽灯、碘钨灯的设备容量是指灯泡上标出的额定功率（kW）。

② 荧光灯要考虑镇流器中的功率损失（约为灯管功率的20%），其设备容量应为灯管额定功率的1.2倍（kW）。

③ 高压汞灯、金属卤化物灯亦要考虑镇流器中的功率损失（约为灯管功率的10%），其设备容量应为灯泡额定功率的1.1倍（kW）。

第三个原则：单相负荷的设备容量的折算方法。

当有多台单相用电设备时，应将它们均匀地分配到三相上，力求减少三相负荷的不平衡状态。衡量三相负荷平衡状态的指标为平衡系数 K_{PH}，即

$$K_{PH} = \frac{单相用电设备的总容量}{三相用电设备的总容量}$$

如果 $K_{PH} \leqslant 15\%$，则单相用电设备可按三相平衡考虑，其设备容量无需换算；

如果 $K_{PH} > 15\%$，则单相用电设备的设备容量应按三倍最大相负荷的原则进行换算。

① 单相用电设备接于相电压时：

$$P_e = 3P_N \tag{4-6}$$

② 单相用电设备接于线电压时：

$$P_e = \sqrt{3} P_N \tag{4-7}$$

对于实际工程中如何确定单相负荷的计算容量，见本节的后续内容。

4. 采用需要系数和同时系数确认计算负荷的方法和步骤

采用需要系数和同时系数计算低压电网的计算负荷时，对于处于末级的用电设备组采用需要系数计算负荷参数，然后利用同时系数在二级配电设备中计算获取相关的计算负荷参数，最后还是利用同时系数计算获取一级配电设备或总配电室的计算负荷参数。

以下是计算方法和步骤：

步骤1：利用需要系数计算用电设备组的计算负荷及计算电流。

$$
\begin{cases}
有功功率: P_e = K_X P_{ne} \\
无功功率: Q_e = P_e \tan\phi \\
视在功率: S_e = \sqrt{P_e^2 + Q_e^2} \\
计算电流: I_e = \dfrac{S_e}{\sqrt{3}\,U_n}
\end{cases}
\tag{4-8}
$$

式中，P_e 为乘以需要系数后得到的用电设备组的计算有功功率；P_{ne} 为用电设备的实际有功功率；Q_e 为乘以需要系数后得到的用电设备组的计算无功功率；S_e 为乘以需要系数后得到的用电设备组的计算视在功率；K_X 为需要系数；U_n 为线电压；I_e 为设备组的计算电流。

步骤 2：利用同时系数计算二级配电设备（车间变电所）的计算负荷。

$$
\begin{cases}
有功功率: P_C = K_{\Sigma P} \sum (P_e) \\
无功功率: Q_C = K_{\Sigma Q} \sum (Q_e) \\
视在功率: S_C = \sqrt{P_C^2 + Q_C^2} \\
计算电流: I_C = \dfrac{S_C}{\sqrt{3}\,U_n}
\end{cases}
\tag{4-9}
$$

式中，$\sum (P_e)$ 为二级配电设备所属的各个设备组计算有功功率的总和；$\sum (Q_e)$ 为二级配电设备所属的各个设备组计算无功功率的总和；P_C 为二级配电设备（车间级变电所）的计算有功功率；Q_C 为二级配电设备（车间级变电所）的计算无功功率；S_C 为二级配电设备（车间级变电所）的计算视在功率；I_C 为二级配电设备（车间级变电所）的计算电流；$K_{\Sigma P}$ 为二级配电设备的同时系数；$K_{\Sigma Q}$ 为二级配电设备的同时系数。

步骤 3：利用同时系数计算一级配电设备（总配电所）的计算负荷。

$$
\begin{cases}
有功功率: P_n = K_{\Sigma P} \sum (P_C) \\
无功功率: Q_n = K_{\Sigma Q} \sum (Q_C) \\
视在功率: S_n = \sqrt{P_n^2 + Q_n^2} \\
计算电流: I_n = \dfrac{S_n}{\sqrt{3}\,U_n}
\end{cases}
\tag{4-10}
$$

式中，$\sum (P_C)$ 为各个二级配电设备计算有功功率的总和；$\sum (Q_C)$ 为各个二级配电设备计算无功功率的总和；P_n 为一级配电设备（总配电室）的计算有功功率；Q_n 为一级配电设备（总配电室）的计算无功功率；S_n 为一级配电设备（总配电室）的计算视在功率；I_n 为一级配电设备（总配电室）的计算电流；$K_{\Sigma P}$ 为有功功率同时系数；$K_{\Sigma Q}$ 为无功功率同时系数。

在以上计算方法中，对于二级配电设备（车间变电所），有功功率的同时系数 $K_{\Sigma P}$ 取 0.8~0.9，无功功率的同时系数 $K_{\Sigma Q}$ 取 0.93~0.97；对于一级配电设备（配电所或总降压变电所），有功功率的同时系数 $K_{\Sigma P}$ 取 0.85~1，无功功率的同时系数 $K_{\Sigma Q}$ 取 0.95~1。当简化计算时，同时系数 $K_{\Sigma P}$ 和 $K_{\Sigma Q}$ 都按 $K_{\Sigma P}$ 取值。

式中 $\tan\phi$ 与 $\cos\phi$ 的关系是：

$$\tan\phi = \frac{\sin\phi}{\cos\phi} = \frac{\sqrt{1-\cos^2\phi}}{\cos\phi}$$

需要系数的计算表见表4-2～表4-7。这些表摘自于《电气工程师（实务）设计手册》。

表4-2　民用建筑照明负荷需要系数表

建筑物名称	K_X	说明
单身宿舍楼	0.6～0.7	一开间内1～2盏灯，2～3个插座
一般办公楼	0.7～0.8	一开间内2盏灯，2～3个插座
高级办公楼	0.6～0.7	
科研楼	0.8～0.9	一开间内2盏灯，2～3个插座
教学楼	0.8～0.9	三开间内6～11盏灯，1～2个插座
图书馆	0.6～0.7	
托儿所、幼儿园	0.8～0.9	
小型商业、服务业用房	0.85～0.9	
综合商场、服务楼	0.75～0.85	
食堂、餐厅	0.8～0.9	
高级餐厅	0.7～0.8	
一般旅馆、招待所	0.7～0.8	一开间内1盏灯，2～3个插座，集中洗手间
高级旅馆、招待所	0.6～0.7	单间客房内1～3盏灯，2～3个插座，带洗手间
旅游和星级宾馆	0.35～0.45	单间客房内4～5盏灯，4～6个插座，带洗手间
电影院、文化馆	0.7～0.8	
剧场	0.6～0.7	
礼堂	0.5～0.7	
体育馆	0.65～0.75	
展览厅	0.5～0.7	
门诊楼	0.6～0.7	
一般病房楼	0.65～0.75	
高级病房楼	0.5～0.6	
锅炉房	0.9～1	

表4-3　民用建筑用电设备的需要系数表

序号	用电设备分类	K_X	$\cos\phi$	$\tan\phi$
1	通风和采暖用电			
	各种风机、空调器	0.7～0.8	0.8	0.75
	恒温空调箱	0.6～0.7	0.95	0.33
	冷冻机	0.85～0.9	0.8	0.75
	集中式电热器	1.0	1.0	0
	分散式电热器（20kW以下）	0.85～0.95	1.0	0
	分散式电热器（100kW以上）	0.75～0.85	1.0	0
	小型电热设备	0.3～0.5	0.95	0.33

（续）

序号	用电设备分类	K_X	$\cos\phi$	$\tan\phi$
2	给排水用电			
	各种水泵（15kW 以下）	0.75 ~ 0.8	0.8	0.75
	各种水泵（15kW 以上）	0.6 ~ 0.7	0.87	0.57
3	起重运输用电			
	客梯（1.5t 及以下）	0.35 ~ 0.5	0.5	1.73
	客梯（2t 及以上）	0.6	0.7	1.02
	货梯	0.25 ~ 0.35	0.5	1.73
	输送带	0.6 ~ 0.65	0.75	0.88
	起重机械	0.1 ~ 0.2	0.5	1.73
4	锅炉房用电	0.75 ~ 0.85	0.85	0.62
5	消防用电	0.4 ~ 0.6	0.8	0.75
6	厨房及卫生用电			
	食品加工机械	0.5 ~ 0.7	0.80	0.75
	电饭锅、电烤箱	0.85	1.0	0
	电炒锅	0.70	1.0	0
	电冰箱	0.6 ~ 0.7	0.7	1.02
	热水器（淋浴用）	0.65	1.0	0
7	机修用电			
	修理间机械设备	0.15 ~ 0.2	0.5	1.73
	电焊机	0.35	0.35	2.68
	移动式电动工具	0.2	0.5	1.73
8	通信及信号设备			
	载波机	0.85 ~ 0.95	0.8	0.75
	传真机	0.7 ~ 0.8	0.8	0.75
	电话交换台	0.75 ~ 0.85	0.8	0.75
	客房床头电气控制箱	0.15 ~ 0.25	0.6	1.33

表 4-4　照明用电需要系数表

建筑物名称	K_X	建筑物名称	K_X
生产厂房（有天然采光）	0.8 ~ 0.9	科研楼	0.8 ~ 0.9
生产厂房（无天然采光）	0.9 ~ 1	宿舍	0.6 ~ 0.8
商店、锅炉房	0.9	仓库	0.5 ~ 0.7
办公楼、展览馆	0.7 ~ 0.8	医院	0.5
设计室、食堂	0.9 ~ 0.95	学校、宾馆	0.6 ~ 0.7

表 4-5　九层及以上高层民用建筑需要系数表

户数	K_X	户数	K_X
<20	>0.6	50 ~ 100	0.4 ~ 0.5
20 ~ 50	0.5 ~ 0.6	>100	<0.4

表4-6　化学和石油化工工业的需要系数表

用电设备名称	K_X	$\cos\phi$	$\tan\phi$
气体压缩机（连续运行）	0.95	0.85	0.62
连续运行的泵	0.9	0.85	0.62
一年内间断使用在 1000h 以下的泵	0.6	0.8	0.75
一年内间断使用在 500h 以下的泵	0.3	0.8	0.75
一年内间断使用在 100h 以下的泵	0.1	0.8	0.75
卫生通风机	0.65	0.8	0.75
容量在 28kW 以下的生产用通风机和泵	0.8	0.8	0.75
给水泵和排水泵	0.8	0.85	0.62
混合气体压缩机	0.9	0.90	0.49
空气压缩机	0.8 ~ 0.9	0.90	0.49
循环气体压缩机	0.9	0.90	0.49
冷冻机	0.8 ~ 0.9	0.90	0.49
水泵	0.8 ~ 0.9	0.85	0.62
鼓风机	0.8 ~ 0.9	0.85	0.62
破碎机	0.75 ~ 0.9	0.80	0.75
合成炉	0.7 ~ 0.85	0.95	0.32
硅整流器	0.75 ~ 0.85	0.9 ~ 0.94	0.35 ~ 0.49
试验变压器	0.50	0.50	1.73
球磨机	0.75 ~ 0.9	0.80	0.75

5. 利用分散系数和同时系数计算配电负荷的方法

虽然需要系数法和同时系数法是设计部门实施负荷计算的主要方法，但若已经有了低压配电网系统图，则只需要根据图纸提供的计算电流来确定进线主电路的电流定额即可。这时可采用"额定分散系数"法和同时系数法来确定配电负荷。

我们来看 GB 7251.1—2013 对额定分散系数的定义：

标准号	GB 7251.1—2013
标准名称	《低压成套开关设备和和控制设备　第1部分：总则》
等同使用的 IEC 标准号	IEC 61439—1：2009

标准摘录：

5.4. 额定分散系数（RDF）

额定分散系数是由成套设备制造商根据发热的相互影响给出的成套设备的出线电路可以持续并同时承载的额定电流的标幺值。

标识的额定分散系数能用于：

- 电路组
- 整个成套设备

额定分散系数乘以电路的额定电流应等于或者大于出线电路的计算负荷。出线电路的计算负荷应在相关成套设备标准中给出。

注1：出线电路的计算负荷可以是稳定持续电流或可变电流的热等效值（见附录E）。

额定分散系数适用于在额定电流（I_{nA}）下运行的成套设备。

注2：额定分散系数可识别出多个功能单元在实际中不能同时满负荷或短暂地承载负荷。

在 GB 7251.1—2005 的表 1 里有额定分散系数的值，如下：

主电路数	分散系数	主电路数	分散系数
2 与 3	0.9	6~9（包括9）	0.7
4 与 5	0.8	10 及以上	0.6

在低压电网中可以认为额定相电压为定值，因而额定电流 I_n 与额定电压 U_n 的乘积为额定视在功率 S_n，若定义分散系数为 K_S，则有

$$\begin{cases} I_n = K_S \sum I_L \\ S_n = K_S \sum S_L \end{cases} \qquad (4-11)$$

式中，I_n 为低压电网总进线主电路的额定电流；S_n 为低压电网的总视在功率；K_S 为分散系数；$\sum I_L$ 为被选定负荷的额定电流总和；$\sum S_L$ 为被选定负荷的额定视在功率总和。

【例 4-1】

若一级配电的低压配电柜母线上 20 套馈电回路电流最大值的总和为 1000A，求解主进线断路器的额定电流 I_n，及供电变压器容量参数，补偿电容器容量。

我们将数值代入式（4-11）：

$$\begin{cases} I_n = K_S \sum I_{Load} = 0.6 \times 1000 = 600A \\ S_n = \sqrt{3} U_n I_n = 1.732 \times 400 \times 600 \approx 415.7kVA < 500kV \cdot A \end{cases}$$

计算表明：低压总进线的额定电流为 600A，低压电网的视在功率为 415.7kV·A。根据这些数值，选配电力变压器的容量 S_{TR}，补偿电容容量 Q_C，还有低压进线断路器的额定电流 $I_{INCOMING}$。如下：

$$\begin{cases} S_{TR} = 500kV \cdot A \\ Q_C \approx 0.3\alpha S_{TR} = 0.3 \times 1 \times 500 = 150kvar \\ I_{INCOMING} \geq \dfrac{S_{TR}}{\sqrt{3} U_n} = \dfrac{500 \times 10^3}{1.732 \times 400} \approx 721.7A \end{cases}$$

解得变压器容量为 500kVA，无功补偿电容的容量为 150kvar，低压进线断路器的额定电流为 800A。显然，利用分散系数法确定主进线的额定电流比起需要系数法要简单许多。

对于住宅公寓楼的配电系统还有同时系数的计算方法，这种方法适用于接地系统为 TN 的 230/400V 的低压电网，同时系数见表 4-7。

表 4-7　住宅公寓楼配电设备的同时系数

用电设备的数量	同时系数 K_S	用电设备的数量	同时系数 K_S
2~4	1	25~29	0.46
5~9	0.78	30~34	0.44
10~14	0.63	35~39	0.42
15~19	0.53	40~49	0.41
20~24	0.49	≥50	0.40

利用住宅公寓配电设备的同时系数计算出来的数值一般用于二级和三级配电系统，不适

用于一级配电系统。

6. 单相负载的处理方法

对于三相不平衡电网，例如照明回路，在计算电流时需要折算到三相负荷中。可用式（4-12）来折算：

$$\begin{cases} P = 3\,\mathrm{Max}(P_a, P_b, P_c) \\ I = \dfrac{P}{\sqrt{3}\,U_p \cos\phi} \end{cases} \tag{4-12}$$

式中，P_a 为 A 相功率；P_b 为 B 相功率；P_c 为 C 相功率；P 为折算后的计算功率；U_p 为电网线电压；I 为计算电流；$\cos\phi$ 为功率因数，一般取 0.8。

【例 4-2】

设 A 相的负载功率为 20kW，B 相的负载功率为 10kW，C 相的负载功率为 5kW，试求计算电流。

我们已经知道三相中最大功率是 $P_a = 20\mathrm{kW}$，于是计算电流为

$$I = \frac{3P_a}{\sqrt{3}\,U_p \cos\phi} = \frac{3 \times 20 \times 10^3}{1.732 \times 400 \times 0.8} \approx 108.3\mathrm{A}$$

4.1.3 三相和单相混合配电方式线路损耗的影响和计算

供电线路中的线路损耗表现在线路的供电半径、导线连接方式、导线型号规格等许多方面。其中以供电半径和导线型号对线路损耗的影响较大。

以下简单地分析供电半径对线路损耗的影响。

1. 线路供电半径对三相配电线路损耗的影响

在导线相同的条件下，供电半径的不同，线路的损耗当然也不同。

设线路负荷功率为 $P(\mathrm{kW})$，负载电流为 $I(\mathrm{A})$，导线单位长度电阻为 $r(\Omega)$，线路功率因数为 $\cos\phi$，线路电压为 $U(\mathrm{kV})$，变压器的容量为 $(\mathrm{kV \cdot A})$，线路长度为 $L(\mathrm{km})$，则三相有功线路损耗率 $\Delta P_3\%$ 为

$$\begin{cases} P = \sqrt{3}\,UI\cos\phi \\ \Delta P_3\% = \dfrac{P_3}{P} = \dfrac{k_3 r L P \times 10^3}{U^2 \cos^2\phi} \end{cases}$$

在上式中，k_3 叫做三相不平衡引起的损耗增大系数，LP 又叫做负载矩。

由上式可以看出，线路的线损率与电压和功率因数成反比，与功率、电流和线路长度和导线电阻成正比。

对于一条线路来说，线路长度是固定的，导线电阻也是一定的。同时，U 和 $\cos\phi$ 在一定的值附近波动，故将 U 和 $\cos\phi$ 视为定值，取 $U = U_N$。同时，注意到负荷一般位于线路末端，故线损率集中于线路末端的 1/2 处，且线路的年损耗率正比于该线路的平均负荷，则有

$$\begin{cases} \Delta P_3\% = \dfrac{k_c k_3 r L \overline{P} \times 10^3}{2U^2 \cos^2\phi} \\ \overline{P} = \dfrac{\text{年供电量}}{8760} \end{cases}$$

上式中的 k_c 为比例系数。

我们由此看出，三相线路的线损率与线路长度和负载矩成正比。当线路导线的型号规格

和长度确定后，同时负载矩为定值，则线路线损率亦为定值，与线路长度无关。

2. 线路供电半径对单相配电方式的线损影响

我们来看单相配电方式的线损率 $\Delta P_1\%$ 计算式，如下：

$$\Delta P_1\% = \frac{3k_c rL \overline{P} \times 10^3}{U^2 \cos^2\phi}$$

和三相配电线路线损率 $\Delta P_3\%$ 相比较，我们发现 $\Delta P_1\%$ 表达式的分子多了3，少了 k_3，而分母少了2，于是两者相差 $2\times 3/k_3 = 6/k_3$ 倍。如果我们取 $k_3 = 1.2$，则单相配电线损率为三相配电线损率的 $6/1.2 = 5$ 倍。

需要注意的是，这里所指的单相配电线路指的是 L 和 N 的组合，或者 L 和 PEN 的组合，也即单相两线制。在这里，PE 线不能算作"线"，具体见 1.5.2 节的内容。

3. 三相供电线路和单相供电线路线损率的影响分析

在通常情况下，单相配电方式的供电半径及供电负荷量均小于三相配电方式。

例如，我们取单相配电方式供电半径为三相配电方式的 1/2，同时负荷量为三相配电方式的 1/4，$k_3 = 1.2$，且导线（电缆）的截面相同，则有

$$\Delta P_1\% = \frac{3\times 2 \times \Delta P_3\%}{1.2 \times 2 \times 4} = 0.625\Delta P_3\%$$

也就是说，单相供电线路相当于将 1 台三相电力变压器改由 4 台单相电力变压器来供电，线路损耗率将降低 37.5%。如果三相配电方式的低压配电线路的线损率为 6%，则单相两线制配电线路的线损率将比三相配电线路的线损率降低 2%。

4.2　低压配电电器的配置方法

低压配电电器大量应用在配电设备的各类主电路中。所谓主电路，指的是传递电能的回路。这些主电路包括：低压进线主电路、低压母联主电路、低压电源互投主电路、低压馈电主电路、低压电动机控制主电路和低压无功功率补偿主电路等。

以下对这些主电路进行逐项分析。

4.2.1　低压进线和母联主电路的设计及低压电器配置方法

1. 低压进线主电路的设计和配置方法

图 4-2 所示为低压进线、母联和馈电回路，图中，有 I 段进线主电路，还有母联主电路。

图 4-2 的左上方就是低压进线回路。我们看到进线回路的上游电源侧是电力变压器低压侧，下游出线侧是系统母线，因此有时又把进线回路叫作受电回路。

进线回路的特点如下：

（1）进线回路中的断路器

低压进线断路器一般采用抽出式框架断路器 ACB，在电流较小时也可酌情使用抽出式塑壳断路器 MCCB。

在图 4-2 中，我们看到进线回路断路器图符的上下侧绘制有接插图符，表明此断路器为抽出式断路器。

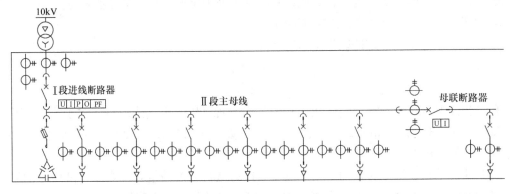

图 4-2　低压进线、母联和馈电回路

进线回路断路器有两个作用，其一用于线路的合分操作，其二用于隔离。

隔离的用途是为了系统检修时确保人身安全，因此隔离器必须要有明确的断点，见 2.3.1 节中有关隔离开关的说明。如果断路器为抽出式的，那么它就有明确的断点，可以满足进线回路的隔离要求；如果断路器为固定式的，那么在变压器低压侧与断路器之间必须加装隔离开关。

（2）进线回路断路器的线路保护方式

断路器的保护方式包括：长延时过载 L 保护、短延时短路 S 保护、瞬时短路速断 I 保护和接地 G 保护。

注意这里的接地故障 G 保护，也即单相接地故障保护。区别于用于人身安全的漏电保护，G 保护的门限值要大得多。一般地，漏电动作电流在 30mA 及以下用于人身安全防护，30 ~ 100mA 则用于人身安全防护和电气火灾防护，100mA 以上均为电气火灾（即消防防护）。

有关断路器的线路保护见 2.5.2 节的说明。

（3）**断路器操作方式和操作机构**

断路器的操作方式分为断路器本体手动操作和电动操作两种方式。

电动操作机构中包括：储能电动机、电动弹簧储能机构、YC 合闸线圈、YO 分闸线圈等。

有关断路器的操作方式和操作机构的说明见 2.5.1 节的说明。

（4）**低压配电柜内的保护接地形式**

保护接地形式为 TN－S 或 TN－C。若采用 TN－S，则将电力变压器的低压侧中性线直接接地后分为 N 线和 PE 线连同三条相线一同引入低压配电柜；若采用 TN－C，则将电力变压器的低压侧中性线与接地线合并为 PEN 后连同三条相线一同引入低压配电柜。

在低压配电柜内，主母线包括相线主母线铜排 L11/L12/L13，还包括中性线 N 铜排和保护接地线 PE 铜排或者 PEN 铜排。

（5）**低压进线回路的电参量测量**

低压进线主电路的测量的具体内容包括：

电压测量：三相电压 U_a、U_b、U_c、U_{ab}、U_{bc}、U_{ca}；

电流测量：三相电流 I_a、I_b、I_c，零序电流 I_n；

功率、电能和功率因数测量：三相有功功率 P、三相无功功率 Q、三相有功电能 W、三相功率因数 PF；

频率测量和谐波测量：频率 F 和谐波的百分率。

从图 4-2 中我们看到，进线回路对电流的测量依靠进线回路的电流互感器。系统共配置的 4 只电流互感器，其中 3 只用于电流测量，1 只用于补偿电容控制器的电流测量。电压测量的采集点位于电力变压器的低压侧，测量回路上配备了熔断器。其他测量则通过电流波形和参量以及电压波形和参量联合计算获得。

零序电流的测量通过接在中性线上的零序电流互感器进行。

测量既可依靠断路器外部的电流、电压测量回路进行，也可依靠断路器脱扣器的测量系统来实现。

测量值的显示可采用普通测量表计或多功能数字表计，若选用断路器自身测量则电参量将显示在保护单元的面板上。

（6）低压进线回路的参数选择

低压进线主电路断路器的参数选择关系到低压配电的全局，关系到配电柜主母线的载流量，关系到各级断路器保护参数的选择及保护匹配，同时还对配电线路的过载、欠电压、失电压、短路保护和接地故障保护等参数产生影响。因此，主进线回路是事关全局的重要功能单元。

低压进线主电路断路器需要执行断开短路电流的任务。对于断路器来说，额定极限短路分断能力是指当断路器在 1.1 倍额定工作电压、额定频率以及规定的功率因数时能断开的短路电流。它应当不小于安装地点的短路全电流的有效值。

当低压电网发生短路时，超过额定电流数倍乃至于十几倍的短路电流流过低压断路器和母线系统，对全系统产生巨大的短路电动力冲击和热冲击。短路过程结束后，低压开关设备需要继续工作，所以额定短路分断能力和短时耐受电流就是衡量低压开关电器的动热稳定性的关键技术指标。

我们来看断路器的时间 – 电流特性曲线，如图 4-3 所示。

断路器的过载长延时 L 参数的脱扣电流为 I_{r1}，短路短延时 S 参数的脱扣电流为 I_{r2}，短路瞬时 I 参数的脱扣电流为 I_{r3}。

从图 4-3 中可以看出：$I_{r3} < I_{cw} < I_{cu}$，即短时耐受电流 I_{cw} 居于断路器的 I 参数脱扣电流 I_{r3} 和额定极限短路分断能力 I_{cu} 之间。由于断路器的额定短路接通能力峰值 I_{cm} 等于断路器额定极限短路分断能力 I_{cu} 与峰值系数 n 的乘积，所以当冲击短路电流峰值 I_{pk} 流过断路器时，断路器仍然能保持正常而不至于损坏。

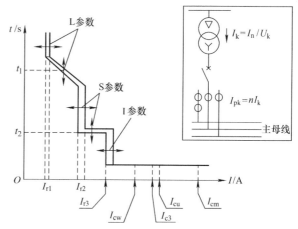

图 4-3　低压进线断路器的时间 – 电流特性曲线

有关断路器的极限短路分断能力 I_{cu}、短路接通能力 I_{cm} 的说明见 1.3.2 节和 2.5.2 节。

这一点是非常重要的。因为断路器分断短路电流的瞬时脱扣时间是 12 ~ 30ms，因此当发生短路时，变压器产生的冲击短路电流峰值 I_{pk} 一定会流过断路器，断路器必须要具有承受和抵御冲击短路电流产生的电动力作用能力。

冲击短路电流峰值 I_{pk} 流过断路器后将被引至低压配电柜的水平主母线上，所以低压配电柜的水平主母线也必须要能够承受 I_{pk} 的冲击。

断路器的热稳定性用额定短时耐受电流 I_{cw} 来表达，额定短时耐受电流 I_{cw} 应当满足式（4-13）。

$$I_{cw}^2 T \geq I_k^2 (T_k + 0.05) \qquad (4-13)$$

式中，I_{cw} 为开关电器的额定短时耐受电流（kA）；I_k 为持续短路电流（kA）；T_k 为短路时间（s）；T 为开关电器的热稳定试验时间（s）。

在断路器的样本中对额定短时耐受电流 I_{cw} 给出两个试验时间，即 1s 和 3s，利用式（1-11），我们可以推算出 1s 和 3s 时对应的短时耐受电流。

我们已经知道冲击短路电流存在的时间仅仅只有 0.1~0.2s，取允通电流为 I_{cw}（1s），代入式（4-13）后我们可以得出结论：

$$I_{cw}(1s) \geq (0.71 \sim 0.92) I_k \qquad (4-14)$$

式中，I_{cw} 为断路器短时耐受电流；I_k 为变压器产生的短路电流。

对用于低压进线的断路器，只要其额定短时耐受电流 I_{cw} 大于变压器产生的持续短路电流 I_k 的（71%~100%）即可满足要求。

结合本书第 1 章和第 2 章的内容，我们来分析有关低压进线主电路断路器的参数配置方案。

表 4-8 是根据变压器容量计算和确定低压进线断路器参数的方法。

表 4-8　根据变压器容量计算和确定低压进线断路器规格参数

内容	计算公式
变压器容量 S_n	$S_n = \sqrt{3} U_n I_n$
变压器额定电流 I_n	$I_n = \dfrac{S_n}{\sqrt{3} U_n}$
变压器短路电流 I_k	$I_k = \dfrac{I_n}{U_k}$
变压器冲击短路电流峰值 I_{pk}	$I_{pk} = n I_k$
进线断路器额定电流 $I_{n(QF)}$	$I_{n.(QF)} \geq I_n$
进线断路器极限短路分断能力 I_{cu}	$I_{cu} \geq I_k$
进线断路器短时耐受电流 I_{cw}	$I_{cw} \geq (0.71 \sim 1.00) I_k$
进线断路器短路接通能力 I_{cm}	$I_{cm} = n I_{cu}$

表 4-9 是常见的电力变压器参数表。

表 4-9 电力变压器的参数

变压器的额定功率 $S_n/kV \cdot A$	变压器二次侧线电压 U_p 为 400V (AC)		
	额定电流 I_n/A	持续短路电流 I_k/A	
		阻抗电压的额定值 $U_k = 4\%$	阻抗电压的额定值 $U_k = 6\%$
50	72	1805	1203
100	144	3610	2406
200	288	7220	4812
315	455	11375	7583
400	578	14450	9630
500	722	18050	12030
630	910	22750	15160
800	1156	28900	19260
1000	1444	36100	24060
1250	1804	45125	30080
1600	2312	57800	38530
2000	2890	72250	48170
2500	3613	90325	60210
3150	4552	11380	75870

【例 4-3】

设某电力系统的变压器规格为 $S_n = 1250 kV \cdot A$，变压器的阻抗电压为 4% 或 6%。求解低压进线断路器的选用规格。

解：

根据表 4-9 得知：

变压器的额定功率 $S_n/kV \cdot A$	变压器二次侧线电压 U_n 为 400V (AC)		
	额定电流 I_n/A	持续短路电流 I_k/kA	
		阻抗电压 $U_k = 4\%$	阻抗电压 $U_k = 6\%$
1250	1804	45.1	30.1

若变压器阻抗电压取 6%，则短路电流 $I_k = 30.1 kA$，冲击短路电流峰值 $I_{pk} = 63.2 kA$。我们来看 ABB 的 Emax 系列断路器的规格，如图 4-4 所示。

从图 4-4 中可以看出，选择 E2N2000 断路器是最合适的，注意它的极限短路分断能力为 65kA，此值远大于变压器的计算短路电流 30.1kA。

系列产品的共同特性		
电压		
额定工作电压 U_e	[V]	690 ~
额定绝缘电压 U_i	[V]	1000
额定冲击耐受电压 U_{imp}	[kV]	12
运行温度	[°C]	-25~+70
储存温度	[°C]	-40~+70
频率 f	[Hz]	50~60
极数		3-4
型式		固定式-抽出式

			E1			E2			
性能水平			B	N	S	B	N	S	L
电流：额定不间断电流 (40 ℃) I_u		[A]	800	800	800	1600	1000	800	1250
		[A]	1000	1000	1000	2000	1250	1000	1600
		[A]	1250	1250	1250		1600	1250	
		[A]	1600	1600			2000	1600	
		[A]						2000	
4极断路器的N极容量		[%I_u]	100	100	100	100	100	100	100
额定极限短路分断能力 I_{cu}									
220/230/380/400/415 V ~		[kA]	42	50	65	42	65	85	130
440 V ~		[kA]	42	50	65	42	65	85	110
500/525 V ~		[kA]	42	50	65	42	55	65	85
660/690 V ~		[kA]	42	50	65	42	55	65	85
额定运行短路分断能力 I_{cs}									
220/230/380/400/415 V ~		[kA]	42	50	65	42	65	85	130
440 V ~		[kA]	42	50	65	42	65	85	110
500/525 V ~		[kA]	42	50	65	42	55	65	65
660/690 V ~		[kA]	42	50	65	42	55	65	65
额定短时耐受电流能力 I_{cw}	(1s)	[kA]	42	50	65	42	55	65	10
	(3s)	[kA]	36	36	65	42	42	42	–
额定短路合闸能力 (峰值) I_{cm}									
220/230/380/400/415 V ~		[kA]	88.2	105	143	88.2	143	187	286
440 V ~		[kA]	88.2	105	143	88.2	143	187	242
500/525 V ~		[kA]	75.6	75.6	143	84	121	143	187
660/690 V ~		[kA]	75.6	75.6	143	84	121	143	187
使用类别 (根据IEC 60947-2)			B	B	B	B	B	B	A

图 4-4　ABB 的 Emax 系列 E1 断路器和 E2 断路器的技术数据

（7）选择低压进线回路断路器的极数

若低压系统的接地方式为 TN-C，则低压进线采用三级断路器；若低压系统的接地方式为 TN-S 并且采用四段的 LSIG 保护，则低压进线要采用四极断路器，相应地主母线也要采用四极的母排配置方案。

（8）低压进线回路与母联回路的互锁关系和互锁方式

进线回路断路器和母联回路断路器的投退需要满足一定的逻辑关系，以两进线单母联的系统为例，若Ⅰ、Ⅱ段进线断路器的符号是 QF1 和 QF2，母联断路器的符号是 QF3，则三者之间的合闸互锁关系如下：

$$\begin{cases} QF1_{合闸} = \overline{QF2} + \overline{QF3} \\ QF2_{合闸} = \overline{QF1} + \overline{QF3} \\ QF3_{合闸} = \overline{QF1} + \overline{QF2} \end{cases} \tag{4-15}$$

式中，QFx 为该断路器处于闭合状态；$\overline{QFx}$为该断路器处于打开状态，符号上方加横杠表示逻辑反；QFx$_{合闸}$为断路器的合闸线圈。

式（4-15）的物理意义是：三台断路器在任何时刻只允许两台断路器同时合闸。

进线、母联之间的互锁关系可通过三种方式建立。

1) 互锁方式之 1——机械互锁：通过机械结构（拉杆或钢丝软线）建立互锁关系。机械互锁性能可靠，但有控制距离的限制。

2) 互锁方式之 2——电气互锁：电气互锁无需机械结构件，只需要将控制电缆在 3 台断路器的二次控制电路中建立互锁关系即可。电气互锁没有距离限制，安装方便，控制灵活。特别是当系统中配套了以 PLC 作为逻辑控制单元后，可以实现任意复杂程度的互锁关系。

3) 互锁方式之 3——合闸钥匙互锁：断路器的本体合闸按钮可以用钥匙锁定或解锁。为 3 台需要互锁的断路器仅配套 2 把钥匙，则可实现合闸钥匙互锁。

（9）低压进线回路的四遥

低压进线回路可实现四遥操作，即遥测、遥信、遥控和遥调操作。其中遥测是指远方测量各种电参量和模拟量；遥信是指各种开关量，例如断路器的状态、保护动作状态、选择开关状态、低电压信号等开关量；遥控是指远方对断路器实现合分闸操作；遥调是指远方采集和设定保护参数。实现四遥的方法有多种：

1) 通过断路器脱扣器实现四遥功能：断路器的脱扣器按要求配上对应的通信模块、数据采集模块，并且对通信接口进行定义后就可实现四遥功能。

2) 通过进线单元的智能仪表实现三遥功能：通过进线单元配置的智能仪表能够实现三遥功能，即遥测、遥信和遥控，但不能实现遥调功能。

一般进线回路配置的电流互感器其过载倍数为 2 倍额定值。当进线主电路流过相当于 $6 \sim 15$ 倍 I_n 的短路电流时，电流互感器将进入饱和状态而无法实现测量短路电流的功能。因此利用智能仪表只能测量一般的工作电流和过载电流。

测量短路电流必须利用断路器脱扣器来实现。断路器内部测量互感器采用罗氏线圈，它不具有饱和特性，可以准确地测量短路电流。

3) 利用传感器加上 PLC 实现三遥功能：利用传感器加上 PLC 能够实现类似智能仪表的遥测、遥控和遥信功能，但同样不能实现遥调功能及遥测短路电流的功能。

2. 低压母联主电路的设计方法

低压进线回路断路器的保护对象主要是电力变压器和系统主母线，而母联断路器的保护对象就只有系统主母线。

这里讨论的是图 4.2 的范例图，进线和母联系统图如图 4-5 所示。

（1）母联回路断路器的进出线方式

母联断路器的进出线一次接线端子通过连接铜排连分别连接主母线上。当电流比较大时，则每段的主母线都将占满母线小室的上部和下部，母联断路器的进出线一次接线端子将通过连接铜排连接到各段主母线的上部和下部铜排上。

我们来看图 4-5。

从图 4-5 中可见，低压配电柜的两段主母

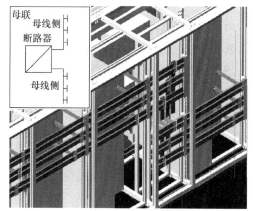

图 4-5　母联回路断路器的进出线方式

线以母联为中心对称地安排在母线室的上部和下部，母联断路器利用连接铜排与两段主母线分别搭接。

在很多情况下，母联主电路与低压进线主电路不在同一列开关柜中，母联主电路可通过电缆或者母线槽与另列开关柜中的主母线相连，此时母联断路器的进出线方式与进线断路器进线方式类似。

（2）母联回路中的断路器

低压母联回路的断路器与进线回路的断路器相同，一般采用抽出式框架断路器，当电流比较小时也可采用塑壳断路器。

（3）保护方式

母联断路器的保护对象是母线，所以母联断路器常常采用 L－I 保护方式，即采取长延时过载 L 保护和瞬时速断短路 I 保护。

（4）断路器操作方式

断路器的操作方式分为断路器本体手动操作和电动操作两种方式。电动操作机构中包括：储能电动机、电动弹簧储能机构、YC 合闸线圈、YO 分闸线圈等。

（5）低压配电柜内的保护接地形式

当低压配电柜的保护接地形式为 TN－S，若低压进线回路采用四段保护方式，则母联必须采用四极断路器；若低压配电柜的保护接地形式为 TN－C，且进线断路器采用三段保护，则母联可以采用三极断路器。

（6）母联回路的电气测量

母联回路电气测量的具体内容包括：

电压测量：三相电压 U

电流测量：三相电流 I_a、I_b、I_c

母联回路共配置的 3 只电流互感器用于电流测量。

因为有两段母线，所以母联回路一般不采集母线电压参量。若一定要采集电压参量则电压信号的采集点一般固定于某段母线上。电压测量回路中配备了熔断器对电压信号回路进行保护。

电压和电流参量的测量可借助于测量仪表，也可依靠断路器自身的保护装置来采集信息。

（7）母联回路的四遥

低压母联回路也可实现遥测、遥信、遥控和遥调操作。

（8）低压母联回路与进线回路的互锁关系和互锁方式

与进线回路断路器相同，母联回路断路器的投退需要满足一定的电气逻辑关系。对于两进线单母联的系统，其合闸互锁逻辑参见式（4-15）。

与进线回路相同，母联回路的互锁关系也可通过机械互锁、电气互锁和合闸钥匙互锁来实现。

母联回路与进线回路的投退模式有四种，分别是手投手复模式、手投自复模式、自投手复模式和自投自复模式。

这里所指的"投"是针对母联断路器的：当某段进线失压后，首先分断进线断路器，然后投入母联断路器；这里所指的"复"是针对进线断路器：当某段进线的电压恢复后，首先分断母联断路器，然后闭合进线断路器。

进线和母联的投退关系又被称为备用电源自动投切，简称为"备自投"操作。

备自投操作的电气逻辑关系可利用时间继电器和中间继电器来建立，也可利用 PLC 来建立。由于 PLC 可以建立比较复杂的电气逻辑关系，因此在电气逻辑关系比较复杂或者进线母联的投退操作必须要有足够的时间准确性和可靠性时，建议采用 PLC 来实施备自投投退操作。

进线和母联的操作有时还要求具有倒闸功能：即当进线回路出现电压异常进线断路器分断后，母联自动闭合；当进线电压恢复后，首先将进线断路器闭合然后才将母联退出。这样能使得母线上始终有电压，负荷能在不失电的状态下从备用电源供电转为正常电源供电。

倒闸操作的最显著特征是两电力变压器将出现短暂的并列运行状况。为此，能够实现倒闸功能的电力变压器的接线方式和阻抗电压必须一致，并且要由同一路中压电源供电。

4.2.2　低压接地系统与进线、母联主电路断路器的极数问题

1. 各种电源接地系统中有关中性线的保护方案

中性线的截面积与低压电网的接地形式密切相关。如果中性线的截面规格选择正确时，一般无需为中性线配备特殊的保护措施，因为相线的保护措施足以兼顾到中性线的保护。如果中性线因为三次谐波电流的原因或中性线的截面积不够大，则中性线需要配备过载保护和短路保护。

在 TN – C 系统中，中性线同时也是保护 PE 线，所以 TN – C 系统下的中性线 PEN 在任何情况下不得断开。

在 TT、TN – S 和 IT 系统中，当低压配电网的线路发生故障时则要求断路器同时断开所有线路，其中包括中性线。

表 4-10 是在 TT、TN – C 和 TN – S 系统中断路器对中性线保护配置方案。

表 4-10　在 TT、TN – C 和 TN – S 系统中断路器对中性线保护配置方案

低压电网线制	TT	TN – C	TN – S
三相四线制且中性线截面小于相线截面 $S_n < S_{ph}$			
三相四线制且中性线截面大于或等于相线截面 $S_n \geqslant S_{ph}$			

2. 在低压配电系统中使用四极隔离开关和四极断路器的问题

若某低压配电网是单电源供电的，将三条相线切断后，中性线有可能会带危险电压。其原因是：

1）低压配电网内发生单相接地故障，故障电流在低压配电所内接地极电阻 R_b 上产生

电压降，使中性点和中性线对地带危险电压。

2）若中压侧保护接地和低压侧系统接地共用接地装置，当中压侧发生接地故障时，其故障电流在低压配电所内接地极电阻 R_b 上产生电压降，使中性点和中性线对地带危险电压。

3）低压线路上感应的雷电过电压沿中性线进入电气装置内。

这些中性线上的危险电压可能持续时间长，或者电压幅值非常高，都可能在电气维修时引发电气事故。为此，在低压配电柜或者在线路的适当位置中装设四极隔离开关，用以实现中性线电气隔离。

装设四极隔离开关需要注意以下若干问题：

1）TN‒C 接地系统中不允许装设四极隔离开关。虽然采用四极开关切断中性线可保证电气维修安全，但 TN‒C 系统的 PEN 线内包含 PE 线，而 PE 线是严禁切断的，因此 TN‒C 系统内不允许装用四极开关。

2）TN‒C‒S 接地系统和 TN‒S 接地系统中可不必装设四极隔离开关。IEC 标准和我国电气规范都规定了在建筑物内设置总等电位联结的要求，一些未做总等电位联结的老建筑物因金属结构、管道等互相之间的自然接触，也具有一定的等电位联结作用。由于这一作用，TN‒C‒S 系统和 TN‒S 系统可不必为电气维修安全装用四极开关。

3）TT 接地系统需要在低压配电柜进线处装设四极隔离开关。在 TT 系统内，即使建筑物内设置有总等电位联结，也需为电气维修安全装用四极开关。

因为 TT 系统内的中性线和总等电位联结系统是不相连通的，所以 TT 系统中的电源中性线带有一定的电压，设此电压为 U_b。如图 4-6 的图 1 所示。

当 TT 系统电源接入低压配电柜后，低压配电柜的外壳接入总等电位联结系统，并且总等电位联结的电压为地电位即 0V。可见，低压配电柜的外壳被良好接地。

我们看图 4-6 的图 2。当 TT 系统发生单相接地故障后，接地电流 I_d 流过变压器中性点接地极电阻 R_b，于是在 R_b 上产生了较高的电压 U_b 并使得 N 线电压上升，有可能对人身产生伤害作用。

为此 TT 系统应在低压配电柜的电源进线处装设四极开关，即图 4-6 中的 QF 采用四极抽出式断路器，或者在断路器前加装四极隔离开关。

4）IT 接地系统

IT 接地系统一般采用三相三线制，不引出 N 线。如果 IT 接地引出了中性线，当发生单相接地故障时，中性线对地电压将上升为相电压。考虑到电气维修安全，低压配电柜的进线处需要选配四极进线开关。

3. 双电源切换对开关极数的要求

变压器电源和自备发电机电源之间的切换是否需要断开中性线与许多条件或因素有关，包括两电源回路的接地系统类别、两电源回路是否接入同一套低压配电柜、系统接地的设置方式、电源回路有无装设 RCD 或者单相接地故障保护等等，情况较为复杂。为此，IEC 标准并未做出明确的规定。

我们来看如下不同的双电源配置方案：

1）**两电源安装在同一场所内，且共用相同的低压配电柜**，则进线回路或者双电源切换回路应当采用四极开关。

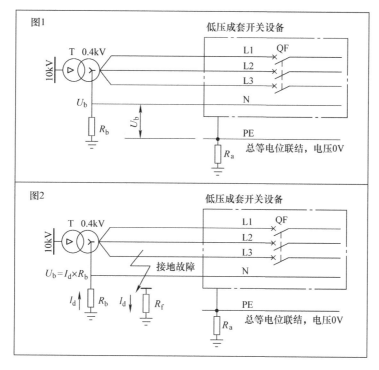

图 4-6　TT 系统 N 线上的电压 U_b

我们看图 4-7。

从图 4-7 中，我们看到用电设备的前端安装了两只带 RCD 保护的三极断路器 QF11 和 QF21 作双电源互投，我们假定 QF11 合闸而 QF21 分断。我们看到无论是用电设备发生了单相接地故障还是三相不平衡，单相接地故障电流或者三相不平衡造成的中性线电流均有可能流过 QF21 回路的 N 线和 PE 线。因为 QF21 的 RCD 保护作用，QF21 处于保护动作状态，无法进行有效的合闸。反之亦然。

图 4-7 中从 QF21 回路的中性线或者 PE 线流过的电流就是非正规路径的中性线电流。非正规路径的中性线电流所流经的通路有可能形成包绕环，包绕环内产生的磁场将可能对敏感信息设备产生干扰，同时还有可能产生断路器误动作。

解决的办法就是将 QF11 和 QF21 采用四极开关，切断故障电流流过的通路。

2）**双路配电变压器互为备用电源，或者变压器与柴油发电机互为备用电源，且变压器和发电机的中性点均就近直接接地。**若两套电源共用低压配电柜，则进线回路应当采用四极开关，如图 4-8 所示。

从图 4-8 中，我们看到低压配电网为 TN－S 接地型式，且变压器的中性点就近接地，从变压器引三相、N 线和 PE 线到低压配电柜进线回路中。低压进线断路器和母联断路器均为三极开关，进线断路器配套了单相接地故障保护。正常使用时两进线断路器闭合而母联打开。

当 I 母线上的用电设备发生单相接地故障时，我们看到正确的路径是：用电设备外壳→PE 线→PE 线和 N 线的结合点→I 段 N 线→I 段接地故障电流检测→I 段变压器。这条路径是正确的。

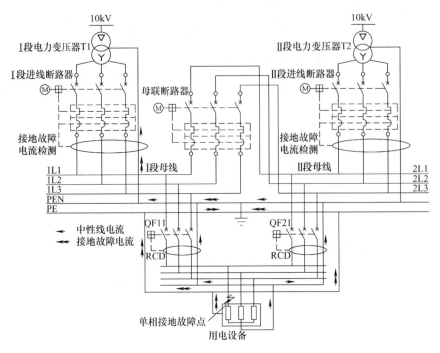

图4-7　安装在同一场所内的双电源互投方案之故障电流

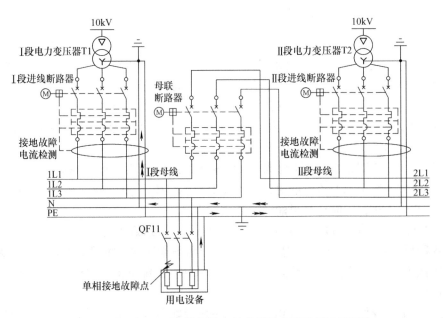

图4-8　在TN−S下进线回路和母联回路应当采用四极开关

由于N线和PE线结合点的不确定性，例如此点可安装在两进线回路的进线处，于是单相接地故障电流的非正规路径可能是：用电设备外壳→PE线→Ⅱ段进线PE线和N线结合点→Ⅱ段N线→Ⅱ段接地故障电流检测→Ⅰ段N线→Ⅰ段接地故障电流检测→Ⅰ段变压器。沿着这条路径流过的电流就是非正规路径的中性线电流，它可能引起Ⅱ段进线断路器跳闸，使得事故扩大化。

　　解决的办法就是将低压进线回路和母联回路均采用四极开关，切断故障电流流过的非正规路径，消除事故隐患。

　　同理，若将其中一台变压器更换为发电机，则发电机的进线断路器也必须采用四极开关。

　　结论：

　　当两套电源同处一室（共地），且共用同一套低压配电柜，则低压配电柜的进线和母联回路需要使用四极开关。

　　3）**两套电源同处一室**（共地），**但不共用低压配电柜**，则二级配电设备中的电源转换开关可采用三极开关，如图 4-9 所示。

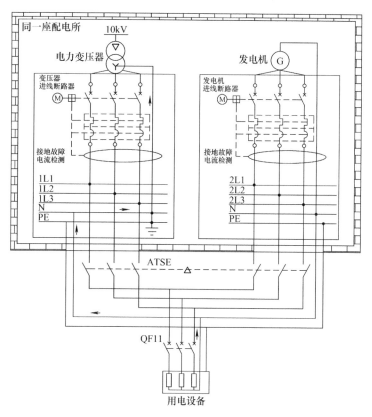

图 4-9　互为备用电源时 ATSE 可采用三极开关

　　从图 4-9 中，我们看到变压器与发电机在同一座低压配电所内，但两者不共用低压配电柜。

　　我们看到二级配电设备的断路器 QF11 的负载发生了三相不平衡，于是用电设备的中性线中出现了三相不平衡电流。三相不平衡电流的路径是：

　　用电设备中性线 N 极→二级配电设备 N 线→变压器配电中性线→变压器进线回路的接地故障电流检测→变压器中性点 N。这条路径是常规的路径。

　　由于 ATSE 的转换是单方向的，它只能在变压器进线和发电机进线中单选一，因此中性线电流不会出现在非常规的路径中。

在此情况下，ATSE 开关可以使用三极的产品。

4.2.3 低压配电系统双电源互投主电路的设计和配置方案

ATSE 一般用于双电源互投。从图 4-10 所示的 ATSE 在市电供电与发电机电源执行互投操作。

1. 构建低压配电网中的 ATSE 双电源互投

从本书第 2 章的 2.4 节中我们已经知道 ATSE 不具备分断能力，所以 ATSE 不能在带载状态下分断电路，其电源侧必须加装主动式元件——断路器或者熔断器。当电源容量较小时，例如变压器容量小于 630kVA 的进线回路，或者二级配电设备中的进线回路，则可以直接使用 ATSE 执行电源切换。

图 4-10 中，当市电 T1 变压器失压后，低压总配电的 Ⅰ 段母线失压，MCC 系统的 QF5 释放，QF6 闭合，ATSE 立即会切换到 Ⅱ 段母线供电。

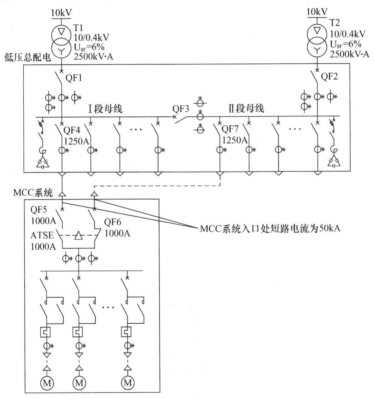

图 4-10　低压电网中的 ATSE 双电源互投操作

我们来分析图 4-10 的电路：容量为 2500kV·A 的电力变压器在低压侧的额定电流是 3609A，短路电流是 60.2kA，冲击短路电流峰值是 132.4kA。图中的 ATSE 处于二级配电的 MCC 系统中，并且 MCC 系统的入口处短路电流强度为 50kA。

我们来看第 2 章 2.4.2 节，其中 1000A 的 GE 开关短路电流是 65kA，所以图中的 ATSE 用 GE 正好合适。

如果我们在 2500kV·A 电力变压器引入低压总配电的入口处也使用 GE 开关就不合适了。GE 开关的最大额定电流才 3000A，不足以带动系统，所以 QF1 和 QF2 必须使用断路器。

我们看到进线断路器 QF1、QF2 和母联断路器 QF3 构成了 CB 级的 ATSE，它们之间的投退关系被称为备自投操作，简单的备自投操作可用 2.4.2 节中描述的 ABB 的 DPT/TE 来实现。

DPT/TE 虽然能实现简单的进线断路器、母联断路器备自投操作和控制，但其功能相对单一。若备自投的投退关系较为复杂，例如备自投操作时需要对侦测测量表计熔断器的熔断状况、需要侦测中压断路器的投退状况及变压器运行保护状态，还有发生短路故障时母联断路器的后加速退出、三级负荷总开关的切除和投入、操作模式的选择和转换（自投自复、自投手复、手投自复和手投手复）、倒闸操作（变压器短时并列运行）及同期操作等，DPT/TE 是难以胜任的。在这种情况下还是使用常规的控制方法为好，或者用 PLC 来实现备自投程序控制。

在使用 DPT/SE 和 DPT/TE 时注意到要为器件的工作电源配套 2kV·A 的 UPS，使得在市电电源出现失压时控制回路仍然有电能供应，便于执行对应的备自投投退操作。

2. 市电与发电机通过 ATSE 互投

ATSE 的中性线重叠功能和中性线先合后分技术很重要，它可以避免负载受到不必要的 N 线瞬间过压冲击。注意到满足这些功能的 ATSE 一定是 PC 级的。

若低压配电系统采用 TN-S 的保护接地方式，并且进线侧的断路器都配备了接地故障保护，则一定要切断 N 线上流过的接地电流。在 TN-S 接地系统下，若某段母线上的馈电回路在某处出现接地故障，因为接地极阻抗的原因有可能在 PE 线上和 N 线上流过杂散的接地电流，使得本段母线的进线断路器不跳闸而它段母线的进线断路器却跳闸。

采取的方法是将进线断路器、母联断路器和 ATSE 开关均选择四极开关，以此切断流过 N 线的杂散接地电流通道。

3. 馈电回路的双电源互投

若馈电回路需要两路电源互投，且电源来自两段母线，则可以采用 3 极的 ATSE 开关执行两段母线电源的互投操作。

4.2.4　馈电回路设计要点

在低压电网中数量最多的就是馈电回路。

馈电回路的任务是将母线上的电能馈送到远方某处的用电设备处，该用电设备既可能是终端电气设备，也可能是下级低压配电网。因为上级和下级配电网之间一般通过电缆连接，所以馈电回路的保护对象是电线和电缆。

馈电回路的主开关既可采用断路器，也可采用负荷开关。馈电回路的电缆终端有时会接零序电流互感器用于电缆线路的单相接地保护。

馈电回路过电流保护的设计

（1）馈电断路器的保护选择性

在图 4-11 中所示的上下级断路器之间有 3 处发生了短路事故。若此 3 处短路点执行保护跳闸的断路器不按图所示而是跳其上游电源处的断路器，则将造成事故的扩大化。第一处短路发生在一级配电设备的输出电缆中，其上下游分别是一级配电设备的馈电断路器和二级配电设备的进线断路器；第二处短路发生在二级配电设备的主母线中，而第三处短路则发生在最终用电设备上，有时也可能发生在三级配电设备上。

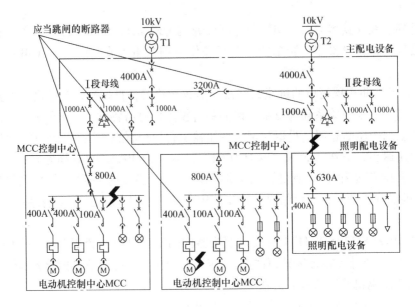

图 4-11　上下级断路器之间的保护选择性问题

　　当某断路器其下游或终端用电设备发生短路故障时，正常情况下应当是离短路点最近的上游断路器先跳闸，且应尽力避免更上级的断路器发生保护跳闸而造成停电事故扩大化。为了做到这一点，上下级断路器的保护参数之间显然需要建立某种关系，这种关系被称为断路器之间的保护参数选择性匹配，简称为选择性。

　　断路器与选择性相关的标准见 IEC 60947 - 2 和 GB 14048.2。

　　如果两台串接的断路器只是在达到规定的短路电流值之前呈现选择性，这种情况被称为局部选择性；如果两台串接的断路器对所有短路电流值均呈现选择性，这种情况被称为完全选择性。

　　在低压电网上下级断路器之间采用完全保护选择性或者局部选择性取决于断路器保护参数中的电流的大小和脱扣延迟时间的长短，有时还可以辅以电气逻辑控制等相关技术予以完善。

　　(2) 通过 L 参数、S 参数和 I 参数实现选择性 (如图 4-12 所示)

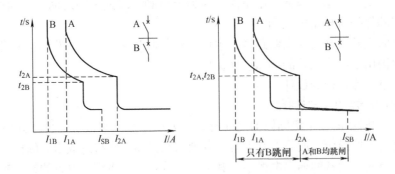

图 4-12　上下级断路器之间的选择性

图 4-12 中：

I_{1A}——A 断路器的过载长延时 L 参数反时限脱扣电流；

I_{2A}——A 断路器的短路 S 参数反时限脱扣电流；

I_{1B}——B 断路器的过载长延时 L 参数反时限脱扣电流；

I_{SB}——B 断路器的最大短路电流；

t_{2A}——A 断路器的短路 S 参数反时限延迟时间；

t_{2B}——B 断路器的短路 S 参数反时限延迟时间。

在图 4-12 的左图中，断路器 B 的最大短路电流 I_{SB} 被完全地限制在 A 断路器的短路 S 参数反时限脱扣电流 I_{2A} 的范围之内，当断路器 B 出现了短路后，只有 B 断路器跳闸而 A 断路器不会跳闸，系统具有完全选择性。

在图 4-12 的右图中，断路器 B 的最大短路电流 I_{SB} 超过了 I_{2A} 的范围，则系统具有局部选择性。当断路器 B 出现了短路后，则有可能断路器 B 和断路器 A 均跳闸。

1）方法 1——通过 L 参数实现过载电流的后备保护方案（如图 4-13 所示）。

图 4-13 中：

I_{2B}——B 断路器的短路 S 参数反时限脱扣电流；

I_{2A}——A 断路器的短路 S 参数反时限脱扣电流；

I_{SB}——B 断路器的最大计算短路电流。

若上下级断路器的过载反时限脱扣器 L 参数之比大于 2，即：

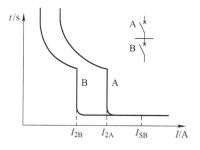

$$\frac{I_{1A}}{I_{1B}} > 2 \qquad (4\text{-}16)$$

图 4-13　上下级断路器之间实现
过载后备保护匹配方案

式中，I_{1A} 为断路器 A 的过载保护参数门限值；I_{1B} 为断路器 B 的过载保护参数门限值。

由式（4-16）可以看出，若上级断路器 A 的过电流门限大于下级断路器 B 的过电流门限 2 倍以上，则可在上下级断路器之间实现过载电流的后备保护。

这里所指后备保护的意义是：当下级断路器发生过载时，若下级断路器（低整定值）因为某种原因未进行有效的保护跳闸，则可由上级断路器（高整定值）实现后备的过载保护跳闸。

上下级断路器的过载电流后备保护只能在两台级连的断路器之间实现。例如图 4-11 中一级配电设备的馈电回路与二级配电设备的进线断路器之间。

2）方法 2——通过 S 参数的延时实现短路选择性匹配方案（如图 4-14 所示）。

图 4-14 中说明了通过调整断路器的 S 参数可实现短路选择性保护匹配，但通过调整 S 参数的延时实现短路选择性保护是存在问题的：随着电路级数的增加，往电源方向的延时时间尺度也越来越长。一般来说，上级与下级断路器的 S 参数延时时间偏差 Δt 不小于 70ms 才能保证两者之间实现完全选择性。

图 4-14 中：

I_{2A}——A 断路器的短路 S 参数反时限脱扣电流；

I_{2B}——B 断路器的短路 S 参数反时限脱扣电流；

I_{SB}——B 断路器的最大计算短路电流。

3）方法 3——结合方法 1 和方法 2 的选择性匹配方案（如图 4-15 所示）。

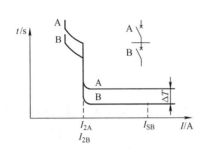

图 4-14　通过 S 参数的延时
实现短路选择性匹配方案

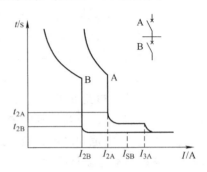

图 4-15　结合方法 1 和方法 2
的选择性匹配方案

图 4-15 中：

I_{2A}——A 断路器的短路 S 参数反时限脱扣电流；

I_{2B}——B 断路器的短路 S 参数反时限脱扣电流；

I_{3A}——A 断路器的短路 I 参数瞬时脱扣电流；

I_{SB}——B 断路器的最大计算短路电流；

t_{2A}——A 断路器的短路 S 参数反时限延迟时间；

t_{2B}——B 断路器的短路 S 参数反时限延迟时间。

通过分析图 4-15，可以得到以下三条要点：

要点 1：A 断路器具有三段 L−S−I 保护功能，而 B 断路器则具有两段 L−S 保护功能

要点 2：A 断路器的 S 参数反时限延迟时间 t_{2A} 必须要大于 B 断路器的 S 参数反时限延迟时间 t_{2B}，即

$$t_{2A} > t_{2B} \tag{4-17}$$

要点 3：B 断路器的最大计算短路电流 I_{SB} 小于 A 断路器的短路 I 参数瞬时脱扣电流，即：

$$I_{2A} < I_{SB} < I_{3A} \tag{4-18}$$

这样配置后 A 断路器与 B 断路器之间能够实现完全选择性。

4）选择性配合的要点：

要点 1：使用类别为 A 的断路器只能通过瞬时 I 参数脱扣器的动作电流来实现局部选择性。

要点 2：因为 I 参数脱扣器中含有 20% 的误差，所以电流分级的划分至少要相差 1.5 倍。

要点 3：在实际的应用中，若上级断路器的容量大于下级断路器容量 2.5 倍以上，就可认为上级断路器与下级断路器之间满足完全选择性。

要点 4：若上级断路器采用热磁式保护脱扣器，而下级断路器采用电子式保护脱扣器，则上级断路器热磁式保护脱扣器的时间延迟足以保证上下级具有完全选择性。

要点 5：若上级断路器和下级断路器取为同型号同规格，则实际上不可能实现两者的完全选择性。这是因为两者的最大计算短路电流相等，即 $I_{SA} = I_{SB}$，所以当短路发生时两者一

定会同时跳闸，所以此时的选择性属于局部选择性。为此，可以选择下级断路器为限流型的。当下级断路器的下游发生短路时，受限制的峰值电流会引起下级断路器 I 脱扣器动作，但不足以引起上级断路器动作。

要点 6：分级配合时间应当充分考虑到脱扣器的工作原理以及断路器的结构型式。

电子脱扣器在考虑到离散性后断路器之间的分级配合时间大约为 70 ~ 100ms。短延时 S 参数的动作电流至少应当整定到后接断路器额定值的 1.5 倍。

要点 7：在 500ms 的时间范围内，允许有 7 台串接的断路器可分级配合。

（3）短路电路中断路器的选择性和欠电压之间的关系

当发生短路时，在短路位置上电网电压骤然降落，剩余电压取决于短路电路的短路阻抗。在深度短路状态下，短路阻抗以及短路位置上的电压实际上趋近于零。一般来说，在短路时会出现电弧，按经验认为电弧电压为 30 ~ 70V。只要短路还存在，电网电压顺着能量流的方向沿着母线段而降低到局部值，此值决定于其间的线路电阻和短路点的距离。

如果线路的短路故障未消除，短路电流经过过渡过程后，进入稳定状态。这叫做深沉短路状态。见图 4-16。

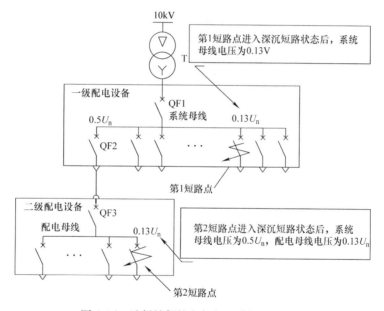

图 4-16　选择性保护和欠电压脱扣器的关系

在图 4-16 中，第一短路点在一级配电系统中，第二短路点在二级配电系统中。假定这两处不同时间段发生的短路故障均进入了深沉短路状态。那么母线系统的电压会怎样呢？

计算和统计表明，当第一短路点进入深沉短路时，系统母线的电压为 $0.13U_n$；当第二短路点进入深沉短路时，系统母线的电压为 $0.5U_n$，二级配电母线的电压为 $0.13U_n$。

对于发生在一级配电设备馈电回路出口处的短路故障，馈电断路器将会执行线路保护而开断线路。由于馈电断路器需要与下方的断路器配套选择性过电流保护装置，因此馈电断路器往往采用 LS 脱扣器，其短延时 S 脱扣器的脱扣延时时间最少为 70ms。在发生短路事故期间，在馈电断路器还未断开的这段时间内，二级配电设备母线上的电压将会降低至 $0.13U_e$。

如果电网电压降低到 $0.35 ~ 0.7$ 倍额定值且持续时间长达 20ms，则安装了失压脱扣器的断路器就会全部分断。同样，如果额定控制电压在 5 ~ 30ms 的这段时间里下降到低于 75% 的额定值，则电路中的交流接触器将全部断开。

因此，在使用选择性过电流保护装置的同时最好再配套失压脱扣器。为了防止电源闪断产生误动作，低压配电柜中最好配套具有分断延时功能的交流接触器。

若低压电网中应用了分断时间不超过 30ms 的限流型断路器则可放弃上述这些要求。

4.2.5 馈电回路出口处电缆压降和短路电流计算方法

这个问题很具有代表性。

在《工业与民用配电设计手册》第 4 版第 9 章 "导体选择" 中的表 9.4-3 "线路的电压降计算公式" 中，有如下公式：

$$\begin{cases} \Delta u\% = \dfrac{\sqrt{3}}{10U_n} \left(R'_0\cos\phi + X'_0\sin\phi \right) IL = \Delta u_a\% IL，三相平衡负荷线路 \\[2ex] \Delta u\% = \dfrac{2}{10U_{nph}} \left(R'_0\cos\phi + X'_0\sin\phi \right) IL \approx 2\Delta u_a\% IL，单相负荷线路 \end{cases} \tag{4-19}$$

当馈电电流流过电缆时电缆的阻抗上会产生一定的压降，因此下级配电设备的进线端口处的电压一定会低于上级配电设备出口端口的电压。

在《工业与民用配电设计手册》第 4 版第 9 章的表 9.4-21 "1kV 聚氯乙烯绝缘电力电缆用于三相 380V 系统的电压降" 中，给出了如下数据，列于表 4-11。

表 4-11　1kV 聚氯乙烯绝缘电力电缆用于三相 380V 系统的电压降

截面/mm²	电阻（θ = 60℃）/（Ω/km）	感抗/（Ω/km）	电压损失/[（%）/（A·km）]					
			cosφ					
			0.5	0.6	0.7	0.8	0.9	1.0
2.5	7.981	0.100	1.858	2.219	2.579	2.937	3.294	3.638
4	4.988	0.093	1.173	1.398	1.622	1.844	2.065	2.273
6	3.325	0.093	0.794	0.943	1.090	1.238	1.382	1.516
10	2.035	0.087	0.498	0.588	0.678	0.766	0.852	0.928
16	1.272	0.082	0.322	0.378	0.433	0.486	0.538	0.580
25	0.814	0.075	0.215	0.250	0.284	0.317	0.349	0.371
35	0.581	0.072	0.161	0.185	0.209	0.232	0.253	0.265
50	0.407	0.072	0.121	0.138	0.153	0.168	0.181	0.186
70	0.291	0.069	0.094	0.105	0.115	0.125	0.133	0.133
95	0.214	0.069	0.076	0.084	0.091	0.097	0.101	0.098
120	0.169	0.069	0.066	0.071	0.076	0.080	0.083	0.077
150	0.136	0.069	0.058	0.062	0.066	0.068	0.069	0.062
185	0.110	0.069	0.052	0.055	0.058	0.059	0.059	0.050
240	0.085	0.059	0.047	0.048	0.050	0.050	0.049	0.039

在国家标准 GB/T 12325—2008《供电质量　供电电压偏差》中给出了供电的偏差允许值：

标准号	GB/T 12325—2008
标准名称	《供电质量 供电电压偏差》

标准摘录：

4.1　35kV 及以上供电电压正、负偏差绝对值之和不超过标称电压的 10%。

注：如供电电压上下偏差同号（均为正或负）时，按较大的偏差绝对值作为衡量依据。

4.2　20kV 及以下三相供电电压偏差为标称电压的 ±7%。

4.3　220V 单相供电电压偏差为标称电压的 +7%，−10%。

4.4　对供电点短路容量较小、供电距离较长以及对供电电压偏差有特殊要求的用户，由供、用电双方协议确定。

　　一般地，对于照明馈电回路，电缆上的电压降不能大于电源电压的 3%～5%；对于电热馈电回路和电动机回路，电缆上的电压降不能大于电源电压的 6%～8%。

1. 电缆压降的计算

计算电缆压降的方法如下：

第一步：根据电缆截面和功率因数，确定 $\Delta u_a\%$ 的值；

第二步：根据式（4-19），代入电流和电缆长度后计算出电缆压降百分位数及终端电压值。

【例 4-4】

电缆电压降计算范例

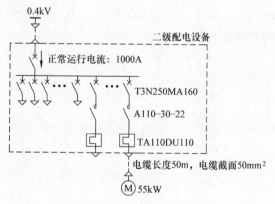

图 4-17　电缆电压降计算范例

　　图 4-17 中所示二级配电设备的进线回路正常运行电流为 1000A，电动机的额定功率为 55kW，额定电流为 98A。电动机起动系数 $K_M = 6$。又知电缆长度为 50m，电缆截面为 50mm²。设电动机运行时的功率因数是 0.8，电动机起动时的功率因数是 0.5。又知二级配电入口处电压降 ΔU_N 等于 6V。求电机接线盒处的电压值。

【解】

（1）当电动机正常运行时，这时的功率因数 $\cos\phi = 0.8$。

根据表 4-11 可查得 $\Delta u\% = 0.168\%$，又知道电缆的长度为 50m，电动机的额定电流为 98A。代入式（4-19）：

$$\Delta u\% = \Delta u_a\% IL = 0.168\% \times 98 \times 0.05 = 0.8232\%$$

电缆压降百分位数才 0.8232%，并不大。

我们再来计算电缆的电压降：

$$\Delta U_a = \frac{U_N \times \Delta u\%}{100} = \frac{380 \times 0.8232}{100} \approx 3.13\text{V}$$

那么电缆和配电设备总电压降占比是多少？我们来算一下：

$$\Delta U_z\% = \frac{\Delta U_N + \Delta U_a}{U_N} = \frac{6 + 3.13}{400} \times 100\% \approx 2.28\%$$

此时电动机端子处的电压是

$$U_{MOTOR} = 400 - 6 - 3.13 \approx 391\text{V}$$

比额定电压380V高了2.9%，小于8%，满足要求。

（2）当电动机起动时

当电动机起动时，流过电缆的电流为 K_M 倍电动机额定电流，同时一级配电与二级配电之间的电压降 ΔU_N 也相应增加了。

我们先来算电动机起动时的 $\Delta U_{N.\,stat}$，如下：

$$\Delta U_{N.\,START} = \frac{[1000 + (K_M - 1)I_n]}{1000} \times \Delta U_N = \frac{[1000 + (5-1) \times 98]}{1000} \times 6 = \frac{1392}{1000} \times 6 \approx 8.4\text{V}$$

注意，原先的运行电流中已经包括了电动机运行电流在内。我们看到，一、二级配电之间的电压降由6V升高到8.4V。

再来看电缆压降：

根据表4-11，可查得 $\Delta u\% = 0.121\%$，代入式（4-19）：

$$\Delta u\% = \Delta u_a\% IL = 0.121\% \times 6 \times 98 \times 0.05 \approx 3.56\%$$

我们再来计算电缆的实际电压降：

$$\Delta U_a = \frac{U_N \times \Delta u\%}{100} = \frac{380 \times 3.56}{100} \approx 13.5\text{V}$$

那么电缆和配电设备总电压降占比是多少？我们来算一下：

$$\Delta U_z\% = \frac{\Delta U_N + \Delta U_a}{U_N} = \frac{8.4 + 13.5}{400} \times 100\% \approx 5.5\% < 8\%$$

此时电动机端子处的电压是

$$U_{MOTOR} = 400 - 8.4 - 13.5 = 378.1\text{V}$$

符合要求。

可见，电缆上的电压降无论在电动机运行时或者起动时都没有超过限值。

2. 馈电电缆两端短路电流的关系

当短路电流流过馈电电缆时电缆始端和终端的短路电流不可能相等。表4-12所示为0.4kV低压电网中按电力电缆的截面、长度和始端短路电流推算出终端短路电流的列表。

首先在图4-18上表中找到电缆截面，在向右找到电缆长度。接着在下表中找到电缆始端的短路电流，最后在下表电缆终端短路电流的数据区中找到与上表电缆长度对应的数值。此值就是此电缆终端的短路电流值。

计算电缆终端的短路电流很重要。当电缆终端发生短路时，整条线路中的短路电流都等

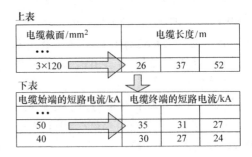

图4-18　电缆短路电流计算示例

上表

电缆截面/mm²	电缆长度/m		
...			
3×120	26	37	52

下表

电缆始端的短路电流/kA	电缆终端的短路电流/kA		
...			
50	35	31	27
40	30	27	24

表 4-12　0.4kV 低压电网中按电力电缆的截面、长度和始端短路电流推算出终端短路电流

电缆长度/m

电缆每相截面积/mm²																						
1.5														1.3	1.8	2.6	3.6	5.2	7.3	10.3	14.6	21
2.5													1.5	2.1	3.0	4.3	6.1	8.6	12.1	17.2	24	34
4												1.1	2.4	3.4	4.9	6.9	9.7	13.7	19.4	27	39	55
6											1.2	1.7	3.6	5.2	7.3	10.3	14.6	21	29	41	58	82
10											1.8	2.6	6.1	8.6	12.2	17.2	24	34	49	69	97	137
16												4.3	9.7	13.8	19.4	27	39	55	78	110	155	220
25												6.9	15.2	21	30	43	61	86	121	172	243	343
35												10.8	21	30	43	60	85	120	170	240	340	480
50												15.1	29	41	58	82	115	163	231	325	461	
70												20	43	60	85	120	170	240	340			
95												30	58	82	115	163	231	326	461			
120												41	73	103	146	206	291	412				
150												52	79	112	159	224	317	448				
185												56	94	133	187	265	374	529				
240												66	117	165	233	330	466	659				
300	2.2	3.1	4.4	6.2	8.8	12.4	17.6	25	35	50	70	83	140	198	280	396	561					
2×120	2.3	3.2	4.6	6.5	9.1	12.9	18.3	26	37	52	73	99	146	206	292	412	583					
2×150	2.5	3.5	5.0	7.0	9.9	14.0	20	28	40	56	79	112	159	224	317	448	634					
2×185	2.9	4.2	5.9	8.3	11.7	16.6	23	33	47	66	94	133	187	265	375	530	749					
3×120	3.4	4.9	6.9	9.7	13.7	19.4	27	39	55	77	110	155	219	309	438	619						
3×150	3.7	5.3	7.5	10.5	14.9	21	30	42	60	84	119	168	238	336	476	672						
3×185	4.4	6.2	8.8	12.5	17.6	25	35	50	70	100	141	199	281	398	562							

（续）

电缆始端短路电流/kA	电缆终端短路电流/kA																					
100	93	90	87	82	77	70	62	54	45	37	29	22	17.0	12.6	9.3	6.7	4.9	3.5	2.5	1.8	1.3	0.9
90	84	82	79	75	71	65	58	51	43	35	28	22	16.7	12.5	9.2	6.7	4.8	3.5	2.5	1.8	1.3	0.9
80	75	74	71	68	64	59	54	47	40	34	27	21	16.3	12.2	9.1	6.6	4.8	3.5	2.5	1.8	1.3	0.9
70	66	65	63	61	58	54	49	44	38	32	26	20	15.8	12.0	8.9	6.6	4.8	3.4	2.5	1.8	1.3	0.9
60	57	56	55	53	51	48	44	39	35	29	24	20	15.2	11.6	8.7	6.5	4.7	3.4	2.5	1.8	1.3	0.9
50	48	47	46	45	43	41	38	35	31	27	22	18.3	14.5	11.2	8.5	6.3	4.6	3.4	2.4	1.7	1.2	0.9
40	39	38	38	37	36	34	32	30	27	24	21	16.8	13.5	10.6	8.1	6.1	4.5	3.3	2.4	1.7	1.2	0.9
35	34	34	33	33	32	30	29	27	24	22	20	15.8	12.9	10.2	7.9	6.0	4.5	3.3	2.4	1.7	1.2	0.9
30	29	29	29	28	27	27	25	24	22	20	18.8	14.7	12.2	9.8	7.6	5.8	4.4	3.2	2.4	1.7	1.2	0.9
25	25	24	24	24	23	23	22	22	19.1	17.4	15.5	13.4	11.2	9.2	7.3	5.6	4.2	3.2	2.3	1.7	1.2	0.9
20	20	20	19.4	19.2	18.8	18.4	17.8	17.0	16.1	14.9	13.4	11.8	10.1	8.4	6.8	5.32	4.1	3.1	2.3	1.7	1.2	0.9
15	14.8	14.8	14.7	14.5	14.3	14.1	13.7	13.3	12.7	11.9	11.0	9.9	8.7	7.4	6.1	4.9	3.8	2.9	2.2	1.6	1.2	0.9
10	9.9	9.9	9.8	9.8	9.7	9.6	9.4	9.2	8.9	8.5	8.0	7.4	6.7	5.9	5.1	4.2	3.4	2.7	2.0	1.5	1.1	0.8
7	7.0	6.9	6.9	6.9	6.9	6.8	6.7	6.6	6.4	6.2	6.0	5.6	5.2	4.7	4.2	3.6	3.0	2.4	1.9	1.4	1.1	0.8
5	5.0	5.0	5.0	4.9	4.9	4.9	4.9	4.8	4.7	4.6	4.5	4.3	4.0	3.7	3.4	3.0	2.5	2.1	1.7	1.3	1.0	0.8
3	3.0	3.0	3.0	3.0	3.0	3.0	2.9	2.9	2.9	2.9	2.8	2.7	2.6	2.5	2.3	2.1	1.9	1.6	1.4	1.1	0.9	0.7
2	2.0	2.0	2.0	2.0	2.0	2.0	2.0	2.0	2.0	1.9	1.9	1.9	1.8	1.8	1.7	1.6	1.4	1.3	1.1	1.0	0.8	0.6
1	1.0	1.0	1.0	1.0	1.0	1.0	1.0	1.0	1.0	1.0	1.0	1.0	1.0	0.9	0.9	0.9	0.9	0.8	0.7	0.6	0.6	0.5

于终端短路电流，所以在设置上级断路器的短路短延时参数时应当考虑到电缆终端的短路电流值。若不加以考虑，一旦下级断路器保护失效，则上级断路器也因为设置参数过大而无法实现选择性保护和后备保护的作用。

【例 4-5】

电缆两端短路电流计算范例

图 4-19 中变压器的容量为 2000kV·A。若馈电电力电缆的截面积为 $3 \times 150 \text{mm}^2$，电缆长度为 30m。求解断路器 QF_3 的极限短路分断能力 I_{cu}。

解：

步骤 1：

计算一级配电设备主母线的短路电流：

$$I_k = \frac{S_n}{\sqrt{3} U_p U_{sr}} = \frac{2000 \times 10^3}{1.732 \times 400 \times 0.06} \approx 48.1 \text{kA} < 50 \text{kA}$$

步骤 2：

查表 4-6，从【每相导线截面】中检索到 3×150，再横向查找到 30m 所在单元格，再从此单元格向下延伸查找到与【始端短路电流】50kA 所在横行的交点单元格，其值 38kA 即为所求结果。可见电缆阻抗限制了短路电流，QF_3 断路器的 I_{cu} 取值大于 38kA 即可。

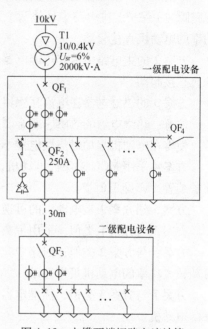

图 4-19　电缆两端短路电流计算

4.2.6　电动机控制主电路

1. 电动机主电路方案

电动机主电路的配置方案由多种方案构成，如图 4-20 所示。

图 4-20　低压配电柜中各种电动机主电路方案

注意到从方案 1 到方案 9，所有电动机回路在断路器的上方有接插符号，电动机的上方也有接插符号，由此可知这 9 个方案均是低压抽屉式开关柜中的电动机主电路。

方案 1 到方案 4 是电动机直接起动方案，但主电路元件略有不同。

方案 1 中，断路器是带有热磁保护的微型断路器 MCB。MCB 带有过载长延时 L 保护和短路瞬时 I 保护。主电路中另外两个元件是电流互感器和交流接触器。方案 1 的一般用于小功率的电动机直接起动。

方案 2 的主电路中带有热继电器，且断路器为单磁的，因此方案 2 可用于较大功率的电动机直接起动。

方案 3 的热继电器在电流互感器的二次侧，因此这个电路可以驱动更大功率的电动机。

注意：热继电器的热感应双金属片在电动机起动时用时间继电器控制旁路接触器予以短接，使得在电动机起动时热继电器不发出保护动作信息。

方案 4 采用 MCU 来保护电动机，其中 MCU（Motor Control Unit）指的就是电动机综合保护装置，详见 3.6 节。

方案 5 到方案 7 是电动机的可逆起动方案，但主电路元件略有不同。

方案 5 与方案 1 类似，采用带热磁的 MCB 作保护，一般用于小功率的电动机可逆起动。

方案 6 与方案 2 类似，回路中配有热继电器，而断路器采用单磁的，因此方案 6 可用于带动较大功率的电动机可逆起动。

方案 7 与方案 3 类似，热继电器在电流互感器的二次侧，因此这个电路可以驱动更大功率的电动机。

方案 8 和方案 9 为电动机星 – 三角起动方案。

方案 8 的断路器同方案 2 和方案 6，为单磁断路器；方案 9 则为采用 MCU 的方案。

2. 使用电动机专用的微型断路器的主电路方案说明

方案 1 和方案 5 适用于 0.08 ~ 11kW 的电动机直接起动主电路。其中的 MCB 为专用于电动机保护的产品规格。

表 4-13 为采用 ABB 电动机保护微型断路器 MS325 的配置方案表。

表 4-13 MS325 使用配置方案

电动机参数		MS325 参数			接触器参数
额定功率/kW	额定电流/A	断路器型号	整定范围	电磁脱扣	型号
2.2	5	MO325 – 6.3	4.5 ~ 6.5	94.5A	
3 ~ 4	9.0	MO325 – 9.0	6.0 ~ 11	135A	
5.5	11.5	MO325 – 12.5	10 ~ 14	187.5A	A26 – 30 – 22
7.5	15.5	MO325 – 16	13 ~ 19	232.5A	
9	18.3	MO325 – 20	18 ~ 25	300A	
11	22	MO325 – 25	18 ~ 25	375A	A30 – 30 – 22
MO325 技术数据		条件		数值	
额定绝缘电压 U_i				690V	
额定工作电压 U_e				690V	
额定冲击耐受电压 U_{imp}				6kV	

（续）

电动机参数		MS325 参数			接触器参数
额定功率/kW	额定电流/A	断路器型号	整定范围	电磁脱扣	型号
额定持续发热电流 I_{th}			25A		
额定频率			50/60Hz		
额定电流范围 I_e			0.1 – 25A		
额定运行短路分断能力 I_{cs}		AC 440V	25kA		
断相保护			有		
电磁脱扣设定值			7.5……12I_n，9……14I_n，10……15I_n，12.5……17.5I_n		
欠电压脱扣器	不脱扣值		≥85% U_c		
	脱扣值		35 ~ 75% U_c		

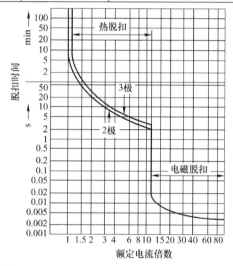

说明：MO325 的脱扣特性曲线只有右侧的电磁脱扣部分，没有左侧的热脱扣部分

3. 采用热继电器的主电路方案说明

由前所述，我们知道了方案 2、方案 3 和方案 6 中均在一次回路中使用了热继电器，其中方案 6 的热继电器安装在二次回路。

热继电器在使用时有电动机重载起动的问题。

如果电动机起动电流超过 6 倍额定值，或者起动时间超过 10s，则此电动机的起动过程被称为重载起动。对于重载起动的电动机主电路方案，其中的热继电器需要采取专门措施。国家标准 GB 14048.4—2010《低压开关设备和控制设备　低压机电式接触器和电动机起动器》中 5.7.3.2 节的表 2 有专门定义，详见 2.6.2 节，此处摘录如下：

级别	脱扣时间/s
10A	$2 < T_p \leq 10$
10	$4 < T_p \leq 10$
20	$6 < T_p \leq 20$
30	$9 < T_p \leq 30$

表中的级别 20 和级别 30 为重载起动电动机专用的热继电器，其过载保护脱扣的动作时间比较长，用以躲过电动机起动电流的冲击。

我们来看在额定电压为 400V 短路电流为 50kA 下，ABB 的电动机轻载和重载直接起动配置方案，见表 4-14。

表 4-14 在额定电压为 400V 短路电流为 50kA 下的电动机轻载和重载直接起动配置方案

电动机		Tmax 塑壳断路器		接触器	热继电器			组合后最大电流/A
额定功率/kW	额定电流/A	型号	磁脱扣整定值/A	型号	型号	电流整定值/A 最小值	最大值	
400V，50kA，电动机轻载起动及常规起动，配合类型 2								
0.37	1.22	T2S160MF1.6，FF	21	A9	TA25DU1.4	1	1.4	1.4
7.5	15.2	T2S160MA20	210	A30	TA25DU19	13	19	19
22	42	T2S160MA52	547	A50	TA75DU52	36	52	50
45	83	T2S160MA100	1200	A95	TA110DU110	80	110	110
110	193	T4S320PR221 – I In320	2720	A210	E320DU320	100	320	210
132	232	T5S400PR221 – I In400	3200	A260	E320DU320	100	320	260
355	610	T6S800PR221 – I In800	8000	AF750	E800DU800	250	800	750
400V，50kA，电动机重载起动，配合类型 2								
0.37	1.1	T2S160MF1.6	21	A9	TA25DU1.4[①]	1	1.4	1.4
7.5	15.2	T2S160MA20	210	A30	TA450SU60	13	20	20
22	42	T2S160MA52	547	A50	TA450SU60	40	60	50
45	83	T2S160MA100	1200	A110	TA450SU105	70	105	100
110	193	T4S320PR221 – I In320	2720	A260	E320DU320	100	320	220
132	232	T5S400PR221 – I In400	3200	A300	E320DU320	100	320	300
355	610	T6S800PR221 – I In800	8000	AF750	E800DU800	250	800	750

① 电动机起动时配合相同规格的旁路接触器。旁路接触器的用途是旁路热继电器的电流输入输出（温度传感测量）端口。

从表 4-14 中我们看到，3kW 及以下的电动机重载起动主电路需要在热继电器一次回路并接旁路接触器，5.5～75kW 电动机重载起动主电路需要采用类型 30 的热继电器。对于 90kW 以上的电动机起动主电路，无论是常规起动或者是重载起动，其热继电器均为类型 30，故主电路配置方案相同。

4. 采用电动机星三角起动的主电路方案说明

在电动机星 – 三角起动主电路中，有断路器、电流互感器、星接接触器和角接接触器、主接触器及热继电器等。

表 4-15 是 ABB 用于 18.5～200kW 的星 – 三角起动电动机回路。

表 4-15　在额定电压为 400V 短路电流为 50kA 下的电动机星－三角起动配置方案

电动机		Tmax 断路器		接触器			热继电器	
额定功率 /kW	额定电流 /A	型号	磁脱扣整定值/A	主电路	三角	星	型号	电流范围/A
18.5	36	T2S160 MA52	469	A50	A50	A26	TA75DU25	18~25
22	42	T2S160 MA52	547	A50	A50	A26	TA75DU32	22~32
55	98	T2S160 MA100	1200	A75	A75	A40	TA75DU63	45~63
110	194	T3S250 MA200	2400	A145	A145	A95	TA200DU135	100~135
200	370	T5S630 PR221－I In630	4410	A210	A210	A185	KORC 4L 235/4 + TA25DU4.0	2.8~4.0
355	610	T6S800 PR221－I In800	8000	AF400	AF400	A260	G41310/4 N1 + TA25DU4.0	2.8~4.0

表中接触器与断路器的配合方式为类型 2。

5. 电动机主电路中元器件之间的协调配合

有关电动机主电路断路器（熔断器）与接触器之间的协调配合关系见 2.8.4 节。以下做简单回顾：

（1）接触器和热继电器之间的配合类型

当三相异步电动机主电路中发生过载或短路故障时，由于接触器有可能会发生触点熔焊现象，因此 GB 14048.1—2012 标准中给出了两种配合类型：

1）配合类型 1：允许在过载或短路故障过程中电动机起动器内部的元器件损坏，但更换元器件后能恢复正常运行。

2）配合类型 2：只允许在过载或短路故障过程中电动机起动器内部的接触器发生触点熔焊，用简单工具修理后能恢复正常运行。

（2）电动机控制主电路的基本配置：断路器 + 接触器 + 热继电器

电动机主电路的最基本配置是断路器 + 接触器 + 热继电器的组合，组合的脱扣特性曲线见图 4-21。

组合的脱扣特性描述如下：

1）当电动机刚起动时，从起动刚开始 30ms 范围内电动机主电路中将出现起动冲击电流峰值 I_p 其值大约为（8~12）I_N，断路器的 I 参数必须大于 I_p，否则会造成电动机起动时断路器误跳闸。

2）电动机的起动电流 I_s 为（4~8.4）I_n。

3）当电动机起动完成后，电动机进入额定运行状态。热继电器的热过载保护整定值应

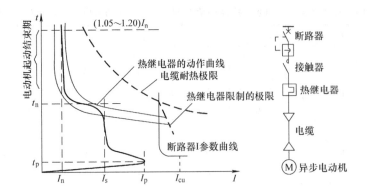

图 4-21　断路器 + 接触器 + 热继电器组合的脱扣特性

当在（$1.05 \sim 1.20$）I_n 之间。热继电器的整定值必须确保当过载电流为 $1.05I_n$ 时在两个小时内不跳闸，而当过载电流为 $1.20I_n$ 时在两个小时内一定跳闸。

4）当电动机发生短路时，虽然短路电流会受到电缆的限制，但断路器的 I 参数必须对此短路电流实施保护动作。I 参数的整定电流 I_3 应当不小于 I_p，即不小于 $12I_n$。一般将 I 参数设置为（$12 \sim 15$）I_n。

最重要的是，热继电器的允通电流的极限值必须大于 I_3，也就是必须使热继电器的热耐受极限电流在断路器 I 参数整定值的右侧，以确保断路器能对热继电器实施保护。

5）当电动机发生了过载时，热继电器和接触器将长时间地流过过载电流，最终由热继电器发出保护信息驱动接触器跳闸，接触器的触点上将出现电弧；类似地，当电动机发生短路时，断路器执行了短路保护跳闸，但短路电流同样也流过了热继电器和接触器。

若热继电器和接触器满足类型 1，则在过载或短路过程中热继电器或接触器可能会损坏，用户必须在事后给予维护更换；若在过载或短路过程中热继电器和接触器满足类型 2，则热继电器或接触器不一定会损坏，用户只需简单地维护好接触器的触点即可。

6. 电动机直接起动方式与电力变压器容量的关系，以及电动机主电路的方案

电动机的直接起动，如果电力变压器的容量不是很大，则电动机起动尖峰电流会导致低压系统电压跌落，影响到其他用电电器和电动机的正常运行。

那么电动机直接起动与什么有关？电动机直接起动是否有简易的判据经验公式存在？这后面的问题答案是肯定的。

以下我们来讨论这些问题。

（1）笼型异步电动机直接起动的判据公式之一

我们来看如下关系式：

$$\begin{cases} \dfrac{S_n}{U_{sr}} = \dfrac{S_Q}{\Delta U\%} \\ S_Q = K_m S_{N.MOTOR} + \beta S_n \\ P_{N.MOTOR} = S_{N.MOTOR} \cos\phi_{N.MOTOR} \end{cases} \tag{4-20}$$

式中，S_n 为变压器的容量；$\Delta U\%$ 为变压器输出电压的压降；K_m 为电动机起动电流倍率；β 为除了电动机外其他负载所占变压器容量的比值；S_Q 为当电动机起动时变压器输出的容量；$S_{N.MOTOR}$ 为电动机的额定容量；$P_{N.MOTOR}$ 为电动机的输出功率；$\cos\phi_{N.MOTOR}$ 为电动机功率因数。

根据阻抗电压的定义可知：变压器的阻抗压降与变压器的输出容量成正比，也就是式（4-20）的第一个表达式的意义；

式（4-20）的第二个表达式的意义是电动机起动时变压器输出容量，它包括正在起动的电动机部分容量和其他负载部分的容量；

式（4-20）的第三个表达式的意义是电动机的功率 P_n 与电动机额定容量之间的关系。

我们从式（4-20）的第三个表达式中解出 $S_{N.MOTOR}$，再将 $S_{N.MOTOR}$ 代入到式（4-20）的第二个表达式中，最后将 S_Q 代入到式（4-20）的第一个表达式中，经过整理，得到下式：

$$P_{N.MOTOR} = \frac{(\Delta U\% - \beta U_{sr})S_n \cos\phi_{N.MOTOR}}{K_m U_{sr}} \approx 0.133\left(\frac{\Delta U\%}{U_{sr}} - \beta\right)S_n$$

令 $\cos\phi_{N.MOTOR} = 0.8$，$K_m = 6$，$K_{T-M} = \dfrac{S_n}{P_{N.MOTOR}}$，从上式推得如下关系式：

$$\Delta U\% = U_{sr}\left(\frac{7.5}{K_{T-M}} + \beta\right) \tag{4-21}$$

式（4-21）就是电动机直接起动的判据公式，注意式（4-21）中的自变量是 K_{T-M}，即变压器容量与电动机功率之比。

仔细观察式（4-21），它的左边变压器输出电压降的百分位数，右边是变压器阻抗电压、变压器容量与电动机功率之比以及变压器负载率等，这些量都与电动机能否直接起动密切相关。

我们将一系列参数值代入式（4-21）中，得到表 4-16。

表 4-16　变压器、电动机的容量功率比与变压器输出电压降的关系

$\Delta U\%$	U_k	β	P_{NM} 与 S_n 的关系
4%	6%	0.6	$P_{NM} \approx 0.009S_n$ 或者 $S_n \approx 111.11P_{NM}$
6%	6%	0.6	$P_{NM} \approx 0.053S_n$ 或者 $S_n \approx 18.9P_{NM}$
8%	6%	0.6	$P_{NM} \approx 0.098S_n$ 或者 $S_n \approx 10.2P_{NM}$
10%	6%	0.6	$P_{NM} \approx 0.142S_n$ 或者 $S_n \approx 7.04P_{NM}$
4%	4.5%	0.6	$P_{NM} \approx 0.039S_n$ 或者 $S_n \approx 25.64P_{NM}$
6%	4.5%	0.6	$P_{NM} \approx 0.098S_n$ 或者 $S_n \approx 10.20P_{NM}$
8%	4.5%	0.6	$P_{NM} \approx 0.157S_n$ 或者 $S_n \approx 6.37P_{NM}$
10%	4.5%	0.6	$P_{NM} \approx 0.216S_n$ 或者 $S_n \approx 4.63P_{NM}$

从表 4-16 中，我们能看出变压器和电动机的容量功率比 K_{T-M} 的下限值与变压器阻抗电压关系密切，它随着阻抗电压的降低而迅速减小，同时它还随着输出电压降百分比的降低而增加。

我们首先明确电压偏差与电压波动不同之处。电压偏差存在时间相对较长，属于渐进的过程。一般来说，低压配电设备的母线上的电压偏移在 ±5% 内是允许的。电压波动是瞬时的，且电压波动的幅度比较大。电动机起动造成的母线电压跌落属于电压波动的范围。

在 GB/T 12325—2008《电能质量　供电电压偏差》第 4.3 条规定，220V 单相供电电压偏差为标称电压的 +7%，−10%。此要求同样适用于低压三相四线制的电源电压。

既然标准规定了电压波动的下限是 10%，我们就用这个限定值来仔细看看图 4-22，它就是表 4-15 的图像。

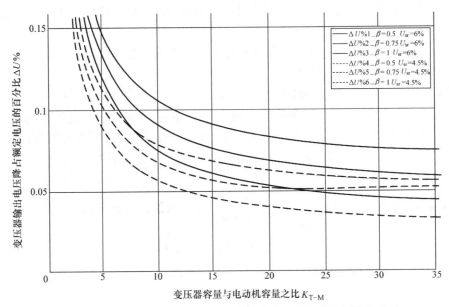

图 4-22   变压器、电动机的容量功率比与变压器输出电压降的关系

我们发现图 4-22 中的 6 条曲线在 $\Delta U\% = 10\%$ 时对应的横坐标数值不尽相同。我们通过式（4-21）计算得到如下数据：

电压降百分位数 $\Delta U\%$	变压器负载率 β	变压器阻抗电压 U_k	变压器容量与电动机功率之比 K_{T-M}
10%	50%	6%	11.25
	75%		8.18
	100%		6.42
	50%	4.5%	6.14
	75%		5.09
	100%		4.35

从上表中我们看到，当变压器阻抗电压一定时，随着负载率递增，变压器支持电动机起动的能力越来越弱；而当负载率一定时，变压器阻抗电压越低，变压器支持电动机起动的能力也越来越弱。

（2）笼型异步电动机直接起动的判据公式之二

我们来看式（4-22）：

$$K_M = 0.75 + 0.25\frac{S_n}{P_n} \tag{4-22}$$

式中，K_M 为电动机的直接起动判据系数，其中：

$K_M \geqslant 6$ 则允许直接起动；

$4 \leqslant K_M < 6$ 时要采用星 – 三角起动；

$K_M < 4$ 时建议采用软起动器起动；

S_n 为电力变压器的容量（kV·A）；

P_n 为电动机的容量（kW）。

满足直接起动条件的电动机允许直接起动，否则要采用减压起动。

将 $K_\mathrm{M} = 6$ 代入式（4-22）中，可得：$S_\mathrm{n} = 21 P_\mathrm{n}$。也就是说，如果变压器的容量大于电动机功率 20 倍以上，则电动机在此低压配电网中可以直接起动。

【例 4-6】

电动机电网条件之一：电力变压器的容量为 2500kV·A，电动机的功率是 75kW；电动机电网条件之二：电力变压器的容量为 1000kV·A，电动机的容量是 75kW。试求该两种电网条件下的电动机的起动判据系数。

解：将电网条件之一的数据代入式（4-22）右边，得到 75kW 电动机的起动限制条件：

$$K_\mathrm{M} = 0.75 + 0.25 \times \frac{2500}{75} \approx 9.08$$

可知 75kW 的电机允许在该低压电网中直接起动。

将电网条件之二的数据代入式（4-22）右边，得到 75kW 电动机的起动限制条件：

$$K_\mathrm{M} = 0.75 + 0.25 \times \frac{1000}{75} \approx 4.08$$

因为 $K_\mathrm{M} = 4.08$，所以 75kW 的电动机不允许在该低压电网中直接起动，该电动机的起动必须配套采用某种减压起动措施，或者采用软起动器起动。

注：式（4-22）较适用于现场人员和低压开关柜制造厂人员估算电动机的起动条件。若需要准确判断，则建议还是采用规范的设计方法。

将式（4-22）在 $K_\mathrm{m} = 6$ 时的参数计算出来，我们很容易发现，式（4-22）所对应的变压器输出电压降 $\Delta U\%$ 是 5.74%，接近于 6%。由此可知，式（4-15）的应用限定条件是在变压器输出电压降小于 6%，同时电动机的起动电流比等于 6。

4.2.7　无功功率补偿主电路

许多用电设备除了从电源中取得有功功率外，也取用了无功功率。例如变压器和电动机中在对铁心励磁时产生了无功功率，而电压调整器和变频器中的晶闸管及大功率晶体管等电力电子器件在对电源电压进行控制中产生了无功功率。无功功率的输送是不经济的，因为它不可能转换为其他能量形式，所以需要对无功功率进行补偿。

对于对称三相电路，在任意时刻各相的无功分量瞬时值之和恒等于零，因此可以认为无功能量并不流经中性线，无功能量仅在三相之间流动。

无功功率会使电流和视在功率增大，从而增加发电机、变压器等电源设备及导线的容量。无功功率会使总电流增加，因而使设备及线路损耗 ΔP 增加。

$$\begin{cases} I = I_\mathrm{p} + I_\mathrm{q} \\ \Delta P = I^2 R = (I_\mathrm{p}^2 + I_\mathrm{q}^2) R = \dfrac{P^2}{U^2} R + \dfrac{Q^2}{U^2} R \end{cases} \quad (4\text{-}23)$$

式（4-23）中，$(Q^2 / U^2) R$ 这部分损耗就是由无功功率引起的。

无功功率会使线路及变压器的电压降增大，如果是冲击性的无功功率负载，还会使电压产生剧烈波动，使供电质量下降。

有功功率 P 与视在功率 S 之比值可用功率因数来表示：

$$\cos\phi = \frac{P}{S} \tag{4-24}$$

其中 ϕ 与电流和电压之间的相位角度差是一致的。

需要补偿的无功功率 Q 可按下式计算出来：

$$Q = \sqrt{S^2 - P^2} \tag{4-25}$$

在电网中，当接上或断开感性用电设备时功率因数就发生了变化，补偿的要求是使得有功功率 P 与视在功率 S 之比 $\cos\phi$ 不得低于规定的值。利用具有相同功率的电容器可补偿无功功率，并使无功功率接近 1。

一般电容器都用法拉作为它的主单位，但用在补偿电容器的计算上一般都采用电容器的功率作主单位。电容器容量与电容器功率之间的换算方法如下：

$$Q_C = \frac{U^2}{X_C} = 2\pi f C U^2 \tag{4-26}$$

式中，f 为低压电网的频率，取为 50Hz；U 为低压电网的电压，取为 400V；Q_C 为补偿电容器的功率，单位为 kvar；C 为电容器的容量。

当式（4-26）中的数值取值为 $f = 50$Hz；$U = 400$V 时，则 C（单位为 μF）取值为

$$C \approx 20 Q_C \tag{4-27}$$

1. 无功补偿方式及确定补偿电容的容量

按补偿电容安装的位置可分为就地补偿和集中补偿。就地补偿一般将补偿电容安装在就地设备附近，而集中补偿则将补偿电容安装在低压成套开关柜中。集中补偿方式所配置的补偿电容的容量要小于就地补偿方式所配置的补偿电容容量，并且电容器的功率与用电设备所产生的无功功率能够相互匹配。

以下是低压配电柜中补偿电容容量的计算方法：

（1）确定补偿电容容量的方法一

首先计算确认功率因数 $\cos\phi$：

$$\cos\phi = \frac{1}{\sqrt{1 + \left(\dfrac{\alpha Q}{\beta P}\right)^2}} \tag{4-28}$$

式中，P 为企业的计算有功功率；Q 为企业的计算无功功率；α、β 为年平均有功、无功负荷系数，其中 α 取值为 0.7~0.75，β 取值为 0.76。

采用人工补偿后，最大的计算负荷功率因数应当在 0.9 以上。

对于已经生产的企业，确定平均功率因数的计算方法如下：

$$\cos\phi = \frac{W_m}{\sqrt{W_m^2 + W_{rm}^2}} = \frac{1}{\sqrt{1 + \left(\dfrac{W_{rm}}{W_m}\right)^2}} \tag{4-29}$$

式中，W_m 为月有功电能的消耗量，即有功电能表的读数（kW·h）；W_{rm} 为月无功电能的消耗量，即无功电能表的读数（kvar·h）。

知道了功率因数 $\cos\phi$ 后，再确定电容器的容量 Q_C：

$$Q_C = P(\tan\phi_2 - \tan\phi_1) \tag{4-30}$$

补偿后的功率因数为

$$\cos\phi = \frac{1}{\sqrt{1 + \left(\dfrac{Q_{\mathrm{C}} - Q}{P}\right)^2}} \tag{4-31}$$

在上式的计算过程中，按三角学可推算出 $\cos\phi$ 与 $\tan\phi$ 之间的关系：

$$\tan\phi = \frac{\sin\phi}{\cos\phi} = \frac{\sqrt{1 - \cos^2\phi}}{\cos\phi}$$

（2）确定补偿电容容量的方法二——简便的计算方法

1）针对电力变压器的无功功率补偿：通常在确认低压配电柜内的电容器容量时只需要进行大致的计算即可，因为低压配电柜内的补偿电容器必须保留有足够的调整的容量。补偿电容器容量与变压器视在功率之间的经验公式是：

$$Q_{\mathrm{C}} = 0.3\alpha S \tag{4-32}$$

式中，S 为电力变压器的视在功率；α 为同时性因数。

在一般情况下，可取同时性因数 $\alpha = 1$。

【例 4-7】

补偿电容简便计算范例

若电力变压器的视在功率 S 为 $1000\mathrm{kV \cdot A}$，试确认补偿电容容量。

解：

将数据代入式（4-32）：

$$Q_{\mathrm{C}} = 0.3\alpha S = 0.3 \times 1 \times 1000 \times 10^3 = 300 \times 10^3 \mathrm{var}$$

计算得知低压配电柜内的补偿电容器容量为 300kvar。

2）针对电动机回路的就地电容补偿

在实际电力系统中包括异步电动机在内的绝大部分电器设备的等效电路可以看作是电阻 R 与电感 L 的串联电路，其功率因数为

$$\cos\phi = \frac{R}{\sqrt{R^2 + X_{\mathrm{L}}^2}} = \frac{R}{\sqrt{R^2 + (\omega L)^2}} \tag{4-33}$$

当 R、L 电路并联接入 C 后，该电路的电流方程如下：

$$I = I_{\mathrm{C}} + I_{\mathrm{RL}} \tag{4-34}$$

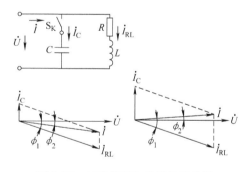

图 4-23　过补偿和欠补偿的相量图

图 4-23 所示为过补偿和欠补偿的相量图。

左相量图可以看出，I 与 U 的相位差变小了，即供电回路的功率因数提高了。

图 4-23 中的左相量图为欠补偿，即电流相量滞后于电压相量；右相量图为过补偿，即电流相量超前于电压相量。

通常不希望出现过补偿，这样会使变压器的二次电压升高，并且容性的无功功率同样要造成电能损耗，还会增大电容的温升和损耗，影响电容寿命。

表 4-17 是电动机负载为改善功率因数而需要配置的补偿电容器容量：

表 4-17 电动机负载的补偿电容器容量表

补偿前的功率因数 $\cos\phi_1$	补偿后的功率因数 $\cos\phi_2$				
	0.8	0.85	0.9	0.95	1
	每千瓦电动机功率所对应的电容器容量/kvar				
0.40	1.54	1.67	1.81	1.96	2.29
0.42	1.41	1.54	1.68	1.83	2.16
0.44	1.29	1.42	1.56	1.71	2.04
0.46	1.18	1.31	1.45	1.60	1.93
0.48	1.08	1.21	1.34	1.50	1.83
0.50	0.98	1.11	1.25	1.40	1.73
0.52	0.89	1.02	1.16	1.31	1.64
0.54	0.81	0.94	1.08	1.23	1.56
0.56	0.73	0.86	1.00	1.15	1.48
0.58	0.66	0.78	0.92	1.08	1.41
0.60	0.58	0.71	0.85	1.00	1.33
0.62	0.52	0.65	0.78	0.94	1.27
0.64	0.45	0.58	0.72	0.87	1.20
0.66	0.39	0.52	0.66	0.81	1.14
0.68	0.33	0.46	0.59	0.75	1.08
0.70	0.27	0.4	0.54	0.69	1.02
0.72	0.21	0.34	0.48	0.64	0.96
0.74	0.16	0.29	0.43	0.58	0.91
0.76	0.11	0.24	0.37	0.53	0.86
0.78	0.05	0.18	0.32	0.47	0.80
0.80		0.13	0.27	0.42	0.75
0.82		0.08	0.21	0.37	0.70
0.84		0.03	0.16	0.32	0.65
0.86			0.11	0.26	0.59
0.88			0.06	0.21	0.54
0.90				0.15	0.48

对于一般的电动机负载其功率因数为 0.7，若需要将功率因数补偿到 0.9，则从表中可以查得 0.54kvar。若有功功率为 100kW 则补偿电容容量为 54kvar。

对于三相交流异步电动机，其补偿功率 Q_c 不允许大于空载无功功率的 90%，避免因为电动机停机造成补偿过度后的出现的过电压。

对于补偿电动机负载的补偿电容，也有简化的近似计算公式：

$$Q_c \leq 0.35 P_n \tag{4-35}$$

式中，Q_c 为补偿电容的容量；P_n 为电动机的功率。

2. 带电抗的补偿电容

图 4-24 所示为带电抗的补偿电容等效电路图。

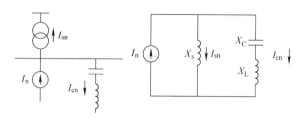

图 4-24　带电抗的补偿电容等效电路图

一般地，电流谐波源都具有恒流源性质。图中的 I_n 为 n 次电流谐波源，X_C 为电容的容抗，X_L 为电抗的感抗。先将 X_L 忽略，当 $X_{sn} = X_{cn}$ 时，并联电容器与系统阻抗发生并联谐振，I_{sn} 和 I_{cn} 均远大于 I_n，谐波电流被放大。此时谐振点的谐波次数为

$$n = \sqrt{\frac{X_C}{X_S}} \tag{4-36}$$

当谐振源的谐波次数等于 n 时，系统将引起谐振；若谐振源的谐波次数接近 n 时，虽然不引起谐振，但也会导致该谐波被放大。

抑制谐波放大的办法是给并联电容串接电抗器，改变并联电容与系统阻抗的谐振点，以避免谐振，因此带电抗的补偿电容的意义就在于抑制谐波源的 n 次谐波。若系统中没有谐波源，就没有必要采用带电抗的补偿电容器。

当 $X_L = X_C$ 时电路谐振。若系统等效电感和电容分别为 L、C，则谐振频率 f_0 为

$$f_0 = \frac{1}{2\pi\sqrt{LC}} \tag{4-37}$$

我们来看图 4-25。

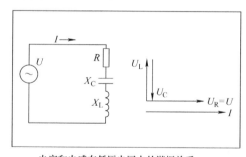

电容和电感在低压电网中的谐振关系

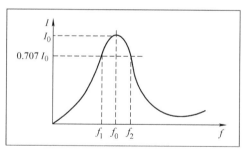

谐振电流与频率的关系

图 4-25　电容、电感在低压配电网中的谐振关系

我们可以得出如下结论：

1）串联谐振时阻抗 $Z = R$，为最小，且呈现阻性；

2）谐振时电流达到最大，$I_0 = U/R$；

3）谐振时电感与电容两端的电压大小相等，相位相反，电阻上的电压等于电源电压；

4）谐振时，由于 $X_L = X_C$，电感的瞬时功率和电容瞬时功率数值相等，符号相反，所以总无功功率等于零；

5）若外部有能量维持电路的谐振，则该电路将称为谐振源；若外部没有能量维持电路的谐振，则该电路将吸收外部电网中频率为 f_0 的谐波；

6）在谐振频率 f_0 的左侧，总阻抗呈现感性；在谐振频率 f_0 的右侧，总阻抗呈现容性。

在含有谐波的低压电网中需要进行无功功率补偿时，必须采用将补偿电容器串接电抗器的办法来消除谐波的影响，同时电抗器还起到对流经电容器的电流进行限流的作用。

电抗器的扼流作用率 p 用百分数来表达。扼流作用率 p 的定义是在 50/60Hz 基波下电抗器的感抗与容抗之比。见式（4-38）。

$$\begin{cases} p = \dfrac{X_L}{X_C} \times 100\% \\[2mm] f_{\text{res}} = \dfrac{f_1}{\sqrt{p}} \end{cases} \tag{4-38}$$

对于 n 次谐波，可以利用扼流作用率 p 给出电抗器与补偿电容器的串联谐振频率 f_{res}。

我们知道：电抗的感抗 $X_L = 2\pi f L$，即电抗的感抗 X_L 与频率 f 成正比；电容的容抗 $X_C = \dfrac{1}{2\pi f C}$，即电容的容抗 X_C 与频率 f 成反比。

在低压配电网中，谐波电流是以占基波电流的含有率来定义的。低压配电网中的谐波，以 5 次和 7 次谐波含有率较大，9 次及以上的谐波在低压配电网中因为含有率较小，其幅值也小。

设 5 次谐波的含有率为 20%，于是对于 5 次谐波来说，有

$$X_{C5} = \frac{1}{2\pi f_5 C} = \frac{1}{2\pi 5 f_1 C} = \frac{X_C}{5} \tag{4-39}$$

也就是说，5 次谐波的容抗仅为基波容抗的 1/5。那么谐波电流呢？虽然 5 次谐波的电流占有率仅为基波的 20%，但因为容抗仅为基波容抗的 20%，所以 5 次谐波电流与基波电流一样大。

对于 50Hz 的低压配电网，其中绝大多数的负载都是感性的。感性负载与补偿电容并联后，总体上还是呈现出感性。但对于某次谐波来说，由于容抗大幅度地减小，因此整个电流有可能呈现出容性。同时，电路中的某电感有可能对某次谐波产生串联谐振。因为谐振时阻抗很小，电流很大，有可能烧坏用电设备和电容补偿柜里的各种元器件。

当补偿电容串联了电抗后，串联回路的总阻抗比不串电抗时的阻抗小，因而电流会增大。对于谐波来说，容抗降低而感抗增大，总阻抗呈现出感性，由此避免了谐波谐振现象。

我们来看 5 次谐波，一般感抗 X_L 取为容抗 X_C 的 6%~7%，即扼流作用率 $p = 6\% \sim 7\%$。我们以 7% 来考虑，于是有

$$2\pi f L = 0.07 \frac{1}{2\pi f C}$$

$$L = \frac{0.07}{(2\pi f)^2 C} \approx \frac{7}{C} \times 10^{-7} \tag{4-40}$$

若 C 的单位为 μF，则式（4-40）中电抗值为

$$L = \frac{7}{C} \times 10^{-7} = \frac{700}{C} \text{mH}$$

显见，只要知道电容 C 的值，电抗的电感量 L 很容易计算出来。

现在我们来考虑 5 次谐波的总阻抗。我们知道 5 次谐波的感抗 $X_{L5} = 5X_L$，$X_{C5} = X_C/5$，于是两者串联后的总阻抗为

$$X_{L5} - X_{C5} = 5X_L - \frac{X_C}{5} = 5 \times 0.07X_C - 0.2X_C = 0.15X_C$$

我们看到总阻抗的符号为正值，说明电抗和电容串联后电路的阻抗偏感性。

现在我们假定电路中出现了 3 次谐波，且有 $X_{L3} = 3X_L$，$X_{C3} = X_C/3$，于是两者串联后的总阻抗为

$$X_{L3} - X_{C3} = 3X_L - \frac{X_C}{3} = 3 \times 0.07X_C - 0.33X_C = -0.12X_C$$

我们看到总阻抗的符号为负值，也即对于 3 次谐波而言，电抗和电容串联后电路的阻抗偏容性。

为了让电抗和电容串联后总阻抗在 3 次谐波下呈现感性，我们必须改变电抗的感抗占容抗的比值。设感抗占容抗的 12%，于是有

$$X_{L3} - X_{C3} = 3X_L - \frac{X_C}{3} = 3 \times 0.12X_C - 0.33X_C = 0.03X_C$$

现在，电抗和电容器串联后的总阻抗呈现出感性。

设高次谐波的次数为 n，电抗电感量与电容量的比值为 p，于是总阻抗满足感性的条件是：

$$X_{Ln} - X_{Cn} = nX_L - \frac{X_C}{n} = npX_C - \frac{X_C}{n} = \left(np - \frac{1}{n} \right)X_C > 0$$

上式右边不等式表示总阻抗应当呈现出感性。由此可以解出

$$p > \frac{1}{n^2} \tag{4-41}$$

根据式（4-41），我们可以得到表 4-18：

表 4-18　谐波次数与 P 值的关系

谐波次数	$n = 3$	$n = 5$	$n = 7$	$n = 9$	$n = 11$
计算 p 值	11%	4%	2%	1.2%	0.3%
实际 p 值	12% ~ 14%	6% ~ 7%	5.6%		

在 ABB 公司的标准产品中，电抗器的扼流作用率 p 有三种规格：5.67%、7% 14%，此三个规格对应的频率见表 4-19。

表 4-19　电抗器扼流作用率 p 与被消除谐波频率的关系

电抗器扼流作用率（%）	谐振频率/Hz	被消除的谐波
5.67	210	5 ~ 7 次谐波
7	189	5 次谐波
14	133	3 次谐波

值得注意的是，当补偿电容配备了电抗器后，电容和电抗的质量要求也需要提高。道理是显然的：谐波既然可以被吸收，但若电容和电抗的质量较低则反而被谐波的共振作用产生的过流和电压尖峰给损坏。因此，补偿电容需要有设计安全电压系数，一般取 12%。

X_C 与系统感抗 X_{SL} 产生的谐振频率 f_{sn} 应当被包含在 X_C 与电抗 X_L 产生的谐振频率 f_{res} 范围之内。

对于补偿电容的相关参数计算方法见表4-20。

表4-20 低压无功补偿电容相关参数计算表

带电抗的无功功率补偿电容	参数名称	符号	计算公式	单位
	系统电压	U_a	低压配电网母线电压,给定值	V
	补偿电容容量	Q_a	单只补偿电容的容量,给定值	kvar
	额定频率	f	低压配电网的频率,给定值	Hz
	补偿电容充电电流	I	$I = \dfrac{Q_a \times 10^3}{\sqrt{3}\,U_a}$	A
	熔断器电流	I_{FU}	$I_{FU} > 1.5I$	A
	电抗器 p 值	p		$\% X_C$
	电抗器电感值	L	$L = \dfrac{(2\pi f)^2 p}{C} \times 10^7$	mH
	谐振次数	f_0	$f_0 = \dfrac{1}{\sqrt{0.01p}}$	次数
	补偿电容上端口 B 点的工作电压	U_b	$U_b = \dfrac{U_a}{1 - 0.01p}$	V
	B 点无功等效补偿量	Q_b	$Q_b = \dfrac{Q_a}{1 - 0.01p}$	kvar
	设计安全电压	U_m	由补偿电容品质决定的安全系数,给定值	%
	补偿电容实际电压	U_C	$U_C = U_b\,(1 + 0.01U_m)$	V
	补偿电容实际容量	Q_C	$Q_C = \left(\dfrac{U_C}{U_b}\right)^2 Q_b$	kvar
	补偿电容的电容值	C	$C = \dfrac{Q_C}{2\pi f U_C^2} \times 10^9$	V

图中左侧:
母线
A点 熔断器
接触器
电抗器
B点 补偿电容器

【例4-8】

补偿电容参数计算范例。

设低压配电网的额定电压为400V,低压配电网的谐波是5次,单只无功补偿电容的容量是12.5kvar,低压配电网的额定频率为50Hz,补偿电容的设计安全电压 U_m 为12%,计算补偿电容的参数。

解:

根据表 4-19，可确定 p 值为 7；又知低压配电网的电压为 400V，单只无功补偿电容的容量为 12.5kvar，低压配电网的频率为 50Hz。据此计算补偿电容的充电电流 I 为

$$I = \frac{Q_a}{\sqrt{3}U_a} = \frac{12.5 \times 10^3}{1.732 \times 400} \approx 18.04\text{A}$$

选择熔断器的额定电流下限值 I_{FU}，实际选用的熔断器额定电流必须大于此值：

$$I_{FU} > 1.5I = 1.5 \times 18.04 = 27.06\text{A}$$

计算谐振点频率次数 f_0：

$$f_0 = \frac{1}{\sqrt{0.01p}} = \frac{1}{\sqrt{0.01 \times 7}} \approx 3.78\text{Hz}$$

计算补偿电容上端口 B 点电压 U_b：

$$U_b = \frac{U_a}{1 - 0.1p} = \frac{400}{1 - 0.01 \times 7} \approx 430.1\text{V}$$

计算补偿电容上的无功等效补偿量 Q_b：

$$Q_b = \frac{Q_a}{1 - 0.01p} = \frac{12.5}{1 - 0.01 \times 7} \approx 13.44\text{kvar}$$

计算补偿电容上的实际电压 U_C：

$$U_C = U_b(1 + 0.01U_m) = 430.1 \times (1 + 0.01 \times 12) \approx 481.7\text{V}$$

计算补偿电容的实际容量 Q_C：

$$Q_C = \left(\frac{U_c}{U_b}\right)^2 Q_b = \left(\frac{481.7}{430.1}\right)^2 \times 13.44 \approx 16.86\text{kvar}$$

计算补偿电容的电容值 C：

$$C = \frac{Q_C}{2\pi f U_C^2} \times 10^9 = \frac{16.86}{2\pi \times 50 \times 481.7^2} \times 10^9 \approx 231.3\mu\text{F}$$

由计算可知：补偿电容上的电压是远高于低压配电网额定电压的。究其原因，是因为补偿电容上的电压等于低压配电网母线上的电压 U_a 与电抗上的电压 U_L 之相量和，因此补偿电容的耐压值必须要乘以设计安全电压这个系数。

另外还要注意到，补偿电容的实际容量要大于在母线处计算得到的补偿电容容量。

4.3 低压配电电器设计范例

本节给出了一个应用实例，利用本节介绍的方法来构建一套工厂企业的低压配电设备。通过这个实例，说明了低压配电系统中配置各种元器件的要点，并加以展开性说明。

1. 根据范例要求核算出低压配电系统的计算电流

根据用户的负荷表配置出合适的低压配电系统，选配合适的低压开关电器元件。

某小型工厂的负荷表见下表。

某小型工厂的负荷表

供电区段	功率/kW	类型	数量	K_X	$\cos\phi$	$\tan\phi$
原料车间（二级配电系统）						
原料破碎机	17	三相笼型	2	0.75	0.80	0.75
传送带	5	三相笼型	2	0.6	0.75	0.88
自动秤料机	12	三相笼型	1	0.75	0.80	0.75
原料混合机	7.5	三相笼型	1	0.75	0.80	0.75
料仓振动给料机	0.6	三相	10	0.75	0.5	1.73
自控及工艺监控室	25	三相	1	0.9	0.9	0.49
车间照明	4	单路		0.9	1	
车间办公室及空调	25		1	0.7	0.8	0.75
职工更衣室	12.5		1	0.9	1	
熔化车间（二级配电系统）						
1#、2#给料机	2.2	三相笼型	2	0.75	0.8	0.75
窑炉炉壁散热风机	22	三相笼型	1	0.7	0.8	0.75
重油喷枪风机	7.5	三相笼型	4	0.7	0.8	0.75
重油雾化风机	7.5	三相笼型	4	0.7	0.8	0.75
助燃风机	75	三相笼型	2	0.7	0.8	0.75
窑炉炉压调节风阀电机	2.2	三相笼型	1	0.75	0.8	0.75
烟道启闭阀电机	2.2	三相笼型	1	0.7	0.8	0.75
自控及工艺监控室	10		1	0.9	0.9	0.49
车间照明	4	单路		0.9	1	
车间办公室及空调	25		1	0.7	0.8	0.75
职工更衣室	12.5		1	0.9	1	
成型和切割车间（二级配电系统）						
玻璃压延机	22	三相笼型	1	0.75	0.8	0.75
玻璃退火保温电加热器	10	三相	2	0.9	1	
玻璃传送辊调速电机	12	三相笼型	12	0.75	0.8	0.75
玻璃切割机	10	三相笼型	2	0.75	0.8	0.75
玻璃装箱机	10	三相笼型	2	0.75	0.8	0.75
吊机	2.2	三相笼型	2	0.25	0.5	1.73
自控及工艺监控室	10		1	0.9	0.9	0.49
车间照明	4	单路		0.9	1	
车间办公室及空调	25		1	0.7	0.8	0.75
职工更衣室	12.5		1	0.9	1	
办公楼（二级配电系统）						
办公室照明	10	三相笼型	多路	0.9	1	0.75
中央空调	22.5		4	0.7	0.8	0.49
DCS 控制中心	12.5		1	0.9	0.9	0.49
数据中心	15		1	0.9	0.9	
会议室照明	2		多路	0.7	1	

（续）

供电区段	功率/kW	类型	数量	K_X	$\cos\phi$	$\tan\phi$
机修车间（二级配电系统）						
各类机床电机	2.2	三相笼型	10	0.15	0.5	1.73
电焊机	10		5	0.35	0.35	2.68
车间照明	4		单路	0.9	1	
车间办公室及空调	25		1	0.7	0.8	0.75
职工更衣室	12.5		1	0.9	1	
油库（二级配电系统）						
蒸汽锅炉	5	三相笼型	2	0.75	0.8	0.75
重油油泵	11	三相笼型	10	0.75	0.8	0.75
输油控制中心及保安室照明	25		1	0.9	1	

考虑到系统的扩展，总系统容量按上述这些负荷的双倍考虑。

2. 根据用户负荷表利用需要系数和同时系数计算二级低压配电系统参数

按用电设备组统计计算有功功率、计算无功功率、计算视在功率和计算电流

供电区段	功率/kW	计算有功功率/kW	计算无功功率/kvar	计算视在功率/kVA	计算电流/A
原料车间（二级配电系统）					
原料破碎机	17	12.75	9.56	15.94	23
传送带	5	3	2.64	4.00	5.77
自动秤料机	12	9	6.75	11.25	16.23
原料混合机	7.5	5.625	4.22	7.03	10.14
料仓振动给料机	0.6	0.45	0.78	0.78	1.13
自控及工艺监控室	25	22.5	11.03	25.06	36.17
车间照明	4	3.6	0	3.6	5.2
车间办公室及空调	25	17.5	13.13	21.88	31.58
职工更衣室	12.5	8.02	0	8.02	11.58
熔化车间（二级配电系统）					
南北给料机	2.2	1.65	1.24	2.06	3.0
窑炉炉壁散热风机	22	15.4	11.55	19.25	27.79
重油喷枪风机	7.5	5.25	3.94	6.56	9.47
重油雾化风机	7.5	5.25	3.94	6.56	9.47
助燃风机	75	52.5	39.38	65.63	94.73
窑炉炉压调节风阀电机	2.2	1.65	1.24	2.06	3.0
烟道启闭阀电机	2.2	1.54	1.16	1.93	2.79
自控及工艺监控室	10	9	4.41	10.02	14.46
车间照明	4	3.6	0	3.6	5.2
车间办公室及空调	25	17.5	13.13	21.88	31.58
职工更衣室	12.5	8.02	0	8.02	11.58

（续）

供电区段	功率/kW	计算有功功率/kW	计算无功功率/kvar	计算视在功率/kVA	计算电流/A
成型和切割车间（二级配电系统）					
玻璃压延机	22	16.5	12.38	20.63	29.78
玻璃退火保温电加热器	10	9	0	9	12.99
玻璃传送辊调速电机	12	9	6.75	11.25	16.24
玻璃切割机	10	7.5	5.63	9.38	13.53
玻璃装箱机	10	7.5	5.63	9.38	13.53
吊机	2.2	0.55	0.95	1.10	1.59
自控及工艺监控室	10	9	4.41	10.02	14.46
车间照明	4	3.6	0	3.6	5.2
车间办公室及空调	25	17.5	13.13	21.88	31.58
职工更衣室	12.5	11.25	0	11.25	16.24
办公楼（二级配电系统）					
办公室照明	10	9	0	9	12.99
中央空调	22.5	15.75	11.81	19.69	28.42
DCS 控制中心	12.5	11.25	5.51	12.53	18.09
数据中心	15	13.5	6.62	15.04	21.71
会议室照明	2	1.4	0	1.4	2.02
机修车间（二级配电系统）					
各类机床电机	2.2	0.33	0.57	0.66	0.95
电焊机	10	3.5	9.38	10.01	14.45
车间照明	4	3.6	0	3.6	5.2
车间办公室及空调	25	17.5	13.13	21.88	31.58
职工更衣室	12.5	11.25	0	11.25	1.60
油库（二级配电系统）					
重油油泵	11	8.25	6.19	10.31	14.88
输油控制中心及保安照明	25	22.5	0	22.5	32.48

3. 统计计算负荷

原料车间配电系统（二级配电系统）：

$$
\begin{cases}
P_C = K_{\Sigma P} \sum (P_e) \\
\quad = 0.8 \times (2 \times 12.75 + 2 \times 3 + 9 + 5.63 + 10 \times 0.45 + 22.5 + 3.6 + 17.5 + 8.02)\text{kW} \approx 81.8\text{kW} \\
Q_C = K_{\Sigma Q} \sum (Q_e) \\
\quad = 0.93 \times (2 \times 9.56 + 2 \times 2.64 + 6.75 + 4.22 + 10 \times 0.78 + 11.03 + 0 + 13.13 + 0)\text{kvar} \approx 62.62\text{kvar} \\
S_C = \sqrt{P_C^2 + Q_C^2} \\
\quad = \sqrt{81.8^2 + 62.62^2} \approx 103.02\text{kV} \cdot \text{A} \\
I_C = \dfrac{S_C}{\sqrt{3} U_n} = \dfrac{103.02}{1.732 \times 400} \approx 148.70\text{A}
\end{cases}
$$

其余各级配电系统省略计算过程列表如下：

配电系统名称	P_c/kW	Q_c/kvar	S_c/kV·A	I_c/A
原料车间（二级配电系统）	81.80	62.62	103.02	148.70
熔化车间（二级配电系统）	165.61	134.15	180.90	261.11
成型和切割车间（二级配电系统）	171.96	115.39	207.09	298.92
办公楼配电（二级配电系统）	78.52	55.21	95.99	138.55
机修车间（二级配电系统）	39.72	52.41	65.76	94.92
油库配电（二级配电系统）	90.00	62.79	109.74	158.40
合计	545.81	419.95		

4. 统计一级配电的计算负荷

令总低压配电所也即一级配电系统的总有功功率同时系数 $K_{\Sigma P}$ 和总无功功率同时系数 $K_{\Sigma Q}$ 均为 0.85，于是有

总计算有功功率 P_{jn} 为

$$P_{jn} = K_{\Sigma P} \sum (P_c) = 0.85 \times 545.81 \text{kW} \approx 463.94 \text{kW}$$

总计算无功功率 Q_{jn} 为

$$Q_{jn} = K_{\Sigma Q} \sum (Q_c) = 0.85 \times 419.95 \text{kvar} \approx 356.96 \text{kvar}$$

总计算视在功率 S_{jn} 为

$$S_{jn} = \sqrt{P_{jn}^2 + Q_{jn}^2} = \sqrt{463.94^2 + 356.96^2} \text{kV·A} \approx 585.37 \text{kV·A}$$

总计算电流 I_{jn} 为

$$I_{jn} = \frac{S_{jn}}{\sqrt{3} U_n} = \frac{585.37 \times 10^3}{1.732 \times 400} \text{A} \approx 844.93 \text{A}$$

5. 总体设计

从以上分析中我们已经知道了系统的总计算电流为 844.93A，总计算视在功率为 585.37kV·A。

注意：考虑到系统增容为计算电流的一倍。

（1）负荷分级和变压器选用

第一：考虑到增容要求，我们将一级配电设备设计为两段母线，各段母线的负荷均按计算电流来设计，并且各段母线均由各自的变压器来供电。

第二：选择变压器的视在功率 S_N 大于或者等于计算值的 1.2 倍，即

$$S_n > 1.2 S_{jn} = 1.2 \times 585.37 \text{kV·A} \approx 702.44 \text{kV·A}$$

这样做的目的是为系统供电留有一定的功率储备。

我们取变压器容量 S_N 为 800kV·A，一次电压是 6~10kV，二次电压是 400V，变压器的阻抗电压 U_k 为 6%，11 点钟接法。

计算得到变压器的额定电流是 1155A，短路电流是 19.25kA。由表 1.4 查到对应的峰值系数 $n=2.0$，故冲击短路电流峰值时 $2 \times 19.25 \approx 39.5$kA，也即

$$\begin{cases} I_n = 1155\text{A}，额定电流 \\ I_k = 19.25\text{kA}，稳态短路电流 \\ i_{pk} = 39.5\text{kA}，总目击短路电流峰值 \end{cases}$$

（2）计算短路电流

因为在熔化车间有两台 75kW 的电动机，当一级配电设备的主母线发生短路事故时，除了变压器向短路点提供短路电流外，这两台电动机将贡献出额外的短路电流，其短路电流为额定电流的 10~15 倍，可按电动机的起动冲击电流来核算。

我们知道，电动机的功率 P_n 与额定电流 I_n 的关系是 $P_n = \sqrt{3} U_n I_n \eta_n \cos\phi_n$，当 $U_n = 380$V，$\eta_n = \cos\phi_n = 0.8$ 时，$I_n = 2P_n$。对于 75kW 的电动机，其起动冲击电流 I_P 为

$$I_p = 15I_n \approx 15 \times 2P_n = 15 \times 2 \times 75 = 2250\text{A}$$

在低压电网中若存在多台大功率电动机时，为了计算方便，可将这多台电动机的短路电流与电源产生的短路电流归并到一起计算。

对于本系统来说，一级配电的低压配电柜主母线上的冲击短路电流 I_{pk} 为

$$I_{pk} = \frac{nS_n}{\sqrt{3}U_P U_{sr}} + 2I_P = \frac{2 \times 800 \times 10^3}{1.732 \times 400 \times 0.06}\text{A} + 2 \times 2250\text{A} \approx 39.5\text{kA} + 4.5\text{kA} = 44.0\text{kA}$$

系统原先的短路电流为 19.25kA，再加上两台最大功率 75kW 电动机贡献的短路电流后，冲击短路电流又增加了 4.5kA，最终达到了 44kA 的水平。冲击短路电流峰值决定了低压配电柜的动稳定性。

再看稳态短路电流 I_k。具体计算如下：

$$I_k = \frac{S_n}{\sqrt{3}U_P U_{sr}} + 2I_P = \frac{800 \times 10^3}{1.732 \times 400 \times 0.06}\text{A} + 2 \times 2250\text{A} \approx 24\text{kA}$$

即低压配电系统中短路电流规模为 24kA 的水平。

系统初步设计方案如图 4-26 所示。

（3）低压电网总配电室 PC 低压配电柜的设计要点

从低压电网的总配电室 PC 低压配电柜馈电到各个车间和区间配电室的馈电开关，必须考虑到上下级的短路保护配合以及电动机负载额外增加的短路电流的影响。

馈电开关采用过载长延时 L 保护加短路瞬时 I 保护的 MCCB 塑壳断路器做线路保护。

总配电室 PC 低压配电柜的一段与二段负载完全一致，两段母线上的负载互相作为对方的备份。

（4）车间和区域配电室中的 MCC 低压配电柜设计要点

低压配电柜中的进线部分按双电源设计，为了达到要求的分断能力，双电源按 CB 级的 ATSE 设计。

（5）低压配电网的接地形式

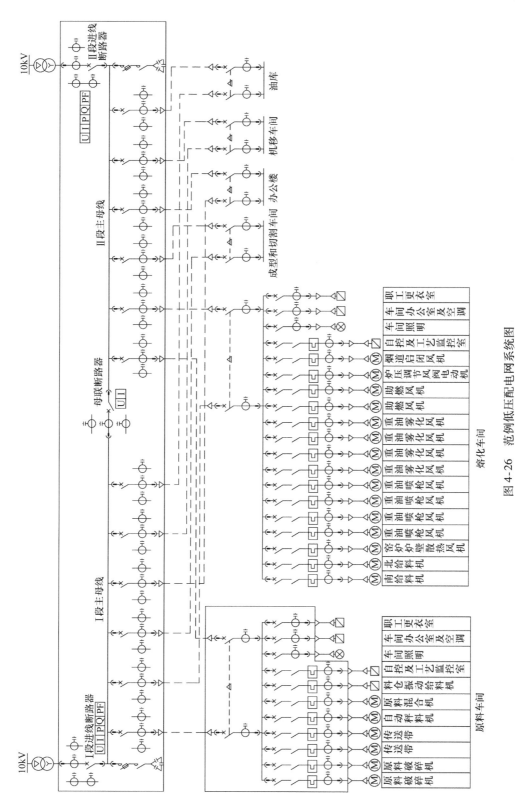

图 4-26　范例低压配电网系统图

全低压配电网按 TN – S 接地形式来考虑。

6. 低压配电网系统图

低压配电网系统图见图 4-26。

7. 低压配电柜及主要元器件的选型

（1）电力变压器参数

电力变压器额定功率和接线：800kVA，Y11 接线，一次侧与二次侧相位差为 330°

电力变压器一次侧／二次侧额定电压：10kV/0.4kV

电力变压器的阻抗电压：6%

电力变压器的额定电流：1155A

电力变压器的持续短路电流：$I_K = 39.5kA$

（2）补偿电容器的选型

补偿电容取值为：$Q_c = 0.3S_n = 189kvar$，采用 200kvar 标配电容柜。电容抽屉采用普通不带电抗的规格。

各个车间级配电所配套采用就地无功补偿。

（3）核实电动机起动条件

核实低压电网能够允许的最大直接起动电动机的容量。根据电动机在低压电网中的起动条件公式（4-22），我们来核实该低压配电网中的电动机起动条件：

对于 22kW 的电动机，低压电网的起动限制是

$$K_M = 0.75 + 0.25\frac{S_n}{P_n} = 0.75 + 0.25 \times \frac{630}{22} \approx 7.91$$

故在此低压电网中，容量小于或等于 22kW 的电动机均允许直接起动。

对 75kW 的电动机，低压电网的起动限制是：

$$K_M = 0.75 + 0.25\frac{S_n}{P_n} = 0.75 + 0.25 \times \frac{630}{75} \approx 2.85$$

可知 75kW 的电动机必须采用降压起动措施，因为该电动机应用于风机系统，因此建议采用星 – 三角起动方式或者软起动方式。

为此，电动机回路均按如下方案配置：

1）22kW 及以下的电动机回路均采用直接起动方案

2）75kW 的电动机回路采用软起动器起动方案

25kW 及以下的电动机主电路采用表 4-13 的方案，具体如下：

序号	功率	抽屉容量	断路器	交流接触器	热继电器
1	2.2kW	8E/4	MS325 – 6.3	A12	
2	5kW	8E/4	MS325 – 12.5	A26	
3	7.5kW	8E/4	MS325 – 16	A26	
4	11kW	8E/4	MS325 – 25	A30	
5	17kW（重载）	8E/2	T2S160MA52	A50	TA450SU80（CT 绕两圈）
6	22kW（重载）	8E/2	T2S160MA52	A50	TA450SU60

75kW 的电动机配备软起动器起动，软起动器采用 ABB 的 PSS105/181 - 500，配置方案如下：

软起动器：PSS105/181 - 500；

快速熔断器：170M3019；

隔离开关熔断器组：OESA250R03D80；

主接触器：A110；

旁路接触器：A110；

热继电器：TA110DU90；

电流互感器：PSCT - 150；

软起动器所在开关柜的尺寸：宽 × 深 × 高 = 400 × 1000 × 2200，其中深度可在 600、800、1000 之间选取。

8. 主配电室 PC 低压配电柜的配置方案

P1：进线柜开关柜尺寸：宽 × 深 × 高 = 400 × 1000 × 2200；

　　断路器：E1B12504P YO YC；

　　仪表：EM - PLUS。

P2：电容柜开关柜尺寸：宽 × 深 × 高 = 600 × 1000 × 2200；

　　仪表：RVC。

P3：抽屉柜开关柜尺寸：宽 × 深 × 高 = 1000 × 1000 × 2200。

抽屉配置：

抽屉位置	名称	抽屉性质和尺寸	断路器	操作机构
A	原料车间	馈电/8E	T2S160TMD160，3P	电操 YC、YO
B	熔化车间	馈电/16E	T5S400In320，3p	电操 YC、YO
C	成型和切割车间	馈电/16E	T5S400In320，3p	电操 YC、YO
D	办公楼	馈电/8E	T2S160TMD160，3P	电操 YC、YO
E	机修车间	馈电/8E	T2S160TMD100，3P	电操 YC、YO
F	油库	馈电/8E	T2S160TMD160，3P	电操 YC、YO

P4：母联柜开关柜尺寸：宽 × 深 × 高 = 400 × 1000 × 2200；

　　断路器：E1B1250/4P YO YC。

P5：抽屉柜开关柜尺寸：宽 × 深 × 高 = 1000 × 1000 × 2200。

抽屉配置：

抽屉位置	名称	抽屉性质和尺寸	断路器	操作机构
A	原料车间	馈电/8E	T2S160TMD160，3P	电操 YC、YO
B	熔化车间	馈电/16E	T5S400In320，3p	电操 YC、YO
C	成型和切割车间	馈电/16E	T5S400In320，3p	电操 YC、YO
D	办公楼	馈电/8E	T2S160TMD160，3P	电操 YC、YO
E	机修车间	馈电/8E	T2S160TMD100，3P	电操 YC、YO
F	油库	馈电/8E	T2S160TMD160，3P	电操 YC、YO

P6：电容柜开关柜尺寸：宽×深×高＝600×1000×2200；

仪表：RVC。

P7：进线柜开关柜尺寸：宽×深×高＝400×1000×2200

断路器：E1B1250/4P YO YC

仪表：EM－PLUS。

说明：

主配电室低压配电柜中的一段母线和二段母线上的馈电柜抽屉互为备用；

进线回路配备仪表EM－PLUS，通过RS485/MODBUS总线与DCS控制中心连接；

EM－PLUS采集的遥测信息包括：三相电压、三相电流、三相有功功率、三相无功功率、三相有功电能、三相无功电能、频率、功率因数、谐波；

EM－PULS采集的遥信信息包括：断路器状态和保护动作状态；

主配电室低压配电柜中配备2只RSI32采集馈电回路断路器的状态量；

主配电室低压配电柜中配备2只RCU16对馈电回路断路器执行遥控；

按要求将所有开关柜均按MNS3.0侧出线低压配电柜设计，其中主母线为2×30×10规格。

总配电室PC开关柜的柜面排列如图4-27所示，低压配电系统见图4-26。

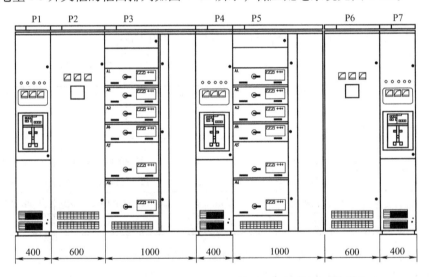

图4-27 总配电室PC型MNS3.0低压配电柜的柜面排列图

9. MCC电动机测控中心的配置方案

（1）原料车间MCC配电柜

P1：进线柜开关柜尺寸：宽×深×高＝400×1000×2200；

断路器：S3N160R160/3P TM 2台组成ATS；

DPT：DPT－160/S3NR160TM10TH 3P－FFC。

P2：MCC抽屉柜开关柜尺寸：宽×深×高＝1000×1000×2200。

抽屉配置：

抽屉位置	名称	容量/抽屉尺寸	断路器	接触器	热继电器
A1	原料破碎机	17kW/8E/2	T2S160MA52	A50	TA450SU60（2T）
A2	原料破碎机	17kW/8E/2	T2S160MA52	A50	TA450SU60（2T）
B1	传送带	5kW/8E/4	MO325－12.5	A26	
B2	传送带	5kW/8E/4	MO325－12.5	A26	
B3	自动秤料台	12kW/8E/4	MO325－25	A30	
B4	原料混合机	7.5kW/8E/4	MO325－16	A26	
C1	料仓振动给料机	0.6kW/8E/4	MO325－2.5	A9	TA25DU2.4
C2	料仓振动给料机	0.6kW/8E/4	MO325－2.5	A9	TA25DU2.4
C3	料仓振动给料机	0.6kW/8E/4	MO325－2.5	A9	TA25DU2.4
C4	料仓振动给料机	0.6kW/8E/4	MO325－2.5	A9	TA25DU2.4
D1	料仓振动给料机	0.6kW/8E/4	MO325－2.5	A9	TA25DU2.4
D2	料仓振动给料机	0.6kW/8E/4	MO325－2.5	A9	TA25DU2.4
D3	料仓振动给料机	0.6kW/8E/4	MO325－2.5	A9	TA25DU2.4
D4	料仓振动给料机	0.6kW/8E/4	MO325－2.5	A9	TA25DU2.4
E1	料仓振动给料机	0.6kW/8E/4	MO325－2.5	A9	TA25DU2.4
E2	料仓振动给料机	0.6kW/8E/4	MO325－2.5	A9	TA25DU2.4
E3	料仓振动给料机（备用）	0.6kW/8E/4	MO325－2.5	A9	TA25DU2.4
E4	料仓振动给料机（备用）	0.6kW/8E/4	MO325－2.5	A9	TA25DU2.4
F1	自控及工艺监控室	25kW/8E/2	T2S160TMD63，3P	A50	
F2	车间照明	4kW/8E/4	T2S160TMD20，3P		
F3	职工更衣室	12.5kW/8E/4	T2S160TMD32，3P		
G1	车间办公室及照明	25kW/8E/2	T2S160TMD63，3P		
G2	车间办公室及照明（备用）	25kW/8E/2	T2S160TMD63，3P		

（2）熔化车间 MCC 配电柜

P1：进线柜开关柜尺寸：宽×深×高＝400×1000×2200；

　　断路器：S5N400R320/3P TM 2 台组成 ATS；

　　双电源控制器：AC31 PLC07KR51/220 编程。

P2：MCC 抽屉柜开关柜尺寸：宽×深×高＝1000×1000×2200。

抽屉配置：

抽屉位置	名称	容量/抽屉尺寸	断路器	接触器	热继电器
A1	南给料机	2.2kW/8E/4	MO325－12	A12	
A2	北给料机	2.2kW/8E/4	MO325－12	A12	
A3	窑炉炉壁散热风机（重载）	22kW/8E/2	T2S160TMD63，3P	A50	
B1	重油喷枪风机	7.5kW/8E/4	MO325－16	A26	
B2	重油喷枪风机	7.5kW/8E/4	MO325－16	A26	
B3	重油喷枪风机	7.5kW/8E/4	MO325－16	A26	

（续）

抽屉位置	名称	容量/抽屉尺寸	断路器	接触器	热继电器
B4	重油喷枪风机	7.5kW/8E/4	MO325 – 16	A26	
C1	重油雾化风机	7.5kW/8E/4	MO325 – 16	A26	
C2	重油雾化风机	7.5kW/8E/4	MO325 – 16	A26	
C3	重油雾化风机	7.5kW/8E/4	MO325 – 16	A26	
C4	重油雾化风机	7.5kW/8E/4	MO325 – 16	A26	
D1	窑炉炉压调节风阀电机	2.2kW/8E/4	MO325 – 12	A12	
D2	烟道启闭阀电机	2.2kW/8E/4	MO325 – 12	A12	
D3	车间照明	4kW/8E/4	T2S160TMD20，3P		
D4	职工更衣室	12.5kW/8E/4	T2S160TMD32，3P		
E1	车间办公室及照明	25kW/8E/2	T2S160TMD63，3P		
E2	车间办公室及照明（备用）	25kW/8E/2	T2S160TMD63，3P		

P3：助燃风机柜开关柜尺寸：宽×深×高 = 400×1000×2200；

软起动器：PSS105/181 – 500；

快速熔断器：170M3019；

隔离开关熔断器组：OESA250R03D80；

主接触器：A110；

旁路接触器：A110；

热继电器：TA110DU90；

电流互感器：PSCT – 150。

P4：助燃风机柜开关柜尺寸：宽×深×高 = 400×1000×2200；

软起动器：PSS105/181 – 500；

快速熔断器：170M3019；

隔离开关熔断器组：OESA250R03D80；

主接触器：A110；

旁路接触器：A110；

热继电器：TA110DU90；

电流互感器：PSCT – 150。

第5章

低压电器的基本控制原理

我们已经知道，低压电器的应用包括两方面的内容：一方面是低压电器在配电方面的应用，另一方面是低压电器在工控方面的应用。

在国家标准 GB 14048.1—2012《低压开关设备和控制设备　第1部分：总则》中，把应用在配电方面的开关柜称为开关设备，而把应用在工控中的控制柜称为控制设备。

开关设备中，以低压的进线回路、母联回路和馈电回路为主；控制设备中，则大多以控制各类低压电动机为主。

本章重点说明了低压开关设备中的进线、母联和馈电控制电路的原理及设计方法，以及低压控制设备中的用于控制电动机的各种原理及设计方法。

5.1　低压电器的基本控制原理

低压电器的基本控制原理，包括逻辑函数、典型控制电路等。

5.1.1　若干逻辑关系和基本逻辑运算定理

由断路器、继电器、接触器组成的控制电路中，电器元件只有两种状态：线圈通电或断电、触头闭合或断开。这两种状态可以用逻辑值表示。

1. 逻辑与

逻辑与（AND）指的是触点的串联逻辑。

逻辑与又被称为逻辑乘或者逻辑积，其逻辑关系可以用 $Y = A \text{ and } B$ 或者 $Y = A \cdot B \cdot C$ 来表示。

2. 逻辑或

逻辑或（OR）指的是触点的并联逻辑。

逻辑或又被称为逻辑加或者逻辑和，其逻辑关系可以用 $Y = A \text{ or } B$ 或者 $Y = A + B + C$ 来表示。

3. 逻辑非

逻辑非（NOT）指的是动断触点逻辑。

逻辑非又被称逻辑反或者逻辑非。逻辑非的基本定义是，逻辑运算结果是以取反的条件为依据，例如 "A not B" 表示逻辑运算中包含逻辑 A 的状态转换，同时不包含逻辑 B 的状态转换。

4. 逻辑与、逻辑或及逻辑非的电路、真值表和图形符号（如图 5-1 所示）

从图 5-1 中，我们看到逻辑与的输出状态 K 取决于两个串联开关量 A 和 B 的值，当且仅当 A 和 B 两者均为 1 时，K 才等于 1。

逻辑或的输出状态 K 取决于两个并联开关量 A 和 B，当 A 和 B 两者中任意一个等于 1，或者两者都等于 1，则 K 就等于 1。

而逻辑非的输出 K 与 A 恰好相反：当 A 等于 1 时，K = 0；当 A = 0 时，K = 1。

值得注意的是：这里 K 值所对应的输入关系均是针对逻辑 1 来说的。如果换成逻辑 0，则逻辑关系恰好相反。针对输入值为 1 的逻辑与恰好就是针对输入值为 0 的逻辑或，而针对输入值为 1 的逻辑或也恰好就是针对输入值为 0 的逻辑与。

这从真值表很容易看出来。例如图 5-1 的逻辑与真值表，我们发现，A 和 B 输入端只要出现 0，则输出 K 就等于 0。

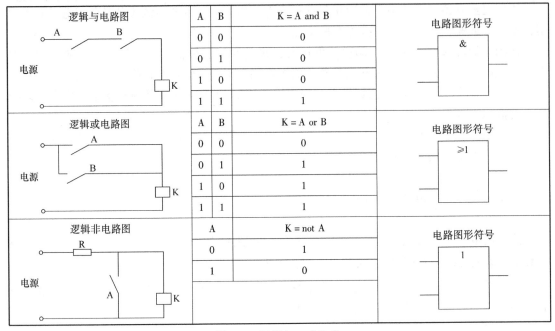

图 5-1　逻辑与、或和非

5. 常用的逻辑运算定理

常用的逻辑运算定理见表 5-1。

表 5-1　常用的逻辑运算定理

表达式	定理名称	运算规则
$A + 0 = A$	0 - 1 律	变量与常量的关系
$A \cdot 0 = 0$		
$A + 1 = 1$		
$A \cdot 1 = A$		
$A + A = A$	同一律	逻辑运算的特殊规律和关系
$A \cdot A = A$		
$A + \overline{A} = 1$	互补律	
$A \cdot \overline{A} = 0$		

（续）

表达式	定理名称	运算规则
$\overline{\overline{A}} = A$	还原律	与普通代数规律相同，但规则不同：
$A + B = B + A$	交换律	$(A+B)(A+C)$
$A \cdot B = B \cdot A$		$= AA + AB + AC + BC$；分配律
$(A+B)+C = A+(B+C)$	结合律	$= A + A(B+C) + BC$；结合律
$(A \cdot B) \cdot C = A \cdot (B \cdot C)$		$= A(1+B+C) + BC$；结合律
$A \cdot (B+C) = A \cdot B + A \cdot C$	分配律	$= A \cdot 1 + BC$
$A + B \cdot C = (A+B) \cdot (A+C)$		$= A + BC$
$\overline{A+B} = \overline{A} \cdot \overline{B}$	反演率（德·摩根律）	逻辑运算的特殊规律和关系
$\overline{A \cdot B} = \overline{A} + \overline{B}$		

6. 逻辑运算基本规则

（1）代入规则

任何一个包含变量 A 的等式，如果将所有出现 A 的地方，都以一个逻辑函数 F 代替，则等式仍然成立。

（2）反演规则

设 K 是一个逻辑函数表达式，如果将 K 中所有的"·"和"+"互换，所有的常量 0 和 1 互换，所有的原变量和反变量互换，则将得到一个新的逻辑函数。这个新的逻辑函数就是原函数 K 的反函数，成称为补函数，记作 K，这个规则称为反演规则，又称为德·摩根（De. Morgan）定理（简称摩根定理），或称为互补规则。

摩根定理说明：

多变量乘积的"反"等于各变量"反"的和，而多变量和的"反"等于各变量"反"的积。运用反演规则可方便地求出原函数的反函数，或实现互补运算（求反运算）。

【例 5-1】

已知 $Y = \overline{(\overline{A} \cdot \overline{B})} + CD + 0$，求反函数 $\overline{Y}$。

解：按照反演规则，有

$$\overline{Y} = (A+B)(\overline{C}+\overline{D}) \cdot 1 = (A+B)(\overline{C}+\overline{D})$$

（3）对偶规则

设 Y 是一个逻辑表达式，如果将 Y 中的"·"、"+"互换，所有的"0"、"1"互换，而变量保持不变，那么就得到一个新的逻辑函数式，称为 L 的对偶式，记作 L'。这个规则称为对偶规则。

如果两个表达式相等，则它们的对偶式也一定相等。例如 $A(B+C) = AB + AC$ 的对偶式是 $A + BC = (A+B)(A+C)$。

（4）最小项原则

某具有 n 个变量的逻辑函数的"与项"包含全部 n 个变量，每个变量以原变量或反变量的形式出现，且仅出现一次，同一输入变量的原变量和反变量不同时出现在同一"与项"中，则这种"与项"被称为最小项。

最小项又称为标准与项，通常用 m 表示。

例如对于变量 A、B 来说，有 4 种取值组合，可以构成 4 个最小项 $\overline{AB}$、$\overline{A}B$、$A\overline{B}$、$\overline{A}\overline{B}$。对于具有 n 个自变量的函数，我们发现它最多有 2^n 个最小项。

我们来看有 3 个变量的最小项表，见表 5-2。

表 5-2 3 个变量的最小项编码和它们的值

最小项	$\overline{A}\overline{B}\overline{C}$	$\overline{A}\overline{B}C$	$\overline{A}B\overline{C}$	$\overline{A}BC$	$A\overline{B}\overline{C}$	$A\overline{B}C$	$AB\overline{C}$	ABC
二进制值	000	001	010	011	100	101	110	111
十进制值	0	1	2	3	4	5	6	7
符号	m_0	m_1	m_2	m_3	m_4	m_5	m_6	m_7

由表 5-2 可见，同一组变量取值的任意两个不同最小项的逻辑乘积为 0，即

$$m_i m_j = 0$$

这里的 $i \neq j$。

例如：

$$m_2 \times m_7 = \overline{A}B\overline{C} \times ABC = 0$$

利用上述这些规则和方法，我们可以对逻辑函数进行化简。

值得注意的是：当开关电器的触头足够的条件下，化简是次要的。按实际电路逻辑关系来编写的逻辑函数是最佳的。一者它容易阅读，二者它的控制方式也更为明确。

5.1.2 继电逻辑函数表达式

在低压配电设备和控制设备的继电逻辑控制系统中，控制线路中的开关量符合逻辑规律，可用逻辑函数关系式来表示。

在逻辑函数中，将执行元件作为输出变量，将检测信号、中间单元触点及输出变量的反馈触点等作为逻辑输入变量。再根据各触点之间的连接关系和状态，就可列出逻辑函数关系式。

1. 元器件线圈状态与触头状态

在分析逻辑控制电路时，元件状态是以线圈通电与否来判定的。某元件的线圈未通电时被称为原始状态。当元件的线圈通电后，元件的常开触点（动合触点）闭合，同时常闭触点（动断触点）打开。

对于开关电器，规定正逻辑为：线圈通电为 1 状态，断电为 0 状态；元件的常开触点闭合时为 1 状态，断开时为 0 状态。开关电器的线圈和触头的状态用同一字符表达。例如接触器的符号是 KM，则 KM 同时也表示接触器的触点。

2. 控制系统的逻辑表达式

我们来看逻辑表达式（5-1）：

$$QF1_{YC} = SB11 * \overline{QF1} * (\overline{QF2} + \overline{QF3}) \tag{5-1}$$

式中，$QF1_{YC}$ 为 QF1 进线断路器的合闸线圈；QF1 为 QF1 进线断路器的主触头和辅助触头状态；QF2 为 QF2 进线断路器的主触头和辅助触头状态；QF3 为 QF3 母联断路器的主触头和辅助触头状态；SB11 为 QF1 断路器的合闸控制按钮触头状态。

式（5-1）的意义是：

QF1 未合闸时 $\overline{QF1} = 1$，且 QF2 和 QF3 至少有 1 台处于打开状态即（$\overline{QF1} + \overline{QF2}$）$= 1$；

当按下合闸控制按钮 SB11 后，QF1$_{YC}$ 的值等于 1，QF1 也随即执行闭合操作，等 $\overline{QF1}=0$ 后，断路器闭合的过程结束。

在 QF1 的合闸逻辑中，$(\overline{QF1}+\overline{QF2})$ 体现了 QF1、QF2 和 QF3 之间的互锁逻辑。

QF1 的分闸逻辑是

$$QF1_{YO} = QF1 * \overline{(SB12 + K_U \cdot TOF(1\rightarrow 0, t=1s))} \tag{5-2}$$

式中，QF1$_{YO}$ 为 QF1 进线断路器的分闸线圈（分励线圈）；QF1 为 QF1 进线断路器的主触头和辅助触头状态；SB12 为 QF1 断路器的分闸控制按钮触头状态；K_U 为接在 I 段进线变压器低压侧的低电压继电器；TOF 为断电延时的时间继电器，动断触头，延时时间长度为 1s。

式（5-2）的意义是：

因为 QF1 = 1 因此 QF1 处于合闸状态。若分闸按钮 SB12 被按下，或者欠电压继电器 K_U 在侦测到电压降低后通过断电延时时间继电器延迟 1s 其动断触头返回，即 $\overline{K_U}=1$，则 QF1 的分闸线圈 QF1$_{YO}=1$，QF1 随即执行分断操作。当 QF1 = 0 后分闸过程结束。

5.1.3　辅助电路的分类和工作条件

1. 辅助电路的分类

在低压开关柜和控制柜中的辅助电路的分类方式如下：

（1）按功能分类

包括控制电路、测量回路、保护回路和信号回路

（2）按操作电源分类

包括交流电源回路和直流电源回路

2. 辅助电路的工作条件

辅助电路开关电器的使用类别见表 5-3。表 5-3 整理自 GB/T 14048.5—2017《低压开关设备和控制设备　第 5-1 部分：控制电路电器和开关元件　机电式控制电路电器》的表 1。

表 5-3　GB/T 14048.5—2017 对辅助电路开关电器使用类别的描述

电流种类	使用类别	典型用途
交流	AC – 12	控制电阻性负载和光电耦合隔离的固态负载
	AC – 13	控制有变压器隔离的固态负载
	AC – 14	控制小容量电磁铁负载（≤72V·A）
	AC – 15	控制交流电磁铁负载（>72V·A）
直流	DC – 12	控制电阻性负载和光电耦合的固态负载
	DC – 13	控制电磁铁负载
	DC – 14	控制电路中有经济电阻的电磁铁负载

辅助电路开关电器在正常情况下的通断条件见表 5-4，此表整理自 GB/T 14048.5—2017《低压开关设备和控制设备　第 5-1 部分：控制电路电器和开关元件　机电式控制电路电器》的表 4。

表 5-4　GB/T 14048. 5—2017 对辅助电路开关电器正常通断条件的描述

电流种类	使用类别	正常使用条件（标准条件下的负载）						最小通电时间
		接通			分断			周波数
		I/I_e	U/U_e	$\cos\phi$ 或 L/R	I/I_e	U/U_e	$\cos\phi$ 或 L/R	（50 或 60Hz 时）
AC	AC－12	1	1	0.9	1	1	0.9	2
	AC－13	2	1	0.65	1	1	0.65	
	AC－14	6	1	0.3	1	1	0.3	
	AC－15	10	1	0.3	1	1	0.3	
DC				$T_{0.95}$/ms			$T_{0.95}$/ms	时间/ms
	DC－12	1	1	1	1	1	1	25
	DC－13	1	1	6P	1	1	6P	$T_{0.95}$
	DC－14	10	1	15	1	1	15	25

表 5-4 中，I 为元器件接通或者分断的电流；U 为元器件接通前的空载电压；I_e、U_e 为元器件的额定工作电流和额定工作电压；$P = U_e \times I_e$ 为稳态功率消耗（W）；$T_{0.95}$ 为达到 95% 稳态电流的时间（ms）。

在直流回路中，元器件线圈的时间常数 $\tau = L/R$，其中 L 是元器件的线圈电感，而 R 是元器件的线圈电阻。由于 $\tau = L/R$ 不易求得，故 GB/T 14048. 5—2017 给出了 $T_{0.95} < 6P$ 这一经验公式。

当某元器件线圈功率为 50W 时，根据经验公式可知其时间常数 $\tau = 300$ms。因为一般元器件的线圈功率均不大于 50W，故可以认为在直流供电的辅助电路中元器件从通电至稳定最长时间为 300ms。

辅助电路开关电器在非正常情况下的通断条件见表 5-5。表 5-5 整理自 GB/T 14048. 5—2017《低压开关设备和控制设备　第 5-1 部分：控制电路电器和开关元件　机电式控制电路电器》的表 5。

表 5-5　GB/T 14048. 5—2017 对辅助电路开关电器非正常通断条件的描述

电流种类	使用类别	非正常使用条件						最小通电时间
		接通			分断			周波数
		I/I_e	U/U_e	$\cos\phi$ 或 L/R	I_c/I_e	U_r/U_e	$\cos\phi$ 或 L/R	（50 或 60Hz 时）
AC	AC－12							2
	AC－13	10	1.1	0.65	1.1	1.1	0.65	
	AC－14	6	1.1	0.7	6	1.1	0.7	
	AC－15	10	1.1	0.3	10	1.1	0.3	
DC				$T_{0.95}$/ms			$T_{0.95}$/ms	时间/ms
	DC－12							25
	DC－13	1.1	1.1	6P	1.1	1.1	6P	$T_{0.95}$
	DC－14	10	1.1	15	1.1	1.1	15	25

3. 辅助电路的工作电流和短路保护

辅助电路必须配备短路保护措施，无论是辅助电路的设备或者是辅助电路的线路。

由于辅助电路的电源一般均取自主电路进线侧，所以辅助电路短路保护的计算电流必须与主电路进线断路器相同。

　　图 5-2 所示为低压开关设备中各部分的短路保护，图中电压信号采集回路和主进线断路器控制辅助电路均接在电力变压器的低压侧，因此电压信号采集回路的短路保护参数必须与低压进线断路器短路保护参数一致；同理，电动机控制辅助电路和馈电控制辅助电路均接在主母线上，因此辅助电路的短路保护参数必须与其进线断路器的短路保护参数保持一致。

　　若短路保护开关电器不采用熔断器开关而是采用微型断路器 MCB，则 MCB 的分断能力也必须与主进线断路器保持一致。

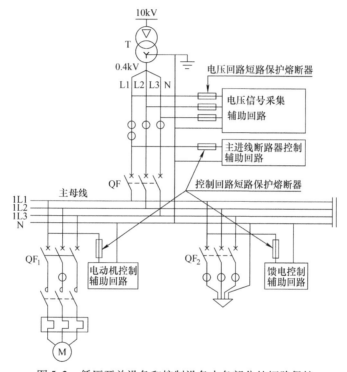

图 5-2　低压开关设备和控制设备中各部分的短路保护

　　在低压开关设备和控制设备中，辅助电路工作电流的具体数值参照见表 5-6。

表 5-6　低压开关设备辅助电路的工作电流选择表

回路性质	额定电流	辅助电路负载
电压信号的采集回路	2A	电压表
控制电路	5～6A	各类继电器、接触器线圈和信号灯等
断路器操作回路	10A	断路器储能电机或合分闸电磁铁
辅助电路隔离电源	S_n/U	单相隔离变压器或控制变压器
	$S_n/(\sqrt{3}U)$	三相隔离变压器或控制变压器

【例 5-2】

　　若电力变压器的容量为 2500kVA，且阻抗电压 $U_{sr}=6\%$，计算和确定进线断路器的电压信号采集辅助电路的熔断器参数。

解:

1) 按照第4章表4-8的方法来计算确定变压器的短路电流 I_k。

$$\begin{cases} I_n = \dfrac{S_n}{\sqrt{3}U_P} = \dfrac{2500 \times 10^3}{1.732 \times 400} \approx 3609\,A \\[3mm] I_k = \dfrac{S_n}{\sqrt{3}U_P U_{sr}} = \dfrac{2500 \times 10^3}{1.732 \times 400 \times 0.06} \times 10^{-3} \approx 66.16\,kA \end{cases}$$

2) 确定进线断路器的极限短路分断能力: $I_{cu} > I_k$,取 $I_{cu} = 75\,kA$。

3) 确定进线断路器的短路瞬时I参数的脱扣值: $I_3 = 12I_n = 12 \times 3609 \approx 43.3\,kA$。

4) 确定电压信号采集辅助电路的熔断器额定电流为2A,预期短路电流为43.3kA,从图5-3中查找两者交点的左侧纵坐标可知截断电流 I_d 大约为1.05kA。由此可计算熔断器的限流比为2.4%。

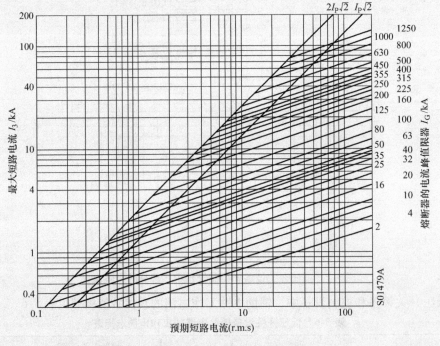

图5-3　熔断器的时间－电流特性曲线

5) 确定主进线断路器控制辅助电路的熔断器额定电流为10A,预期短路电流为43.3kA,从图6-2中查找截断电流 I_d 大约等于2.1kA,限流比为4.8%。

由此可见,若利用MCB微型断路器作为辅助电路的保护电器是很不合适的。MCB的分断能力远小于熔断器,不能实现可靠的短路保护。

4. 低压开关设备和控制设备中辅助电路的标准电压和工作电源

辅助电路的电源涉及诸如断路器、接触器、中间继电器、仪器仪表、各种测控装置的工作电源,所以辅助电路的电压稳定性尤为重要。

GB 14048.2—2008《低压开关设备和控制设备　第2部分:断路器》中规定了辅助电

路额定电压的优先值，见表 5-7。

表 5-7　GB 14048.2—2008 中规定的辅助电路额定电压

交流电压/V	直流电压/V	交流电压/V	直流电压/V
24	24	127	—
48	48	220	220
110	110	230	—
—	125	—	250

当环境温度在 $-5 \sim 40℃$ 的范围内，使用交流电源的电磁操作低压开关电器，例如交流接触器等，其可靠吸合电压必须确保在（$85\% \sim 110\%$）U_e 范围内，其释放电压必须确保在（$20\% \sim 75\%$）U_e 范围内；使用直流电源的电磁操作低压开关电器其释放电压不得低于 $10\% U_e$。

图 5-4 所示为建立辅助电路工作电源的方法。低压成套开关设备中辅助电路工作电源可通过两种途径建立：第一种途径是从两电力变压器低压侧获取电能，经过双电源互投电路后建立辅助电路的工作电源 L_W/N_W；第二种途径是从 Ⅰ 段母线和 Ⅱ 段母线上获取电能，经过双电源互投电路后建立辅助电路的工作电源 L_W/N_W。一般来说，第一种途径建立的工作电源稳定性较好，在低压电网中作为重要回路的工作电源；第二种途径建立的工作电源常用于母联回路和母线上的馈电回路。

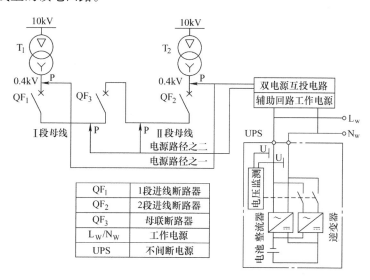

图 5-4　建立辅助电路工作电源的方法

近年来，随着低压成套开关设备的智能化程度逐步提高，开关柜内智能元器件使用数量与日俱增，当使用这些智能元器件时希望与上层系统的信息交换在任何时刻都能通畅。因此，在智能化低压成套开关设备中趋向于使用第一种途径建立的工作电源，有时还将工作电源配套在线式不间断电源 UPS 后为全系统辅助电路供电。

在线式不间断电源 UPS 内部具有整流器和逆变器。整流器的用途是将交流电压整流后变为直流电压对电池充电，逆变器的用途是将电池上的直流电压变换为交流电压。

平时 UPS 仅启动整流器对电池充电的操作，当电压监测单元发现交流电源失压后立即启动逆变器并将输出开关闭合，则工作电源 L_W/N_W 仍然保持着稳定的电压不变。

UPS 的电池容量有限，电池容量的规格决定于 UPS 断电后维持交流输出的时间长度，时间长度分为 20min、1h、2h 和 4h 等不同规格。

辅助电路电源还与低压电网的接地形式有关。对于 TN - C 系统，中性线 N 在任何情况下都不得断路，因此中性线 N 可直接连接到工作电源中；对于 TN - S 系统，双电源互投电路不但要互投相线，同时也要互投中心线 N。TN - S 的系统中双电源互投电路对中性线互投的原则是：不能让两套电源的中性线发生工作连接，以避免出现接地故障测控装置误动作问题。

5. 低压成套开关设备辅助电路中的各种接插件、端子和线位号

造成电压跌落的一个重要原因就是辅助电路电源通路接触不良。

由于辅助电路的电压低电流小，因此接触部位的自清洁效应相对较弱，接触点产生的接触电弧不能有效地来清洁表面的污垢和氧化层，有可能使电流的流通能力受到影响。

在 ABB 公司的 MNS3.0 低压成套开关设备中，很多地方存在活动接触点。例如 MNS3.0 抽屉的辅助电路接插件、框架断路器的辅助电路接插件、各种直接插接的接线端子等。

为了保证辅助电路接插件的应用可靠性，MNS3.0 中的接插件采取了如下措施：

（1）采用合适的触头材料

因为辅助电路的电压较低，因此要求触头材料要具有优良的导电性，一般辅助电路的触头材料均使用铜镀银或银镍合金 $AgNi_{10}$。银镍合金 $AgNi_{10}$ 呈现银白色，其中银占 90% 而镍占 10%，镍的作用是增强触头材料的强度。

（2）对辅助触头施加较大的压力

辅助电路的触头采用点接触方式，同时利用弹簧机构加大接触压力。

辅助电路触头机构中的动、静触点簧片电流方向必须保持一致。根据左手定则可知，流经动、静触点簧片的电流其电动力方向为相吸，能够起到加大接触压力的效果。

（3）采用可自动调整接触点的滑动触头支持件

对于 MNS3.0 抽出式低压成套开关设备中的抽屉回路，其辅助电路与外部电路的联系比较多，这些联系不但涉及系统控制，还包括测量和信息交换。抽屉辅助电路的输入与输出是通过二次接插件实现的，其中电流测量回路的电压仅为若干伏，而通信总线的电压也为 $\pm 5V \sim \pm 15V$。因此，MNS3.0 抽屉的辅助电路接插件不但要具备良好的接触性能，还要求具备能自动调整接触点的滑动支持件。

（4）低压成套开关设备辅助电路中的接线端子

在低压开关设备和控制设备的辅助电路中存在大量的接线端子，接线端子的用途如下。

1）用于线路转接：图 5-5 中 $TA_a \sim TA_c$ 是电流互感器，$PV_a \sim PV_c$ 是电压表，$PA_a \sim PA_c$ 是电流表，$FU_1 \sim FU_3$ 是电流互感器。

一般地，电流互感器安装在低压开关设备和控制设备柜内开关柜内，而电压表、电流表和控制按钮信号灯等都安装在门板上。因为门板属于低压成套开关设备的可转动部件，因此安装在门板上的各种低压开关电器和设备必须采用接线端子进行转接。

以图 5-5 中第 1 号到第 5 号电流输入回路的端子为例：电流互感器 $TA_a \sim TA_c$ 的输入端接线在第 1 号到第 4 号端子的左侧，第 1 号到第 4 号端子的右侧引至电流表 $PA_a \sim PA_c$。电流互感器和电流表在接线端子上实现了线路转接过渡。

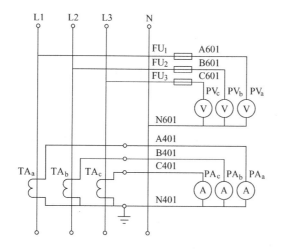

图 5-5　用于线路转接的端子

2）用于扩充线路接线点数量：图 5-5 中的第 9 号和第 10 号属于中性线 N 线的扩充接点数量的接线端子，其特征是接线端子中有连接片。

3）用于电流测量回路的可靠接地：图 5-5 中的第 4 号和第 5 号属于保护接地的接线端子，其上也配置了连接片。

4）用于安排较大电流的输入与输出。

5）线位号：线位号用于识别某根导线，以及确认电路上某点的电位编码。

例如 A401 至 C499 的线位号专用于电流输入输出线，而以 A601 至 C699 的线位号专用于电压输入输出线，其余用于控制线。

5.1.4　低压电器的基本控制接线

低压电器的基本接线与产品密切相关。由于低压电器产品规格众多，其接线不可能一致。考虑到本章的线路分析以 ABB 的低压开关电器为主，因此本节的低压电器基本控制接线也以 ABB 的产品为主。

1. ABB 的框架断路器 Emax 的控制电路基本接线

图 5-6 所示为 ABB 的 Emax 框架断路器控制电路基本接线图。

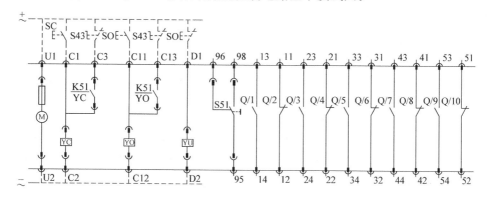

图 5-6　Emax 系列断路器控制电路基本接线图

图中，M 为 Emax 断路器的储能电机；YC 为合闸线圈；YO 为分励线圈；YU 为失电压脱扣线圈；S51 为 Emax 断路器的脱扣器脱扣后的报警信号辅助触点，只有在开关本体上按下复位按钮后 S51 触点才能返回；Q/1 ~ Q/10 为 Emax 断路器的第一组辅助触头；K51/YC 为 PR122/P、PR123/P 的遥控合闸控制触头；K51/YO 为 PR122/P、PR123/P 的遥控分闸控制触头。

图 5-6 中的储能电机用于断路器的合闸弹簧压缩储能，储能完毕后，断路器内部的行程开关将储能电机断开。按下合闸按钮，使得合闸线圈 YC 得电，断路器即执行合闸操作。合闸完成后，YC 线圈被线路脱离。

当按下分闸按钮后，分励 YO 线圈得电，断路器即执行开断操作。断路器断开后，YO 线圈被线路脱离。

失电压线圈 YU 在断路器得电后即工作。若电压不正常，则 YU 线圈断开断路器的合闸线路，使断路器无法合闸；若断路器已经合闸，则当电压跌过事先的设定范围后，经过一段时间的延迟，YU 线圈将使得断路器执行开断操作。

图 5-7 所示为 ABB 的 Emax 框架断路器的脱扣器辅助接线图，其中左图是 PR121/P 的脱扣器辅助线路图，右图是 PR122/P 和 PR123/P 的脱扣器辅助线路图：

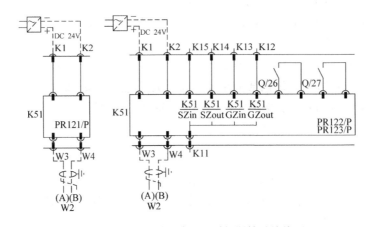

图 5-7　Emax 系列断路器的脱扣器辅助接线图

图中，K51/SZin 为接地故障 G 保护功能输入接口；K51/ SZout 为接地故障 G 保护功能输出接口；K51/ GZin 为方向性 D 保护功能的输入接口；K51/ GZout 为方向性 D 保护功能的输出接口；W3 为 RS485/MODBUS 通信接口，"A"表示 RS485 - 端；W4 为 RS485/MODBUS 通信接口，"B"表示 RS485 + 端。

Emax 断路器脱扣器 PR121/P、PR122/P 和 PR123/P 的工作电压均为 DC 24V。

2. ABB 的 Tmax 塑壳断路器 MCCB 基本接线

图 5-8 所示为 ABB 的 Tmax 系列断路器控制电路基本接线图。

图中，SC 为合闸按钮；SO 为分闸按钮；YC 为合闸线圈；YO 为断路器的分闸可通过分励线圈；YU 为失电压线圈；M 为电动操作机构，断路器的远程合闸要用电动操作机构来实现，并且 Tmax 断路器的电动操作机构的辅助电源可使用交流或直流；Q/1 ~ Q/3 为 3 对断路器状态辅助触点；SY 为 1 对保护动作辅助触点。

图 5-8 中，M 是断路器的合闸电动操作机构的储能电动机。当断路器上电后，储能电动

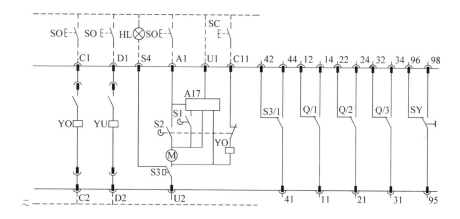

图 5-8　ABB 的 Tmax 系列断路器控制电路基本接线图

机起动使得断路器合闸操作机构的储能弹簧被压缩储能。储能完成后，行程开关使储能电动机 M 脱离电源。

　　当按下合闸按钮 SC 后，YC 合闸线圈得电，断路器执行合闸操作。操作完成后，SC 合闸按钮被行程开关脱开。

　　当按下分闸按钮 SO 后，分励线圈 YO 得电，断路器执行开断操作。断路器断开后，SO 按钮被行程开关自动脱离。

5.2　低压配电电器的控制方法

　　图 5-9 所示为第 4 章范例低压配电系统图局部。

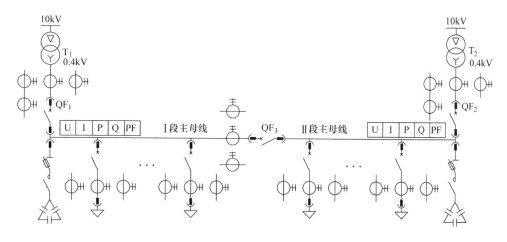

图 5-9　范例低压配电系统图局部

　　我们从图 5-9 中可见到，Ⅰ段主母线和Ⅱ段主母线均有进线电路，母线之间有执行分段的母联主电路。在各段母线上还有馈电主电路，以及无功功率补偿主电路。

　　当系统正常运行时，各段进线主电路单独工作。而当某段母线的电源发生故障时，该段进线断路器打开，投入母联断路器，以维持系统连续供电。

当系统供电恢复后，母联断路器自动打开，对应的进线断路器闭合。这种操作叫做备用电源自动投切，简称备自投操作。备自投操作是配电系统控制中的一项重要内容。

还有若干馈电回路及各段母线的无功功率补偿回路。

以上这些都属于低压配电系统中的典型回路。以下我们来研究这些典型回路的控制原理。

由于控制电路不可避免地要以某型断路器为基础展开讨论。这里采用 ABB 的 Emax 框架 ACB 断路器、ABB 的 Tmax 塑壳 MCCB 断路器为主进行讨论。其本体基本接线原理见 5.1.4 节。

5.2.1　利用分立元件构建两进线单母联手控投退电路原理

1. 一次系统分析

图 5-10 所示为手动操作模式下的两进线单母联的 I 段进线主电路和辅助电路。

从图 5-10 中左侧主电路可以见到 I 段电力变压器 T_1、I 段进线断路器 QF_1、电压采集和显示辅助电路、电流采集和显示辅助电路，还有无功功率补偿电流采集辅助电路。

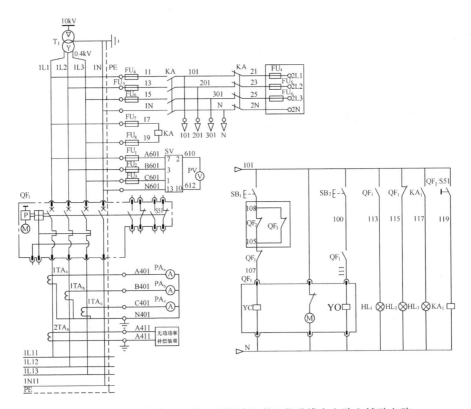

图 5-10　手动操作模式下的两进线单母联 I 段进线主电路和辅助电路

（1）电压采集回路

图 5-10 中电压采集回路的 SV 是电压换相开关，目的是可让电压表 PV 可分别显示 U_a、U_b、U_c、U_{ab}、U_{bc}、U_{ca}。注意电压系统的线位号在电压换相开关左侧为 A601 ~ C601，在电压换相开关的右侧为 610、612。

（2）电流采集回路

电流采集回路中的电流互感器是 $1TA_a$、$1Ta_b$ 和 $1Ta_c$，三台电流互感器的二次侧线位号为 A401 ~ C401，电流表 PA_a ~ PA_c 的右侧是电流汇总中性线，三相测量电流经此汇总中性线返回到电流互感器各绕组。电流汇总中性线必须接地，避免电流互感器二次回路开路后产生的高压伤及人身。

电流采集回路中的电流互感器 $2TA_a$ 采集的 A 相电流信息送往无功功率自动补偿装置。无功功率自动补偿装置需要在 I 段母线上采集 I_a、U_b、U_c 三个参数，从中计算出三相功率因数等测控信息。

（3）电流互感器的安装位置

四套电流互感器安放在断路器与变压器之间或者断路器与母线之间均可，完全不影响测量结果。电流互感器放在断路器与母线之间比较便于维修。

（4）辅助电路工作电源

图 5-10 中的左侧输入线号是 1L1、1L2、1L3、1N，而右侧的输入线号是 2L1、2L2、2L3、2N。中间继电器 KA 的线圈接在 1L1 和 1L3 之间，当 I 段电力变压器工作正常时，继电器 KA 吸合，KA 的常开触点将工作电源 101、201、301 和 N 接至 I 段电力变压器低压侧；若 I 段电力变压器发生故障时，在 1L1 和 1L3 失压后继电器 KA 释放，KA 的常闭触点将工作电源 101、201、301 和 N 接至 II 段电力变压器低压侧。

在 TN – S 系统中因为 I、II 段母线的中性线不允许直接搭接，即使在辅助电路中也不允许直接搭接，因此 KA 必须采用 4 极的中间继电器。

2. 手动操作模式下的两进线单母联控制原理

（1）I 段进线断路器 QF_1 的主电路和辅助电路

I 段进线断路器 QF_1 的合闸逻辑是

$$QF_{1YC} = SB_1 * \overline{QF_1} * (\overline{QF_2} + \overline{QF_3}) \tag{5-3}$$

式中，QF_{1YC} 为 I 段进线断路器的合闸线圈；SB_1 为 I 段进线断路器的合闸按钮；QF_1、QF_2、QF_3 为 I 段进线断路器、II 段进线断路器、母联断路器。

I 段进线 QF_1 的分闸逻辑是

$$QF_{1YO} = QF_1 * SB_2 \tag{5-4}$$

式中，QF_{1YO} 为 I 段进线断路器的分闸线圈；SB_2 为 I 段进线断路器的分闸按钮。

执行断路器合闸的表达式 $SB_1 * \overline{QF_1} * (\overline{QF_2} + \overline{QF_3})$ 由 3 节串联电路构成，线位号从 103 到 107。串联电路之一的合闸按钮 SB_1 常开接点用于产生合闸信号，它是人机之间的交互操作点；串联电路之二的是 QF_1 辅助常闭接点，因为 $\overline{QF_1}$ 辅助触点在断路器闭合后等于 0，因而 $\overline{QF_1}$ 可用于防止 I 段进线断路器二次重合闸；串联电路之三是由 QF_2 和 QF_2 的常闭接点构建的并联电路，其用途是 QF_2 和 QF_3 对 QF_1 的合闸互锁。互锁逻辑表达式见表 5-7 及表后说明。

执行断路器分闸的表达式 $QF_1 * SB_2$ 由 2 节串联电路构成，线位号从 109 到 111。串联电路之一的分闸按钮 SB_2 常开接点用于产生分闸信号，它是人机之间的交互操作点；串联电路之二是 QF_1 的常开触点，此触点的用途是防止二次重分闸。

线位号 113 的 QF_1 常开接点和线位号 115 的 QF_1 常闭接点分别用于点燃合闸信号灯 HL_1

和分闸信号灯 HL_2。

故障辅助触点 QF1：S51 接点反映了 I 段进线断路器的过载和短路保护状态，并且需要多处使用，所以利用中间继电器 KA_1 进行触点数量扩展。在线位号 119 的 QF_1：S51 首先接通中间继电器 KA_1 的线圈，然后 KA_1 的常开接点在线位号 117 支路点燃故障信号灯 HL_3。

（2）II 段进线断路器 QF_2 的主电路和辅助电路

II 段进线断路器 QF_2 的主电路和辅助电路如图 5-11 所示。

II 段进线 QF_2 的合闸逻辑是

$$QF_{2YC} = SB_1 * \overline{QF_2} * (\overline{QF_1} + \overline{QF_3}) \tag{5-5}$$

II 段进线 QF_2 的分闸逻辑是

$$QF_{2YO} = QF_2 * SB_2 \tag{5-6}$$

QF_2 合闸公式中的互锁逻辑与 QF_1 的互锁逻辑略有不同：QF_2 合闸公式中的互锁逻辑是 $SB_1 * \overline{QF_2} * (\overline{QF_1} + \overline{QF_3})$，而 QF_2 分闸公式中的分闸条件是 $QF_2 * SB_2$。

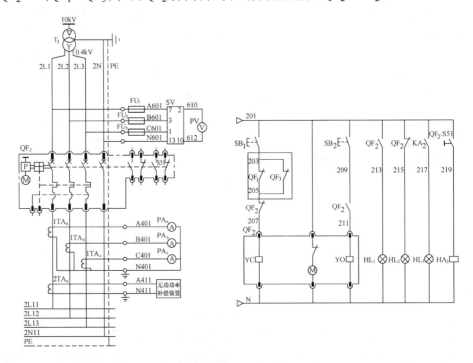

图 5-11　手动操作模式下的两进线单母联 II 段进线主电路和辅助电路

（3）母联断路器的主电路和辅助电路

母联断路器 QF_3 的主电路和辅助电路如图 5-12 所示。

母联一般不配备电压采集辅助电路，其电流采集辅助电路与进线基本一致。

因为低压系统的接地形式为 TN-S，且进线断路器的保护为 L-S-I-G 四段，所以母联断路器采用四极开关，主母线也采用四极。

从图 5-12 中可见母联 QF_3 的合闸逻辑是：

$$QF_{3YC} = SB_1 * \overline{QF_3} * (\overline{QF_1} + \overline{QF_2}) * \overline{KA_1} * \overline{KA_2} \tag{5-7}$$

母联 QF_3 的分闸逻辑是：

$$QF_{3YO} = QF_3 * SB_2 \tag{5-8}$$

在母联的合闸逻辑中出现的 KA_1 和 KA_2 常闭触点代表了 QF_1 和 QF_2 的保护动作状态,其意义是:若两进线断路器因为母线上或负载侧发生保护动作而跳闸,则在故障触点未复位之前不允许母联执行闭合操作。

Emax 系列断路器中的 S51 辅助触点一旦动作后,若不在断路器的操作面板上执行复位操作则 S51 的动作状态就一直被保持。

线位号 317 的 QF_3 常开接点和线位号 319 的 QF_3 常闭接点分别用于点燃合闸信号灯 HL_1 和分闸信号灯 HL_2。

由于进线断路器的故障辅助触点 $QF_3/S51$ 接点往往需要多处使用,所以利用中间继电器 KA_3 进行扩展。在线位号 323 的 $QF_3/S51$ 首先接通中间继电器 KA_3 的线圈,然后 KA_3 的常开接点在线位号 321 支路点燃故障信号灯 HL3。

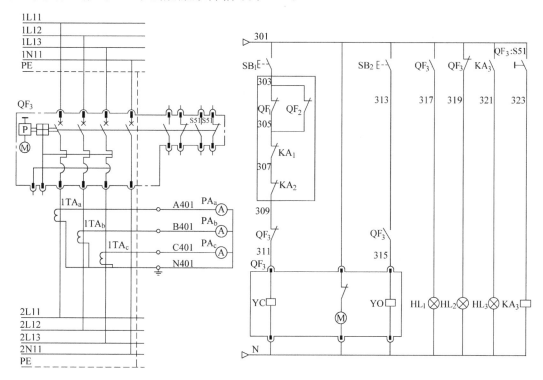

图 5-12　手动操作模式下的两进线—母联之母联主电路和辅助电路

(4) 手动操作模式下的两进线单母联控制过程的过程函数总结(见表 5-8)

表 5-8　手动操作模式下的两进线单母联控制过程函数总结

Ⅰ段进线断路器	合闸过程函数	$QF_{1YC} = SB_1 * \overline{QF_1} * (\overline{QF_2} + \overline{QF_3})$
	分闸过程函数	$QF_{1YO} = QF_1 * SB_2$
Ⅱ段进线断路器	合闸过程函数	$QF_{2YC} = SB_1 * \overline{QF_2} * (\overline{QF_1} + \overline{QF_3})$
	分闸过程函数	$QF_{2YO} = QF_2 * SB_2$
母联断路器	合闸过程函数	$QF_{3YC} = SB_1 * \overline{QF_3} * (\overline{QF_1} + \overline{QF_2}) * \overline{KA_1} * \overline{KA_2}$
	分闸过程函数	$QF_{3YO} = QF_3 * SB_2$

表 5-7 中的三组过程函数对应的控制逻辑就是进线和母联之间的合闸互锁式（4-15），这里重复列写如下：

$$\begin{cases} QF_{1合闸} = \overline{QF_2} + \overline{QF_3} \\ QF_{2合闸} = \overline{QF_1} + \overline{QF_3} \\ QF_{3合闸} = \overline{QF_1} + \overline{QF_2} \end{cases}$$

通过过程函数我们能更清楚地理解合闸互锁逻辑表达式的意义。

5.2.2 利用分立元件构建两进线单母联自控投退电路原理

在 5.2.1 节我们看到了手动控制的两进线单母联投退电路的原理，本节我们来了解自动执行的两进线单母联投退电路的原理。

1. Ⅰ段进线主电路和Ⅱ段进线主电路的电压采集辅助电路

图 5-13 和图 5-14 分别所示为Ⅰ段进线断路器和Ⅱ段进线断路器在自动操作模式下的控制原理图，图中的可调下限低电压继电器 KV_1 和 KV_2 电气逻辑特性如下：

$$KV_1 = KV_2 = \begin{cases} 0——欠电压或者失电压 \\ 1——电压正常时 \end{cases} \tag{5-9}$$

低电压继电器 KV_1 和 KV_2 均可调整电压参数的下限越限值。

当低压配电网的电压接近于低电压继电器的下限值时，某些低电压继电器的触头会出现抖动现象，触头抖动会严重地影响到控制的准确性和可靠性。为此，低电压继电器的出口接点往往要配套时间继电器进行延迟判误。

低电压继电器配套的时间继电器可按需求采用通电延时或者断电延时的产品规格。

2. Ⅰ段和Ⅱ段进线断路器在自投手复操作模式下的工作原理

Ⅰ段进线断路器在自投手复模式下合闸的过程函数如下：

$$QF_{1YC} = SA_{1AUTO} * KT_{2.TON}(0\to1, t=1s) * \overline{QF_1} * (\overline{QF_2} + \overline{QF_3}) \tag{5-10}$$

式中，QF_{1YC} 为Ⅰ段进线断路器的合闸线圈；SA_{1AUTO} 为自动/手动操作模式选择开关拨在"自动"档位下；$KT_{2.TON}(0\to1, t=1s)$ 为 KT2 是通电延时时间继电器，KT_2 在得电延迟 1s 后闭合；QF_1、QF_2、QF_3 为Ⅰ段、Ⅱ段进线断路器和母联断路器及它们的辅助触点。

为了分析 KV_1 的动作过程，我们来看图 5-15。

在图 5-15 中，当Ⅰ段进线电压正常时 $KV_1=1$，于是 KA_1 吸合，KA_1 吸合后启动了通电延时的时间继电器 KT_2，KT_2 用于消除低电压继电器电压临界点抖动现象，其动合触头在线圈得电 1s 后动作，即 $KT_{2.TON}(0\to1, t=1s)$。

令过程函数 f_{11} 中的 $SA_{1AUTO}=1$ 表示选择开关 SA_1 拨在自动操作模式下有效。

KV_1 等于 1 后断电延时的时间继电器 KT_1 线圈失电，KT_1 的电气逻辑表达式是 $KT_{1.TON}(1\to0, t=1s)$，也即失压后 KT_1 在延迟了 1s 释放。KT_1 与母联断路器的投退相关。

从式（5-10）我们看到，Ⅰ段进线断路器闭合的条件是Ⅰ段电压正常、延迟判误时间继电器 KT_2 已经闭合、两进线 QF_1、QF_2 和母联 QF_3 之间的互锁逻辑满足 QF_1 的闭合要求、QF_1 处于打开状态。这些条件都满足后 $QF_{1YC}=1$，继而使得Ⅰ段进线断路器 QF_1 闭合。QF_1 闭合后其常闭触点 $\overline{QF_1}$ 打开，防止二次重合闸。

Ⅱ段进线断路器的自投手复操作模式与Ⅰ段进线断路器类似，其合闸逻辑如下：

$$QF_{2YC} = SA_{2AUTO} * KT_{4.TON}(0\to1, t=1s) * \overline{QF_2} * (\overline{QF_1} + \overline{QF_3}) \tag{5-11}$$

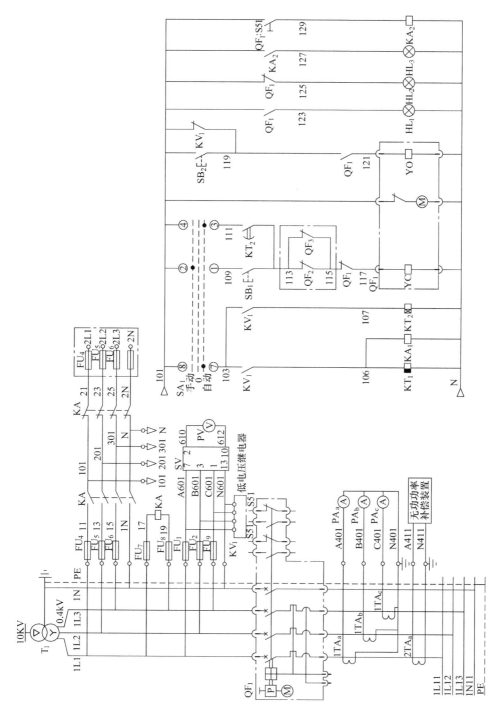

图 5-13　自动操作模式下的两进线单母联 I 段进线主电路和辅助电路

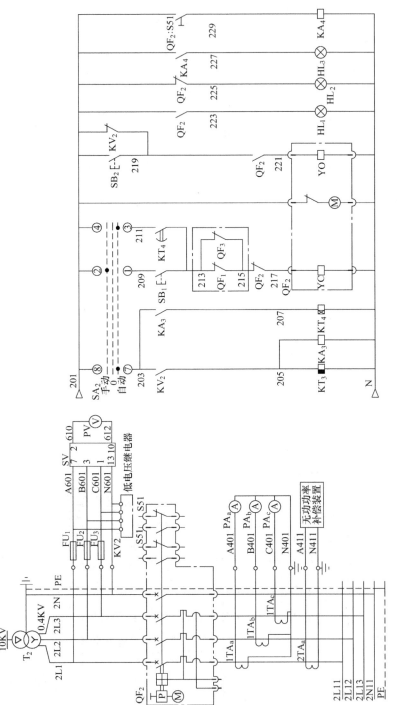

图 5-14 自动操作模式下的两进线单母联 II 段进线主电路和辅助电路

280

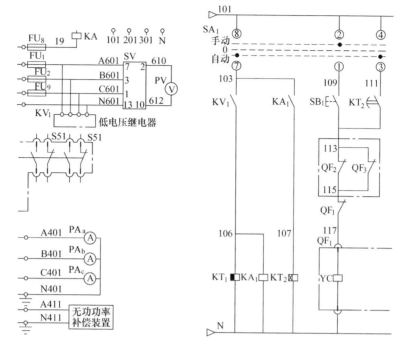

图 5-15　KV_1 的动作过程

从式（5-11）中看出，与 QF_1 的合闸逻辑相比 QF_2 的合闸逻辑区别在于互锁逻辑更换为 $\overline{QF_1} + \overline{QF_3}$，合闸时间继电器更换为 KT_4，防止二次重合闸的辅助触点为 $\overline{QF_2}$。

KV_2 等于 1 后还同时驱动了断电延时的时间继电器 KT_3 的线圈，KT_3 触点的电气逻辑关系是 KT_3（$1 \rightarrow 0$，$t = 1s$），其意义是当系统出现失电压后 KT_3 的触点在延迟了 1s 后才释放，也就相当于 KV_2 的触点延迟了 1s 才释放。KT_3 与母联断路器的投退相关。

Ⅰ 段进线断路器和 Ⅱ 段进线断路器的自投手复操作模式下的分闸逻辑如下：

$$QF_{1YO} = SA_{1AUTO} * (SB_2 + \overline{KV_1}) * QF_1 \tag{5-12}$$

$$QF_{2YO} = SA_{2AUTO} * (SB_2 + \overline{KV_2}) * QF_2 \tag{5-13}$$

Ⅰ 段和 Ⅱ 段进线断路器的自投手复操作模式下的分闸逻辑是明确：从式（5-12）和式（5-13）中我们看到，分闸按钮与低电压继电器动分接点是并联的，两者构成或逻辑关系，两者动作后都能使得断路器执行分闸操作。

3. 母联断路器在自投手复操作模式下的工作原理

母联断路器在自投手复操作模式下的控制原理如图 5-16 所示。

母联自投手复模式下的合闸过程函数 f_{31} 如下：

$$\begin{cases} QF_{3YC} = f_{31} = f_{31-1} * f_{31-2} * f_{31-3} * \overline{QF_3} \\ f_{31-1} = SA_{3HAND} * SB_1 * (\overline{QF_1} + \overline{QF_2}) + SA_{3AUTO} * (\overline{QF_1} * \overline{KT_1} + \overline{QF_2} * \overline{KT_3}) \\ f_{31.2} = \overline{KA_2} * \overline{KA_4} \\ f_{31-3} = \overline{KT_5} \end{cases} \tag{5-14}$$

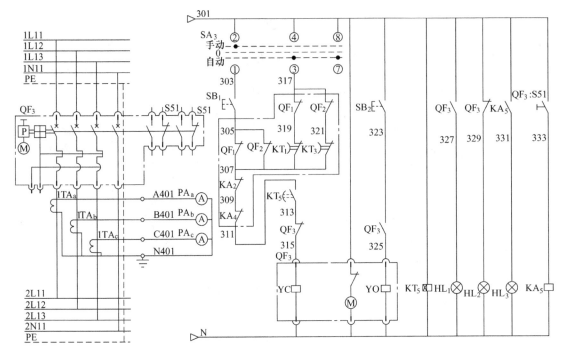

图 5-16　自投手复操作模式下的两进线单母联之母联主电路和辅助电路

（1）f_{31-1} 过程函数的意义

f_{31-1} 过程函数中包括两部分：手动操作部分和自动操作部分。两部分的切换通过选择开关得以实现。

当选择开关 SA_3 拨在手动操作时电气逻辑关系是

$$SA_{3HAND} * SB_1 * (\overline{QF_1} + \overline{QF_2})$$

这是两进线断路器对母联断路器的电气互锁与手动合闸按钮的串联支路，且仅当 SA_3 选择开关拨在手动操作时有效。

当选择开关 SA_3 拨在自动操作时电气逻辑关系是

$$SA_{3AUTO} * (\overline{QF_1} * \overline{KT_1} + \overline{QF_2} * \overline{KT_3})$$

$\overline{KT_1} = \overline{KV_{1.TOF}}$（$1\rightarrow0$，$t=1s$）的意义是：Ⅰ 段进线出现失压并延迟 1s 判误后故障仍然存在，以此证实 Ⅰ 段进线确实出现低电压或失压。将 $\overline{QF_1} * \overline{KT_1}$ 串联后的逻辑表达式表示 Ⅰ 段进线出现低电压同时断路器 QF_1 已经分断。注意：这里的 TOF 是断电延时时间继电器。

同理，$\overline{KT_3} = \overline{KV_{2.TOF}}$（$1\rightarrow0$，$t=1s$）的意义是：Ⅱ 段进线出现失压并延迟 1s 判误后故障仍然存在，以此证实 Ⅱ 段进线确实出现低电压或失压。将 $\overline{QF_2} * \overline{KT_{31}}$ 串联后的逻辑表达式表示 Ⅱ 段进线出现低电压同时断路器 QF_2 已经分断。这里的 TOF 是断电延时时间继电器。

结论：f_{31-1} 过程函数的电气逻辑有效表示两进线中至少有 1 路进线出现失压同时进线断路器已经跳闸。如图 5-17 所示。

（2）f_{31-2} 过程函数的意义

$\overline{KA_2}$ 有效表示 Ⅰ 段进线断路器没有出现保护动作且未复位的故障状态，$\overline{KA_4}$ 有效表示 Ⅱ 段进线断路器没有出现保护动作且未复位的故障状态，所以 $f_{31-2} = \overline{KA_2} * \overline{KA_4}$ 有效表示两进线断路器均正常，低压配电网两段母线均未出现过载、短路或者单相接地故障。

（3）f_{31-3} 过程函数的意义

$f_{31-3} = \overline{KT_5} = \overline{\overline{WorkPower_{301.TON}}}\,(0 \rightarrow 1,\ t = 1s)$ 有效表示辅助电路工作电源正常，且经过延迟 1s 判误确认。这里的 WorkPower 是辅助电路工作电源，见图 5-17。

（4）QF3 的自投手复操作模式中 f_{31} 过程函数综合意义

$QF_{3YC} = f_{31} = f_{31-1} * f_{31-2} * f_{31-3} * \overline{QF_3}$ 的意义是

1）两进线断路器工作正常未出现保护动作；

2）两进线变压器出现欠电压或失电压；

3）当选择开关 SA_3 选择手动操作模式（HAND）时 QF_3 的合闸按钮 SB_1 已经按下，或者 SA_3 选择自动操作模式（AUTO）时闭合 QF_3 的电气逻辑已经得到确认；

4）母联断路器 QF3 已经具备执行闭合操作的条件，即 $QF_{3YC} = 1$。

母联断路器自投手复模式下的分闸过程函数 f_{32} 如下：

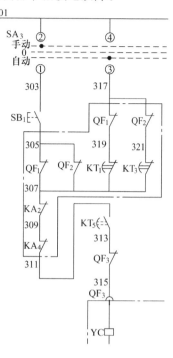

图 5-17　母联断路器的自投手复和自投自复合闸电路

$$QF_{3YO} = f_{32} = SB_2 * QF_3 \qquad (5\text{-}15)$$

因为母联断路器采用手复的分闸操作模式，所以只要分闸按钮 SB_2 有效，且母联断路器 QF_3 处于闭合状态，则母联断路器在 f_{32} 过程函数中立即执行分闸操作。

（5）母联断路器在自投自复操作模式下的工作原理

母联断路器在自投自复操作模式下的控制原理如图 5-18 所示。

对于母联断路器在自动模式下的 f_{31} 合闸过程函数，自投手复操作模式与自投自复操作模式原理是一样的，不一样的是 f_{32} 分闸过程函数。

f_{32} 分闸过程函数为

$$QF_{3YO} = f_{32} = SA_{3AUTO}(QF_1 * \overline{KA_2} + QF_2 * \overline{KA_4}) * QF_3 \qquad (5\text{-}16)$$

f_{32} 分闸过程函数中的 KA_2 和 KA_4 分别是 QF_1 的保护动作继电器和 QF_2 的保护动作继电器。f_{32} 分闸过程函数的意义是：当选择开关 SA_3 拨在自动操作下两段进线断路器中至少有 1 套已经闭合且未出现保护动作，则 QF_3 立即执行分闸操作。

4. 有关自投手复操作模式和自投自复操作模式的总结

本节所讨论的自投操作模式和自复操作模式中，"自投"指的是进线断路器的自动投入，"自复"指的是进线断路器从故障状态下的自动恢复。

针对进线回路的自投操作存在的问题是：往往低压配电网在首次送电时出现的问题较多，需要由人工操作按步骤地合闸，而且每一步骤都要仔细确认运行参数及投切状态。针对进线回路的自投操作是不具备这种能力的。

针对母联回路的自投操作模式和自复操作模式则能满足以上要求。

例如针对母联回路的备自投系统在低压配电网首次送电时由人工操作到两进线闭合母联

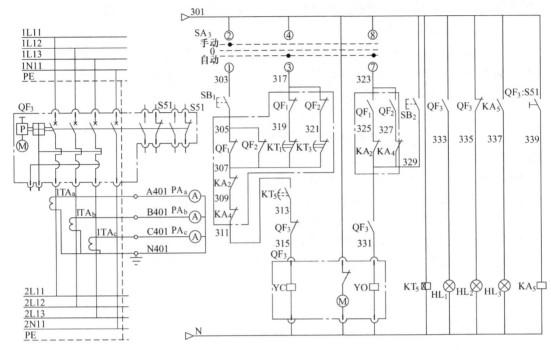

图 5-18　自投自复操作模式下的两进线单母联之母联主电路和辅助电路

打开的运行模式，并将两进线闭合母联打开的运行模式作为标准工作模式；在标准工作模式下若某进线出现失压，则控制系统自动将失压的进线打开，然后投入母联；当该路进线电压恢复后，控制系统又自动将母联打开，然后投入对应的进线。

针对母联回路的备自投系统还能实现倒闸操作，即进线和母联均闭合，变压器处于并列运行状态。这些都是针对进线回路的备自投系统所不能实现的。

由于针对母联的备自投系统其控制逻辑相对复杂，因此需要用 PLC 执行测控任务。

5.2.3　利用分立元件构建馈电电路原理

1. 由 Tmax 开关构建的馈电电路

我们来看看用 ABB 的 Tmax 开关构建的馈电电路控制原理，如图 5-19 所示。

（1）断路器的合闸和分闸过程

当 Tmax 断路器上电后，行程开关 S_2 指向 M 下端，M 执行储能操作结束后，S_2 打开。若 107 线上的合闸按钮 SB_1 被按下，则 YC 合闸线圈得电使得断路器闭合。断路器闭合后 S_1 动作使得断路器不能再次合闸。

当 105 线上的分闸控制按钮 SB_2 被按下后，电动操作机构对断路器执行分闸操作。

（2）断路器的辅助触点

从图 5-19 的主电路可以看出，断路器仅有一对状态辅助触点和保护动作辅助触点。

在辅助电路中有两处需要使用辅助触点：一处是线位号 113～117 的信号灯驱动电路，另一处是线位号 125～129 的外引触点。

辅助电路中的中间继电器 KA1 用于扩展断路器状态辅助触点的数量，中间继电器 KA2 用于扩展保护动作辅助触点的数量。

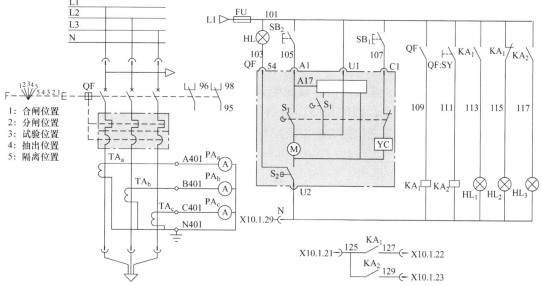

图 5-19　由 T1～T6 断路器构建的馈电控制原理图

（3）信号灯的控制过程

中间继电器 KA_1 受控于断路器的辅助触点。因此当断路器闭合的同时，KA_1 在线位号 101～113 处闭合并点燃合闸信号灯 HL_1，在 101～115 处打开并熄灭分闸信号灯 HL_2。一般地，合闸运行信号灯为红色，分闸停止运行信号灯为绿色，故障信号灯为黄色或白色；合闸控制按钮为绿色，分闸控制按钮为红色。

信号灯 HL_3 为故障指示，它由 QF 的保护动作辅助触点通过驱动继电器 KA_2 执行点燃和熄灭操作。一旦 QF:SY 保护脱扣动作后，主触头和状态辅助触点将同时返回，而保护脱扣动作辅助触点 QF:SY 闭合（在 101～117 处），KA_2 也闭合，进一步点燃 HL_3。脱扣动作辅助触点 QF_{SY} 需要人工操作复位。

（4）电流测量回路和输出电流测量信号

从图 5-19 的主电路可以看出系统中测量用电流互感器 TA_a、TA_b 和 TA_c，电流互感器用于驱动线位号 A401～C401 的电流测量表计。

（5）开关量测量信号

线位号 125～129 的外引辅助触点被送至外部需用之处。

2. 远方监测馈电回路工作状态

图 5-20 所示为远方电力监控系统监视馈电回路的电流量即遥测电流量的方法，以及远方电力监控系统监视馈电回路断路器工作状态即遥信量的方法。

图 5-20 中的 RCM32 为 32 路遥测采集装置。RCM32 要与双绕组电流互感器配套：双绕组电流互感器中一组（1A 或者 5A）的二次回路中用于就地显示电流量，另外一组（20mA）的二次回路则用于向 RCM32 传送电流信息。

RCM32 可同时为多路馈电回路采集电流量。若所有馈电回路仅采集 B 相的电流，则 RCM32 可同时采集 32 套馈电回路的电流；若所有馈电回路均需要同时采集 3 相电流，例如图 5-20 中的 A411、B411 和 C411 电流测量线路，则 RCM32 可同时采集 10 套馈电回路的三相电流。

RCM32 采集的电流信息可通过 RS485 接口，以 MODBUS – RTU 协议发送给远方电力监控系统。

图 5-20 中的 RSI32 为 32 路遥信采集装置。

图 5-20 中的线位号 127 和线位号 129 分别为断路器的工作状态开关量信号及断路器的保护动作状态开关量信号，这两个信号被送到 RSI32 的测量端口中。一只 RSI32 可以采集 16 套馈电回路的开关量信息，并且 RSI32 同时将 16 套馈电回路的开关量信息通过 RS485 接口以 MODBUS – RTU 协议发送给远方电力监控系统。

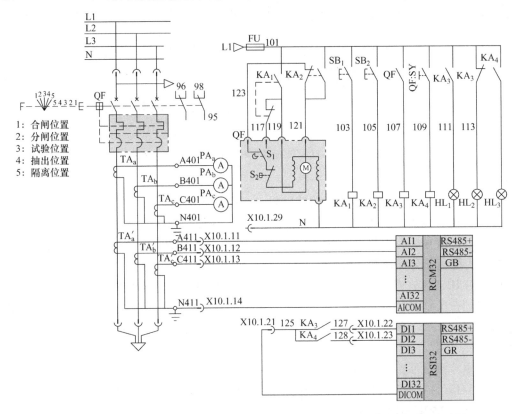

图 5-20　馈电回路中利用遥信模块 RSI32 和遥测模块 RCM32 采集开关量和电流量

5.2.4　无功补偿电路的原理

无功功率补偿的控制原理如图 5-21 所示。

从图 5-21 中可以看到，无功功率自动补偿控制装置 RVC 的两路电压信号 L12 和 L13 来自低压开关设备的主母线，而电流信号则来自进线主电路专门配置的 A 相电流互感器二次回路。

从无功功率自动补偿控制装置 RVC 的端子 X12:11 到 X12:26 为 12 路继电器输出点，用于控制各个电容抽屉中的切换电容器接触器的合分。

图 5-21 中，RVC 的端子 X12:11 和 X12:12 接在本抽屉的控制点 C1 和 C2 上，实现对本抽屉中补偿电容的投切。

图 5-21 中的 ETS – J 是控制电容柜排风风扇的控制器。当电容柜内温度升高越限时，排

风风扇将自动起动实现排风散热。

从图 5-21 中还可以看到电容柜内还配置了电流测量回路，用于测量和监视电容柜中电容器的总充放电数值。

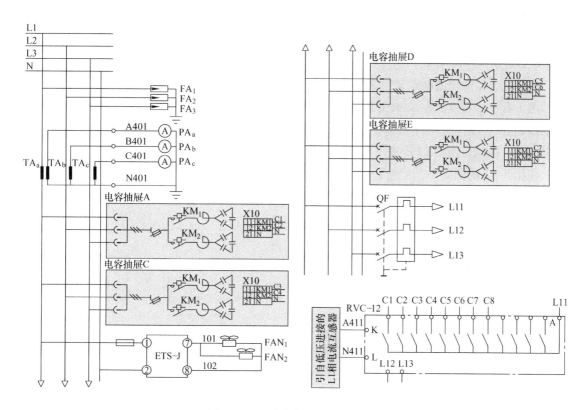

图 5-21　无功功率补偿的控制原理

5.3　低压控制电器的应用技术

在国民经济各行业中都大量使用着各种电动机，可见，电动机是电能应用的主要形式。据资料记载，我国生产的电能约 60% 用于电动机，其中 70% 以上又是用于一般用途的交流电动机（包括异步电动机和同步电动机），一般用途的交流电动机将电能转换成机械能，向被拖动的机械提供动力来源。

电气控制就是实现对电动机或其他执行电器的起停、正反转、调速、制动等运行方式的控制，以实现生产过程自动化，满足生产工艺的要求。

在 4.2.6 节中，我们已经部分地了解了电动机主电路的组成，以及主电路各个元件之间的关系。电气控制线路是由第 2 章所述的开关电器等按一定的逻辑控制规律构成的。

本节讨论有关低压控制电器在测控低压电动机电路中的应用和控制原理。

5.3.1 基本电路分析

1. 继电逻辑线路的逻辑函数

【开启从优和关断从优线路】

我们来看图 5-22。

图 5-22 的图 1 中，当起动按钮 SB_1 按下后，K 闭合。K 的辅助触点和停止按钮 SB_2 构成串联线路，与 SB_1 并联，这样当 SB_1 返回后仍然能保持 K 的线圈保持带电。

也因此，K 的辅助触点又叫做自保持触点，简称自保触点。

图 1 有一个特点：在 K 未闭合前，按下停止按钮 SB_2 不会对线路产生任何作用；按下起动按钮 SB_1，则 K 将闭合工作，而且即使 SB_2 事先已经按下，但 K 仍然能吸合，只是不能自保而已，因此，图 5-22 的图 1 叫做开启从优的控制线路。

在图 5-22 的图 2 中，当按下起动按钮 SB_1 后，K 吸合，同时它与 SB_1 并联的自保触点闭合，由此实现 K 线圈保持带电工作状态。

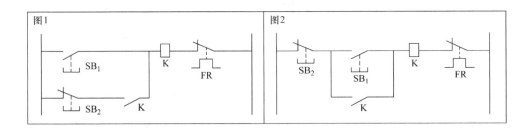

图 5-22　开启从优和关断从优的电动机控制线路

当按下图 2 的停止按钮 SB_2 后，K 线圈失电释放，K 返回。

图 2 的特点是：SB_2 按下后，不管 SB_1 处于何种状态，也不管 K 处于何种工作状态，K 都将释放。因此，图 2 叫做关断从优的控制线路。

【逻辑函数表达式】

逻辑表达式中要注意到两种工作状态：

第一个状况，就是线圈 K 的状态。当 K 打开时，K = 0；当 K 闭合时，K = 1；

第二个状况，就是触点和触头的状态。当触头未动作时它的状态等于 0，例如控制按钮 SB_1 动作前，$SB_1 = 0$；当触头动作后它的状态等于 1，例如控制按钮 SB_1 动作后，$SB_1 = 1$。

另外，在本书的讨论中，采取的是开逻辑。

对于图 1，它的逻辑函数是

$$\begin{cases} f_1 = K_C = (SB_1 + K) * \overline{FR}, \text{合闸逻辑函数式} \\ f_2 = K_0 = (\overline{SB_2} * K + SB_1) * \overline{FR}, \text{分闸逻辑函数式} \end{cases} \tag{5-17}$$

其中，f_1 是合闸逻辑函数表达式，f_2 是分闸逻辑函数表达式。

对于图 2，它的逻辑函数是

$$\begin{cases} f_1 = \text{K}_\text{C} = (\text{SB}_1 + \text{K}) * \overline{\text{SB}_2} * \overline{\text{FR}}, \text{合闸逻辑函数式} \\ f_2 = \text{K}_0 = \overline{\text{SB}_2} * \text{K} * \overline{\text{FR}}, \text{分闸逻辑函数式} \end{cases} \tag{5-18}$$

其中，f_1 是合闸逻辑函数表达式，f_2 是分闸逻辑函数表达式。

从式（5-16）的合闸逻辑函数式中可以看出，式子中只有 SB_1，没有 SB_2，也即 K = 1 与 SB_2 的状态无关，所以叫做开启从优；

从式（5-17）的分闸逻辑可以看出，式中没有出现 SB_1，也即 K = 0 与 SB_1 无关，所以叫做关断从优。

2. 三相笼型异步电动机的基本控制电路

表5-9 是若干三相笼型异步电动机基本控制电路。其中有电动机的直接起动，有可逆起动，有星 – 三角起动等。每一幅图都有图名、基本控制图、合、分闸的逻辑函数表达式等。

关于三相笼型异步电动机的起动方案见 4.2.6 节的图 4-20。

表 5-9　三相笼型异步电动机的基本控制电路

图 1	三相电动机的直接起动和点动控制电路

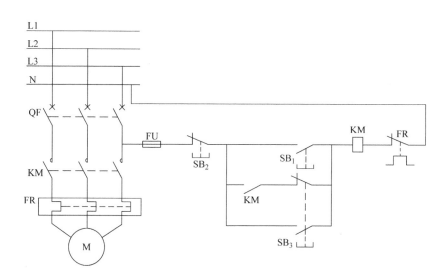

接触器 KM 的合、分闸逻辑函数：

$$\text{KM} = (\text{SB}_1 + \text{KM} * \overline{\text{SB}_3} + \text{SB}_3) * \overline{\text{SB}_2} * \overline{\text{FR}}$$

注意其中的 SB_3 控制按钮为点动按钮

当按下 SB_1 后，KM 线圈得电闭合，KM 的自保触点闭合并自保，电动机起动运行；当按下 SB_2 后，KM 线圈失电返回，电动机也失电停止运行；当按下 SB_3 后，KM 线圈得电但无法自保，因此电动机进入点动状态

FR 为热继电器的常闭触点，用于电动机的过载保护和断相保护。见 2.6.2 节的说明

（续）

图2	三相电动机的可逆起动控制电路

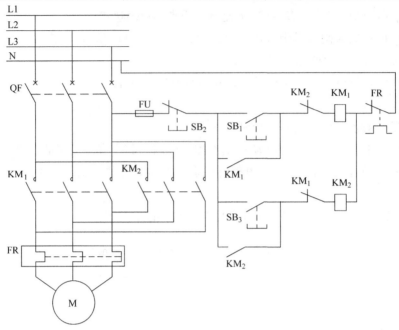

接触器 KM_1 的合、分闸逻辑：

$$KM_1 = (SB_1 + KM_1) * \overline{KM_2} * \overline{SB_2} * \overline{FR}$$

接触器 KM_1 的合、分闸逻辑：

$$KM_2 = (SB_3 + KM_2) * \overline{KM_1} * \overline{SB_2} * \overline{FR}$$

当按下 SB_1 后，KM_1 线圈得电吸合，KM_1 的自保触点闭合，KM_1 维持闭合状态，电动机进入正转运行；当按下 SB_2 后，KM_1 线圈失电释放返回，电动机停机；当按下 SB_3 后，KM_2 线圈得电吸合，KM_2 的自保触点闭合，KM_2 维持闭合状态，电动机进入反转运行；再次按下 SB_2 后，KM_2 释放，电动机停止运行

KM_1 和 KM_2 线圈左侧的常闭触点 KM_2 和 KM_1 为互锁触点，确保 KM_1 和 KM_2 不会同时闭合

FR 为热继电器触点，用于电动机的过载保护和断相保护。见 2.6.2 节热继电器的说明

图3	三相电动机的星-三角起动控制电路

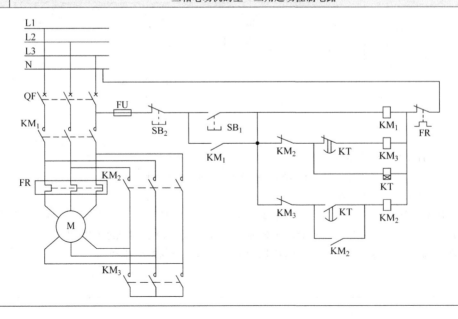

（续）

图 3	三相电动机的星 - 三角起动控制电路

接触器 KM_1 的合、分闸逻辑：

$$KM_1 = \overline{SB_2} * (SB_1 + KM_1) * \overline{FR}$$

接触器 KM_3 的合、分闸逻辑：

$$KM_3 = KM_1 * \overline{KM_2} * \overline{KT(1-0)} * \overline{FR}$$

时间继电器 KT 合、分闸逻辑：

$$KT = \overline{SB_2} * KM_1 * \overline{KM_2} * \overline{FR}$$

接触器 KM_2 的合、分闸逻辑：

$$KM_2 = \overline{SB_2} * KM_1 * \overline{KM_3} * (\overline{KT(0-1)} + KM_2) * \overline{FR}$$

当按下 SB_1 后，KM_1 线圈得电吸合，KM_1 的自保触点闭合，KM_1 维持闭合状态；KM_3 的线圈经过 KM_2 的常闭触点和 KT 的常闭触点闭合，电动机进入星形接法运行状态

当时间继电器 KT 延迟吸合时间到后，KM_3 释放

KM_3 释放后，其常闭触点 KM_3 返回，同时 KT 的延时闭合触点也闭合，KM_2 线圈得电，其自保触点 KM_2 闭合后，使得 KM_2 维持吸合状态。至此，电动机进入三角接法的运行状态

按下 SB_2 后，全系统的所有线圈均失电而释放，电动机也因此而停机

当电动机过载或者断相后，FR 热继电器的常闭触点动作，所有线圈均失电压而返回，电动机因此而停机

图 4	三相异步电动机单向能耗制动控制电路

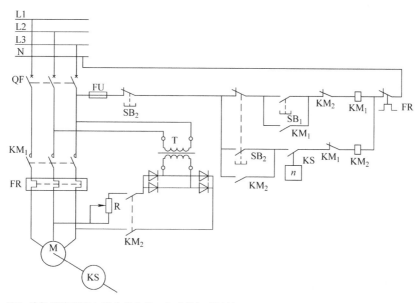

按下 SB_1，KM_1 接触器线圈得电吸合并自保，电动机起动运行

按下 SB_2，KM_2 接触器线圈得电吸合并自保。KM_2 接触器将整流后得到的直流电压导入到电机定子绕组中，由此产生阻转矩制动

当速度降低到接近零时，速度继电器 KS 返回，KM_2 接触器线圈失电释放，完成电动机能耗制动过程

5.3.2　电动机控制中心 MCC 中的电动机控制原理

MCC（Motor Control Center，电动机控制中心）是一种专用的电动机控制抽屉柜，用于

控制数十到数百台套电动机，是石油化工、地铁等企业和公用工程中的专门控制设备。

以下结合 5.3.1 节的内容，来说明 MCC 中的具体控制线路。

1. 电动机直接起动电路

我们首先看图 5-23 所示的电动机直接起动主回路。

在主回路中，电能从主母线中首先引入到单磁断路器 QF 中，再进入交流接触器 KM 和热继电器 KH，最后从一次端子接插件通过电缆引出到三相异步笼型电动机中。

在电动机控制中心 MCC 低压控制柜的抽屉回路中，断路器 QF 的操作机构有个 5 位置，即隔离位置、抽出位置、试验位置、停止位置和工作位置。

在图 5-23 的操作机构左上角绘出了试验位置微动开关 SW，SW 只有在试验位置时才能动作，其余位置均保持原有的打开状态。SW 的常开辅助触点接在线位号 101 和线位号 103 之间，与断路器 QF 的辅助触点并联。

当断路器操作机构手柄拨在工作位置时，交流接触器的线圈经由 101 线和 103 线之间的断路器 QF 动合辅助触点提供所需电能；当断路器操作机构手柄处于试验位置时微动开关 SW 触点闭合，交流接触器的线圈经由 101 线和 103 线之间的微动开关 SW 触点提供所需电能，操作者由此得以实现对接触器的通断能力做测试。值得注意的是：在试验位置时断路器的主触头和辅助触头均打开，电动机主回路因此而不带电。

图 5-23 中 ELR 是电流不平衡的测试和控制模块，其常闭辅助触点接在线位号 103 和线位号 105 之间。如果电动机在运行时发生电流不平衡则 ELR 的常闭触点将打开使得接触器分断，从而切断电动机的工作电源。

图 5-23 中 SA 是选择开关，当选择开关拨在"就地"档位时点 1 和点 2 被接通，当选择开关拨在"远方"档位时点 3 和点 4 被接通。

（1）"就地"档位的控制

我们来看 SA 拨在"就地"档位时的控制逻辑关系式：

$$KM_C = (QF + SW) \times \overline{ELR} \times SA_{LOCAL} \times \overline{SB_2} \times \overline{STOP} \times (START + SB_1 + KM) \times \overline{KH}$$

(5-19)

式中，KM_C 为接触器线圈；QF 为断路器；SW 为试验位置微动开关；ELR 为电流不平衡控制模块；SA 为远方/就地选择开关；SB_1/SB_2 为起动按钮/停止按钮；START/STOP 为机旁起动按钮/机旁停止按钮；KM 为接触器；KH 为热继电器。

停止按钮 SB_2 位于图 5-23 中的线位号 107 和 109 之间，机旁停止按钮 STOP 位于线位号 109 和 111 之间，SB_1 起动按钮、START 机旁起动按钮和 KM 是交流接触器的自保触点均位于线位号 111 和 113 之间。

交流接触器的线圈 KM 位于图 5-23 中的线位号 113 和线位号 115 之间，而热继电器 KH 的常闭触点线位号 115 和 N 之间。

当起动按钮 SB_1 或者 START 按下后，交流接触器 KM 的线圈得电吸合，电动机进入起动状态。虽然当操作者松开起动按钮 SB_1/START 后其触点将返回，但因为交流接触器 KM 的自保触点具有记忆功能，所以交流接触器的线圈仍然能得到的电能供应。

按下 STOP/SB_2 停止按钮后接触器线圈失电而释放，电动机停止运转。

（2）"远方"档位的控制

我们再来看 SA 拨在"远方"档位时的控制逻辑关系式：

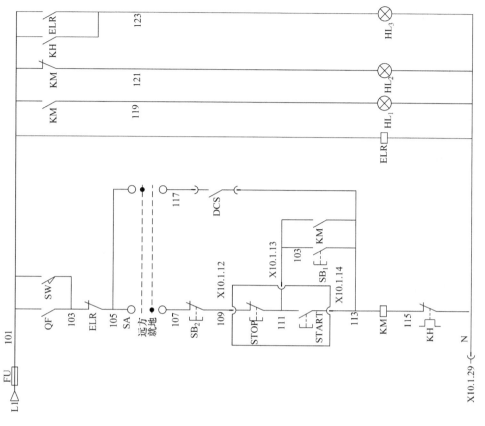

图 5-23　电动机直接起动的控制电路

$$KM_C = (QF + SW) \times \overline{ELR} \times SA_{REMOTE} \times DCS \times \overline{KH} \qquad (5\text{-}20)$$

式中，DCS 为远方控制触点。

DCS 触点位于图 5-23 中线位号 117 和线位号 113 之间。从逻辑关系式（5-20）中我们看出，DCS 控制方式不具有自锁记忆功能，因此"远方"控制点在电动机运行时控制时必须保持闭合状态。当 DCS 触点打开后，接触器线圈立即释放。一般地，"远方"控制模式与电力监控系统或过程控制系统配套使用。

（3）电动机过载保护

热继电器 KH 常闭辅助触点用于电动机过载的保护。常态下此触点保持闭合状态，当电动机过载且持续一段时间后，热继电器中的感热元件推动辅助触点变位继而使交流接触器分闸切断电动机的电源，实现电动机的过载保护。

（4）信号灯

图 5-23 中信号灯 HL_1 是电动机运行指示，信号灯 HL_2 是电动机停止指示，两则分别由 KM 的常开辅助触点和常闭辅助触点点燃。

信号灯 HL_3 是故障指示，其点燃条件有两条，即热继电器动作或 ELR 接地故障动作。

（5）辅助回路的工作电源

图 5-23 中辅助回路工作电源采集自抽屉一次接插件的 L1 相，因此辅助回路的工作电源来自低压成套开关设备的主母线。这意味着若主母线失电则整段母线上电动机回路所有交流接触器均跳闸，交流接触器跳闸的时间大致为 $10 \sim 30ms$。

若要防止此现象发生，则辅助回路工作电源可脱离主母线独立集中供电，也可配套 UPS 保持稳定可靠的电能供应。

有时独立集中供电还配套隔离变压器，以便消除电源上的尖峰脉冲电流和浪涌电流。

（6）电流测量回路

从图 5-23 中的主回路中可以看到电动机工作电流测量回路，电流互感器和电流表分别接在线位号是 B401 和 N401 的两侧，其中 N401 还通过端子 X10：1：19 保护接地。因为电动机属于三相平衡负载，所以只需要测量单相电流就可以了。

用于电动机回路的电流互感器过载倍数必须达到 8 倍，以适应电动机起动电流的冲击。

图 5-23 还可用于使用单磁 MO325 断路器的小功率电动机直接起动电路中。

2. 电动机正反转起动电路

将三相异步电动机的定子绕组所接的三相电源任意两条电源线对调，则旋转磁场将反向，电动机转子的旋转方向也将反向。

图 5-24 所示为正反转直接起动的控制原理图。

我们首先来看正反转直接起动的控制逻辑关系式：

$$\begin{cases} f_1 = (QF + SW) \times \overline{ELR} \times \overline{KH} \\ KM_{1C} = f_1 \times SA_{LOCAL} \times \overline{SB_3} \times \overline{STOP} \times (START_1 + SB_1 + KM_1) \times \overline{KM_2} \\ KM_{2C} = f_1 \times SA_{LOCAL} \times \overline{SB_3} \times \overline{STOP} \times (START_2 + SB_2 + KM_2) \times \overline{KM_1} \\ KM_{1C} = f_1 \times SA_{REMOTE} \times DCS_{RSB1} \times \overline{KM_2} \\ KM_{2C} = f_1 \times SA_{REMOTE} \times DCS_{RSB2} \times \overline{KM_1} \end{cases} \qquad (5\text{-}21)$$

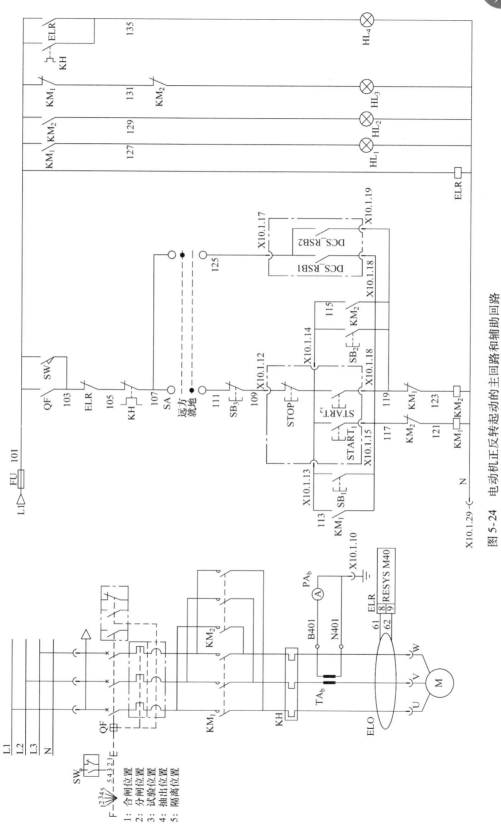

图 5-24　电动机正反转起动的主回路和辅助回路

式中，KM_{1C}/KM_{2C} 为正转交流接触器线圈/反转交流接触器线圈；QF 为断路器；SW 为试验位置微动开关；ELR 为电流不平衡控制模块；SA 为远方/就地选择开关；$SB_1/SB_2/SB_3$ 为正转起动按钮/反转起动按钮/停止按钮；$START_1/START_2/STOP$ 为机旁正转/反转起动按钮/机旁停止按钮；DCS_{RSB1}/DCS_{RSB2} 为远方正转控制/远方反转控制；KM_1/KM_2 为正转交流接触器/反转交流接触器；KH 为热继电器。

从式（5-20）中，我们看到了在就地控制中有自保持触点 KM_1 和 KM_2，有互锁触点 $\overline{KM_1}$ 和 $\overline{KM_2}$，但在远方控制中有互锁触点 $\overline{KM_1}$ 和 $\overline{KM_2}$ 却没有自保持触点，所以在就地控制方式中具备自保持功能和互锁功能，但在远方控制中就只有互锁功能了。

我们来看图 5-24 中的一次回路，交流接触器 KM_1 和 KM_2 的一次接线输入端相序未发生变化，但在 KM_1 和 KM_2 的输出端相序发生了变化，其中 L1 相与 L3 相互相对调，由此实现了电动机的正转和反转。

图 5-24 中线位号 113 和 117 之间是 KM_1 的起动按钮 SB_1、就地起动按钮 START1，还有 KM_1 的自保持触点；线位号 115 和 119 之间是 KM_2 的起动按钮 SB_2、就地起动按钮 START2，还有 KM_2 的自保持触点。这些接线都与图 5-24 直接起动电路类似。

从线位号 117 到 N 之间串接了 KM_2 常闭触点和 KM_1 的线圈，其中 KM_2 常闭触点就是 KM_2 对 KM_1 的合闸互锁触点；类似地，从线位号 119 到 N 之间串接了 KM_1 常闭触点和 KM_2 的线圈，其中 KM_1 常闭触点就是 KM_1 对 KM_2 的合闸互锁触点。

接在线位号 109 到 111 之间的 SB_3 是停止按钮。因为停止按钮 SB_3 只有 1 个，所以电动机要转换旋转方向时必须首先停机，然后才能反方向起动。

接在线位号 103 到 111 之间的是三相不平衡继电器的常闭辅助触点 ELR、热继电器的常闭辅助触点 KH，以及选择开关 SA 的"就地"位置点 1 和点 2。选择开关 SA 的"远方"位置点 3 和点 4 在线位号 107 到 125 之间。

图 5-24 的信号灯指示回路中，HL_1 受控于 KM_1 辅助常开触点，指示出电动机正处于正转运行；HL_2 受控于 KM_2 辅助常开触点，指示出电动机正处于反转运行；HL_3 同时受控于 KM_1 的常闭辅助触点和 KM_2 的常闭辅助触点，指示出电动机停止运行；HL_4 受控于热继电器 KH 或不平衡电流继电器 ELR，当两者之一在切断电动机电源的同时将 HL_4 信号灯点燃，指示当前系统中发生了故障。

与图 5-24 中的 QF 和 SW 之间的关系一样，图 5-24 中的 SW 也是用于断路器操作手柄处于试验位置时接通辅助回路，以便进行接触器吸合状态的试验。在试验位置上短路 QF 没有闭合，因此电动机正反转控制主回路中不带电。

3. 电动机星-三角起动电路

电动机星-三角起动的控制原理图如图 5-25 所示。

图 5-25 中，KM_1 是主控和过载保护接触器，KM_2 是三角运行接触器，KM_3 是星形起动接触器。

当电动机刚起动时，首先 KM_1 先闭合，接着 KM_3 再闭合，此时电动机处于星形起动状态；KM_1 在闭合时又启动了时间继电器 KT，当电动机在星形状态下运行到达预设时间后，KT 将星形起动接触器 KM_3 打开，三角运行接触器 KM_2 合闸投运。KM_3 与 KM_2 之间设置了互锁关系。

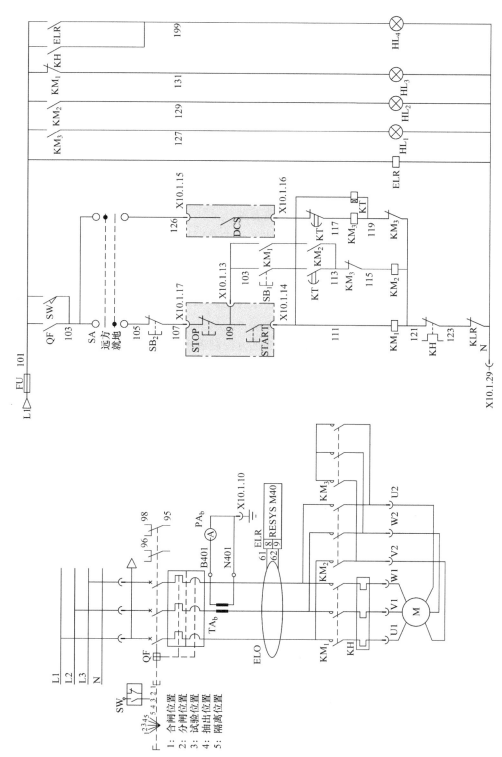

图 5-25　电动机星－三角起动的主回路和辅助回路

在图 5-25 中，可以看到电动机星 – 三角起动主回路的测量回路、过载保护和电流不平衡保护与正反转直接起动电路类似。

我们来看图 5-25 中的电动机星 – 三角起动的就地控制逻辑关系式：

$$
\begin{cases}
f_1 = (QF + SW) \times \overline{SB_2} \times \overline{STOP} \times (START1 + SB_1 + KM_1) \times \overline{KH} \times \overline{ELR} \\
KM_{1C} = f_1 \times SA_{LOCAL} \\
KM_{2C} = f_1 \times SA_{LOCAL} \times [KT.\,TON(0 \to 1,\ t=1s) + KM_2] \times \overline{KM_3} \\
KM_{3C} = f_1 \times SA_{LOCAL} \times KT.\,TOF(1 \to 0,\ t=1s) \times \overline{KM_2} \\
KT_C = f_1 \times \overline{KM_2}
\end{cases}
\tag{5-22}
$$

从式（5-22）中，我们可以看出 KM_{1C} 的逻辑表达式中具有 KM_1 项，因此 KM_1 接触器具有自锁记忆功能；同理，KM_{2C} 的逻辑表达式中也具有 KM_2 项，因此 KM_2 接触器也具有自锁记忆功能。这一点我们可以从图 5-25 中清楚地看到。

从式（5-22）中我们可以看出 KM_{2C} 的逻辑表达式中有 $\overline{KM_3}$ 项，而 KM_{3C} 的逻辑表达式中有 $\overline{KM_2}$ 项，所以星接接触器 KM_3 与角接接触器具有互锁功能，两者互相排斥。

从式（5-22）中我们可以看出 KM_{3C} 的打开条件是：KT 延迟时间到后利用其常闭触点将星接接触器打开；我们还可以看出 KM_{2C} 的闭合条件是：KT 延迟时间到后利用其常开触点将角接接触器闭合。

我们来看图 5-25 中的电动机星 – 三角起动的远方控制逻辑关系式：

$$
\begin{cases}
f_2 = (QF + SW) \times DCS \times \overline{KH} \times \overline{ELR} \\
KM_{1C} = f_2 \times SA_{REMOTE} \\
KM_{2C} = f_2 \times SA_{REMOTE} \times [KT.\,TON(0 \to 1,\ t=1s) + KM_2] \times \overline{KM_3} \\
KM_{3C} = f_2 \times SA_{REMOTE} \times KT.\,TOF(1 \to 0,\ t=1s) \times \overline{KM_2} \\
KT_C = f_2 \times \overline{KM_2}
\end{cases}
\tag{5-23}
$$

从式（5-23）中可以看出，KM_{1C} 已经不再有自锁功能，它完全随着 DCS 远方触点的变位而闭合与打开；KM_{2C}、KM_{3C} 和 KT_C 则与就地操作模式下的逻辑表达式类似。

我们来仔细看看图 5-25 中各个接触器的工作过程：

当线位号 109 和 111 之间的起动按钮 SB_1 按下后，主接触器 KM_1 线圈得电，KM_1 闭合并对 SB_1 实施自保，线位号 111 和 119 之间的时间继电器 KT 线圈进入延时计时，同时星形起动接触器 KM_3 的线圈也得电闭合，电动机就此进入星形起动状态。

接在线位号 111 和 117 之间的 KT 得电延时打开辅助触点控制着 KM_3 接触器的线圈，接在线位号 111 和 113 之间的 KT 得电延时闭合辅助触点控制着 KM_2 接触器的线圈。当 KT 的延迟时间到达后，这一对辅助触点动作使得 KM_3 失电分断，而 KM_2 得电闭合同时利用自身的常开辅助触点实现自保，电动机就此进入三角形接法的运行状态。

KM_2 线圈上串接了 KM_3 的常闭辅助触点，而 KM_3 线圈上串接了 KM_2 的常闭辅助触点，两者的辅助触点构成互锁关系。

线位号 119 和 121 之间的 KM_2 的常闭辅助触点打开后不但切除了 KM_3 的电源，也同时切除了时间继电器 KT 的电源，使得 KT 线圈不至于长时间地带电发生故障。

线位号 123 和 111 之间的是 DCS 的遥控触点。当操作模式选择开关 SA 拨在"远方"位时，过程控制系统 DCS 可直接操作电动机的起动和停止。

在图 5-26 的信号灯指示回路中，HL_1 受控于 KM_3 辅助常开触点，指示出电动机正处于星形起动运行；HL_2 受控于 KM_2 辅助常开触点，指示出电动机正处于三角形运行也就是正常运行状态；HL_3 同时受控于 KM_1 的常闭辅助触点，指示出电动机控制回路停止运行或者系统已经带电；HL_4 受控于热继电器 KH 或不平衡电流继电器 ELR，当两者之一在切断电动机电源的同时将 HL_4 信号灯点燃，指示当前系统中发生了故障。

5.3.3　利用电动机综保装置 MCU 实现电动机控制的原理

本节用 ABB 的电动机综合保护模块 M102 来进行说明。

ABB 的电动机综合保护模块 M102 的具体说明见 3.6.3 节相关部分。表 5-10 ～ 表 5-13 是 M102 – M 的端子定义。

表 5-10　M102 的 X1 端子定义

编号	名称	定义	编号	名称	定义
X1: 1	LIMIT1	位置开关量输入 1	X1: 9	F_Cc	触点 C 反馈
X1: 2	LIMIT2	位置开关量输入 2	X1: 10	PROG_IN0	可编程开关量输入 0
X1: 3	START1	起动按钮输入 1	X1: 11	PROG_IN1	可编程开关量输入 1
X1: 4	START2	起动按钮输入 2	X1: 12	PROG_IN2	可编程开关量输入 2
X1: 5	STOP	停止按钮	X1: 13	MCB	主开关辅助触点输入
X1: 6	LOC/R	本地/远程选择输入	X1: 14	PTCA	PTC 输入 A
X1: 7	F_Ca	触点 B 反馈	X1: 15	PTCB	PTC 输入 B
X1: 8	F_Cb	触点 B 反馈	X1: 16	PTCC	PTC 输入 C

表 5-11　M102 的 X2 端子定义

编号	名称	定义	编号	名称	定义
X2: 1	RS485 B	操作面板 RS485 接口	X2: 4	SHIELD	RS485 屏蔽层
X2: 2	RS485 A	操作面板 RS485 接口	X2: 5	Vcc	操作面板电源
X2: 3	SHIELD	RS485 屏蔽层			

表 5-12　M102 的 X3 端子定义

编号	名称	定义	编号	名称	定义
X3: 1	2B	2#RS485A	X3: 8	N	中性线输入
X3: 2	2A	2#RS485B	X3: 9	VC	C 相电压输入
X3: 3	SHIELD	RS485 屏蔽层	X3: 10	NC	无定义
X3: 4	1B	1#RS485A	X3: 11	VB	B 相电压输入
X3: 5	1A	1#RS485B	X3: 12	NC	无定义
X3: 6	IoA	漏电电流输入 A	X3: 13	VA	A 相电压输入
X3: 7	IoB	漏电电流输入 B			

表 5-13　M102 的 X4 端子定义

编号	名称	定义	编号	名称	定义
X4: 1	GR1 _ A	可编程输出端口 1A	X4: 8	CCB	继电器控制 B
X4: 2	GR1 _ B	可编程输出端口 1B	X4: 9	CCC	继电器控制 C
X4: 3	GR1 _ C	可编程输出端口 1C	X4: 10	GND	电源 24Vdc −
X4: 4	GR2 _ A	可编程输出端口 2A	X4: 11	24V	电源 24Vdc +
X4: 5	GR2 _ B	可编程输出端口 2B	X4: 12	GROUND	保护地
X4: 6	CCL1	继电器控制电源输入			
X4: 7	CCA	继电器控制 A			

　　M102 – M 的接线如图 5-26 所示。用
M102 – M 构建的电动机直接起动接线如图
5-27所示，用 M102 – M 构建的电动机可逆直
接起动接线如图 5-28 所示。

1. 关于 PTC 的接线

　　PTC 是埋在电动机定子绕组中的热敏电
阻，用来测量电动机定子绕组的温度。若电动
机未连接 PTC 电阻，则 M102 – M 的 X1:14 ~
X1:16 要短接。

2. 关于 KM（L）和 KM（N）工作电源

　　工作电源可来自母线，也可来自专门配套
的互投电源。

　　工作电源首先接入 STOP1 急停按钮。急
停按钮下部的 QF 是断路器辅助触点，与 QF
并接的 SW 是断路器操作机构的试验位置触

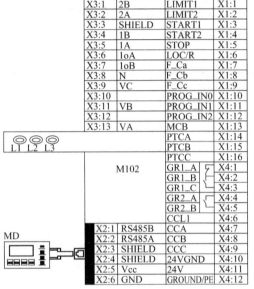

图 5-26　M102 – M 的接线图

点；选择开关 SA 决定了电动机的操作模式。因为断路器的辅助触点状态反馈、合闸和分闸
控制按钮的状态反馈、交流接触器的状态反馈等信号均接在 24Vdc 回路，所以 SA 选择了
"手动"模式时必须接通上述电源通道，同时还要接通了交流接触器的工作电源通道，而当
SA 选择了"远方"模式时则仅仅接通交流接触器的工作电源通道即可。

3. 关于操作面板 HD

　　HD 与 M102 – M 之间的连接符合 RS485 规约，采用专用的电缆连接。

　　用户可在 HD 面板上操作电动机起动与停止，还可查阅电动机的工作电流等信息。

4. 关于 M102 – M 的电流输入互感器

　　M102 – M 的电流输入互感器最大测量值为 63A，若大于 63A 则需要外接电流互感器。
外接电流互感器的过载倍数必须在 8 倍以上。

5. 关于 M102 – M 的双 RS485 通信接口

　　从图 5-27 中可见到 M102 – M 上独立的双套 RS485 通信接口的特殊用途：M102 – M 可
以在 2 条不同的串行链路中同时向两处上位系统发送信息，或者与一套上位系统实现冗余通
信功能。

　　独立的双套 RS485 接口也是 ABB 的 M102 – M 区别于其他品牌 MCU 模块的特征。

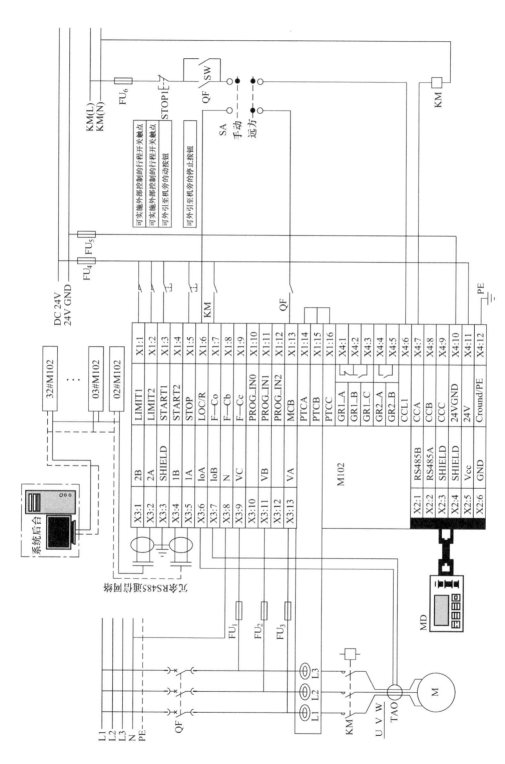

图 5-27　M102 - M 构建的电动机直接起动接线图

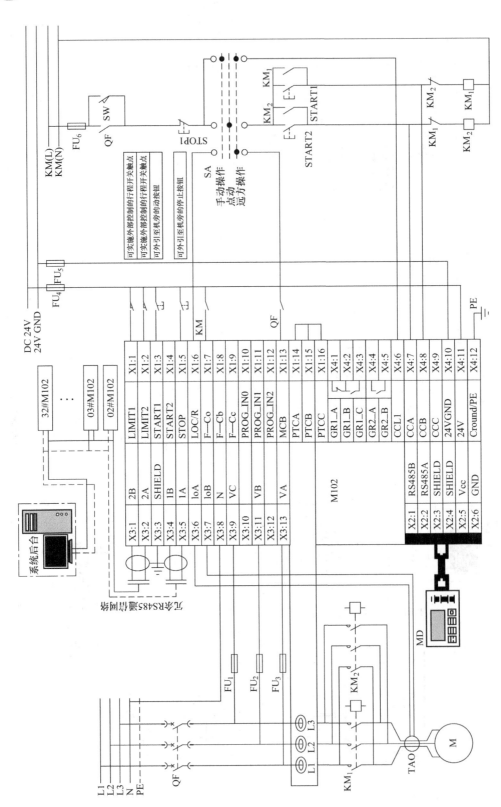

图 5-28 M102 – M 构建的电动机正反转起动接线图

第6章

低压电器的数据交换原理和方法

如果说继电器－接触器控制的线路与 PLC 能解决局部的和单机的控制问题，那么数据通信就属于解决全局问题了。在这里，低压电器的智能化起到关键作用。

我们在工作和生活中会遇见越来越多的智能化低压电器。这里的智能化包括两重意思：第一是测控的智能化，第二是数据交换的智能化。

图 6-1 所示为智能型断路器的原理流程图。此图等同于 2.5.1 节的图 2-22，为方便叙述，重列于此。

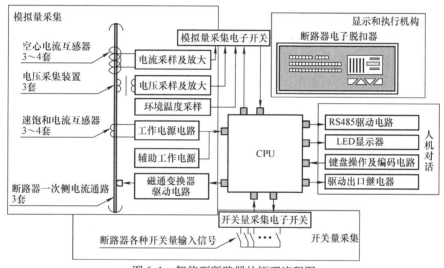

图 6-1　智能型断路器的原理流程图

我们从图 6-1 中，能看到智能型低压电器所具有的功能：

1）具有检测配电网状态的功能。例如可以检测电流、电压、功率和电能、频率、功率因数等。

2）具有分析数据的功能，并且能根据数据是否越限和设定值，决定是否采取某种相应操作的决断。

3）具有可靠的和有效的操作机构，能执行合分闸操作，以及实现外控操作功能。

4）具有显示功能和报警功能，以便操作人员观察，提醒操作人员及时采取对策。

5）具有传送信息的功能，将现场数据及时地上传给上位操作系统；同时，还能接收和执行上级系统发布的各种命令。这些命令包括：遥控、遥调、遥测和遥信等。

但是，我们也知道，大量的低压电器本身并不具有智能化部件。在这种情况下，如果也期望能部分地实现智能化功能，我们就要依靠 3.6 节中讲到的遥测、遥信、遥控装置和电力仪表来协助完成测控功能。

对于数据交换的智能化，我们一般采取现场总线技术，利用 PLC 构建通信管理机，把众多的智能型低压电器的数据信息传送到上位系统，再从上位系统把下传信息发送给低压电器。

现场总线有很多种，本章以 RS485 接口和 MODBUS – RTU 协议为主来展开论述。

随着信息化技术的发展，传统的生产线控制及配电和控制已经发生了巨大的变革，使得设备更加简洁，操作更加便利、灵活。因此，信息和网络技术正在给配电和电气自动化带来一场深刻的革命。

由于第 3 章已经部分地介绍了智能化的低压电器，因此本章的重点是为读者们建立起有关低压电器数据交换的概念和方法，以及用 PLC 构建现场层面的通信管理中心所采取的方法。

6.1 低压电器的数据通信

低压电器都工作在现场层面，它们的通信接口和信息交换应当满足什么条件呢？本节概要性地阐述这些问题。

6.1.1 现场总线的定义及物理层接口规约

1. 语音通信的条件

请设想两个人在进行电话通信，那么这两个人需要具备哪些条件呢？

首先通信双方必须要有终端通信设备即电话机，第二是要具备通信线路即通信介质，第三是电信部分要为通信双方的通信信息提供信息打包、放大、调制载波、解调拆包发送等一系列操作。

我们在使用话机通话时既能听也能说，这种工作模式称为双向通信工作制，简称为双工作制。若在我们使用话机时只能说而不能听，或者只能听而不能说，这种工作模式称为单工作制。

当我们说话的声音被话机的拾音器拾取后，在电信局的总机中被打成一个语音数据包，语音数据包被调制成高频电信号或光信号，按照路由器指定的路线顺着高速宽带通信电缆和光缆向对方所在位置发送过去，对方的总机接收到数据包后，首先将高频信号解调还原为低频信号，接着将语音信息按话机号码发送到对应的话机耳机中。通过类似的过程，通信双方才能建立起有效的通信过程。

我们对这个过程总结如下。

（1）物理层设备和作用

即话机、线路接口、线路连接方式和音频数据传输方式。

物理层的作用是为高层系统建立起一条无故障的通信链路，而高层系统则在这条无故障的通信链路上实现各种操作与控制。

（2）高层系统的控制和管理

即通信网的控制和管理，其中包括数据变换、打包和调制，还有网络管理和路由传输，以及数据解调、解包变换和话机号码查询检索等一系列过程。

（3）通信双方必须使用相同的语言

通信双方必须使用相同的语言，否则通信双方无法理解对方的通话内容。

这里所指的语言不但包括通信双方的人员信息交换，还包括设备层面在信息交换时所采用的机器设备通信语言。

（4）数据传输和通话双方的工作制类型

即双工作制或者单工作制的数据传输方式。

数据通信在以上四个方面与语音通信是类似的。

2. 数据通信的格式

与语音通信类似，我们把数据通信中的物理层设备和通信线路统称为物理层规约，其中包括机械设备、通信介质、数据传输编码方式和单/双工作制等内容；我们把数据打包和解包的控制操作叫做数据链路层协议；我们把通信网络的管理和路由控制叫做网络层协议。

注意：数据通信和传输的物理层协议中不但规定了通信双方的接口机械外形，还规定了接口的电气接线和字节编码规则。最重要的是：物理层协议还为建立通信链路给出了有效的方法和限制条件。

在数据通信中，信息的格式包括位数据格式、字节数据格式、字数据格式和双字数据格式等四种，见表6-1。

表 6-1　信息格式

数据格式	位格式	长度	最大值
位数据	b	1 位	1
字节	$b_7 b_6 b_5 b_4 b_3 b_2 b_1 b_0$	8 位	$2^0 + 2^1 + 2^2 + 2^3 + 2^4 + 2^5 + 2^6 + 2^7 = 255$
字	$b_{15} b_{14} b_{13} \cdots b_4 b_3 b_2 b_1 b_0$	16 位	$2^0 + 2^1 + 2^2 + \cdots + 2^{15} + = 65535$
双字	$b_{31} b_{30} b_{29} \cdots b_4 b_3 b_2 b_1 b_0$	32 位	$2^0 + 2^1 + 2^2 + \cdots + 2^{31} + = 4294967295$

由表6-1中可以看到，信息格式都采用二进制数，其中包括 1 位二进制数的位数据格式、8 位二进制数的字节格式、16 位二进制数的字格式和 32 位二进制数的双字格式。

在电力系统中，各种电参量与数据格式的关系如下：

（1）开关量数据

开关量数据一般采用位数据格式来表达，其中数值不是 0 就是 1。

（2）短数据

短数据一般采用字节数据格式来表达，其中的数值范围是 0～255。短数据可用于表达不超过 256 的各种计算数值，以及状态参量和开关量个数等。

（3）模拟量数据

普通的模拟量数据采用字数据格式来表达，其数据范围是 0～65535，或者 −32768～32767。一般的模拟量例如电压、电流、频率等常常采用字的形式来表达，例如 315V 的电压可写为 100111011B，而 1618A 的电流可写为 11001010010B，其中"B"是二进制数后缀。

为了便于阅读，一般模拟量可以采用十六进制数来表达。十六进制数与二进制数和十进制数的关系见表6-2。

表 6-2　十进制、十六进制和二进制数代码表

十进制数值	十六进制数值	二进制数值	十进制数值	十六进制数值	二进制数值
0	00H	0000B	2	02H	0010B
1	01H	0001B	3	03H	0011B

(续)

十进制数值	十六进制数值	二进制数值	十进制数值	十六进制数值	二进制数值
4	04H	0100B	10	0AH	1010B
5	05H	0101B	11	0BH	1011B
6	06H	0110B	12	0CH	1100B
7	07H	0111B	13	0DH	1101B
8	08H	1000B	14	0EH	1110B
9	09H	1001B	15	0FH	1111B

例如315V的电压可以写为13BH，而1618A的电流可以写为652H，其中"H"是十六进制数后缀。显然，十六进制数比二进制数精简了许多。

二进制数与十六进制数的转换十分便利，举例如下：

对于二进制数11001010010B，将数据从右向左每隔四位就分段，即：110 0101 0010B；接着查表6-2，将每段数据写成十六进制数并添加后缀H即可。于是本例中的二进制数转换为：110 0101 0010B = 652H。

我们常常用"字"来表达开关量，一个字长是16位二进制数，若每一位代表一个开关量，则一个字可以表达16个开关量状态。

例如，某PLC的保持寄存器48512中保存的数据如下：

位编码	开关量	定义	值
b_{15}	QF1	1段进线断路器状态，QF1 = 1表示合闸	1
b_{14}	QF1 – F	1段进线断路器保护动作状态，QF1 – F = 1表示保护动作	0
b_{13}	QF2	2段进线断路器状态	1
b_{12}	QF2 – F	2段进线断路器保护动作状态	0
b_{11}	QF3	母联断路器状态	0
b_{10}	QF3 – F	母联断路器保护动作状态	0
b_9	QF4	1段三级负荷总开关断路器状态	1
b_8	QF4 – F	1段三级负荷总开关断路器保护动作状态	0
b_7	QF5	2段三级负荷总开关断路器状态	1
b_6	QF5 – F	2段三级负荷总开关断路器保护动作状态	0
b_5	SA1 – 1	自投自复操作模式	1
b_4	SA2 – 3	自投手复操作模式	0
b_3	SA4 – 5	手投自复操作模式	0
b_2	INCOMING1 _ LV	1段进线失电压信号	0
b_1	INCOMING2 _ LV	2段进线失电压信号	0
b_0	AUTO	自动操作模式，AUTO = 0表示PLC退出	1

表中的值可写成二进制数：1010001010100001B，写成十六进制数：A2A1H，写成十进制数是：41633。由此可以看出，一个字可以同时表达出16个开关量的状态信息。

一个无符号字的十进制数据长度范围是0～65535，有符号时是 – 32768～32767。

（4）较长的模拟量数据

较长的模拟量可以采用双字来表达，例如电度参量、功率参量等等。

3. 国际标准化组织（ISO）为数据通信建立的 OSI 模型

国际标准化组织（ISO）为数据通信建立了七层模型，即 ISO/OSI 七层网络协议模型，如图 6-2 所示。

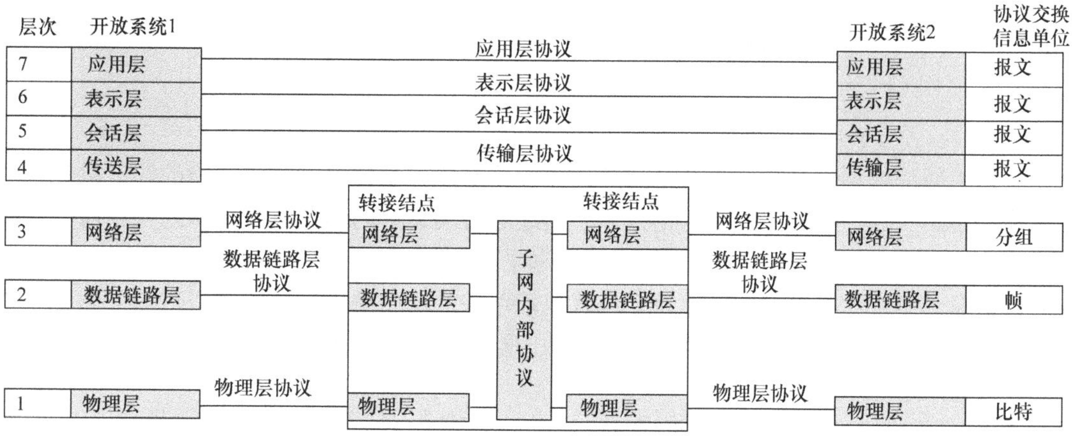

图 6-2　数据通信的 ISO/OSI 七层网络协议模型

注意：在 OSI 模型中，我们看到最底层的是物理层，第二层是数据链路层，第三层是网络层；物理层、数据链路层和网络层通称为现场总线，它是低压配电柜和低压控制柜中最常见的总线规约。

对于低压电器来说，一般都用现场总线来交换信息。因此，电气工作者们务必明确现场总线的定义及其工作机制。

4. RS232 和 RS485 通信接口及其规约

物理层协议是 ISO/OSI 七层网络协议中的最底层协议，是连接两个物理设备并为链路层提供透明位流传输所必须遵循的规则。物理层协议又称为通信接口协议。

在网络中的每一台设备都有一个单独的网络地址，称为结点或站地址。每个站上的网络支撑软件分为若干层，最低一层和网络适配卡对话，最高一层与应用程序对话。计算机间的通信是通过信息块完成的。

物理层涉及通信在信道上传输的原始比特流，必须保证一方发出"1"时，另一方接收到的是"1"而不是"0"。物理层为建立、维护和释放数据链路实体之间二进制比特传输的物理连接提供机械的、电气的、功能的和规范的特性标准。物理连接可以通过中继系统，允许进行全双工或半双工的二进制比特流传输。

全双工通信构型中有两条通信信道，通信双方在进行全双工通信时可以实现同时的"讲"和"听"。RS232 接口能实现全双工通信机制。RS232 接口规约中有两条通信信道，主站通过其中一条信道发布命令给从站，而从站则从另外一条信道将响应发还给主站。图 6-3 所示为点到点和点到多点的数据传输构型。

虽然 RS232 能实现全双工通信，但不能实现点到多点的信息交换，而且通信距离最长仅仅有 15m，最大数据传输速率只有 20kbit/s，且不平衡电气接口使得串扰较大。

图 6-3　点到点和点到多点的数据传输构型

半双工通信构型中只有一条通信信道，所以通信双方必须遵守防止碰撞的约定机制。通信首先由主站发起，主站占用通信信道以广播或者行动命令的形式对所有从站发布命令，接着退出占用通信信道将自己转为"听"。这个过程被称为主站对从站的"命令"；由于广播或者行动命令是发给所有从站的，符合应答地址条件的从站将占用通信信道传递主站所需信息，信息发送完毕后从站自动转为"听"，退出通信信道的占用。这个过程被称为从站对主站的"响应"。

半双工通信构型虽然不能实现全双工通信，但能实现多点通信，通信距离也加大到1200m，且采用平衡接口使得串扰大幅度地降低。

RS232 是点到点的构型，其接线如图6-4所示。

在图 6-4 中，RxD 是信息接收引脚，TxD 是信息发送引脚，我们看到通信双方的

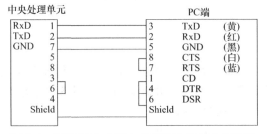

图 6-4　用于 PLC 点到点的 RS232 通信电缆接线

引脚是交叉的，即控制中心（Central unit）的 RxD 对应于 PC 端的 TxD，而控制中心的 TxD 对应于 PC 端的 RxD，双方构成了全双工通信模式。

图 6-5 是 RS485 的通信电缆接线。

在图 6-5 中，接口中的第 2 引脚 TxD 变为差分输出的 D1 −，RS232 接口中的第 7 引脚 GND 变为差分输出的 D1 +，由此构成了 RS485 通信接口。RS485 接口只能实现半双工通信。

RS485 采用差分电路，极大地增强了抵抗共模干扰的能力，加大了通信距离。

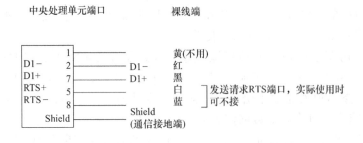

图 6-5　用于 PLC 的点到多点的 RS485 通信电缆接线

低压配电柜和控制柜中的信息交换串行总线 RS485 通信链路机制，如图 6-6 所示。

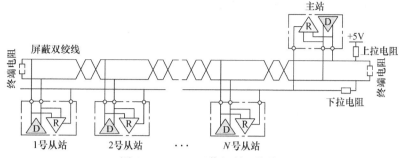

图 6-6　RS485 通信机制和接线

我们想象这些子站就是各种测控仪表和断路器通信接口，根据物理层 RS485 通信接口规约的组建规则，我们总结如下：

1）RS485 串行通信链路必须是有始有终的，这就决定了链路中只能有 1 个主站。

2）RS485 串行通信链路从起始端连接到某子站，再连接到下一个子站，通信链路在任意子站只有单路的引入和引出，即引入和引出必须是唯一的，也就是菊花瓣的接线方法。

在通信直线短于 70cm 的条件下，RS485 总线允许有局部星形网络。例如图 6-6 中的 2 号从站，它可以从双绞线的接点处用短于 70cm 的通信线连接到较远处，例如安装在开关柜门板上的电力仪表和继保装置等。

3）每条 RS485 串行通信链路可连接最多 32 套子站，一般按 15～20 套子站安排。

4）RS485 串行通信链路中的字节传输规则和通信速率见表 6-3。

表 6-3　RS485 通信接口的特点

标准	EIA/TIA － 485 标准
OSI 模型中的层级别	OSI 模型的第一层，即物理层
拓扑结构	属于二线式链状总线
链路接线	主站和从站在总线链路按菊花瓣的方法接线，总线的两端需要加装 120Ω 的终端电阻；通信介质采用屏蔽双绞线，屏蔽层又作为公共线
总线占用	任何时刻只有一个驱动器有权占用总线发送信息
总线电压工作电压	＋5V ～ ＋24V
主站和从站的数量	在链路中主站只能有一个，而从站的数量在无中继的情况下最多接 32 个。在实际的工程中总线上一般挂接了 25 个子站
总线的通信速率	2400bit/s ～750kbit/s，一般缺省为 9600bit/s 和 19200bit/s
总线长度	9600bit/s ～19200bit/s 通信速率下为 1200m
字节传输格式	起始位 + 数据位 + 奇偶校验位 + 停止位 =11 位，其中： 起始位为 1 位 数据位为 8 位 奇偶校验位为 1 位，若无校验则为 0 位 停止位为 1 位，若无校验则为 2 位
每字节传输的大致时间	每字节的传输时间 / 通信速率

每字节的传输时间	通信速率
1.15ms	9600bit/s
0.573ms	19200bit/s

图 6-7 所示为低压配电柜和控制柜中的通信管理机 CCU 通信网络接线，也即网络拓扑图。图 6-7 共中插接了 4 套 RS485 串行通信链路主站接口，分别驱动 4 条 RS485/MODBUS 串行通信链路，每条链路都连接了 25 个从站设备。作为主机的通信管理机（CCU）可在 4 条串行通信链路中各自独立地与从站交换信息。

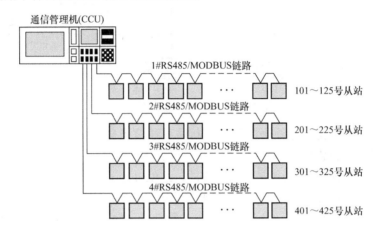

图 6-7　在低压配电柜中建立的信息交换串行通信链路

需要指出的是，决定通信链路拓扑结构的是物理层协议和规约，而不是 MODBUS 规约。在图 6-7 中之所以会出现 RS485/MODBUS 链路字样，是因为网络中需要指出数据交换的格式是 MODBUS 规约。事实上，PROFIBUS – DP、Device Net、CANopen 和 CS31 总线的物理层均采用 RS485 规约。

6.1.2　现场总线的数据链路层和网络层接口规约

从 6.1.1 节中，我们已经知道现场总线是由物理层、数据链路层和网络层构成的。

我们已经了解了物理层及其规约，本节我们来了解数据链路层和网络层规约。

1. 数据链路层和 MODBUS 通信规约

物理层为通信双方定义了字节书写模式，铺就和建立了传输信息的介质通道。数据链路层就用字节构建出各种通信语句，通信语句又被称为信息帧，简为"帧"。

数据链路层是 OSI 参考模型的第二层，它介于物理层和网络层之间，是 OSI 模型中非常重要的一层。设立数据链路层的主要目的是将一条原始的、有差错的物理线路变为对网络层无差错的数据链路。为了实现这个目的，数据链路层必须执行链路管理、帧传输、流量控制、差错控制等功能。

数据链路层所关心的主要是物理地址、网络拓扑结构、线路选择和规划等。

物理连接和数据链路连接是有区别的：数据链路连接是建立在物理连接之上，一个物理连接生存期间允许有多个数据链路生存期，并且数据链路释放后物理连接不一定要释放。

数据链路层依靠物理层的服务来传输帧，实现数据链路的建立、数据传输、数据链路释放以及信息帧的发送过程流量控制和差错控制等功能，为网络层提供可靠的结点与结点间帧传输服务。

数据链路层通信协议和帧如图 6-8 所示。

在图 6-8 中，我们可以看到物理层已经为通信双方建立了通信通道，于是主站和从站之间的信息发送就靠数据链路层的通信协议——帧来完成。

帧由帧头、控制命令、数据、校验和及帧尾构成。当主站向从站下达命令时需要发送命令信息帧，而从站向主站交换信息时也以信息帧的形式发送数据。

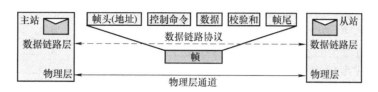

图 6-8　数据链路层通信协议和帧

MODBUS 通信协议是一种工作在数据链路层上的一种通信规约。MODBUS 通信协议需要解决的问题有以下几个。

（1）链路管理

由于通信链路只有一条，因此通信双方必须解决通信链路的占用问题。链路管理为通信双方建立链路联结、维持和终止数据传输给出具体操作协议和执行标准。

（2）装帧和同步

数据链路层的数据传输以帧为单位，帧被称为数据链路协议的数据单元。数据链路层负责帧在计算机之间无差错地传递。

数据链路层需要解决帧的破坏、丢失和重复等问题，要防止高速的信息发送方的大量数据把低速接收方"淹没"，也即流量控制调节问题。

数据链路层还需要解决发送方的命令帧与接收方的响应帧竞争线路的问题。

信息帧还可以对帧本身进行打包。为了确保相邻两结点之间无差错传送，数据链路层有时还对数据包实施分组后另加一层封装构成信息帧。

数据包每经过网络中的一个结点都要完成帧的拆卸和重新组装：在验证上一条链路无差错传送之后，拆去包装取出数据包，再加上新的帧头和帧尾构成新帧后往下一个结点传送数据。

帧的打包方式有 4 种：

1）字符计数法：在帧的开头约定一个固定长度的字段来标明该帧的字符个数，接收方可以根据该字段的值来确定帧尾和帧头；

2）首尾界符法：在帧的起始和结束位置分别用开始和结束字符标记；

3）首尾标志法：在帧开始和结束处，分别用一位特殊组合信息来标志帧的开始和结束；

4）物理层编码违例法：在帧的开始和结束处分别用非法编码系列作为标志。

（3）寻址

通信链路上存在多套从站，因此通信协议必须解决多从站的访问问题。

（4）纠错

速度匹配问题和差错控制，包括传输中的差错检测和纠正。

常用的检错码有两类：奇偶校验码和循环冗余码。奇偶校验码是最常见的一种检错码，很简单但检错能力较差，只能用于一般通信要求低的场合。MODBUS 使用的是 CRC 属于循环冗余码。CRC 检错方法说明如图 6-9 所示。

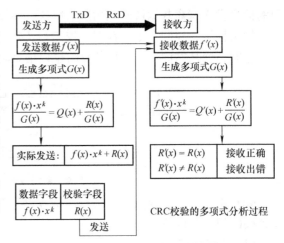

CRC（CRC，Cycle Redundancy Code，循环冗余校验码）检错方法是将要发送的数据比特序列当作一个多项式 $f(x)$ 的系数，在发送方用约定的生成多项式 $G(x)$ 去除，求得一个余数多项式 $R(x)$，将余数多项式加在数据多项式的后边一同发送给接收端；接收端用同样的生成多项式 $G(x)$ 去除接收端数据多项式 $f'(x)$，得到余数多项式 $R'(x)$；若 $R'(x) = R(x)$ 表示传输无差错，反之表示有差错并要求发送端重发数据，直至正确为止。

图 6-9 CRC 检错方法的说明

在 MODBUS 通信协议中使用 CRC16 = X16 + X15 + X2 + 1 作为生成多项式。

CRC 检错能力强，实现容易，是目前应用最广泛的检错码编码方法之一。

数据链路层的相关设备是：网络接口卡及其驱动程序、网桥、二层交换机等。

通信只能由主站主动发起并传送给从站。若主站发出的是广播命令，则从站不给予任何回应；若主站发出的是行动命令，则从站必须给予回应。从站的回应中包括描述命令执行域信息、数据表以及错误检验域信息；若从站不能执行该命令，则从站将建立错误消息并作为回应发送回去。

自主站发至从站的信息报文称为命令或下行通信帧，而自从站发至主站的信息报文则称为响应或上行通信帧。

2. 数据链路层 MODBUS 通信规约的定义

（1）MODBUS 通信的两种数据传输方式：ASCII 和 RTU 模式

当数据代码采用 ASCII 数据传输方式时被称为 MODBUS – ASCII。

当数据代码采用 RTU（远程终端单元）数据传输方式时被称为 MODBUS – RTU。在以 RTU 数据传输方式下，1 个 8bit 的字节由 2 个 4bit 的十六进制字符构成。

若无特别说明，在本书中所描述的通信协议均为 MODBUS – RTU。

（2）MODBUS – RTU 在发送 1 个字节时其中的位分布

MODBUS – RTU 在发送字节时是利用物理层来传输的，因此字节的位分布其实是物理层的位传输协议。字节传输的位分布规则如下：

一个字节中包括 1 位起始位；8 位数据位；1 位奇偶校验位，若选择无校验则无本位；1 位停止位，若无奇偶校验则为 2 位停止位（多数情况下仍然采用 1 位停止位）。可见在链路上每发送一个字节需要传输 10 位或者 11 位二进制数据。

若某链路数据传输的速率为 9600bit/s，若每个字节有 10 位，则每秒钟此链路可传输 960 个字节数据。

（3）在 MODBUS – RTU 模式下，错误校验码采用 CRC16 模式

（4）MODBUS – RTU 的消息帧结构

MODBUS – RTU 的消息帧结构见表 6-4。

表 6-4　MODBUS – RTU 的消息帧结构

起始位	地址域	功能域或命令代码域	数据域	CRC 校验域	停止位
T1 – T2 – T3 – T4	8bit	8bit	N 个 8bit	16bit	T1 – T2 – T3 – T4

在表 6-4 中：

1）地址域：指从站的 ID 地址。

当主站向某从站发送消息时将该从站的地址放入消息帧的地址域中；当从站发送回应消息时，将自己的地址放入消息帧的地址域中以便主站知道哪个从站做了回应。

地址 0 为广播命令。当 MODBUS 网络为更复杂的网络时，广播命令可能会取消或以其他形式取代。

从站地址的范围为 1～247（十进制），但为了与 RS232C/RS485 接口配合一般选择为 1～32。

2）功能域：指主站发布的 MODBUS 功能命令。

MODBUS 功能命令的解释见表 6-5。

表 6-5　主站发布的 MODBUS 功能命令解释

命令	主站信息帧结构	从站信息帧接口
01/0X01H 命令	"从站地址" + "功能码 = 01H" + "起始地址高字节" + "起始地址低字节" + "线圈数量高字节" + "线圈数量低字节" + "CRC16 校验码低字节" + "CRC16 校验码高字节"	"从站地址" + "功能码 = 01H" + "字节数量" + "状态字（线圈 27 – 20）" + "状态字（线圈 35 – 28）" + "状态字（线圈 43 – 36）" + "状态字（线圈 51 – 44）" + "状态字（线圈 58 – 52）" + "CRC16 校验码低字节" + "CRC16 校验码高字节"
02/0X02H 命令	"从站地址" + "功能码 = 02H" + "起始地址高字节" + "起始地址低字节" + "点数量高字节" + "点数量低字节" + "CRC16 校验码低字节" + "CRC16 校验码高字节"	"从站地址" + "功能码 = 02H" + "字节数量" + "状态字" + "状态字" + … + "状态字" + "CRC16 校验码低字节" + "CRC16 校验码高字节"
03/0X03H 命令	"从站地址" + "功能码 = 03H" + "寄存器地址高字节" + "寄存器地址低字节" + "寄存器数量高字节" + "寄存器数量低字节" + "CRC16 校验码低字节" + "CRC16 校验码高字节"	"从站地址" + "功能码 = 03H" + "状态字高字节" + "状态字低字节" + "状态字高字节" + "状态字低字节" + … + "状态字高字节" + "状态字低字节" + "CRC16 校验码低字节" + "CRC16 校验码高字节"
05/0X05H 命令	05 命令主站信息帧结构如下： "从站地址" + "功能码 = 05H" + "线圈地址高字节" + "线圈地址低字节" + "线圈状态字高字节" + "线圈状态字低字节" + "CRC16 校验码低字节" + "CRC16 校验码高字节"	"从站地址" + "功能码 = 05H" + "线圈地址高字节" + "线圈地址低字节" + "线圈状态字高字节" + "线圈状态字低字节" + "CRC16 校验码低字节" + "CRC16 校验码高字节"
06/0X06H 命令	"从站地址" + "功能码 = 06H" + "寄存器地址高字节" + "寄存器地址低字节" + "数据状态字高字节" + "数据状态字低字节" + "CRC16 校验码低字节" + "CRC16 校验码高字节"	"从站地址" + "功能码 = 06H" + "寄存器地址高字节" + "寄存器地址低字节" + "数据状态字高字节" + "数据状态字低字节" + "CRC16 校验码低字节" + "CRC16 校验码高字节"

（续）

命令	主站信息帧结构	从站信息帧接口
15/0X0FH 命令	"从站地址" + "命令码 = 0FH" + "线圈地址高字节" + "线圈地址低字节" + "线圈数量高字节" + "线圈数量低字节" + "字节数量" + "线圈状态高字节（继电器 = RL8 – RL1）" + "线圈状态低字节（继电器 = RL16 – RL9）" + "CRC16 校验码低字节" + "CRC16 校验码高字节"	"从站地址" + "命令码 = 0FH" + "线圈地址高字节" + "线圈地址低字节" + "线圈数量高字节" + "线圈数量低字节" + "CRC16 校验码低字节" + "CRC16 校验码高字节"
16/0X10H 命令	"从站地址" + "命令码 = 10H" + "寄存器起始地址高字节" + "寄存器起始地址低字节" + "寄存器数量高字节" + "寄存器数量低字节" + "所有需要操作的寄存器字节总数量" + "第 1 寄存器内容高字节" + "第 1 寄存器内容低字节" + "第 2 寄存器内容高字节" + "第 2 寄存器内容低字节" + … + "CRC16 校验码低字节" + "CRC16 校验码高字节"	"从站地址" + "命令码 = 10H" + "所有需要操作的寄存器字节总数量" + "寄存器数量高字节" + "寄存器数量低字节" + "CRC16 校验码低字节" + "CRC16 校验码高字节"

注：1. 请注意线圈的排列次序：在数据区中线圈组对应的字节按从小到大排列，而在某个字节中的线圈按从大到小排列。

　　2. 若从站对主站发布的命令有异议，则从站将功能域的最高位置 1 作为回应消息的功能域。例如若主站发布的命令代码是 03H 即二进制 00000011B，则从站回应的异议功能代码是 83H 即二进制 10000011B。

3）数据域：数据区。

数据域的集合是由若干组 2 位十六进制数构成的，其中包括寄存器地址、要处理项的数目和域中实际数据字节数。我们看 0X03H 命令和 0X10H 命令的数据区结构：

命令域	数据域的结构
0X03H	寄存器地址高字节 + 寄存器地址低字节 + 寄存器数量高字节 + 寄存器数量低字节
0X10H	寄存器地址高字节 + 寄存器地址低字节 + 寄存器数量高字节 + 寄存器数量低字节 + 字节数量 + 第 1 寄存器数值 + 第 2 寄存器数值 + … + 第 N 寄存器数值

4）MODUBS 通信协议中对寄存器地址的编码（见表 6-6）。

表 6-6　寄存器地址的编码表

寄存器地址范围 十进制	功能	主站信息帧中的地址	
		十进制	十六进制
0XXXX 基址	数字量输出区	0000 ~ 9999	0000 ~ 270FH
1XXXX 基址	数字量输入区	10000 ~ 19999	2710 ~ 4E1FH
2XXXX 基址	预留区	20000 ~ 29999	4E20 ~ 752FH
3XXXX 基址	输入寄存器区	30000 ~ 39999	7530 ~ 9C3FH
4XXXX 基址	保持寄存器区	40000 ~ 49999	9C40 ~ C34FH

注：当主站需要读从站中某寄存器中数据，则从站返回的消息帧中数据所在真实寄存器地址为返回地址减 1。

我们来看图 6-10 中 ModScan32 读取数据时的地址域：

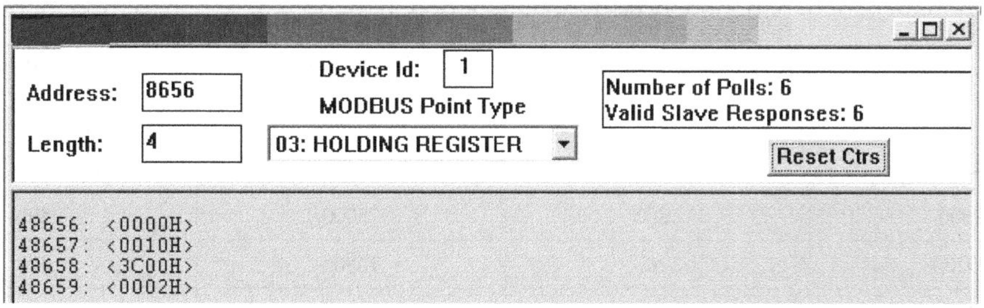

图6-10　ModScan32界面中的保存寄存器

在图6-10从站返回的消息帧中：

报文的命令项：0X03H，其用途是HOLDING REGISTER，即读保持寄存器的值；

被读取的保持寄存器地址：48656；

保持寄存器中的数值是：0010H；

在返回数据界面中填写的实际保持寄存器地址：8656；

被读取的连续保持寄存器数量：4。

从ModScan32界面中可见返回的数据0010H出现在48657寄存器中，因此要将保存寄存器的地址减1。

数据域的长度没有限制，但信息帧总长度不得超过256个字节（Byte）。

5）CRC校验域：CRC16校验。

CRC校验通过对信息帧的［地址＋功能域＋数据域］实施以CRC16为除数的不借位除法操作，得到的商作为CRC校验码随同［地址＋功能域＋数据域］构成完整信息帧发送给对方，对方在接到报文后再次进行CRC16不借位操作，若两套CRC校验码相同则确认报文正确，否则将要求对方重新发报文。

例如：若MODBUS从站的地址为01H，功能域为03H读寄存器命令，保持寄存器的首地为48656即21D0H，被读寄存器的数量为4即0004H，则CRC校验码具体数值如图6-11所示为"4FCC"，于是完整的主站信息帧为

"01 03 21 D0 00 04 4F CC"

图6-11中，寄存器的地址为48656，实际十进制地址为8656，换算为十六进制地址为21D0H。

图6-11　CRC校验码

MODBUS网络的通信速率与通信双方的通信介质长度有关。通信速率与通信介质长度之间的关系见表6-7。注意该表的数值仅供参考。

表 6-7　通信速率与通信介质的长度之间的关系

速率/(bit/s)	参考距离/m	速率/(bit/s)	参考距离/m
2400	1200	38400	1000
4800	1200	57600	800
9600	1200	75000	800
19200	1200	76800	800
33600	1000	115200	600

若 MODBUS 网络的通信速率确定后，则发送信息帧所需时间可以计算出来。计算方法如下：

以通信速率为 9600bit/s 为例。若按 MODBUS – RTU 发送 1 个字节为 11 个位（1 位起始位 +8 位数据位 +1 位校验位 +1 位停止位）来计算则需时 1.15ms。

按前例的信息帧（010321D000044FCC）来计算总共需要发送 8 个字节，于是发送的时间为 $1.15 \times 8 = 9.2$ms。考虑到传输延迟，故上述传输时间可按 10ms 来计算。

3. 测控设备和电力仪表的数据定义表

任何一种测控装置或电力仪表若支持 RS485 串行链路的数字通信，则该测控装置或电力仪表中一定会开辟一些专用的内存数据区，用于保存各种信息。例如：测控装置或电力仪表的开关量输入量位信息，模拟量输入的字信息，模拟量输出的字信息，参数设置的字信息，继电器量输出的位信息或字信息。

数据定义表就是存放这些数据的内存区域按地址、数据类型和功能定义顺序编制而成的表。

例如 ABB 的 EMplus 多功能电力仪表采集了包括三相电压和三相电流在内的各种模拟量数据，还采集了各种开关量。EMplus 数据定义表的重要数据区见表 6-8。

表 6-8　ABB 的 EMplus 多功能电力仪表的重要数据区

数据类型	寄存器地址	数据定义	寄存器数量
RO	42000	遥信（含软遥信）	2
RO	42002	相电流 I_a	2
RO	42004	相电流 I_b	2
RO	42006	相电流 I_c	2
RO	42008	零序电流 I_n	2
RO	42010	线电压 U_{ab}	2
RO	42012	线电压 U_{bc}	2
RO	42014	线电压 U_{ca}	2
RO	42016	相电压 U_{an}	2
RO	42018	相电压 U_{bn}	2
RO	42020	相电压 U_{cn}	2
RO	42022	频率 f	2
RO	42024	总有功功率 W	2

（续）

数据类型	寄存器地址	数据定义	寄存器数量
RO	42026	总无功功率 Q	2
RO	42028	总视在功率 S	2
RO	42030	功率因数 PF	2
RO	42032	总有功电量 W_p	2
RO	42034	总无功电量 W_q	2

在以上数据定义表中，保持寄存器地址 2000 和 2001 中存放的是各种遥信开关量。这两个保持寄存器共有 32 个位，可存放 32 个开关量状态数据。

保持寄存器 2002～2003 中存放的是 A 相电流量 I_a，2004～2005 中存放的是 B 相电流量 I_b，而 2014～2015 中存放的是线电压 U_{ca}。其余类推。

4. MODBUS 的网络层协议

网络层是 OSI 模型的第三层，同时也是通信子网的最高层，它是主机与通信网络的接口。网络层协议以数据链路层提供的无差错传输为基础，向高层（传输层）提供两个主机之间的数据传输服务。网络层的任务是将源主机发出的分组信息经过各种途径送至宿主机并解决由此引起的路径选择、拥塞控制及死锁等问题。

网络层涉及的基本技术有网络中的数据交换技术、路由选择技术、路由控制技术和流量控制以及差错控制策略，如图 6-12 所示。

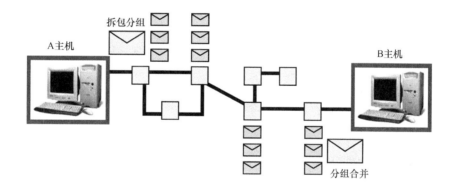

图 6-12　网络层数据传输的分组、路由和合并

工作在网络层上的 MODBUS 通信协议是 MODBUS – TCP。

6.1.3　RS485/MODBUS 通信规约和通信协议的应用举例

图 6-13 所示为 MODBUS 应用举例。在图 6-13 中，我们看到在 1#RS485 和 2#RS485 串行通信链路中连接了许多子站，每条链路中子站的最大数量是 32 个。所以，1#RS485 和 2#RS485 这两条串行通信链路最大可连接的子站数量是 64 个。

这里的子站可以是智能型断路器的通信接口，也可以是多功能电力仪表的通信接口，甚至是 PLC 的通信接口。

我们已经看到，图 6-13 的物理层规约是 RS485，数据链路层的通信协议是 MODBUS – RTU。

我们看到，从通信管理机（CCU）到人机界面 HMI 之间的物理层规约是 RS232，通信协议是 MODBUS－RTU；从通信管理机（CCU）到电力监控系统计算机之间的接口规约是 RJ45，通信协议是符合 TCP/IP 规约要求的 MODBUS－TCP。

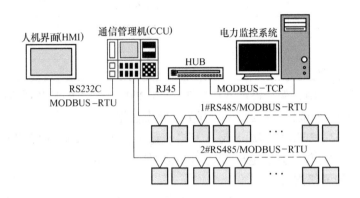

图 6-13　MODBUS 应用举例

在图 6-13 中，我们看到了 MODBUS 协议应用在两个层面，即数据链路层和网络层。

注意其中数据链路层使用 MODBUS－RTU 协议，而网络层使用 MODBUS－TCP 协议；一个是应用在串行通信链路上的通信协议，一个是应用在以太网上的协议，请读者务必明确两者之间的区别和联系。两者的主要区别见表6-9。

表6-9　MODBUS－RTU 与 MODBUS－TCP 的区别

通信方式	MODBUS－RTU	MODBUS－TCP
ISO/OSI 模型层面	物理层和数据链路层	网络层
地址域	ID 地址：应用在串行通信链路上的子站设备地址，用以将各个子站区分开来	IP 地址：应用在 TCP/IP 以太网上的子站设备地址，用以将各个子站区分开来
地址域范围	1～255：虽然地址可以从 1 一直编码到 255，但链路中可寻址的子站数量最多不得超过 32 个	1～255：地址可以从 1 一直编码到 255
通信接口	RS232、RS485 和 RS422	RJ45
主从关系	有主从关系：通信必须从主站发起。子站只能回应主站的访问操作而不能主动发布信息	有主从关系：通信必须从主站发起。子站只能回应主站的访问操作而不能主动发布信息
通信速率	9600bit/s 和 19200bit/s，最快可达 750kbit/s	一般采 10～100Mbit/s

注意到以下几点：

1）RS485 通信链路采用菊花瓣的接线方法。它是有头有尾的链路，不是并联线路。

2）RS485 总线链路的主站是通信管理机（CCU），CCU 一般用 PLC 来构建，也可以采用专用的人机界面。

3）低压配电网的 RS485 总线通信介质采用屏蔽双绞线，屏蔽层必须单点接地，通信长度不得超过 1200m。

4）若低压配电网的通信介质长度超过 1200m，可以采用通信光缆。通信光缆分为多模光缆和单模光缆两种，前者的通信距离为 1500m，后者的通信距离可达 20km。采用光缆后，在光缆的头和尾要配套光纤收发器，以实现电信号转换为光信号，以及光信号转换为电信号的功能。

5）低压配电网 RS485 总线的通信速率一般为 4.8 ~ 19.2kbit/s。

6.2　建立低压配电网信息交换的方法

1. ABB 的人机界面

ABB 的人机界面（Human Machine Interface，HMI）如图 6-14 所示。

在低压配电柜中可作为测控中心和通信管理机，它能够与现场层面的各种智能表计和测控装置进行数据交换，还能将各种测控数据、参数集中地显示在液晶屏上。操作者可以在界面上执行数据处理和遥控。

HMI 具有多种通信接口和网络接口，可实现与上位机的电力监控系统进行数据交换。

图 6-14　ABB 的人机界面

ABB 的 HMI 主要技术数据如下：

工作电源：AC 85V ~ 265V 或者 DC 85 ~ 265V

功率消耗：30W

系统配置：CPU：32 位 100MHz

RAM：32MB

通信接口：RS232：2 个；RS485：8 个；

10/100M 以太网 RJ45 接口：1 个

并行接口：1 个；PS/2 接口：2 个；VGA 接口：1 个；USB 接口：2 个

通信速率：　　　　　　　　9.6 ~ 57.6kbit/s

响应时间：　　　　　　　　20ms

数据合格率：遥信合格率：　大于 99.9%

遥测合格率：　大于 99.9%

遥控正确率：　100%

电源和电磁兼容：　　　　　IEC60870 – 2 – 1

环境条件：　　　　　　　　IEC60870 – 2 – 2

基本远动任务配套标准：　　IEC60870 – 5 – 101

静电放电抗扰性试验：　　　IEC61000 – 4 – 2

电快速瞬变脉冲群抗扰性试验：IEC61000 – 4 – 4

浪涌抗扰性试验：　　　　　IEC61000 – 4 – 5

在低压配电柜中，人机界面（HMI）与 PLC 均可实现通信管理机的任务。人机界面

（HMI）因为具有可视性，故其友好性优于 PLC。

ABB 的人机界面（HMI）所使用的通信协议为 MODBUS – RTU 和 MODBUS – TCP。

2. 利用 ABB 的人机界面建立现场测控链路的方法

若只是从 HMI 建立现场层面的信息交换链路来看，它与 PLC 并没有很大的区别，如图 6-15 所示。

从图 6-15 中可以看到 HMI 具有 8 套 RS485 接口。

其中 1#RS485/MODBUS 总线连接了多台 ABB 的 EMplus 多功能电力仪表。EMplus 的说明见 3.7 节；2#RS485/MODBUS 总线连接了多台电动机综合保护器 M102 – M。M102 – M 的说明见 3.7 节；3#RS485/MODBUS 总线连接了多台开关量采集模块 RSI32。RSI32 的说明见 3.7 节；4#RS485/MODBUS 总线连接了 2 台干式电力变压器的温度控制仪，以及若干台中压继保装置。

HMI 最具有优势的是：HMI 的界面上可放入被连接配电所的系统图和其他网络拓扑图，甚至控制原理图等等。

图 6-15 中，注意到 HMI 和监控主机之间的信息交换利用工业以太网，并且通信介质为光缆。之所以在网络层采用光缆，是因为一般网线的传输距离仅仅只有 100m，但是用多模光缆和单模光缆后，数据交换的传输距离分别可达 1.5km 和 20km。所以在厂际范围内，一般都是用光缆作为以太网上的数据传输介质。

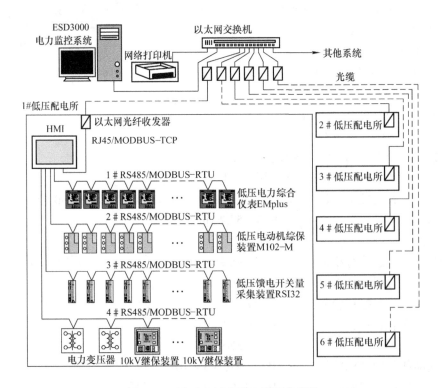

图 6-15　用 HMI 建立配电所通信链路

在图 6-15 中，我们看见了监控主机上标注了 ABB 的 ESD3000 电力监控系统。

对于任何一款电力监控系统来说，其本质是数据库。而计算机屏幕上的各种专用界面，其实是数据库中数据的反馈组态而已。

ABB 的 ESD3000 能实现主要功能如下：

1）ESD3000 入口界面：用于操作者输入口令、确认操作权限和进入其他工作界面；

2）ESD3000 单线图界面和系统图界面：操作者读取配电系统各部分的状态量和电参量，发布遥控命令和发布参数变更命令，读取和处理报警信息，填写操作票等；

3）地理图查询功能界面：从地理图功能界面中查找配电系统和控制系统；

4）智能装置的参数查询和定值下发界面；

5）报警信息界面：操作者设定报警预警机制和报警处理策略；

6）日志界面：操作员读取日常工作记录、电参量记录、维护记录和故障记录等管理信息；

7）物料管理界面和图样管理界面：行使电力器件工作寿命预期与提示功能，操作者能够通过该界面查阅全系统图样以及进行图样资料的存档管理；

8）控制逻辑设定界面及操作权限管理界面：制定备投逻辑，制定操作票逻辑，由系统管理员设定操作员的操作权限及人事管理。

图 6-16 所示为 ABB 的 ESD3000 的测控界面。

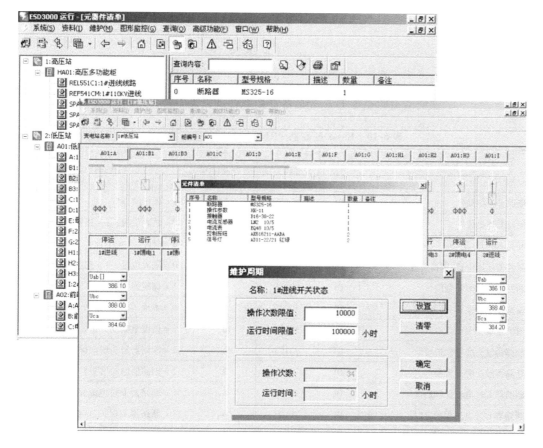

图 6-16　ABB 的 ESD3000 的测控界面

6.3 在低压进线回路中对断路器实施测控和数据交换的范例

图 6-17 所示为 Emax 断路器的通信模块 PR120（包括 PR122、PR123）/D – M。图 6-18 所示为低压进线回路的通信范例图。

通过这个 PR120/D – M 通信模块，电力监控系统能获取大量的信息。我们来看 Emax 断路器 PR120 脱扣器的通信协议表，见表 6-10。

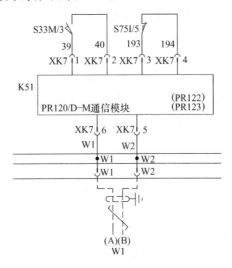

图 6-17　Emax 断路器的通信模块 PR120/D – M

表 6-10　Emax 断路器 PR120 脱扣器的通信协议表

点描述	类型	寄存器地址	寄存器位号	状态描述
断路器保护动作	DI	30101	2	1 = 保护动作
断路器连接位置	DI	30101	3	0 = 试验位置，1 = 连接位置
断路器打开/闭合	DI	30101	4	0 = 打开，1 = 闭合
断路器连接位置/隔离位置	DI	30101	5	0 = 隔离位置，1 = 连接位置
断路器储能弹簧到位	DI	30101	7	1 = 储能弹簧到位
断路器本地操作/远方操作	DI	30101	9	0 = 本地，1 = 远方
谐波量畸变大于 2.3	DI	30103	0	1 = 谐波量畸变大于 2.3
断路器触头磨损保护启动	DI	30103	1	1 = 断路器触头磨损保护启动
断路器触头磨损告警	DI	30103	2	1 = 断路器触头磨损告警
断路器 L 过电流保护启动	DI	30103	3	1 = 断路器 L 过电流保护启动
断路器 L 过电流保护定时	DI	30103	4	1 = 断路器 L 保护过电流定时
断路器 S1 保护定时	DI	30103	5	1 = 断路器 S1 保护过电流定时
断路器 S2 保护定时	DI	30103	6	1 = 断路器 S2 保护过电流定时
断路器 G 保护定时	DI	30103	7	1 = 断路器 G 保护定时

（续）

点描述	类型	寄存器地址	寄存器位号	状态描述
断路器 G 保护告警	DI	30103	8	1 = 断路器 G 保护告警
最大电流	AI	30200		
		30201		
最大单相电流	AI	30202		
L1 相电流	AI	30203		
		30204		
L2 相电流	AI	30205		
		30206		
L3 相电流	AI	30207		
		30208		
N 电流	AI	30209		
		30210		
接地电流	AI	30211		
		30212		
漏电电流	AI	30213		
		30214		
L1 相电压	AI	30215		
L2 相电压	AI	30216		
L3 相电压	AI	30217		
残压	AI	30218		
L1 – L2 线电压	AI	30219		
L2 – L3 线电压	AI	30220		
L3 – L1 线电压	AI	30221		
总谐波分量	AI	30600		
1 次谐波分量	AI	30601		
40 次谐波分量	AI	30640		
控制命令（使用 MODBUS 的 0x10H 命令）	AO	00000	控制参数	ACB 断路器分闸
				ACB 断路器合闸
				ACB 断路器复位
				开启波形记录（故障录波）
				关闭波形记录

1. 有关通信电缆的接地方式

在图 6-18 中，我们看到从 PR120 中的 RS485 通信接口引出的通信电缆，并未直接接到 HMI 的通信接口中，而是先接到 EMplus，然后再引至 HMI 的通信接口中。这样做是必需的，通信电缆与一般的线路不同，链路上的所有站点必须逐个地进行连接，不得接成并联的方式。这种接法被形象地称为"菊花瓣"连接方式。

在图 6-18 中，我们看到通信电缆的屏蔽层在某端被接地（PR122/P 侧和 HMI 侧），另一端没有接地。这也是必需的：通信电缆只能单端接地，避免两端接地后因为地电位差引起的地电流干扰。

一般地，通信电缆的接地点可放在主站，或者放在通信电缆的前端。如图 6-18 中断路器脱扣器 PR122/P 侧的通信电缆处于前端，故此处通信电缆的屏蔽层接地；HMI 是主站，所以从 HMI 的所有通信接口中引出的通信电缆屏蔽层均接地。

2. 有关通信管理机的工作电源

我们从图 6-18 中看到，人机界面 HMI 的工作电源配套了 UPS，这样可以避免通信系统因为电源失电压而造成系统控制紊乱。

对于具有 PLC 备自投的系统，以及有通信管理机的系统，最好采用 UPS 把断路器的工作电源、通信管理机工作电源和测控仪表工作电源都纳入供电范围之内。

在接工作电源时需要注意到 TN – S 系统中两套电源的中性点不得短接在一起，所以图中我们看到执行电源切换的中间继电器 KA 是四极的。

3. 有关低电压信号的问题

我们从图 6-18 中看到，EMplus 的出口继电器与电压关联起来作为低电压信号报警输出，其控制点被接到线位号 103 和 105 之间，以此取代了低电压继电器。

设低电压动作点为 U_d，且有 $0 \leqslant U_d \leqslant U$，于是返回系数 K_d 被定义为

$$K_d = \frac{U_d}{U} \times 100\% \tag{6-1}$$

对于低电压继电器，返回系数 K_d 一般为 50% ~ 70%，且不可调；对于电力仪表，返回系数可达为 1% ~ 99%，且任意可调，极大地方便了现场使用。

4. 有关通信信息交换

我们看表 6-9 断路器脱扣器 PR120 的通信协议，其中 DI 和 AI 的寄存器地址均为 3XXXX 类的数据，根据 MODBUS 行规，必须用 0X04H 命令去读取数据。

再看 EMplus 的通信协议（它与 ABB 的 EMplus 协议通用），我们发现它的 DI 和 AI 寄存器地址均为 4XXXX 类数据，根据 MODBUS 行规，必须用 0X03H 命令去读取数据。

我们可以从表 6-4 中看到 MODBUS 下的 0X03H 命令报文格式。

5. Emax 断路器脱扣器 PR122/P 的数据交换报文格式

读模拟量：

设 PR120 的 ID 地址为 01，若需要读取 L1 相的电压，则下行命令帧如下：

"01 04 00 D7 00 01 81 F2"

遥控合闸操作：

设 PR120 的 ID 地址为 02，若需要对断路器进行合闸操作，则下行命令帧如下：

"02 10 00 00 00 02 04 00 09 00 00 2C E9"

故障录波操作：

设 PR120 的 ID 地址为 10，若需要对 L2 相的电压进行波形记录，则下行命令帧如下：

"0A 10 00 00 00 02 04 00 00 00 02 57 4A"

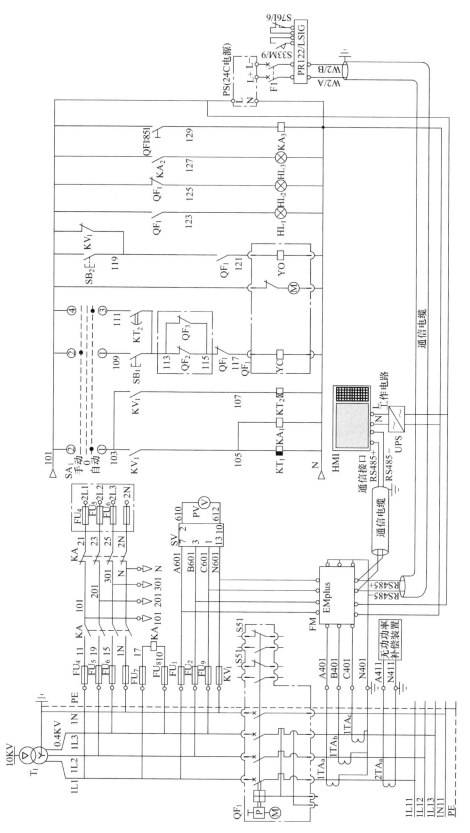

图 6-18　低压进线回路的通信范例图

第7章

低压电器在家居配电中的应用

家居配电，既有空调、冰箱和洗衣机等单相电动机回路的控制，也有各种电热电器例如电饭煲、微波炉、电磁炉的控制，还有照明控制。

由于家居配电中最重要的就是人身的用电安全防护，涉及接地系统，还有各种微型断路器 MCB、漏电开关和开关面板等。

本章我们将看到家居配电的线制和接地系统，以及低压电器在家居配电中的应用和设计方法。

7.1 交流电是怎么送到家里来的

小区内有总配电室和一级配电设备，还有中间的二级配电设备，以及家居楼的电度表箱。电能经过这些环节，最后到我们的住家门口，并且与我们家居内的配电箱相连接，由此完成家居配电工作。

图 7-1 所示为居民小区的总配电室低压配电柜系统图。

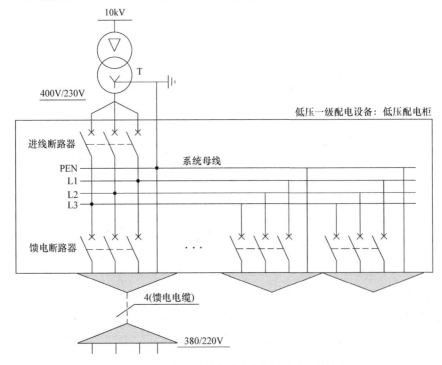

图 7-1　居民小区的总配电室低压配电柜系统图

我们来仔细看看图 7-1。首先需要关注的是接地系统。我们看到变压器的低压侧中性点直接接地，并且中性线接地后并没有分开，而是采用 PEN 接地中心线连接至下级配电系统，因此从 1.5.2 节的图 1-39 得知，图 7-1 的一级配电低压开关柜系统图采用的是 TN – C 接地系统，其线制为三相四线制。

在 TN – C 接地系统中，PEN 线又叫做零线，而三条相线 L1、L2、L3 又叫做三相火线。

注意到系统电压：位于变压器低压侧的电压叫做系统电压，它的值是 400V/230V，400V 是线电压，230V 是相电压。

由于线路压降的原因，在下级配电系统端口出的电压叫做标称电压，标称电压按国家标准 GB 156—2017 的规定为 380V/220V，380V 是线电压，220V 是相电压。

我们来看图 7-2。图 7-2 上接图 7-1 的总配电室低压配电柜，下接各家居的配电箱，它就是家居配电各楼层的电度表箱。

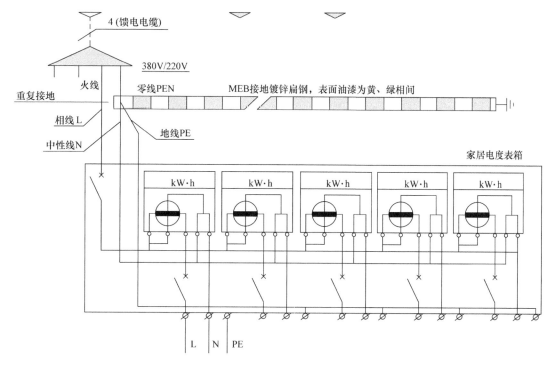

图 7-2   居民小区的楼层电度表箱电路图

我们来仔细看看图 7-2。

当火线和零线从低压配电柜通过电缆传至电度表箱时，我们看到零线再次重复接地。这里的接地极就是一条叫做 MEB 的镀锌扁钢。

零线再次接地后，分开为中性线 N 和地线 PE。从此时开始，零线已经不存在了，只有中性线 N 和地线 PE。对应地，火线也应当被称为相线 L。

我们看到，相线 L 和中性线 N 被送到单相电度表中，再从单相电度表中引出，经过断路器（也可能是熔断器）接到家居配电的入户处。

于是家居入户处的三条线中，一条是相线 L，一条是中性线 N，另一条是地线 PE。

我们从第 1 章的 1.5.2 节的图 1-39 得知，图 7-2 属于 TN – C – S 接地系统。与其他两相合并在一起，图 7-2 的线制同样为三相四线制。

再次强调一下：所谓线制中的"线"，指的是在正常运行状态下有电流流过的线。相线 L 和中性线 N 在正常运行状态下有电流流过，它们都是"线"，但 PE 线没有电流流过，所以不是"线"。

我们再来看图 7-3。从图 7-3 中我们看到，在入户处就是来自电度表箱的相线 L、中性线 N 和地线 PE。L 和 N 引入家居配电箱后被接入主开关中。主开关一般采用双极的微型断路器 MCB，也可以采用 1P + N 的 MCB 开关。

MCB 的下方是剩余电流保护器 RCD。我们看到 L 线和 N 线均穿过 RCD 的零序电流互感器。当发生漏电时，漏电开关可触发主开关执行跳闸操作。

MCB 和 RCD 可参见第 2 章 2.5.5 节和 2.5.6 节的内容。

漏电开关的下方就是系统母线。从母线上接了若干馈电 MCB 断路器，分别引至照明回路、厨房回路、空调回路、浴室回路和插座回路。

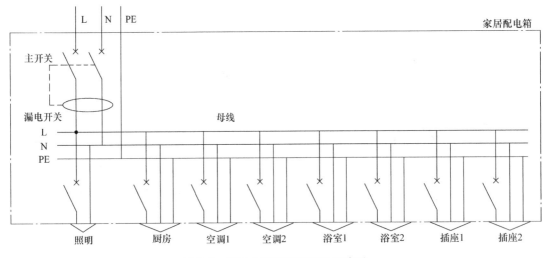

图 7-3 居民小区的家居配电电路图

把图 7-1、图 7-2 和图 7-3 合在一起，便成了图 7-4 所示的家居配电系统概览。

在图 7-4 中，我们看到了电源的输送过程，以及全系统的接地方式。由图中可以清晰地辨明，它采用了 TN – C – S 接地方式。

一旦家居内发生了负载侧的单相接地故障，也即漏电，漏电流会顺着地线 PE 返回电源。由于漏电电流较大，近似等于相对 N 的短路电流，因此 TN 系统又被称为大电流接地保护系统。故障会导致主进线断路器 QF 执行线路跳闸保护的任务。

同时，RCD 也会保护跳闸。

7.2 家居配电系统的设计方法

与 4.1 节低压配电系统设计类似，家居配电的设计过程包括两个任务：第一个任务是计算耗电量，第二个任务是电路设计。

家居配电的设计方法与 4.1.2 节介绍的方法不尽相同，有它的独到之处。本节来讨论与

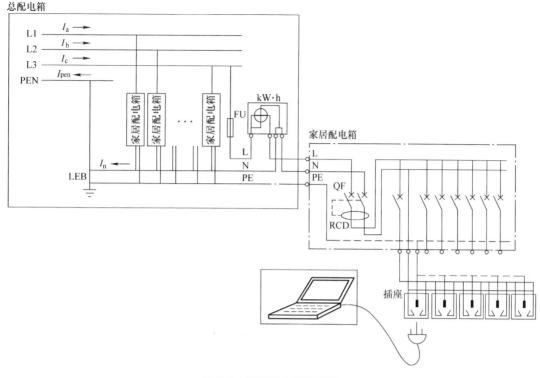

图 7-4　家居配电系统概览

这两个任务相关的问题。

7.2.1　家居中的负荷类型及耗电量表

家居用电设备负荷有两种类型，第一种是阻性负荷，第二种是感性负荷。

1. 阻性负荷

阻性负荷如白炽灯、电加热器等。

阻性负荷的电流计算见式（7-1）。

$$I = \frac{P}{U} \tag{7-1}$$

式中，I 是流过阻性负荷的电流，单位是 A；P 是阻性负荷的功率，单位是 kW；U 是额定电压，一般取相电压 220V。

2. 感性负荷

感性负荷如荧光灯、电视机、洗衣机和电冰箱等。

感性负荷的电流计算见式（7-2）。

$$\begin{cases} I = \dfrac{P}{U\cos\phi}, & \text{一般感性负荷} \\[2mm] I = \dfrac{P}{U\eta\cos\phi}, & \text{电动机类感性负荷} \end{cases} \tag{7-2}$$

式中，I 为流过负荷的电流单位是 A；P 为负荷的功率单位是 kW；η 为电动机负荷的机械效率；U 为额定电压，一般取相电压 220V。

3. 各种家用电器的耗电量、额定电流及功率因数（见表7-1和表7-2）

表7-1 荧光灯的耗电量、额定电流和功率因数

灯管型号	灯管耗电量/W	镇流器耗电量/W	总耗电量/W	额定电流/A	功率因数
YZ$_6$RR	6	4	10	0.14	0.33
YZ$_8$RR	8	4	12	0.15	0.36
YZ$_{15}$RR	10	7.5	22.5	0.33	0.31
YZ$_{20}$RR	20	8	28	0.35	0.36
YZ$_{30}$RR	30	8	38	0.36	0.48
YZ$_{40}$RR	40	8	48	0.41	0.53
YZ$_{60}$RR	60	8	68	0.56	0.55

表7-2 常用家用电器的耗电量、额定电流和功率因数

家用电器名称	规格	功率/W	额定电流/A	功率因数
液晶彩色电视机		70 ~ 100	0.45 ~ 0.65	0.7
电冰箱	50 ~ 200L	40 ~ 150	0.3 ~ 1.1	0.6
洗衣机		120 ~ 400	0.91 ~ 3	0.6
台扇	φ200 ~ φ400mm	30 ~ 70	0.23 ~ 0.53	0.6
落地扇	φ400mm	70	0.53	0.6
电熨斗		500 ~ 1000	2.27 ~ 4.54	1
电热锅	1.5L	500 ~ 750	2.27 ~ 3.41	1
电烤箱		500 ~ 600	2.27 ~ 2.73	1
电饭煲		300 ~ 1500	1.4 ~ 6.82	1
微波炉		500 ~ 900	5 ~ 8	1
电炒锅		900	4.1	1
吸尘器		250	1.89	0.6
分体式空调器	冷量16700J/h 2匹空调器	1.75（室外1.3）	10	0.8
分体式空调器 （冷暖两用）	冷量30000J/h 3匹空调器	2.6 + 3（室外2.4）	16	0.8

上面两个表中，一些数值的说明如下。

（1）空调器的匹数与瓦数的换算方法

空调器往往用匹来作为制冷量单位。

空调器匹数原指输入功率，包括压缩机、风扇电动机及电控部分的功率在内。因不同品牌的空调器其具体的系统及电控设计存在差异，故其输出的制冷量不同。

为了弄清空调器的制冷量与功率之间的关系，我们来看几个相关的关系：

单位功率 = 单位电压×单位电流 = 1伏×1安 = （1焦耳/库仑）×（1库仑/秒）= 1焦耳/

秒，也即每秒钟做功的速率。

$$1\mathrm{W} = 1\mathrm{V} \times 1\mathrm{A} = \frac{1\mathrm{J}}{\mathrm{s}} = \frac{3600\mathrm{J}}{\mathrm{h}}$$

W（瓦）、kJ（千焦）和 kcal（千卡）之间的转换表见表 7-3。

表 7-3　瓦、千焦和千卡的转换表

W	kJ	kcal
= 1 $1\mathrm{W} = \frac{1\mathrm{J}}{\mathrm{s}}$ $= 3600\mathrm{J/h}$	= 3.6 $1\mathrm{W} \times \frac{3600\mathrm{s}}{1000}$ $= 3.6\mathrm{kJ}$	= 0.85985 $1\mathrm{kJ}/1.16299 = 0.85985\mathrm{kcal}$
= 0.2778 $1\mathrm{W} = \frac{1000\mathrm{J}}{3600\mathrm{s}}$ $\approx 0.27778\mathrm{J}$	= 1 $1\mathrm{kJ} = 1000\mathrm{J}$ $= 1000\mathrm{W} \times 1\mathrm{s}$	= 0.23885 $1\mathrm{kJ} = \frac{1}{4.1868} \approx 0.23885\mathrm{kcal}$
= 1.16299	= 4.1868	= 1

（2）空调器的制冷量关系

我们知道，空调器大多是用多少匹来描述它的制冷量的。1 匹空调器的制冷量大约相当于 2000cal。我们由表 7-3 知道，从 cal 换算成 W 需要乘以 1.16299，由此我们得到

1 匹制冷量 $\approx$ 2000cal = 2000 $\times$ 1.16299 $\approx$ 2326W

由此我们可以推得空调器机组匹数与瓦数的关系，见表 7-4。

表 7-4　空调器机组匹数与瓦数的关系

空调器匹数	空调器功率/W	制冷量/（J/h）	适用面积/m²
1	2326	2326 × 3.6 ≈ 8373.6	10 ~ 15
1.5	1.5 × 2326 = 3489	3489 × 3.6 ≈ 12560.4	16 ~ 26
2	2 × 2326 = 4652	4652 × 3.6 ≈ 16747.2	20 ~ 37
2.5	2.5 × 2326 = 5815	5815 × 3.6 ≈ 20934	25 ~ 48
3	3 × 2326 = 6978	6978 × 3.6 ≈ 25120.8	30 ~ 58

4. 额定电流计算范例

【例 7-1】

荧光灯额定电流的计算方法。

有一盏功率为 30W 的荧光灯，额定工作电压为 220V，求此荧光灯的工作电流。

由表 7-1 得知，30W 荧光灯灯管耗电量是 30W，镇流器耗电量是 8W，功率因数为 0.48。代入式（7-2），有

$$I = \frac{P}{U\cos\phi} = \frac{30 + 8}{220 \times 0.48}\mathrm{A} \approx 0.36\mathrm{A}$$

我们看到，计算结果与表 7-1 中的数据是一致的。

【例 7-2】

落地扇的额定电流计算方法。

设有一台落地扇，它的功率是70W，功率因数是0.6，效率是0.8，代入式（7-2），有

$$I = \frac{P}{U\eta\cos\phi} = \frac{70}{220 \times 0.8 \times 0.6}\mathrm{A} \approx 0.66\mathrm{A}$$

此落地扇的额定电流是0.66A。

7.2.2 家居配电设计方法

家用电器的使用时间不尽相同。例如电冰箱，是长期工作的；厨房的抽油烟机在做饭时才使用，平时不使用；空调器和电热水器等也有这种间断工作的现象。

对于长期使用的电器，它的工作制是长期工作制；其他电器，则可能是短时工作制或者8小时工作制。家居配电中家用电器的使用时间会影响到总负荷电流的计算和确定。

家居配电总负荷电流计算方法见式（7-3）。

$$I_{\mathrm{JS}} = I_{\mathrm{N.MAX}} + K_{\mathrm{C}} \sum I_{\mathrm{N}} \qquad (7\text{-}3)$$

式中，I_{JS} 为总负荷计算电流，单位是A；$I_{\mathrm{N.MAX}}$ 为用电量最大的一台（或者两台）家用电器的额定电流，单位是A；K_{C} 为需求系数；$\sum I_{\mathrm{N}}$ 为其他所有电器的额定电流总和。

为了确保供电的稳定性和可靠性，家用电器设备的计算电流应当大于额定电流的1.5倍，而导线、开关和插座等一般按2倍总电流来考虑。

在实际家居配电工程中，总负荷计算电流 I_{JS} 一般按同期系数法来计算，见式（7-4）。

$$\begin{cases} P_{\mathrm{JS}} = K_{\mathrm{C}} \sum P_{\mathrm{N}} \\ I_{\mathrm{JS}} = \dfrac{P_{\mathrm{JS}}}{220\cos\phi} \end{cases} \qquad (7\text{-}4)$$

式中，P_{JS} 为家居内用电设备的计算负荷，单位是W；K_{C} 为需求系数；P_{N} 为家用电器的额定功率，单位是W；$\sum P_{\mathrm{N}}$ 为所有家居内的家用电器额定功率总和，单位是W；I_{JS} 为家居内用电的计算电流，单位是A；$\cos\phi$ 为平均功率因数，取值为 $0.8 \sim 0.9$。

式（7-4）中，需求系数的可取值范围是 $0.4 \sim 0.7$。

需求系数 K_{C} 又叫做同时系数。$K_{\mathrm{C}} = P_{30} / \sum P_{\mathrm{N}}$。其中 P_{30} 为30min内同时使用的家用电器功率。同时使用的家用电器越多，需求系数就越大。如果经常使用的家用电器功率是总功率的一半，则 $K_{\mathrm{C}} = 0.5$。

【例7-3】

某家居内功率总和是13345W，求该家居配电系统的总用电负荷。

取平均功率因数为0.85，需求系数 $K_{\mathrm{C}} = 0.5$，于是有

$$\begin{cases} P_{\mathrm{JS}} = K_{\mathrm{C}} \sum P_{\mathrm{N}} = 0.5 \times 13345 = 6672.5\mathrm{W} \\ I_{\mathrm{JS}} = \dfrac{P_{\mathrm{JS}}}{220\cos\phi} = \dfrac{6672.5}{220 \times 0.85} \approx 35.7\mathrm{A} \end{cases}$$

7.2.3 家居配电设计范例

1. 根据家居配电的负荷表计算负荷电流

我们来看一个具体的家居配电的例子，见表7-5。

表 7-5　家居用电设备和功率表

序号	分类	家用电器名称	功率/kW
1	照明	照明灯具	0.4 ~ 0.8
2	一般电器	洗衣机	0.3 ~ 1.2
3		电视机	0.3
4		冰箱	0.2
5		电风扇	0.1
6		电熨斗	0.5 ~ 1.0
7		吸尘器	0.2 ~ 0.7
8		笔记本	0.08
9	厨电	电饭煲	0.6 ~ 1.3
10		微波炉	0.6 ~ 1.2
11		电烤箱	0.5 ~ 1.0
12		消毒柜	0.6 ~ 1.0
13		抽油烟机	0.3 ~ 1.0
14		电开水壶	0.2 ~ 0.8
15	浴室	电热水器	0.5 ~ 1.0
16	空调	空调器	1.5 ~ 3.0
		总计	6.88 ~ 14.68

从表 7-5 中，我们看到 $\sum P_N$ 具有可变区间。为了计算 P_{JS}，我们需要用 $\sum P_N$ 的平均值来计算。由式（7-4），我们有

$$P_{JS} = K_C \overline{\sum P_N} = K_C \frac{\sum P_{N.MAX} + \sum P_{N.MIN}}{2} = 0.5 \times \frac{6.88 + 14.68}{2} kW = 5.39 kW$$

再按式（7-4）来计算负荷电流：

$$J_{JS} = \frac{P_{JS}}{220\cos\phi} = \frac{5.39 \times 10^3}{220 \times 0.8}A \approx 30.6A$$

计算表明，$I_{JS} = 30.6A$。

2. 根据负荷电流确定家居配电的主进线开关

当入户线引入家居配电箱后，先要经过主开关，然后再由馈电开关分成多条支路，最终通向各台套家用电器。

对于主开关来说，它的额定电流必须大于负荷电流 I_{JS}。由于范例中的负荷电流 $I_{JS} = 30.6A$，因此取主开关的额定电流 $I_e = 40A$。

对于电度表，可选择额定电流为 15（60）A 的电度表。

3. 入户导线截面积的选择

家居配电所用的导线截面积不是很大，可以用经验公式来计算。见式（7-5）。

$$S = (1.5 ~ 2.0) \times 0.275 I_{JS}(mm^2) \tag{7-5}$$

式中，S 为导线截面积（mm^2）；I_{JS} 是计算负荷电流（A）；（1.5 ~ 2.0）是电流裕量。

对于范例，我们已经知道总负荷电流 $I_{JS} = 30.6A$，代入到式（7-5）中，有

$$S = (1.5 \sim 2.0) \times 0.275 I_{JS} = (1.5 \sim 2.0) \times 0.275 \times 30.6 \approx 12.62 \sim 16.83 (mm^2)$$

故选择导线截面积为 16mm²。

注意入户导线的颜色：相线 L 为黄色、绿色或者红色，N 线为蓝色，PE 线为黄绿色。

家用电器全部开启，电流一般不会超过 30A。小家电一般不会超过 10A，大型家电一般不会超过 15A。故在选用导线线径时，一般来说截面积 1.5mm² 的明敷导线适用于载流量在 10A 以下；截面积 2.5mm² 的明敷导线适用于载流量在 15A 以下；截面积 4mm² 的明敷导线适用于载流量在 20A 以下；截面积 6mm² 的明敷导线适用于载流量在 30A 以下。但要注意，这里的导线是明敷的，若导线为穿管暗敷，导线发热比明敷要严重一些，故建议采用式（7-5）来选配导线。

4. 家居配电线路设计

家居配电线路的设计有两个方案，如图 7-5 和图 7-6 所示。

（1）图 7-5 方案的讨论

在图 7-5 所示的家居配电箱设计方案 1 中，我们看到了主进线开关，还有 6 套出线开关。这 6 套出线开关分别连接到照明回路、厨房回路、空调回路、浴室回路和插座回路 1 及插座回路 2。之所以插座回路要设置为两套，是考虑到用电电器的数量众多，用两条线路来平均用电负荷的容量，使得线路不致过载。

图 7-5 中，主开关为两极的断路器，可同时切断和接通相线 L 和中性线 N。主开关可以采用一般的双极微型断路器 MCB，也可以采用双极的 1P + N 微型断路器 MCB。两者的区别在于，前者的 N 极接线也具有过载和短路脱扣保护能力，而后者则只是接通和分断，不具有保护能力。

图 7-5 主开关的下方接有漏电开关 RCD，用作全系统的漏电保护。漏电开关 RCD 的动作电流为 30mA。

关于微型断路器 MCB 和漏电开关 RCD，见第 2 章的 2.5.5 节和 2.5.6 节。

图 7-5 的出线开关均为单极的 MCB，也即 1P 的微型断路器。MCB 的最大额定电流为 63A，超过则要选用塑壳断路器 MCCB，详见 2.5.4 节。

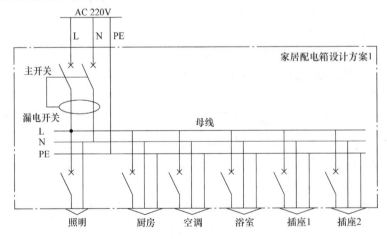

图 7-5　家居配电箱设计方案 1

（2）图7-6的方案讨论

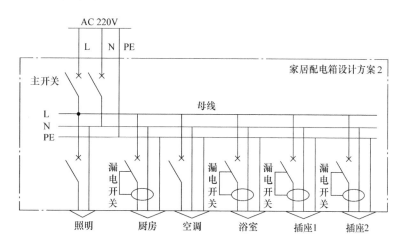

图7-6　家居配电箱设计方案2

图7-6方案与图7-5方案相比，最大的区别在于漏电开关RCD安装出线回路中，例如厨房回路、浴室回路和插座回路。这样做的好处在于能更加精确地配套RCD，当然成本也会增加，还加大了配电箱的体积。

不管是图7-5的方案，还是图7-6的方案，只有照明回路无需接入地线PE，其他所有回路都必须同时接入相线L、中性线N和地线PE。

再次提醒：

根据IEC60364《建筑物电器装置》系列标准和GB16895《低压电气装置》系列标准，按图7-5和图7-6方案所示的线路，它的接地系统是TN–C–S，也即单相两线制，不是单相三线制，更不是三相五线制。其中地线PE不算"线"，因为它在正常运行时没有电流流过。

选用图7-5，还是图7-6，一定要根据实际情况和经济能力去优选。

5. 选择出线支路的开关容量

出线开关MCB的额定电流的可选范围有：6A、10A、16A、20A、25A、32A、40A、50A和63A。见2.5.5节。

在选择出线开关的额定电流时，它的值一定要大于出线分支的用电负荷电流，一般取两倍左右。

例如某出线支路的负荷电流是7.2A，乘以两倍后为14.4A，所以要选择16A的MCB开关。

6. 出线支路的线路设计

我们看图7-7。

我们看到，从图7-6的家居配电箱设计方案2中引出了一组插座支路线路，并且接了3个插座。

插座从正面看去，左边是中性线N，右边是相线L，上面是地线PE，也即俗称的"左零右火"的原则。当然，这里不存在零线和火线。

出线支路导线截面积选择的原则同样遵循式（7-5）的原则，也即按1.5～2倍电流裕

低压电器技术精讲

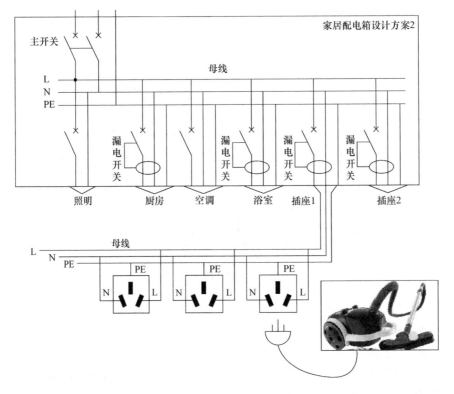

图7-7 家居配电中的插座线路

量的原则选取导线截面积。

例如某出线支路的负荷电流是7.2A,代入式(7-5)后,得到

$$S = (1.5 \sim 2.0) \times 0.275 I_{JS} = (1.5 \sim 2.0) \times 0.275 \times 7.2 \approx 2.97 \sim 3.96 (\text{mm}^2)$$

因此我们可以选用3～4mm²的导线。

家居配电出线支路的导线截面积可按表7-6来选取。

表7-6 家居配电出线支路导线截面积的经验选择数据

线路性质	MCB开关的额定电流/A	导线截面积/mm²
照明线路	10、16	1.5～2.5
普通插座线路	10、16,需要配漏电开关 RCD	2.5～4
空调及电热水器线路	16～32,需要配漏电开关 RCD	4～6

在实际使用时,最好按式(7-5)来计算,这样比较准确。

7.3 智能家居配电系统中的低压电器

智能家居配电系统当前发展得很快,但距离进入千千万万的普通家庭还有一定的距离。尽管如此,我们来看看智能家居配电系统的功能,以及智能家居配电系统中的低压电器,如

图 7-8 所示。

智能安防管理系统
指纹门锁管理系统
智能数码遥控插座
远程新能源管理系统
远程窗帘控制器
远程监控系统
远程智能调光和灯光管理系统
远程家庭影院和背景音乐系统
远程壁挂式红外线转发器
远程智能浇花系统

图 7-8　智能家居方案

从图 7-8 中我们看到，智能家居包括了十大系统。

可见，这些系统距离我们住单元楼的普通住家还真的有点远，不过，其中有些系统倒是可以借鉴参考，有许多企业目前也已经开始了智能家居系统的设计与研发，比如图 7-9 和图 7-10 所示的 ABB 生产的智能开关控制器及插座、面板。

这些开关和控制器既有微型断路器，也有各种智能型控制器，还有操作面板和人机界面等。

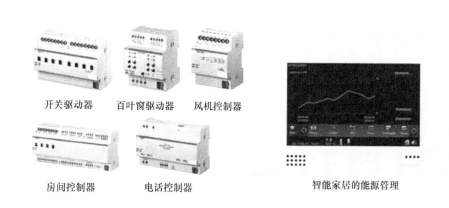

开关驱动器　　百叶窗驱动器　　风机控制器

房间控制器　　电话控制器　　　智能家居的能源管理

图 7-9　i－bus 智能家居的智能开关控制器

在图 7-10 中，我们看到，上面左侧是各类面板插座，上面右侧是各类 i－bus 智能家居的调节控制器，下面是 i－bus 智能家居的各类操控器。

可见，各种低压电器在智能家居中扮演着非常重要的角色，是未来智能家居系统中不可缺少的组成部分。目前，国内许多生产厂家都在加紧研发智能家居低压电器产品。相信在不远的将来，我们就能用上物美价廉的国产智能家居低压电器。

图 7-10 i–bus 智能家居的各类控制器和插座、面板

第 8 章

低压电器常见应用问题解析

本章的内容与作者在知乎网写的专栏文章有点关系。

在知乎网的"低压电气和低压电器技术"专栏中,许多文章得到网友们的一致好评。这些专栏文章具有很好的实践性。

本章把这些较好的专栏文章抽取出来,加工后作为低压电器应用解析呈现给读者,起到举一反三的作用。

8.1 若低压断路器的进出线方向接反,会有什么影响

我们来看图 8-1。

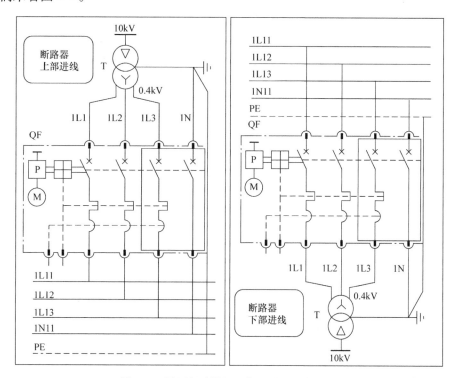

图 8-1 低压断路器的上部进线和下部进线

图 8-1 点划线框内的区域就是断路器本体。注意看断路器,我们发现它是四极的。在 QF 的点划线框内,我们发现三条相线有半圆的短路保护图符和半矩形的过载保护图符,表明这台断路器具有过载保护和短路保护功能。

图 8-1 中，N 线所在的极里，没有任何保护，断路器在这里充其量只不过具有隔离开关功能而已，所以这台断路器的接线属于 3P + N 的型式。

请注意两件事：

第一：进线方向建议从上往下，也即采取上部进线方式。如果采用下部进线，则断路器可能需要采取降容措施，也即实际运行电流会小于额定电流。

第二：除非断路器对 N 线也有与相线一样的保护功能，而且整定值也一致，否则相线不建议与 N 线对调。

以下我们来看看原因是什么。

1. 为何进线方向最好是从上往下，而不是从下往上？

这个问题关系到两个原因。

第一个原因：断路器动触头侧和静触头侧的操作机构介电性能不同

我们来看图 8-2。

图 8-2 是微型断路器的实物图。它的上侧是进线端，下侧是出线端。我们从图中可以看出，出线端的机械复杂程度超过进线端。

进线侧是断路器的静触头，而出线侧是断路器的动触头。静触头的结构相对简单，散热条件好一些，因此静触头侧的介电性能也即绝缘性能优于动触头侧。

断路器绝缘材料的介电性能与温升有关。电流越大，电器的温升就越高，介电性能相对会降低。

所以，当断路器反向进线时需要适当地降容，降容后的运行电流一般为额定电流的 75%。例如断路器的额定电流是 100A，反向进线后其运行电流为 75A。

对于品质较好的断路器，则无需降容。这在断路器的说明书或者样本材料中会有说明。

图 8-2　ABB 的 S200 低压微型断路器 MCB 的实物图

第二个原因：断路器动、静触头上的电弧弧根移动方式不同

对于低压电器的触头来说，一旦产生了电弧后，电弧贴近电极的部分叫做弧根。电弧在弧根处急剧收缩，并且在电极表面上形成的圆形的明亮光点，此亮点叫做弧根斑点。

对于阴极弧根来说，阴极斑点是电子的发射处，它的电流密度很大，可达 10^4A/cm^2。因此电极材料迅速汽化，形成金属蒸气进入弧隙，因而在阴极表面形成凹坑；对于阳极弧根来说，它是电子进入阳极的入口，面积比阴极斑点要大，电流密度较小，温度较高，电极材料也达到沸点。

当断路器跳闸瞬间，这时的电路是有极性的，既可能是阳极，也可能是阴极，具体极性由开断瞬间来决定。

我们来看图 8-3。

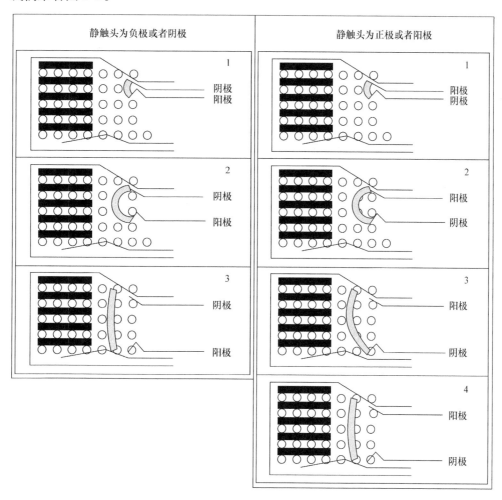

图 8-3　断路器动、静触头上电弧弧根的移动方式

在图 8-3 所示开关电器的触头中，上部是静触头，下部是动触头。图 8-3 的左侧表示静触头为负极或者阴极，右侧表示静触头为正极或者阳极。我们来看其中的电弧运动。

图 8-3 左右两侧的图 1：动、静触头刚刚开断，触头间出现电弧；

图 8-3 左右两侧的图 2：随着触头间隙加大，电弧也被拉长，其中部在电场力的作用下向灭弧室方向弯曲；

图 8-3 左右两侧的图 3：左图中电弧弧根已经离开触头，向灭弧室方向运动；右图中我们看到，电弧的阳极区已经离开触头，而阴极区却滞留在动触头上；

图 8-3 右侧的图 4：经过一段时间后，滞留在动触头（阴极）上的电弧阴极区才离开触头，并向灭弧室方向运动。

什么原因呢？

由前所述，当断路器的触头打开时，电弧出现，同时极间的电阻不断增大。电弧在两极上形成电弧斑点。由于电弧的烧灼使得部分触头材料熔融汽化，形成金属性电弧。金属性电弧是靠金属蒸气的离子来支撑的，我们把它称为金属相电弧。

金属相电弧的特点是：金属相电弧的直径较大，电弧基本上不运动；当电弧随着触头开距加大而拉长后，在外磁场的作用下，周围气体进入电弧，使得电弧中心的温度升高，电流向中心集中，电弧变细，电弧由金属相电弧变为气相电弧。这时，电弧才具有运动的可能性。

我们知道，低压电器是有灭弧罩的，电弧要进入灭弧罩，必定会遇见各种拐角和台阶。这些拐角和台阶对于电弧的运动会产生什么影响呢？

一位很出名的学者，叫做 R. Michal。他研究了电弧弧根运动的机理，得出的结论是：

1）阳极电弧弧根具有跳跃通过阻挡物的能力。也就是说，阳极电弧遇见台阶和间隙能一跃而过。

2）阴极电弧弧根的运动必须是连续的，它只能沿着阻挡物的表面运动。

当电弧在遇见台阶时，阴极电弧弧根要从台阶下方沿着立面攀升到台阶上方再继续前进，而阳极电弧弧根则直接越过，于是电弧必然会出现倾斜和停滞。

对于具体的断路器来说，如果采取下部进线，则电弧弧根运动的迟滞现象就更加明显和突出。

我们来看图 8-4，这张图是 ABB 的 Emax 框架断路器结构简图。

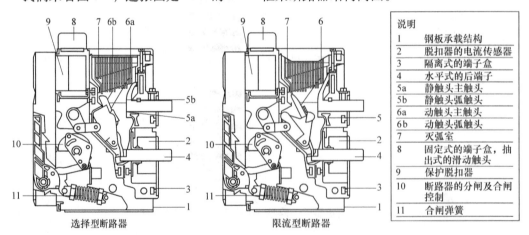

图 8-4　ABB 的 Emax 框架断路器结构简图

也就是说：如果断路器的进线方向为上进线，对应的触头是静触头，则当触头打开时，不管阴极在静触头还是动触头，电弧都能相对顺利地进入灭弧室。同时，介电性能也更好；反过来，断路器的进线方向为下进线，对应的触头是动触头，则电弧进入灭弧室的时间会比前者要迟滞，介电性能会略差。

如此说来，断路器的上进线和下进线，很大程度上与断路器的制造技术相关。

对于国产断路器，最好不要采取下进线。如果一定要下进线，则必须降容。

对于进口或者合资生产的断路器，例如施耐德、西门子和 ABB 的断路器，则上下进线的容量是一致的，无需降容。

2. 为何双极断路器的相线端子和 N 线端子不能互换？

我们知道，低压双极断路器的 N 极，或者四极断路器的 N 极，它的脱扣能力是按相线脱扣能力的百分位数来定义的。一般是 25%、50%、75% 和 100%。

极这个名词，英文叫做 Pole，因此我们把 1 极的断路器叫做 1P，两极的自然叫做 2P，类似的还有 3P 和 4P。

对于 1P 到 3P 的断路器，它内部的线路保护脱扣能力都是一致的。但如果是 1P + N，或者 3P + N，则情况就不一样了。N 极仅具有开合能力，其他什么线路保护能力都没有。

所以在实际使用和安装微型断路器 MCB 时，一定要把 N 极的保护脱扣功能搞清楚。

我们来看图 8-5，图中的断路器均为 1P + N。

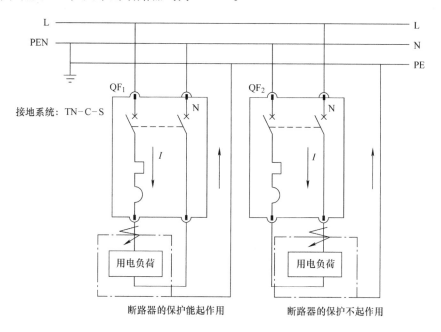

图 8-5　1P + N 断路器进线端口互换

从图中我们看到左边的 QF₁ 是正常的端口引入相线，而右边的 QF₂ 却从 N 线端口引入相线。

先注意到几点：

1）家装配电网的接地系统是 TN – C – S。也即由电源引来的 PEN 线在入户前接地，然后分开为 N 线和 PE 线入户。

2）用电负荷的外露导电部分（也即金属外壳）必须接地，也即接到 PE 线上。

3）当发生单相接地故障时，由于 TN – C – S 属于大电流接地系统，因此接地电流非常接近于相对 N 的短路电流，因此单相接地故障的保护装置为断路器。

4）家装配电网的总入口处也可加装漏电保护器，用以提高人身安全防护能力。

先看图 8-5 的左图：图中接线方向是正确的，因此断路器相线的脱扣器能起到线路保护作用。

当用电负荷的外露导电部分发生单相接地故障时，由于它的外壳与 PE 线相连，因此故障电流的路径是：

断路器相线回路→用电负荷的外露导电部分→PE 线，因此，断路器必定会执行保护操作。

再看图 8-5 的右图：图中的接线方向是反的，也即从断路器的 N 线端子引入相线。

第一：我们看到，当电流离开用电负荷后，从断路器的下桩头进入断路器，也即进线方向从下而上，违反了进线从上往下的规则。因此，断路器必须降容使用。

第二：当用电负荷的外露导电部分发生单相接地故障时，故障电流的方向是：断路器 N 线回路→用电负荷的外露导电部分→PE 线，我们看到，这条路径完全没有线路保护能力。

如果配电网中未接漏电开关，则全系统彻底地失去了保护，必定会发生严重电气火灾事故。

第三，如果在断路器的出线侧发生相对 N 线的短路事故，虽然看似断路器能够执行正常的保护操作，但因为断路器需要降容使用，因此断路器的保护可能会因为触头电寿命降低的原因而失效。

结论是：在任何情况下，绝对不要将 1P + N 的断路器进线方向弄反。

8.2　这台低压电动机为何烧毁了

这是一个应用在地铁工程中的实例。

我们来看图 8-6。

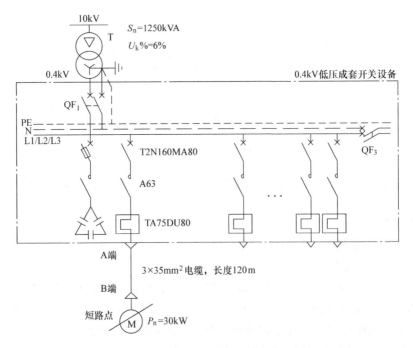

图 8-6　某地铁站的低压配电系统和电动机控制主回路

某日，电动扶梯电动机发生了短路，该电动机主回路的断路器未执行保护动作，反而由其上级的低压主进线断路器执行保护跳闸。由于低压主进线所接回路众多，低压主进线断路器跳闸造成地铁车站内大量的电气设备因此停止运行，事故被扩大化。事后发现，电动机已完全烧毁了，同时低压断路器内 A 相主触头和接触器主触头出现熔焊。

1. 基本参数分析

已知电力变压器的容量是 1250kV·A，阻抗电压为 6%，按 4.2.1 节的说明及表 4-8 和表 4-9，我们知道系统参数为：

变压器额定电流：1804A，变压器短路电流 30kA，变压器的冲击短路电流峰值为 62kA。

我们还知道，30kW 电动机的额定电流是 56A。

由于变压器的短路电流为 30kA，因此电动机主回路元器件的配置方案按分断容量为 36kA 来配置。见下表：

电动机		断路器		接触器	热继电器			元器件组合后
额定功率 P_e/kW	额定电流 I_e/A	型号与规格	磁脱扣设定值/A	型号与规格	型号与规格	最大电流整定值/A	最小电流整定值/A	最大电流整定值/A
22	42	T2N160MA52	547	A50	TA75DU52	36	52	50
30	56	T2N160MA80	840	A63	TA75DU80	60	80	65
37	68	T2N160MA80	960	A75	TA75DU80	60	80	75

从表中看出，断路器为 T2N160MA80，这是单磁断路器；交流接触器为 A63，热继电器为 TA75DU80。之所以选择单磁断路器，是因为在 ABB 的电动机主回路配置方案中，热继电器执行电动机的过载保护，而断路器执行线路的短路保护。

我们来看断路器 T2N160MA80 的技术数据：

断路器型号		Tmax T2			
额定不间断电流 I_u	A	160			
级数		3/4			
额定工作电压 U_e/AC 50~60Hz	V	690			
额定冲击耐受电压 U_{imp}	kV	8			
额定绝缘电压 U_i	V	800			
工频试验电压/1min	V	3000			
额定极限短路分断能力 I_{cu}/380~415V	kA	N	S	H	L
		38	50	70	85
额定运行短路分断能力 I_{cs}（% I_{cu}）/380~415V	kA	100%	100%	100%	75%
额定短路接通能力 I_{cm}/380~415V	kA	75.5	105	154	187
分断时间（415V）	ms	3			
使用类别（IEC60947.2）		A			
参考标准		IEC60947.2			
单磁（MA）脱扣器	kA	12.5			

我们看到，选用 T2N160MA80 断路器是合理的，它的 I_{cu} 在 380~415V 配电网中可达 38kA，这个值完全满足极限短路电流 $I_{cu} > 30$kA 的要求。然而当电缆末端的电动机发生短路故障时，断路器并未动作，这是为什么呢？

2. 分析长电缆对电动机的工况影响

（1）长电缆载流量参数

从开关柜电动机回路出口到电动机接线盒之间接有截面积为 35mm^2 的三芯电缆，电缆的长度是120m。查阅《电气工程师（供配电）实务手册》表17.23——（1～3kV 交联聚乙烯绝缘电缆直埋敷设时允许载流量），可知 35mm² 三芯电缆（铜芯）的载流量143A。因为30kW 电动机的额定电流是56A，所以 35mm² 电缆的载流量没有问题。

（2）电动机接线盒处的电压 U_b 和电缆压降分析

通常低压成套开关设备的进线、主母线和馈电回路合并的压降 $\Delta U = 6V$，于是电缆始端 A 点的电压是

$$U_A = U_P - \Delta U = 400V - 6V = 394V$$

每千米电缆上的电压降系数见下表。

电缆横截面积 /mm²	单相电路			三相平衡电路		
	电动机回路		照明回路 正常工作	电动机回路		照明回路
	正常工作	起动	正常工作	正常工作	起动	
铜芯电缆	$\cos\phi = 0.8$	$\cos\phi = 0.35$	$\cos\phi = 1$	$\cos\phi = 0.8$	$\cos\phi = 0.35$	$\cos\phi = 1$
25	1.5	0.75	1.8	1.3	0.65	1.5
35	1.15	0.6	1.29	1	0.52	1.1
50	0.86	0.47	0.95	0.75	0.41	0.77

当30kW 电动机正常运行和起动时，参考本书4.2.5节"馈电回路出口处电缆压降和短路电流计算方法"，我们计算 35mm² 电缆的压降和电机接线端子端口处的电压分别如下。

电机状态	电缆压降	电机接线盒处的电压	电缆压降占系统电压的百分位数
电机运行	5.92V	388V	1.42%，小于8%，满足运行条件
电机起动	24.66V	368.2V	6.2%，小于8%，满足起动条件

我们看到，电缆压降不管是运行也好，是起动也好，均满足配电技术规范要求。

3. 长电缆末端的短路参数和断路器分断能力分析

长电缆的短路电流分析方法见4.2.5节和表4-12。

按表4-12，我们来看120m 长的 $3 \times 35mm²$ 电缆短路参数，见下表：

电缆每相截面积/mm²	电缆长度/m								
35	10.5	15.1	21	30	43	60	85	120	170
50	14.4	20	29	41	58	82	115	163	231
70	21	30	43	60	85	120	170	240	340
电缆始端短路电流/kA	电缆长度/m								
70	26	20	15.8	12.0	8.9	6.6	4.8	3.4	2.5
60	24	20	15.2	11.6	8.7	6.5	4.7	3.4	2.5
50	22	18.3	14.5	11.2	8.5	6.3	4.6	3.4	2.4
40	20	16.8	13.5	10.6	8.1	6.1	4.5	3.3	2.4
35	18.8	15.8	12.9	10.2	7.9	6.0	4.5	3.3	2.4
30	17.3	14.7	12.2	9.8	7.6	5.8	4.4	3.2	2.4
25	15.5	13.4	11.2	9.2	7.3	5.6	4.2	3.2	2.3
20	13.4	11.8	10.1	8.4	6.8	5.32	4.1	3.1	2.3

检索上表中的数值后我们发现，当 120m 长的 35mm² 电缆始端短路电流为 30kA 时，其末端短路电流为 3.2kA。

当电动机侧发生短路事故时，流过电动机主回路的短路电流最大值就是 3.2kA。我们看单磁断路器 T2N160MA80 的时间 – 电流特性曲线，如图 8-7 所示。

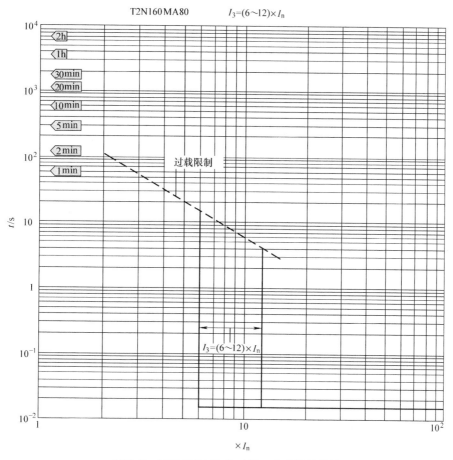

图 8-7　T2N160MA80 的时间 – 电流特性曲线

可见 T2N160MA80 的磁脱扣整定范围是 $(6\sim12)I_n$，即 0.48～0.96kA。当电缆末端电动机处发生 3.2kA 的短路故障时，断路器完全能在 20ms 内实现保护脱扣。

但电动机直到烧毁，断路器 T2N160MA80 直到最后才执行保护跳闸操作，且其 A 相主触头还出现熔焊。可见断路器的未动作不是故障主因。

4. 电动机烧毁的原因分析

我们把图 8-6 重新绘制，如图 8-8 所示。我们看到，配电系统的接地形式是 TN – S。关于接地形式的说明见 1.5.2 节。

注意：从图 8-6 和图 8-8 中我们看到，从低压开关柜电动机回路出线端引至地铁电动扶梯电动机的电缆是三芯的。也就是说，这条电缆中仅仅只引了三条相线，没有把 PE 线引过去。因此，30kW 电动机的外壳一定是就地接地。

从图 8-8 中可以看出，当电动机的外壳即外露导电部分直接就地接地后，它的接地系统事实上就是 TT。

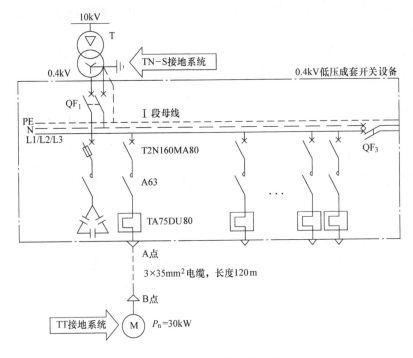

图 8-8　低压配电系统的接地形式

　　TT 接地形式属于小电流接地系统，当负载处发生单相接地故障后，因为接地电流必须流经地网返回到变压器，接地电流很小，所以 IEC 要求在 TT 系统中必须配套漏电开关来切断故障线路。

　　一般地，电动机首先由于绝缘破坏而引起定子单相击穿漏电，也即单相接地故障或者碰壳故障。如果是 TN - S 接地系统，因为系统的 PE 线直接接到电动机外壳，所以接地电阻在 0.5Ω 以下。将相电压 220V 除以 0.2Ω，可以计算出接地故障电流为 1.1kA，此电流足以驱动前接断路器 T2N160MA80 的短路保护动作。

　　对于 TT 系统，设其接地电阻为 30Ω，地网电阻为 4Ω，将相电压 220V 除以接地电阻与地网电阻之和，得到接地电流为 6.47A，这个电流是无法让前接断路器 T2N160MA80 动作的。

　　由此我们可以推测：

　　当电动机定子绕组中的单相接地故障随着时间的延续不断恶化，由于故障主因是 TT 系统下的单相接地故障，其故障电流较小，无法让 120m 长的 3 × 35mm² 电缆的前接断路器保护跳闸。

　　随着单相接地故障的继续发展和恶化，最终出现了三相短路。这时电流已经足以让电动机回路的前接断路器 T2N160MA80 动作了。但这时又出现了一个问题，也即 SCPD 短路配合问题。

　　在 GB14048.4—2010《低压开关设备和控制设备　第 4 - 1 部分　接触器和电动机起动器　机电式接触器和电动机起动器（含电动机保护器）》中，把断路器与接触器之间的保护配合类型定义为两种。类型 1 是指断路器执行保护动作后接触器的主触头被熔焊，类型 2 是指断路器执行保护动作后接触器的主触头未出现熔焊。断路器与接触器保护配合关系的型式试验被称为 SCPD，如图 8-9 所示。

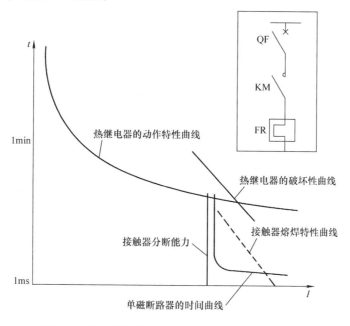

图 8-9 断路器与接触器之间的保护配合关系 SCPD

我们看到的配置方案满足短路电流为 36kA 的系统。

我们已经知道在长电缆的限制作用下回路中出现的实际短路电流只有 3.2kA，因此断路器执行短路保护的灵敏度大为降低。

可以推测在电动机内部的单相接地故障电流持续的作用下，故障电流不断增加。在故障电流尚小于断路器短路动作电流前，断路器与接触器的主触头已经被故障电流加热到接近损毁，甚至已经熔焊；当故障电流大于断路器的磁脱扣保护门限后，断路器动作，但此时断路器和接触器的主触头必然出现严重粘连。

5. 结论

因为电动机回路采用了三芯电缆，所以电动机的接地形式是 TT，此时断路器的单相接地故障保护灵敏度大为降低，甚至失效。

用户应当采用四芯电缆，使得三相和 PE 线均送到电动机接线盒中，使得全系统均为 TN – S 接地系统保护方式。

当实际接地系统变成 TT 后，用户应当在电动机回路中配套漏电开关 RCD，以实现漏电保护，而不能依赖于电动机回路的断路器来执行保护跳闸。

此工程中电动机回路断路器 T2N160MA80 出现了单相接地故障保护灵敏度降低现象，其主因就是电动机的实际接地系统为 TT。这一点是应当引以为戒的。

8.3 低压电气设备是如何满足现场条件和工况的

低压电气设备主要是指低压开关设备和控制设备，在工业现场大量使用。低压开关设备和控制设备可以理解为是安放低压电器的容器，因此低压开关设备和控制设备，在使用方面的要求有时比低压开关电器自身的要求更高。

每当有一个新工程需要建设时，工程技术人员和采购人员都为待采购的低压开关设备是否能满足现场条件和要求而忧心忡忡，他们总觉得需要考虑的问题太多。

现在我们来探讨和解答这个问题，给读者提供一些思路。

第一个相关问题：环境条件

环境条件指的是开关设备安装地点的年平均温度和平均湿度，还有海拔高度，污染程度等等。

年平均温度会影响到开关电器的使用温升，平均湿度和污染程度会影响到开关电器绝缘材料的绝缘能力。图 8-10 所示为 ABB 的 Emax 框架断路器按环境平均温度值变化的降容值。

Emax在不同温度下的降容
Emax E6

温度	E6 3200		E6 4000		E6 5000		E6 6300	
[℃]	%	[A]	%	[A]	%	[A]	%	[A]
10	100	3200	100	4000	100	5000	100	6300
20	100	3200	100	4000	100	5000	100	6300
30	100	3200	100	4000	100	5000	100	6300
40	100	3200	100	4000	100	5000	100	6300
45	100	3200	100	4000	100	5000	100	6300
50	100	3200	100	4000	100	5000	100	6300
55	100	3200	100	4000	100	5000	98	6190
60	100	3200	100	4000	98	4910	96	6070
65	100	3200	100	4000	96	4815	94	5850
70	100	3200	100	4000	94	4720	92	5600

图 8-10　Emax 断路器在不同温度下额定不间断电流的变容情况

图 8-10 中，左边是环境温度，中间是降容值。例如 E6 – 6300 断路器，从 55℃ 开始降容，降容值从 96% 一直到 92%。

海拔则会影响到开关电器的灭弧能力，以及开关电器的温升。其原因见本书 1.1.3 节和 1.1.4 节的内容。因此，当海拔超过 2000m 后，开关电器和低压开关设备需要降容，如图 8-11 所示。

Emax在不同海拔下的降容情况

Emax断路器在海拔2000m以下，其性能不会发生任何变化。当海拔超过2000m时，大气中的成分、绝缘性能、冷却性能及压力都会发生变化，断路器因此将要降容。这些变化体现在以下重要参数上。

例：最大工作电压、额定不间断电流。
下表所示为不同海拔下Emax断路器的性能变化。

海拔	H	[m]	<2000	3000	4000	5000
额定工作电压	U_e	[V]	690	600	500	440
额定电流	I_n	[A]	I_n	$0.98I_n$	$0.93I_n$	$0.90I_n$

图 8-11　Emax 开关在不同海拔条件下的降容情况

第二个相关问题：防护等级

防护等级方面的说明见本书的第 1.5.5 节，其标准是 IEC 60529《外壳的防护等级（IP代码）》。图 8-12 所示为简单描述。

我们看到，IP00 是无防护的，而 IP20 表示能防止手指插入壳体内，但不防水；当防护等级为 IP54 时，用电设备不但能防尘，还能防止喷溅的水侵入用电设备。我们看到，IP00是无防护的，而 IP20 表示能防止手指插入壳体内，但不防水；当防护等级为 IP54 时，用电设备不但能防尘，还能防止喷溅的水侵入用电设备。

防护等级要合适，不建议采用过高的防护等级。过高的防护等级会造成开关电器和开关设备的运行温度不容易散发，因此当防护等级高到一定程度后，开关电器和开关设备需要降容。

防护等级 (第一位数字)	含义 (防止固体物体进入内部的等级)	防护等级 (第二位数字)	含义 (防止水进入内部的等级)
0	无防护	0	无防护
1	防护大于50mm的固体进入内部	1	防滴
2	防护大于12mm的固体进入内部	2	15°防滴
3	防护大于2.5mm的固体进入内部	3	防淋水
4	防护大于1mm的固体进入内部	4	防溅
5	防尘进入内部	5	防喷水
6	尘密进入内部	6	防海浪或强力喷水
		7	浸水
		8	潜水

图 8-12　防护等级

第三个相关问题：系统短路参数和低压电器的动热稳定性

关于系统短路参数对低压电器的影响，见 1.2.1 节、2.5 节、2.6 节等。对短路电流的计算，见 4.2 节。

短路电流对低压电器的影响很大，具体可参照 GB 14048.1—2012《低压开关设备和控制设备　第 1 部分：总则》和 GB 7251.1—2013《低压成套开关设备和控制设备　第 1 部分：总则》。

第四个问题：共振和振动

工作环境中的振动会引起共振，这对于某些用电设备来说会有很大的影响。这种影响属于用电设备的动稳定性之一。

动稳定性包括四方面的内容，即共振影响、短路电流电动力的冲击、地震影响，还有电器触头霍姆力等。

因此，对用电设备来说，现场振动条件是必须要仔细考虑的要素之一。

第五个问题：谐波影响

我们知道，可调光的照明灯具会引发三次谐波，用电设备会因此而严重发热。影视中心的调光设备特别多，所以影视中心是三次谐波的重灾区。

我们还知道，用晶闸管调压会带来大量的谐波，特别是调功器甚至会带来分数次谐波。因此，凡是具有大量电热设备的企业，例如硬质合金制造企业、玻璃纤维制造企业等等，都需要做好滤除谐波的工作。

还有，五次谐波会引起电机发热。企业中电动机多，电动机也会因此而大面积损坏。可见，抑制谐波与用电设备稳定工作有很大的关系。

对于电网来说，谐波日益成为主要污染源之一。如何消除三次和五次谐波，是企事业单位共同面对的重大问题。一般采取谐波抑制器，还有用带电抗器的无功功率补偿器来消除谐波。

在谐波抑制方面，同样也有大量的理论知识和国家国际标准，以及各种规范。事实上，在供配电的出版物和论文中，谐波的分析和讨论向来都占有很大的比例。

第六个问题：EMC——用电设备的电磁骚扰

所谓 EMC，就是用电设备的电磁骚扰。

用电设备当然不希望受到强烈的电磁骚扰，同时，也不希望自己输出电磁骚扰去干扰其他设备。这里又出现大量的相关知识点，以及相关的国际和国家标准。

第七个问题：电压凹陷引起的用电设备工作失稳

大功率用电电器的起动会造成电压跌落，专业术语叫做电压凹陷。电压凹陷后，会引起其他用电设备的转速下降，而电压恢复后又会造成负载转矩冲击。

所以，电压凹陷问题在电动机特别多的生产企业，显得特别重要，需要在设计之初就仔细斟酌考虑。

第八个问题：智能化带来的影响

智能化，当然就是利用各种智能装置、PLC 和计算机构建数据交换网络，以实现智能化监视和控制。

对于智能化系统，数据传输的稳定性极为重要。如果传输不稳定，那么是否需要配套冗余通信和控制？是否全部采用光纤布线？这些都值得仔细考虑。

第九个问题：低压开关设备和控制设备的安装问题

低压开关设备和控制设备的安装问题，可以说是低压开关设备和控制设备最让人头痛的问题了。

安装问题包括几类：

（1）配电室的选址

选址问题可参照本单位的实际使用情况和安装环境条件，以及电业公司的建议方案，还必须满足国家相关的标准和规范。因此，配电室的选址需要综合的解决方案，必须全盘考虑。

（2）低压开关设备和控制设备的就位，安装

低压开关设备的就位涉及配电室的位置，配电室的电梯空间，还有配电室大门的宽度等。

此外，需要考虑低压开关设备的深度是否满足电缆沟宽度要求，开关设备柜顶母线槽是否满足安装要求等。

开关设备的底部出线和顶部出线是有要求的，这在设计之初就必须考虑好。

（3）不同电气设备制造商之间的协调配合

由于不同的电气设备制造商一般只负责自己产品的安装，也不希望其他电气设备制造商把电线、电缆或者母线连接到自家制造和安装的电气设备中来。因此，这里往往会出现扯皮的现象，或者出现三不管的真空地带。此时往往需要甲方协调。

例如干式变压器需要将母线槽安装到低压开关柜的进线回路中，于是这两家制造商必然会出现安装矛盾，此时就需要甲方协调。

（4）控制方式的整改和联调

控制方式关系到日后开关设备的稳定运行，是非常重要的安装步骤。由于控制方式的调试牵涉到生产商、甲方订货人员和甲方使用人员，同时还要满足配电要求和生产工艺要求，所以这里也需要有大量的配合和协调工作。

若调试工作涉及 PLC 程序控制和信息交换技术时，更需要相关单位的工程人员们鼎力配合才行。

（5）技术资料的汇总、整理和存档

安装调试完成后，技术资料的汇总、整理和归档极为重要。此事关系到日后的保养和维修，以及将来更新时的技术参考。因此，归档工作必须认真细致地完成。

8.4　来自网友的若干问题

以下问题来自知乎网⊖。

【问题 1】（知友 yhb750625 提问）：低压电器的触头能用铸铜（黄铜）代替吗？
回答：

答案是否定的。本书第 1 章讲到触头材料接触电阻公式和触头材料的 K 值，如图 8-13 所示。

不同的触头材料的接触电阻有一个经验公式，见式1-2。

$$R_J = \frac{K_J}{(0.102F)^m}$$

式1-2

式中，R_J 是接触电阻，单位是μΩ(微欧)；K_J 是系数，它与电接触的材料有关，见表1-1；F 是接触压力，单位是N；m 是与接触形式。对于点接触，$m=0.5$，对于线接触，$m=0.5\sim0.8$，对于面接触 $m=1$。

各种触头材料的 K_J 值见表1-1。

表1-1　各种触头材料的 K_J 值

触头材料	K_J	触头材料	K_J
Ag—Ag	60	Ag–Cd012—Ag–Cd012	170
Al—Cu	980	镀锡的铜—镀锡的铜	100
Cu—Cu	80～140	黄铜—黄铜	670
Al—黄铜	1900		

黄铜的接触电阻系数 K_J 值相当大

图 8-13　第 1 章回顾

⊖　https：//zhuanlan. zhihu. com/p/114154795。

可见，用黄铜作为触头材料是不合适的。黄铜会增加触头的接触电阻和温升，影响到低压电器工作的稳定性。

【问题 2】（知友 Lost 提问）：**断路器和接触器的使用配合问题？**

回答：

在本书的 2.8.4 节，谈到了接触器与短路保护低压电器间的协调配合型式试验，又叫做 SCPD 试验。SCPD 试验的意义在于：由于执行短路保护的低压电器开断短路电流需要时间，这段时间内短路电流的峰值流过的接触器触头及其导电板。如果短路电流被开断后，接触器的触头发生了粘连或者熔焊，则叫做 2 类 SCPD 配合关系；如果短路电流被开断后，接触器的触头未发生粘连或者熔焊，则叫做 2 类 SCPD 配合关系。

关于 SCPD 试验，可在 GB 14048.1—2012 和 GB 14048.4—2010 中查阅到。

我们知道，在低压供配电系统的元器件中，把具有主动开断短路电流的元器件叫做主动元件，把只能被动地承受短路电流冲击的元器件叫做被动元件。主动元件只有两个，就是断路器和熔断器，而接触器就属于被动元件。

图 8-14 中，SCPD 曲线是执行线路保护元器件的时间－电流特性曲线，它与接触器的时间－电流特性曲线有交点。对于接触器来说，它的短时耐受电流应当不小于交点电流；对于断路器来说，它的动作时间应当短于交点所对应的时间。

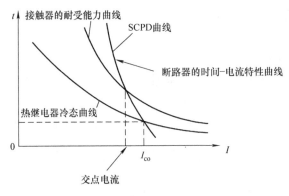

图 8-14 SCPD 试验各曲线分析

所以接触器与断路器之间的协调配合关系，应当在技术样本中显示出来，以便于在工程中选用合适的接触器规格参数。

【问题 3】（知友忘忧草提问）：**交流空开和直流空开有何区别，能否通用？**

回答：

这里所指的空开就是微型断路器（MCB）。

不管是交流或者直流的 MCB，当它们开断时，在动静触头之间就会出现电弧。

对于交流电弧，当电流过零时，电弧会熄灭。如果条件合适，电流过零后交流电弧会再次重燃。可见，当交流电流过零期间，触头间的电离气体恢复情况和温度下降程度，是交流电弧是否重燃的关键。

我们把触头间电离气体的恢复强度用 U_{jf} 来表示，把电流过零后电压恢复强度用 U_{hf} 来表

示，则交流电弧重燃的条件是

$$U_{jf}(t) > U_{hf}(t)$$

上式是本书第 1 章的式（1-8），它是交流电弧是否重燃的判定条件。

对于直流电弧，由于直流电流不存在过零，因此直流电弧的熄灭比交流电弧要难很多。熄灭直流电弧所采取的办法有

1）拉长电弧，使电弧温度降低而熄弧。例如增长动、静触头之间的开距，或者采取同类触头串联的办法；把电弧吹入灭弧室中降温灭弧。

2）在触头电路中串入电阻来灭弧。

3）增大弧柱电场强度来灭弧。

关于交流电弧和直流电弧的熄灭条件和方法，见本书的 1.1.3 节"低压电器的灭弧系统"。

由此可见，直流微断与交流微断相比，灭弧能力更强，抗电弧烧蚀的能力也更强。

如果我们用多极的交流微断来合分直流电路，可以采取电极串联的办法，如图 8-15 所示。

另外，注意到开断直流电路时，若负载是感性的，则会出现强烈的过电压，见本书的图 1-21 及其说明。所以，开断直流电路时不宜过快。

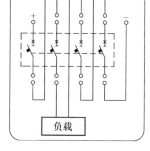

图 8-15　把交流四极断路器的各极串联后，用于直流电路

【问题 4】（知友 base zhu 提问）：**高海拔隔离电器是否需要考虑降容？**

回答：

这个问题与隔离电器的介电能力有关。问题中所谓的隔离电器，实际上就是隔离开关，与隔离开关有关的国家标准是 GB/T 14048.3—2017《低压开关设备和控制设备 第 3 部分：开关、隔离器、隔离开关及熔断器组合电器》。

我们首先看看标准中对介电性能试验的说明：

标准号	GB/T 14048.3—2017
标准名称	低压开关设备和控制设备 第 3 部分：开关、隔离器、隔离开关以及熔断器组合电器
条目	8.1.3.3
内容	试验条件应按 IEC 60947-1 中 8.3.3.4.2，试验的持续时间不小于 1s，并且试验电压应施加的部位如下： ——电器处于断开位置，在电器闭合时电气上连接在一起的每一对接线端子之间； ——电器处于闭合位置，在每个极和相邻极之间以及每个极和框架之间； ——对包含电子电路接至主极的电器处于断开位置，在每个极和相邻极之间以及每个极和框架之间。按电子部件的位置，或者在进线侧，或者在出线侧。 另一方面，在介电试验时，允许电子电路不接。

隔离开关的介电能力，在 GB/T 14048.3 中介电能力主要包括冲击耐受电压和工频耐受电压。GB/T 14048.3 中说明额定冲击耐受电压参照 GB/T 14048.1 的表 12。

标准号	GB 14048. 1—2012				
标准名称	低压开关设备和控制设备 第1部分：总则				
条目	表12　冲击耐受电压				
内容	额定冲击耐受电压 U_{imp} kV	试验电压和相应的海拔 $U_{1.2/50}$/kV				
		海平面	200m	500m	1000m	2000m
	0. 33	0. 35	0. 35	0. 35	0. 34	0. 33
	0. 5	0. 55	0. 54	0. 53	0. 52	0. 5
	0. 8	0. 91	0. 9	0. 9	0. 85	0. 8
	1. 5	1. 75	1. 7	1. 7	1. 6	1. 5
	2. 5	2. 95	2. 8	2. 8	2. 7	2. 5
	4	4. 8	4. 8	4. 7	4. 4	4
	6	7. 3	7. 2	7	6. 7	6
	8	9. 8	9. 6	9. 3	9	8
	12	14. 8	14. 5	14	13. 3	12

上表适用于隔离开关带电部件至接地部件和极与极之间的电气间隙，以及对应的固体绝缘所对应的额定冲击耐受电压。注意到表中的数据与海拔高度密切相关。

对于隔离开关断开触头间的电气间隙及有关的固体绝缘，还有具有隔离功能的开关电器，所必须承受的额定冲击耐受电压考核表如下：

额定冲击耐受电压 U_{imp}/kV	试验电压和相应的海拔 $U_{1.2/50}$/kV				
	海平面	200m	500m	1000m	2000m
0. 33	1. 8	1. 7	1. 7	1. 6	1. 5
0. 5	1. 8	1. 7	1. 7	1. 6	1. 5
0. 8	1. 8	1. 7	1. 7	1. 6	1. 5
1. 5	2. 3	2. 3	2. 2	2. 2	2
2. 5	3. 5	2. 5	3. 4	3. 2	3
4	6. 2	5. 8	5. 8	5. 6	5
6	9. 8	9. 6	9. 3	9	8
8	12. 3	12. 1	11. 7	11. 1	10
12	18. 5	18. 1	17. 5	16. 7	15

之所以冲击耐受电压与海拔有关，这是因为随着海拔增加，空气变得稀薄，气体分子的自由行程增大，造成空气间隙的击穿电压下降。

在本书的1.1.3节中，图1-19是铜电极击穿电压 U_{jc} 与 pd 的关系。这里的 pd 是开关周围的气体介质压强 p 与电极间隙 d 的乘积。这条曲线又叫做巴申曲线。

我们仔细看图8-16，图中是空气的巴申曲线。

我们发现，海拔越高，气压越低，pd 的值越低，击穿电压 U_c 的值也越低。

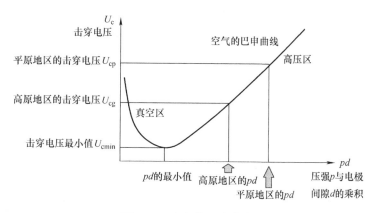

图 8-16　空气的巴申曲线

所以，当隔离开关安装并使用在海拔 2000m 以上时，必须要降容。

【问题 5】（知友沙漠里的雨提问）：**工频断路器在低频工况下如何使用？**

回答：

如果供电频率高于 50Hz，例如 60Hz，则断路器短路保护的磁脱扣器动作会提前；反过来，如果供电频率低于 50Hz，则断路器短路保护的磁脱扣器动作会滞后。

所以，当断路器用于低频线路的保护时，注意适当减小短路保护动作门限，使得断路器能对线路实施有效的保护。

【问题 6】（知友兴佳聊电气与城轨提问）：**如何实现低压三级或者四级短路电流选择性配合？**

回答：

按本书 4.2.5 节"馈电回路出口处电缆压降和短路电流计算方法"推荐的方法选配断路器保护参数。

【问题 7】（知友 base zhu 提问）：**①交流 IT 系统如何识别？②母联开关是否可以用电动隔离开关替代？**

回答：

① 本书 1.5.2 节"各类低压接地系统"中介绍了 IT 接地系统，按其中的内容去识别即可。

② 母联开关不可以用电动隔离开关代替。

当母联开关投入时，一定是某段电力变压器同时带两段母线及各段母线下的负载，母联开关担任了另一段母线系统的线路保护任务，这是隔离开关代替不了的。

另外，在 GB/T 14048.3 中规定，隔离开关仅仅具有隔离功能，不具有开断故障线路（短路线路）的功能。这里所指的隔离开关包括 ATSE 电动双投开关在内。

隔离开关必须与熔断器或者断路器配套使用。

所以，电动隔离开关代替不了断路器。母联开关必须采用断路器，不能单独使用电动隔离开关。

指的特别指出的是：抽出式断路器因为其本体可以从壳体中抽出，使得抽出式断路器具有明确的断点，所以抽出式断路器具有隔离开关的功能。在实际使用时，固定式的断路器前端要配套隔离开关，而抽出式断路器则不必。

【问题8】（知友 hanskun 提问）：一个国外项目外方要求进线断路器带漏电保护，我们的低压系统为 TN-S，这个脱扣器最大漏电整定电流为 30A，我们用施耐德的 ACB 配 Miclogic5.0，矩形互感器将进线柜的 ABCN 圈起来，结果在调试开始时断路器还好，但是有一台 500kW 的变频设备一来，进线柜立刻分闸，厂家询问公司技术说是漏电保护不能用在这里，后将断路器端子短接，取消此功能后才正常工作，我们也不是很明白其中原理。

回答：

这里所谓的进线断路器带漏电保护功能，就是单相接地故障 G 保护，见本书的 2.5.6"剩余电流保护器概述"一节。

漏电保护，测量的是剩余电流，而剩余电流其实就是三相不平衡电流与中性线电流的相量和。在一般情况下，三相不平衡电流与中性线电流大小相等方向相反，所以测量漏电的零线电流互感器铁心中不会出现磁通。当发生漏电时，漏电流叠加在三相不平衡电流上，中性线电流无法对其平衡，继而产生剩余电流，零序电流互感器铁心中会出现磁通，其副边绕组就会有输出，经过控制器的计算和测控，若剩余电流大于动作门限，则漏电保护器或者漏电断路器就会启动脱扣跳闸保护。

变频器，尤其是交-直-交变频器，它的输出电压和输出电流中均含有谐波，输入回路受到影响也会出现谐波。在各次谐波中，3K 次（K 为奇数）谐波在中性线上的幅值是按代数和叠加的。如此一来，漏电保护器或者漏电断路器的剩余电流检测装置就会误判剩余电流而误动作。

所以，变频器配套的低压主进线断路器一般不安装漏电保护器，其脱扣器中的剩余电流 G 保护也要关闭。

参 考 文 献

[1] 尹天文. 低压电器技术手册 [M]. 北京：机械工业出版社，2014.

[2] 中国航空工业规划设计研究院. 工业与民用配电设计手册 [M]. 3 版. 北京：中国电力出版社，2005.

[3] 中国质检出版社第四编辑室. 低压电器标准汇编：低压开关设备和控制设备卷 [M]. 北京：中国质检出版社，中国标准出版社，2011.

[4] 中国质检出版社第四编辑室. 低压成套开关设备和控制设备标准汇编 [M]. 北京：中国质检出版社，中国标准出版社，2011.

[5] 中华人民共和国国家质量监督检验检疫总局，中国国家标准化管理委员会. 低压成套开关设备和控制设备 第 1 部分：总则：GB 7251.1—2013 [S]. 北京：中国标准出版社，2015.

[6] 陆俭国，张乃宽，李奎. 低压电器的试验与检测 [M]. 北京：中国电力出版社，2007.

[7] 《电气工程师（供配电）实务手册》编写组. 电气工程师（供配电）实务手册 [M]. 北京：机械工业出版社，2006.

[8] 方大千. 装修电工实用技术手册 [M]. 北京：化学工业出版社，2015.

[9] 张白帆. 低压成套开关设备的原理及其控制技术 [M]. 2 版. 北京：机械工业出版社，2014.

[10] 中国航空规划设计研究总院有限公司. 工业与民用供配电设计手册 [M]. 4 版. 北京：中国电力出版社，2016.